기초 수학

새롭게 다시 읽다

존 스틸웰 지음

김영주 · 이계식 · 최인송 옮김

Elements of Mathematics

북스힐

하틀리 로저스 주니어를 기리며

∽ 차 례 ∽

6 미적분

7 조합론

⤳ 번역자의 말 ⤳

이 책의 원제는 『Elements of Mathematics』이다. 현대판 원론이라는 야심
찬 제목에 'From Euclid to Gödel'이라는 부제를 단 이 책에서는 현대 수학
의 관점에서 유클리드의 『원론』이 어떻게 재편되어야 하는지를 설명하고
있다. 기원전 300년경 집필된 『원론』은 수학사에서 다양한 역할을 담당했
지만, 무엇보다 수학의 표준 교과서로 오랜 기간 활용되었다. 즉, 『원론』은
수학에서 기초적elementary인 내용이 무엇인지 분류하였고, 다양한 수학적
대상을 어떤 관점에서 어떤 방법으로 접근해야 하는지 제시해왔다. 이런
『원론』의 관점은 심지어 20세기 초반까지 2천 년 이상의 세월 동안 영향을
미쳤으며 동시에 극복의 대상이 되어왔다.

저자가 서문에서도 밝히고 있듯이, 이 책의 핵심 주제어는 **기초 수학**
elementary mathematics과 **고등 수학**advanced mathematics이다. 여기서의 '기초
수학'을 쉬운 수학 또는 학제상 어릴 때 배우는 수학과 동일시하면 안 된다.
수학자들의 연구를 통해 수학이 발전하면서 여러 가지 수학적 개념과 논증
법 사이에 '수준'의 차이가 있다는 것이 밝혀졌고, 이를 어느 정도 객관적으
로 구분할 수 있게 되었다. 이 책에서는 현대 수학 체계의 바탕에 기반을
형성하는 내용을 기초 수학이라고 부른다. 그리고 기초 수학의 내용을 설명
하고, 그 범위가 어디까지인지, 고등 수학과의 경계선을 어디쯤 놓아야 할지
를 탐색한다.

저자의 분류에 따르면, 대수학에서 체나 벡터 공간과 같은 개념은 기초적

이지만, (비가환) 군은 고등 개념이다. 가우스 정수와 기본적인 수 체number field 등은 기초 수학과 동일선상에서 설명할 수 있지만, 대수학의 기본정리는 연속성과 중간값 정리를 활용해야 하기 때문에 수준이 좀 더 높다. 대학에서 교양 수학의 대부분을 차지하는 미적분학에는 기초적인 것과 고등적인 것이 뒤섞여 있어서 분리하기 어려운 주제가 많다. 뉴튼과 라이프니츠 이후 미적분학의 기법을 이론적으로 어떻게 이해할지에 대한 논의가 해석학 mathematical analysis을 통해 끊임없이 이어진 이유도 여기에 있다.

또한 현대 수학에서 다루는 대상의 범위가 넓어져서 계산, 조합론, 확률 등의 새로운 분야가 기초 수학의 범위 안으로 들어왔다. 저자는 이를 반영하여 산술, 계산, 대수, 기하, 미적분, 조합론, 확률, 논리 여덟 분야에서 기초 주제와 고등 주제를 구분하여 설명한다.

여기서 원서의 'elementary mathematics'를 '기초 수학'으로 번역한 이유를 설명해야 할 것 같다. '고등 수학'에 곧바로 대비되는 용어는 '초등 수학'이지만 초등 수학은 초등학교에서 배우는 수학이라는 느낌을 지우기 어려웠다. 물론 '기초 수학'이라는 용어도 논리학 분야의 '수학 기초론'과 혼동될 여지가 있어서 어떤 번역어를 사용해도 오해의 소지가 있다. 하지만 기초적elementary이라는 개념은 논리학의 기초적foundational이라는 개념과 무관하지 않은 것도 사실이다. 독자들이 이 책을 읽으면서 '기초 수학'이 가리키는 개념과 범위를 이해해 나가기를 바란다. 이는 사실 저자가 의도하는 바이기도 하다.

우주의 원리를 탐구하는 학문들이 가지는 공통점이겠지만, 수학사에서 특히 인상적인 점은 수학자들이 한 시점에서 과거를 돌아보며 수학이라는 학문 자체의 목적과 방법, 한계와 지평에 대해 수학의 언어로 사유했다는 것이다. 이런 전통의 흐름에서 현대 수학의 위치를 이해하는 데 이 책이 도움이 되기를 바란다.

이 책은 과거로부터 현재에 이르는 방대한 양의 수학 이론을 물 흐르듯이 소개하고 있다. 교양서적의 주제는 대체로 수학사의 유명한 에피소드나 대중의 관심을 불러일으킬 만한 주제로 국한되는 경우가 많다. 예를 들어 펠 방정식의 해법이나 정규분포의 중심극한정리에 대한 증명은, 교양서적은 물론 대학의 입문서에서도 찾아보기 어렵다. 하지만 이러한 것들이야말로 수학에 관심 있는 사람이라면 누구나 알아야 하는 교양이라고 생각한다. 또한, 이 책은 논리학에 대해서도 비중 있게 다루어 튜링 기계의 개념과 명제 논리의 완전성 정리의 증명 또한 제시한다. 현대 수학에서 논리학과 계산 이론이 차지하는 중요성이 강조된 것으로 이해하면 좋을 것이다.

마지막으로, 이 책이 출간된 2015년까지의 최신 수학 뉴스가 잘 반영되었다는 점을 짚고 싶다. '최신 수학'을 다루는 것이 이 책의 주목적은 아니지만, 현재 시점에서 '기초 수학'을 이해하는 데 필요한 최신의 내용을 두루 소개하고 있다. 혹 책의 부제 때문에 20세기 초중반까지의 수학을 다루었을 것이라고 짐작한 독자는 그 이후의 수학적 발전을 곳곳에서 발견하게 될 것이다.

'기초 수학'에 대한 책이지만 전 분야의 수학을 다루고 있어서 수학자들조차도 자신의 세부 전공을 벗어난 분야에 대한 논의는 생소할 수 있다. 사실 번역자들 또한 같은 경험을 했다. 하지만 수학에 관심을 가지고 끈기 있게 읽어나간다면 핵심적인 내용들을 이해할 수 있을 것이다. 다루는 내용이 많아 설명이 충분하지 않은 경우에는 역주를 추가하여 이해를 돕고자 했다. 멋진 아이디어를 이해했을 때의 희열과 수학의 매력을 독자들도 함께 느끼고, 나아가서 현대 수학의 체계를 조망하는 값진 경험을 할 수 있기를 바란다.

⌁ 서 문 ⌁

이 책은 클라인Felix Klein의 책 『고등적인 관점에서 본 기초 수학Elementary Mathematics from an Advanced Standpoint』의 출판 100주년을 맞아 2008년에 기고한 글에서 시작되었다. 나는 기초 수학에 대한 클라인의 관점이 놀라울 정도로 현대적이라는 느낌을 받았다. 기고문에서는 그의 관점에 현대 수학의 빛을 비추면 어떤 변화가 생길 것인지 몇 가지 논평을 했다. 이를 다시한 번 돌아보면서 깨달은 것은, 오늘날 기초 수학을 논의한다면 21세기의 관점에서 기초적인 주제들을 추가해야 함은 물론, '기초적'이라는 용어에 대해 클라인의 시대에 가능했던 것보다 더 명확한 설명을 내놓아야 한다는 점이다.

그리하여 이 책의 첫 번째 목표는 기초 수학과 그 안의 보물을 조망하는 것이다. 때로는 '고등적인 관점'에서 바라보기도 하겠지만 가능하면 기초적인 관점을 유지하고자 한다. 고등학교 수준의 수학 실력을 갖춘 독자는 이책을 대부분 이해할 수 있겠지만, 주제가 넓은 범위에 걸쳐 있어서 조금은 어려울 수도 있다. 하디Hardy(1942)는 쿠랑과 로빈스Courant and Robbins(1941)의 책 『수학은 무엇인가?What Is Mathematics?』를 비평하면서 이렇게 말했다. "어려움이 없이 읽히는 수학 책은 무가치하다."

이 책의 두 번째 목표는 '기초적'이라는 말이 무슨 뜻인지 설명하는 것이다. 달리 말하면, 왜 수학의 어떤 논의가 다른 것에 비해 '더 기초적'으로 보이는지 그 이유를 설명하는 것이다. 기초적이라는 개념은 수학이 발전함에 따라 계속 변화해왔다고 보는 것이 타당하다. 실제로 오늘날 기초 수학의 일부로 여기는 어떤 주제는 그 동안의 엄청난 발전이 그 주제를 기초적으로 만들었기 때문에 그렇게 된 것이다. 페르마Fermat와 데카르트Descartes가 대수를 기하에 적용한 것이 발전의 한 예다. 한편 어떤 개념은 끈질기게 어려운 주제로 남아 있다. 예를 들면 실수의 개념은 유클리드 시대 이후로 늘 두통을 유발하는 골칫거리였다. 20세기 논리학이 발전하면서 실수의 개념이 고등적인 개념으로 남아 있을 수밖에 없는 이유를 설명할 수 있게 되었다. 이에 대해서는 이 책의 뒷부분에서 차차로 논의해나갈 것이다. 우리는 기초 수학이 실수의 개념과 여러 방향에서 충돌하는 양상을 살펴보고, 논리학이 실수와 함께 무한의 고등적인 성격을 밝혀내는 것을 여러 측면에서 보게 될 것이다.

이 책의 구성은 다음과 같다. 1장에서는 기초적인 수준에서 중요한 여덟 가지 주제인 산술, 계산, 대수, 기하, 미적분, 조합, 확률 그리고 논리를 간략히 소개하고 몇 가지 예를 살펴본다. 이어지는 여덟 장에서는 각각의 주제로 깊이 들어가서 기본 원리를 살펴본 후 몇 가지 흥미로운 문제들을 풀어보고, 주제들 사이의 관계를 살펴본다. 대수가 기하에 사용되고, 기하는 산술에, 조합은 확률에, 논리는 계산에 사용되는 식으로 말이다. 아이디어들이 촘촘하게 맞물려 있는데, 기초적인 수준에서도 그렇다! 각 장의 마지막에는 아이디어들이 어디서부터 왔고 어떻게 기초 수학의 개념들을 만들어냈는지에 대한 역사적 및 철학적 논의를 보완했다.

기초 수학의 범위와 한계를 탐구하다 보면 이따금 고등 수학의 경계선을 넘어갈 수밖에 없다. 이러한 침투가 발생할 경우, 고등적인 개념을 건드리는 절에는 제목에 (*) 표를 붙여두었다. 마지막으로 10장에서는 본격적으로 경계를 넘어, 앞선 여덟 장에서 다룬 주제 각각에 대해 기초 수학을 넘어선 예를 제시한다. 이를 통해 앞의 기초적인 장에서 제기된 질문에 답하면서, 무한의 영역으로 발을 조금만 떼어놓음으로써 기초적인 접근법으로는 해결할 수 없는 흥미로운 문제들을 풀 수 있음을 보이겠다.

이 책이 기초 수학에 대한 신선한 관점을 제시하기를 바란다. 이 책의 새로움은 어떤 정리가 '더 고등적'이라거나 '더 깊다'는 것이 무슨 의미인지를 진지하게 탐구하는 데 있다. 지난 40년 동안 역수학reverse mathematics 분야에서는 각각의 정리에 대해 그 정리를 증명하기 위해 필요한 공리의 강도에 따라 분류해 왔는데, 여기서 '강도'는 그 공리가 무한에 대해 얼마나 많은 것을 가정하는지에 따라 측정된다. 이러한 방법론으로 역수학은 기초 해석학의 많은 정리들, 즉 실수의 완비성, 볼차노-바이어스트라스 정리, 브라우어 고정점 정리 등을 분류했다. 이제 우리는 이 정리들이 예컨대 기초적인 수론보다 더 고등적이라고 확정적으로 말할 수 있는데, 그 이유는 이들이 더 강한 공리계에 근거하고 있기 때문이다.

그래서 기초 수학 너머를 살펴보려 할 때 처음으로 봐야 할 것은 해석학이다. 해석학은 기초 미적분의 범위를 확정하며, 또한 무한과정이 개입되는 다른 분야에 대해 기초의 범위를 확정한다. 대수학에서는 대수학의 기본정리가 그 예이며, 조합론(또한 위상수학 및 논리학)에서는 쾨니히 무한 보조정리가 그 예다. 무한이 고등 수학을 결정하는 유일한 요소는 아니겠지만, 아마도 가장 중요하면서 우리가 가장 잘 이해하는 요소일 것이다.

논리와 무한이 기초 수학을 다루는 책에 담기에 벅찬 주제임은 사실이지만, 이에 대해 친절하게 점진적으로 접근하려고 했다. 깊은 아이디어는 꼭 필요할 때만 등장할 것이며, 수학의 논리적 기초에 대해서는 9장에 가서야 다루고자 한다. 9장에 다다르기까지는 그 가치를 이해하게 되길 바란다. 나는 이런 점에서 (그리고 그 밖의 많은 면에서도) 클라인Klein(1932)에 동의한다.

> 실제로 수학은 나무처럼 자라왔다. 조그만 뿌리로부터 위로만 자라나기보다는, 뿌리를 점점 깊이 박으면서 동시에 같은 비율로 가지와 이파리들이 위로 뻗어 나가는 방식으로 말이다.

9장에서는 수학의 뿌리들을 충분히 살펴봄으로써 이들이 기초 수학에

자양분을 대면서 동시에 높은 가지들을 키우기도 하는 것을 볼 수 있기를 바란다.

이 책이 수학의 기초에 관심이 있는 예비 수학도와 교사, 수학자에게 흥미로운 책이 되기를 바란다. 대학을 준비하는 학생들은 이 책을 통해, 미리 알아두면 유용한 것들에 대해 조망하면서 앞으로 마주치게 될 주제들을 흘낏 일별할 수 있다. 대학에서 강의하는 수학자들에게 이 책은, 학생들이 알기를 바라지만 실은 우리 자신도 썩 잘 알지 못하는 주제에 대한 보충의 기회가 될 수 있겠다.

감사의 말 이 책이 나오게 된 아이디어의 씨앗을 제공해 준 한센Vagn Lundsgaard Hansen과 그레이Jeremy Gray에게 감사드린다. 이들은 클라인에 대한 글을 내게 의뢰했으며, 이후에 비슷한 방향으로 책을 쓸 것을 제안해 주었다. 언제나처럼, 아내 일레인Elaine의 지칠 줄 모르는 교정 작업과 격려에 감사를 전한다. 또한 오류를 바로 잡고 조언해준 홀턴Derek Holton, 루파치니Rossella Lupacchini, 라이저Marc Ryser, 그리고 두 명의 심사 위원께 감사드린다. 샌프란시스코 대학교로부터 지속적인 지원을 받았으며, 케임브리지 대학교의 DPMMSDepartment of Pure Mathematics and Mathematical Statistics 시설을 활용하여 이 책의 일부를 집필할 수 있었다. 마지막으로, 이 책이 나오기까지 모든 측면을 완벽하게 조율해준 컨Vickie Kearn과 프린스턴 대학교 출판부에 특히 감사드린다.

2015년 7월 2일 케임브리지,
존 스틸웰

1

기초 주제

들어가는 말

이 장에서는 이 책에서 '기초적'으로 여기는 수학 분야들을 소개한다. 이 분야들은 수학 교육사에서 언젠가부터 기초적이라 여겨졌고 오늘날에도 학교에서 가르치고 있지만 '고등적인' 관점에서 설명해야 할 신비와 어려움을 간직하고 있다. 우리가 살펴볼 분야들은, 클라인Klein(1908)이 생각했던 주제들인 산술, 대수, 해석 및 기하 분야와 함께 1908년에는 배아의 형태에 불과했지만 오늘날은 매우 발전한 몇몇 다른 주제들이다.

따라서 클라인과 마찬가지로 산술, 대수, 기하에 대한 절을 다룬 후 그가 '해석'이라고 불렀던 주제를 '미적분'이라는 제목으로 다룰 것이다. 이어서 지난 세기에 와서야 성숙한 분야인 계산, 조합, 확률, 논리를 다룰 것이다.

오늘날에는 계산이 기초적인 단계를 포함한 모든 단계에서 수학을 비추고 있음이 분명해졌다. 계산의 친척인 조합은 매우 기초적인 면이 있기에, 우리 논의에 포함할 이유가 충분하다. 더 고전적인 두 번째 이유는 조합이 확률로 가는 관문이라는 것이며, 확률은 기초적인 뿌리를 갖는 또 다른 주제이다.

마지막으로 논리에 대한 주제를 다룬다. 논리는 수학의 심장이지만, 많은 수학자는 논리를 수학적인 주제로 여기지 않았다. 이런 견해는 논리학의 정리가 전무하진 않더라도 거의 없었던 1908년에는 그럴 수 있었다 해도 오늘날은 더는 유지될 수 없다. 논리학은 수학에서 가장 흥미로운 정리들 몇몇을 포함하고 있으며, 계산 및 조합과 뗄 수 없는 관계로 연결되어 있다. 이제는 새로운 삼인조인 계산-조합-논리를 오래된 삼인조인 산술-대수-기하와 함께 기초 수학의 주제로 진지하게 논의할 때가 되었다.

1.1 산술

기초 수학은 셈에서 시작한다. 아마도 처음에는 손가락으로, 그 다음에는 '하나, 둘, 셋, ⋯'으로, 그리고 초등학교에서는 1, 2, 3, 4, 5, 6, 7, 8, 9, 10, ⋯과 같이 기호를 이용해 셈한다. 십진법 기호는 그 자체로 심오한 아이디어를 담고 있으며, 수에 대한 멋지고도 어려운 문제를 많이 만들어낸다. 정말 그럴까? 그렇다. 전형적인 수, 예컨대 3671은 무슨 의미인지 생각해 보자. 이 기호는 세 개의 천, 여섯 개의 백, 일곱 개의 십, 그리고 하나의 단위 수를 더한 것을 나타낸다.

$$3671 = 3 \times 1000 + 6 \times 100 + 7 \times 10 + 1$$
$$= 3 \times 10^3 + 6 \times 10^2 + 7 \times 10 + 1$$

따라서 십진법으로 표기된 수를 알기 위해서는 덧셈, 곱셈과 지수의 개념을 이해해야 한다!

숫자들과 숫자들이 나타내는 수의 관계는 수학과 삶에서 공통으로 발견되는 **지수적 증가** 현상이다. 아홉 개의 양수들(1, 2, 3, 4, 5, 6, 7, 8, 9)은 한 자리 수이고, 90개의 양수들(10, 11, 12, ..., 99)은 두 자리 수이며, 900개의 양수들은 세 자리 수이다. 주어진 수에 숫자를 하나 추가함으로써 우리가 표기할 수 있는 양수의 개수를 열 배로 늘릴 수 있으며, 따라서 우리가 마주치는 물리적 대상의 개수가 얼마가 되었든 적은 개수의 숫자들로 표현할 수 있다. 대여섯 자리면 축구 경기장 수용인원을 표기할 수 있으며, 여덟 자리로 도시의 인구를, 열 자리로 전 세계 인구를, 아마도 100자리 정도로 우주 내의 알려진 기본 입자의 개수를 표기할 수 있다. 세계에는 큰 수들이 널렸기 때문에 그 수들을 표현할 수 있는 기호 체계를 개발해야만 했다.

큰 수들을 적은 개수의 숫자들로 쓸 수 있다는 것은 조그만 기적이지만, 대가가 있다. 큰 수들을 더하고 곱하려면 표기하는 숫자들을 적절히 조작해야 하는데, 이는 단순한 작업이 아니다. 여러분은 이 작업을 어떻게 하는지 초등학교에서 배웠겠지만, 어린 학생들은 십진법 숫자의 덧셈과 곱셈을 배우고 나면 더는 수학에서 배울 게 별로 없으리라는 느낌을 받기도 한다. 아마도 남은 건 더 큰 수에 대한 공부(?) 정도일 것이다. 우리가 지수 계산을 대충 훑고 지나가는 건 천만다행인데, 큰 수의 지수 계산은 실제로는 불가능하기 때문이다! 손으로 $231 + 392 + 537$을 계산하려면 몇 초, $231 \times 392 \times 537$을 계산하려면 몇 분이면 되겠지만, 다음과 같은 수를 표기하려면 원자의 개수만큼 자릿수가 필요해서 알려진 우주 안에서 적는 것이 불가능하다.

$$231^{392^{537}}$$

더 짧은 길이의 수들, 예컨대 한 쪽에 쓸 수 있을 만한 수의 곱셈 문제 중에도 풀이를 모르는 문제들이 있다. 한 예는 주어진 수의 약수들을 찾는 **소인수분해**factorization 문제이다. 예컨대 1000자리 수는 500자리 수 두 개의 곱일 수 있다. 그렇게 곱하는 방법의 수는 대략 10^{500}개 정도인데, 주어진 1000자리 수가 그중 어떤 것인지 알기 위해서는 이 곱셈들을 하나씩 확인해 보는 것보다 썩 나은 방법이 없다.

같은 맥락의 문제인 소수prime number 확인 문제를 생각해 보자. 1보다 큰 수 중에 더 작은 수들의 곱으로 쓸 수 없는 수를 소수라 한다.[1] 소수를

---

1) 역주: 과거에는 1 미만의 수들을 표기할 때 사용하는 소수decimal와 구별하여 솟수로 표기했으나, 현재의 맞춤법에서는 소수로 표기한다.

작은 것부터 차례로 나열하면 다음과 같다.

$$2, \ 3, \ 5, \ 7, \ 11, \ 13, \ 17, \ 19, \ 23, \ 29, \ 31, \ \dots$$

소수는 무한히 많으며(2장), 큰 소수를 찾는 것은 상대적으로 쉬워 보인다. 예컨대 울프람 알파Wolfram Alpha 웹사이트에서 다음 소수들을 찾아볼 수 있다.

$$10^{10} \text{ 다음의 소수} \ = \ 10^{10} + 19$$

$$10^{20} \text{ 다음의 소수} \ = \ 10^{20} + 39$$

$$10^{40} \text{ 다음의 소수} \ = \ 10^{40} + 121$$

$$10^{50} \text{ 다음의 소수} \ = \ 10^{50} + 151$$

$$10^{100} \text{ 다음의 소수} \ = \ 10^{100} + 267$$

$$10^{500} \text{ 다음의 소수} \ = \ 10^{500} + 961$$

$$10^{1000} \text{ 다음의 소수} \ = \ 10^{1000} + 453$$

그러니까 최소한 1000자리의 소수를 곧바로 찾을 수 있다. 더욱 놀라운 것은, 1000자리의 어떤 수에 대해서도 그 수가 소수인지 여부를 알아낼 수 있다는 것이다. 큰 수의 소수 판정이 가능하다는 것도 놀랍지만(최근에야 알려졌다) 소수가 아니라는 사실을 소인수들을 찾지 않고도 알아낼 수 있다는 것 또한 놀랍다. 분명히, 어떤 수가 소수가 아니라는 것을 알아내는 것보다 소인수들을 직접 찾아내는 것은 훨씬 어려운 일이다. 위에도 말했듯이, 1000자리 수들에 대해서는 소인수들을 찾을 방법을 모르고 있다.

　최근에 발견된 소수와 소인수분해에 대한 이와 같은 사실은 초등 산술의 신비로운 측면을 보여준다. 곱셈이 이토록 어렵다면, 얼마나 많은 신비로움이 숨겨져 있을까? 분명, 초등 산술을 완벽하게 이해하는 것은 초등학교에서 생각했던 것만큼 쉽지 않다. 산술을 더 명확히 하기 위해서는 고등적인 관점이 필요하며, 이를 다음 절에서 살펴보려고 한다.

1.2   계산

십진수의 덧셈과 곱셈도 특별한 계산법을 필요로 한다는 사실을 앞 절에서 보았다. 십진수의 덧셈, 뺄셈, 곱셈 규칙 및 알고리즘은 잘 알려져 있기에 여기서 다시 설명하지는 않겠다. 하지만 어떤 수들을 짝지어 더하거나 곱할 것인지, 숫자들을 어떻게 배치할 것인지, 자리올림은 언제 어떻게 하는 것인지 등 알아야 할 것들이 다수 있다는 점은 기억해야 한다. 이런 의미에서 연산 알고리즘을 배우고 이해하는 일은 대단한 성취라고 할 수 있다!

하지만 이제부터는 덧셈, 뺄셈, 곱셈 규칙이 그냥 주어졌다고 간주할 것이다. 이렇게 하는 한 가지 이유는 우리가 알고 있는 덧셈, 뺄셈, 곱셈 연산 알고리즘이 빠를 뿐만 아니라 이후에 설명될 기준에 비추어 '효율적'이기 때문이다. 그래서 덧셈, 뺄셈, 곱셈을 '효율적'으로 활용하는 어떤 알고리즘도 동일한 기준으로 '효율적'이라고 간주한다. 일부 효율적인 알고리즘은 사실 십진수가 발명되기 전인 고대부터 알려져 있었다. 대표적으로 두 수의 최대공약수를 독창적인 방식으로 계산하는 유클리드 호제법Euclidean algorithm 이 있다.

유클리드 호제법은 한 쌍의 양의 정수가 주어졌을 때 큰 수로부터 작은 수를 빼는 과정을 반복한다. 예를 들어, 13과 8을 이용하여 큰 수에서 작은 수를 빼는 과정을 반복하면 다음과 같은 결과를 얻는다.

$$13,\ 8 \ \rightarrow\ 8,\ 13 - 8 = 8,\ 5$$
$$\rightarrow\ 5,\ 8 - 5 = 5,\ 3$$
$$\rightarrow\ 3,\ 5 - 3 = 3,\ 2$$
$$\rightarrow\ 2,\ 3 - 2 = 2,\ 1$$
$$\rightarrow\ 1,\ 2 - 1 = 1,\ 1$$

빼기 과정을 반복하다가 새로 얻은 두 수가 같아지면, 바로 그 수가 처음 두 수의 최대공약수gcd이다. 위 예제의 경우 마지막 과정에서 얻은 수 1이

13과 8의 최대공약수이다. 그런데 이 방식으로 구한 수가 애초에 주어진 두 수의 최대공약수라는 사실을 어떻게 알 수 있을까? 다음 두 가지 사실에 주목해 보자. 첫째, d가 a와 b를 나눈다면, $a - b$ 또한 나눈다. 따라서 앞서 빼기 과정에서 얻는 모든 수는 a와 b의 최대공약수로 나누어진다. 둘째, 빼기 과정이 언젠가는 멈추어야 한다. 그 이유는 빼기 과정에서 생성된 새로운 두 수의 최댓값이 이전의 두 수의 최댓값보다 작아지기 때문이며, 결국에는 같은 수의 쌍이 생성되면서 빼기 과정이 멈추게 된다.

유클리드 호제법은 매우 훌륭한 알고리즘이다. 앞서 설명한 대로 유클리드 호제법이 정말로 최대공약수를 생성한다는 사실을 쉽게 증명할 수 있을 뿐만 아니라 그 생성과정이 빠르다는 사실까지도 어렵지 않게 증명할 수 있다. 정확히 말하자면 큰 수에서 작은 수를 빼는 방식 대신 큰 수를 작은 수로 나눈 나머지를 이용하여 새로운 두 수를 얻는 방식을 이용하면, 연산과정에 필요한 나눗셈의 횟수가 애초에 주어진 두 양의 정수의 자릿수의 합에 대략적으로 비례한다.

이어서 소개하는 콜라츠Collatz 알고리즘은 1930년대부터 알려졌으며 역시나 기초적인 연산만을 사용한다. 콜라츠 알고리즘은 자연수 n이 주어졌을 때 n이 짝수이면 $\frac{n}{2}$을, 홀수이면 $3n + 1$을 계산하는 과정을 숫자 1이 나올 때까지 반복한다. 지금까지 계산해 본 바에 의하면 콜라츠 알고리즘은 언젠가는 1을 계산하고 정지했다. 하지만 놀랍게도 임의의 자연수 n에 대해 콜라츠 알고리즘이 항상 정지할지 여부는 아직 알려지지 않았으며, 사람들은 이 문제를 콜라츠 문제 또는 $3n + 1$ 문제라고 부른다.

예를 들어, 6과 11에 대한 콜라츠 알고리즘 계산과정은 다음과 같다.

$$6 \rightarrow 3 \rightarrow 10 \rightarrow 5 \rightarrow 16 \rightarrow 8 \rightarrow 4 \rightarrow 2 \rightarrow 1$$
$$11 \rightarrow 34 \rightarrow 17 \rightarrow 52 \rightarrow 26 \rightarrow 13 \rightarrow 40 \rightarrow 20 \rightarrow$$
$$10 \rightarrow 5 \rightarrow 16 \rightarrow 8 \rightarrow 4 \rightarrow 2 \rightarrow 1$$

100년 전인 1910년대만 하더라도 '알고리즘'이란 개념을 수학적으로 엄밀하게 정의할 수 없었기 때문에 알고리즘 이론은 아직 존재하지 않았다. 반면에 콜라츠 문제가 알려지기 시작한 1930년대에는 알고리즘과 계산 기계computing machine에 대한 수학적 개념이 정립되고 있었으며, 소위 정지 문제halting problem가 해결불가능unsolvable하다는 사실이 밝혀졌다. 정지 문제는 임의로 주어진 알고리즘 A와 입력값 i에 대해 해당 알고리즘 계산이 언젠가는 특정 답을 내면서 정지하는지 여부를 판단하는 알고리즘이 존재하는가를 묻는 문제이다. 정지 문제의 해결불가능성이 콜라츠 문제의 해결에 도움이 되는지에 대해서는 알려진 바가 없지만 계산 이론과 논리학의 발전에 지대한 영향을 미쳤다.

1970년대에 계산 복잡도computational complexity의 중요성이 알려지면서 계산 이론이 두 번째 전환점을 맞이했다. 앞 절에서 언급하였듯이 큰 수의 지수 계산처럼 원리상 성립하지만 실제로는 수행될 수 없는 경우가 있다. 이렇듯 사람들이 계산 복잡도의 중요성을 인지하기 시작하면서 계산 분야뿐만 아니라 계산과 관련된 수학 분야 전체를 재평가하기 시작하였다. 그리고 재평가 과정에서 여전히 명확히 설명할 수 없는 새로운 현상들이 많이 발견되었다. 예를 들어, 앞 절에서 언급하였듯이 1000자리 수가 소수인지 여부는 빠르게 판단될 수 있지만, 그 수가 합성수일 경우 실제로 소인수를 찾는 문제는 경우에 따라 천문학적인 시간을 요할 수도 있다. 그리고 이러한 발견은 수학적 대상이 존재한다면 그것을 찾는 방법도 있어야 한다고 믿는 사람들에게 골칫거리가 되었다.

계산 복잡도와 관련된 많은 핵심 문제들이 아직 해결되지 않았으므로 계산 복잡도가 기초 수학에 대한 우리의 견해에 어떤 영향을 미치는지 자세히 알아둘 필요가 있다. 3장에서 계산 복잡도에 관련된 핵심 문제들과 그 문제들이 수학의 다른 분야에 미치는 영향을 살펴볼 것이다.

1.3 대수

초등 대수는 클라인 시대 이후로 큰 변화가 있었다. 그의 시대에 초등 대수는 주로 다항식을 다루는 기술로서 사차 이하 방정식의 풀이, 선형 연립방정식의 풀이 및 행렬식과 관련된 계산, 복잡한 유리식 정리하기, 이변수 다항식에 의해 정의된 곡선 연구 등을 의미했으며, 기술적으로 높은 수준까지 발전해 있었다. 크리스탈Chrystal(1904)의 『대수Algebra』나 하디Hardy(1908)의 『순수 수학 과정A Course of Pure Mathematics』 등 100년 전 예비 미적분학 교과서를 찾아보면 엄청나게 많은 문제가 있다.

예를 들어 크리스탈의 첫 연습문제는 다음 식을 간단히 하라는 것이다.

$$\left(x + \frac{1}{x}\right)\left(y + \frac{1}{y}\right)\left(z + \frac{1}{z}\right) - \left(x - \frac{1}{x}\right)\left(y - \frac{1}{y}\right)\left(z - \frac{1}{z}\right)$$

그리고 (분수의 덧셈과 곱셈을 정의한 직후) 세 번째 연습문제에서 학생들은 다음 표현이 x와 무관함을 보여야 한다.

$$\frac{x^4}{a^2 b^2} + \frac{(x^2 - a^2)^2}{a^2(a^2 - b^2)} - \frac{(x^2 - b^2)^2}{b^2(a^2 - b^2)}$$

오늘날에는 이 식들을 컴퓨터 계산기에 입력하는 것조차 나름 수준이 있는 연습문제로 여겨질 것이다.[2] 하지만 손 계산이 물러가고 추상적 관점이 부상하면서 초등 대수를 완전히 다르게 바라볼 수 있는 '더 높은 관점'이 생겼다.

즉, 구조structure와 공리화axiomatization의 관점에서 대수 법칙을 통합하고 여러 대수 체계를 그 체계 안에서 성립하는 법칙들에 의해 분류할 수 있게 되었다. 이런 관점에서 위에 제시된 크리스탈의 연습문제들은 체의 공리field axiom로 알려진 다음 대수 법칙들의 단순한 결과다.

---

2) 역주: 한국의 중고등학생들은 이 문제를 손으로 푸는 데 어려움이 없을 것이다.

$$a + b = b + a, \quad ab = ba$$
$$a + (b + c) = (a + b) + c, \quad a(bc) = (ab)c$$
$$a + 0 = a, \quad a \cdot 1 = a$$
$$a + (-a) = 0, \quad a \cdot a^{-1} = 1 \ (a \neq 0)$$
$$a(b + c) = ab + ac$$

이제는 수백만 개의 연습문제를 푸는 대신 그 문제 모두를 감싸고 있는 공리계를 이해하는 것이 대수학의 목표가 되었다. 아홉 가지의 체의 공리들은 수의 산술, 중고등학교 대수 및 기타 수많은 대수 체계를 감싸고 있다. 이러한 체계가 수학에서 일상적으로 등장하기 때문에 그들을 부르는 **체**field라는 이름이 생겼고 이에 대한 방대한 이론이 따랐다. 어떤 체계가 아홉 개의 체의 공리를 만족함을 확인하고 나면 우리는 곧바로 체에 대해 알려진 모든 이론을 (필요하다면 크리스탈의 연습문제의 공식을 포함하여) 그 체계에 적용할 수 있다. 체의 공리를 만족하는 체계를 체의 구조를 가진다고 한다. 누구나 처음 접하는 체는 $\mathbb{Q}$로 표기되는 유리수(분수)의 체계이지만 그 밖에도 많다.

지난 세기에 수학 지식이 폭발적으로 증가하면서, 이를 잘 관리할 수 있는 가장 적합한 방법이 구조의 통합, 또는 '공리로 감싸기encapsulation by axiomatization'가 되었다. 이 책에서 우리는 대수 분야에만 공리계가 있는 것이 아니라 기하, 수론, 그리고 수학 전체에 대해서도 공리계가 있음을 볼 것이다. 마지막 두 공리계[3]가 완전하지 않다는 것, 즉 두 공리계로부터 연역되지 않는 수학적 명제가 있다는 것은 사실이다. 하지만 하나의 공리계가 수학 전체를 감싸는 데까지 접근했다는 것은 주목할 만하다. 누가 수학의 광대한 세계의 거의 모든 것들이 몇 개의 기본적인 사실에서 따라 나오리라고 생각했겠는가?

대수적 구조로 돌아가서, 체의 공리에서 (효과적으로 분수의 존재를 상정

---

3) 역주: 수론과 수학 전체에 대한 공리계를 말한다.

하는) a^{-1}에 대한 공리를 빼면 **환**ring이라 부르는 더 일반적인 구조에 대한 공리계를 얻는다. 누구나 처음으로 접하는 환인 **정수** 체계는 '수'를 의미하는 독일어 Zahlen에서 따와 $\mathbb{Z}$로 표기한다. 우리가 가장 먼저 만나는 양의 정수, 또는 자연수들의 체계는 환도 아니고 체도 아니다.

$$\mathbb{N} = \{1, 2, 3, 4, 5, \ldots\}$$

자연수의 집합 $\mathbb{N}$의 두 수 m과 n의 **차**difference $m - n$을 투입함으로써 환 $\mathbb{Z}$를 얻고, 이어서 정수 m을 0이 아닌 정수 n으로 나눈 **몫** m/n을 투입함으로써 체 $\mathbb{Q}$를 얻는다. (기호 $\mathbb{Q}$는 아마도 '몫'을 의미하는 Quotient로부터 왔을 것이다.)

따라서 $\mathbb{N}$, $\mathbb{Z}$, $\mathbb{Q}$는 그들의 공리적 성질에 의해 구별될 뿐만 아니라 **닫힘 성질**에 의해서도 구별된다.

- $\mathbb{N}$은 $+$과 $\times$에 대해 닫혀 있다. 즉, m과 n이 $\mathbb{N}$ 안에 있으면 $m + n$과 $m \times n$도 $\mathbb{N}$ 안에 있다.
- $\mathbb{Z}$는 $+, -$ 과 $\times$에 대해 닫혀 있다. 특히 $0 = a - a$이 있고 각각의 원소 a에 대하여 $0 - a$, 즉 $-a$가 $\mathbb{Z}$ 안에서 의미를 가진다.
- $\mathbb{Q}$는 $+, - \times$ 과 $\div$ (0이 아닌 수에 의한 나눗셈)에 대해 닫혀 있다. 특히 0이 아닌 원소 a에 대하여 $a^{-1} = 1 \div a$가 $\mathbb{Q}$ 안에서 의미를 가진다.

정수나 유리수의 모든 성질은 자연수로부터 물려받은 것이므로, $\mathbb{Z}$나 $\mathbb{Q}$가 $\mathbb{N}$보다 왜 더 유용한지 분명해 보이지는 않을 것이다. 유용성의 근거는 그들이 어떤 면에서 '더 좋은 대수적 구조'를 가지고 있다는 데 있다. 환의 구조는 약분가능성이나 소수와 같은 주제를 다룰 때 적합한 조건이다. 한편 체의 구조는 많은 분야에서 유용하다. 대수뿐만 아니라 기하에서도 유용한데, 이에 대해 다음 절에서 살펴보자.

1.4 기하학

20세기를 지나면서 기하학이 기초 수학에서 차지하는 위치와 '기하학'의 의미에 대해 많은 논의가 있었다. 그러나 우리는 2000년이 넘는 시간 동안 논쟁의 여지 없이 확실한 자리를 지켜온 것에서 시작하고자 한다. 바로 **피타고라스 정리**이다. 잘 알려진 대로 직각 삼각형에서 빗변의 길이의 제곱은 나머지 두 변을 각각 제곱하여 합한 것과 같다는 것이 피타고라스 정리이다. 그림 1.1에서 보듯이 빗변을 한 변으로 하는 회색 정사각형의 넓이는 나머지 두 변을 각각 한 변으로 하는 검은색 정사각형의 넓이의 합과 같다.

피타고라스 정리는 전혀 자명해 보이지 않지만, 그림 1.2와 같이 놀랄 만큼 간단하게 증명할 수 있다. 왼쪽 그림에서 회색 사각형의 넓이는 큰 사각형의 넓이에서 각 모서리에 있는 삼각형 네 개의 넓이를 뺀 것과 같다. 오른쪽 그림에서 두 개의 검은색 정사각형의 넓이의 합 역시 큰 사각형의 넓이에서 삼각형 네 개의 넓이를 뺀 것과 똑같다. 그러므로 이 둘은 같다. 증명 끝!

피타고라스 정리가 기하학의 거의 모든 곳에서 등장하는 것을 생각하면, 다음 질문이 떠오른다. 어떻게 기하학을 서술해야 피타고라스 정리의 중심성이 분명해질까? 전통적인 대답은 **유클리드 원론**의 공리를 이용하는 것이다. 유클리드 『원론』 I권은 피타고라스 정리를 클라이맥스로 소개한다. 19세기까지 이 방법을 보편적으로 이용했고 오늘날에도 여전히 옹호자들이 있다. 하지만 100여 년 전에 이 방법에 엄밀함과 보편성이 다소 부족하다는 것이 밝혀졌다. 다시 말해서 유클리드의 공리 체계에 빈틈이 있어서 이 빈틈을 메우려면 상당히 많은 공리가 더 필요하고, 공리계를 많이 변형해야 하는 다른 기하학도 있다.

클라인은 기하학에서 공리를 이용하는 방법을 버리고 17세기에 데카르트가 선구적으로 시작한 방법을 따라서 대수를 통해 접근해야 한다고 생각했

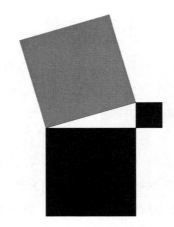

그림 1.1 피타고라스 정리

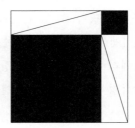

그림 1.2 피타고라스 정리의 증명

다. 대수기하학에서 평면의 점은 하나의 순서쌍 (x, y)로 표현되고, 직선과 곡선은 x와 y에 대한 다항식으로 주어진다. 점 (x, y)는 원점 O로부터 수평방향으로 x만큼, 수직방향으로 y만큼 떨어져 있기 때문에 그림 1.3과 같이 피타고라스 정리에 따라 원점으로부터의 거리를 $\sqrt{x^2 + y^2}$ 으로 정의한다.

따라서 원점으로부터 거리가 1인 점들로 이루어진 단위원은 $x^2 + y^2 = 1$ 로 표현된다. 일반적으로 중심이 (a, b)에 있고 반지름이 r인 원의 식은 $(x-a)^2 + (y-b)^2 = r^2$이다.

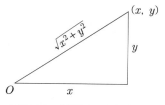

그림 1.3 원점으로부터의 거리

대수적 접근법의 문제는 너무 멀리 가버릴 수 있다는 것이다. 유클리드 기하학의 개념만을 정확하게 포착하는 방정식의 허용범위를 자연스럽게 설정할 수 없다. 수식을 일차식으로 제한하면 직선밖에 표현하지 못한다. 이차식으로 확장하면 타원, 포물선, 쌍곡선의 모든 이차 곡선들을 모두 얻지만 유클리드는 원만 다뤘다. 하지만 정확히 딱 맞게 멈추는 다른 대수 개념이 있다. 바로 **내적이 있는 벡터 공간**이다. 벡터 공간의 일반적인 정의는 4장에서 다루기로 하고, 여기서는 유클리드 평면의 기하학에 해당하는 이차원 실 벡터 공간 $\mathbb{R}^2$을 살펴보자.

모든 실수의 집합을 $\mathbb{R}$라 하자. 집합 $\mathbb{R}$에 대한 것은 다음 절에서 더 이야기할 것이고 다만 기하적으로 $\mathbb{R}$는 직선의 점들의 집합이다. 이차원 실 벡터 공간 $\mathbb{R}^2$은 실수 x, y의 순서쌍 (x, y)들로 이루어진 공간이다. 두 순서쌍을 아래와 같은 규칙으로 더할 수 있다.

$$(x,\ y) + (a,\ b) = (x + a,\ y + b)$$

또한 실수 c를 다음과 같이 순서쌍에 곱할 수 있다.

$$c(x,\ y) = (cx,\ cy)$$

이 연산에는 자연스러운 기하적 의미가 있다. (a, b)를 (x, y)에 더하는 것은 평면에서 **평행이동**하는 것을 의미한다. 즉 점 (x, y)를 수평 방향으로 a만큼, 수직 방향으로 b만큼 이동하는 것이다. 또한 실수 c를 곱하는 것은 평면 전체를 c만큼 확대하는 것이다. 앞으로 5장에서 자세히 보겠지만 이러

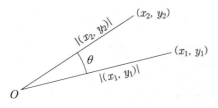

그림 1.4 두 벡터 사이의 각

한 간단한 규칙만으로도 흥미로운 정리를 증명할 수 있다. 그러나 유클리드 기하학의 성질을 모두 다 표현하려면 한 가지가 더 필요하다. 바로 다음과 같이 정의하는 **내적**이다.

$$(x_1,\ y_1) \cdot (x_2,\ y_2) = x_1 x_2 + y_1 y_2$$

$(x,\ y)$의 원점 O로부터의 거리를 $|(x,\ y)|$로 쓰자. 내적은 다음과 같은 성질이 있다.

$$(x,\ y) \cdot (x,\ y) = x^2 + y^2 = |(x,\ y)|^2$$

이와 같이 내적은 피타고라스 정리와 잘 어울리는 거리를 정의한다. 이제 거리가 있으니 각도 정의할 수 있다. 그림 1.4에서처럼 θ를 $(x_1,\ y_1)$과 $(x_2,\ y_2)$의 **사이각**이라고 하자. 그러면 아래의 식이 성립한다.

$$(x_1,\ y_1) \cdot (x_2,\ y_2) = |(x_1,\ y_1)||(x_2,\ y_2)| \cos\theta$$

내적이 있는 벡터 공간이라는 개념은 익숙함과 보편성이라는 점에서 유클리드 스타일의 공리계보다 장점이 있다. 벡터의 연산 규칙은 전통적인 대수와 유사하며, 벡터 공간과 내적은 수학의 여러 분야에서 자주 등장하기 때문에 알아두면 퍽 유용하다.

1.5 미적분학

미적분학이 초등 산술, 대수학 및 기하학과 확연하게 다른 것은 무한과정을 염두에 두기 때문이다. 어쩌면 유한과 무한 사이에 있는 아주 깊은 심연을 기준으로 '기초'와 '기초가 아닌 것'으로 분리하고 미적분학을 기초 수학에서 제외하는 것이 마땅할 수도 있다. 그러나 오늘날의 고등 교육에서 이렇게 하지는 않는다. 한 세기 전에는 미적분을 제외했지만, 무한과정을 제외하진 않았다. 학생들은 대학교에서 미적분을 배우기 전에 고등학교에서 무한수열과 친숙해졌다. 1748년으로 거슬러 올라가면, 오일러Euler(1748a)는 『무한 해석학 입문Introductio in analysin infinitorum』에서 미분과 적분을 전혀 언급하지 않으면서 무한과정을 다루었다. 사실 '미적분학 선수과목 pre-calculus'의 원래 의미는 이것이다!

무한대를 기초 수학에서 빼는 것은 그리 좋은 생각이 아닐 것이다. 대신 무한대를 미적분학 이전에 무한수열과 그 밖의 무한과정을 통해 배우는 것이 좋을지 아니면 이후가 좋을지 고민해 보자.

무한대를 먼저 배우는 것에 대해서는 할 이야기가 많다. 무한수열은 초등 산술과 기하학에서 매우 자연스럽게 나타난다. 예를 들어 미적분학이 만들어지기 훨씬 이전에 유클리드와 아르키메데스도 이미 무한대를 사용했다. 이보다 가까운 과거엔 스테빈Stevin(1585a)이 무한 소수를 도입했는데 이것도 미적분학이 만들어지기 이전이다. 무한 소수는 무한 수열의 전형적인 예로 분수의 개념을 확장한 것이기 때문에 오늘날의 학생들이 가장 쉽게 수용할 수 있는 무한과정일 것이다.

무한 소수는 다음과 같이 대부분의 평범한 분수를 소수로 바꿀 때 나타난다.

$$\frac{1}{3} = 0.333333\cdots$$

무한 소수는 이처럼 매우 친숙하지만 헷갈리기도 한다. 예를 하나 들어보자.

$$1 = 0.999999\cdots$$

그러나 $0.999999\cdots$은 1보다 (무한소(?) 만큼) 작아 보이기 때문에 많은 학생이 이 등식을 싫어한다. 이런 예들을 생각해보면 무한대는 미적분학 전에 다룰 수 있고, 그렇게 하는 것이 더 적합하다. 무한 소수의 정확한 의미를 생각하기 전에 재미있는 성질을 몇 가지 살펴보자. 순환하는 무한 소수는 유리수이다. 예를 들어

$$x = 0.137137137137\cdots$$

라고 하자. 양변에 1000을 곱해서 소수점을 오른쪽으로 세 칸 움직이자.

$$1000x = 137.137137137\cdots = 137 + x$$

이 방정식을 x에 대해서 풀면 $x = \dfrac{137}{999}$이다. 이 방법을 순환마디가 있는 모든 소수에 적용할 수 있다. 예를 들어

$$y = 0.31555555\cdots$$

라 하자. 그러면 $1000y = 315.555\cdots$이고 $100y = 31.555\cdots$이므로

$$1000y - 100y = 315 - 31$$

이다. $900y = 284$이므로 $y = \dfrac{284}{900}$를 얻는다.

역으로 유리수는 모두 순환하는 소수로 표현할 수 있다. (이때 유한한 자리 아래로 모두 0일 수 있다.) 왜냐하면 분수로 표현된 유리수를 소수로 표현하려고 나누기를 했을 때 나머지가 될 수 있는 수가 유한하므로 궁극적으로 같은 수가 반복될 수밖에 없다.

위에서 우리가 본 무한 소수들은 모두 기하급수이다.

$$a + ar + ar^2 + ar^3 + \cdots, \quad |r| < 1$$

그림 1.5 삼각형으로 포물선 영역의 넓이 구하기

예를 들어 $a = \dfrac{3}{10}$ 이고 $r = \dfrac{1}{10}$ 이면

$$\frac{1}{3} = \frac{3}{10} + \frac{3}{10^2} + \frac{3}{10^3} + \cdots$$

이다. 왜 '기하'급수라고 부르는지 똑 부러지는 설명은 없지만 기하학에서 자주 나타나는 것은 사실이다. 시초로 볼 수 있는 예로 아르키메데스의 포물선 영역의 넓이 구하기가 있다. 오늘날 이 문제는 미적분학을 이용해서 풀수 있지만 아래와 같이 기하급수의 합을 이용하여 풀 수도 있다.

아이디어는 포물선 영역을 무한히 많은 삼각형으로 분할해서 넓이의 합을 구하는 것이다. 그림 1.5에서처럼 매우 간단한 삼각형을 사용한다. 첫 번째 삼각형은 포물선의 양 끝점과 포물선의 중점을 꼭짓점으로 가진다. 그 다음으로 첫 번째 삼각형 아래에 두 개의 삼각형을 그리는데, 이등분된 포물선의 중점을 각각 한 꼭짓점으로 하고 첫 번째 삼각형의 두 꼭짓점을 연결하여 삼각형 두 개를 얻는다. 이런 식으로 무한히 많은 삼각형으로 포물선 영역을 채워나간다.

그림 1.5는 포물선 $y = x^2$과 $x = 1$, $x = -1$ 사이의 영역을 세 단계까지 일곱 개의 삼각형으로 채운 것을 보여준다. 첫 번째 단계의 검은색 삼각형의

기초 주제

넓이는 1이다. 두 번째 단계의 진한 회색 삼각형의 넓이의 합은 $\frac{1}{4}$이다. 세 번째 단계의 연한 회색 삼각형의 넓이의 합은 $\frac{1}{4^2}$이다. 이를 무한히 반복하면 포물면 영역의 넓이는

$$A = 1 + \left(\frac{1}{4}\right) + \left(\frac{1}{4}\right)^2 + \cdots$$

이다. 양변에 4를 곱하면

$$4A = 4 + 1 + \left(\frac{1}{4}\right) + \left(\frac{1}{4}\right)^2 + \cdots$$

이고, 첫 번째 식을 빼면

$$3A = 4$$

이다. 그러므로 넓이는

$$A = \frac{4}{3}$$

이다.

이 예는 통상적으로 적분법으로 풀어야 하는 문제를 살짝 조작하면 기하급수의 합을 구하는 문제로 바꾸어 풀 수 있다는 사실을 보여준다. 6장에서는 x에 대한 다항식을 미분하고 적분하는 기초적인 미적분학에 무한급수를 활용하여 얼마나 복잡하고 어려운 문제를 풀 수 있는지 살펴볼 것이다. 구체적으로 아래와 같은 유명한 결과를 얻을 때 기하급수가 중요하게 쓰이는 것을 볼 것이다.

$$\ln 2 = 1 - \frac{1}{2} + \frac{1}{3} - \frac{1}{4} + \cdots$$

$$\frac{\pi}{4} = 1 - \frac{1}{3} + \frac{1}{5} - \frac{1}{7} + \cdots$$

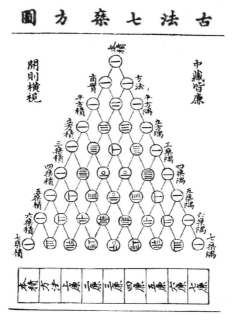

그림 1.6 주세걸Zhu Shijie(1303)의 파스칼 삼각형

```
                    1
                 1     1
              1     2     1
           1     3     3     1
        1     4     6     4     1
     1     5    10    10     5     1
  1     6    15    20    15     6     1
1     7    21    35    35    21     7     1
                   ...
```

그림 1.7 아라비아 숫자를 이용한 파스칼 삼각형

1.6 조합론

조합론의 훌륭한 예인 파스칼 삼각형은 역사적으로 여러 문화에서 발견된
다. 그림 1.6은 1303년 중국 수학에서 찾은 예이다. 그림 1.7은 이를 보통의

아라비아 숫자를 사용해 표현한 것이다.

중국 수학자들은 $(n+1)$번째 줄의 수가 $(a+b)^n$을 전개했을 때의 계수라는 것을 알았다.

$$
\begin{aligned}
(a+b)^1 &= a+b \\
(a+b)^2 &= a^2 + 2ab + b^2 \\
(a+b)^3 &= a^3 + 3a^2b + 3ab^2 + b^3 \\
(a+b)^4 &= a^4 + 4a^3b + 6a^2b^2 + 4ab^3 + b^4 \\
(a+b)^5 &= a^5 + 5a^4b + 10a^3b^2 + 10a^2b^3 + 5ab^4 + b^5 \\
(a+b)^6 &= a^6 + 6a^5b + 15a^4b^2 + 20a^3b^3 + 15a^2b^4 + 6ab^5 + b^6 \\
(a+b)^7 &= a^7 + 7a^6b + 21a^5b^2 + 35a^4b^3 + 35a^3b^4 + 21a^2b^5 + 7ab^6 + b^7
\end{aligned}
$$

두 개의 항을 가진 $a+b$로부터 얻은 수들이기에 파스칼 삼각형의 $(n+1)$번째 줄의 수들을 **이항 계수**라고 부르고 $\binom{n}{0}, \binom{n}{1}, ..., \binom{n}{n}$으로 쓴다. 그림 1.7을 자세히 보면 $(n+1)$번째 줄의 $\binom{n}{k}$는 바로 위 n번째 줄의 $\binom{n-1}{k-1}$과 $\binom{n-1}{k}$의 합과 같다. 이항 계수의 이런 성질은 대수로 쉽게 설명된다. $\binom{6}{3}$을 예로 들면, 정의에 의해

$$
\binom{6}{3} = (a+b)^6 \text{의 } a^3b^3 \text{의 계수}
$$

이고, 다른 한편 $(a+b)^6 = a(a+b)^5 + b(a+b)^5$이다. 따라서 $(a+b)^6$을 전개할 때 a^3b^3은 $a \cdot a^2b^3$과 $b \cdot a^3b^2$이라는 두 가지 방식으로 나타난다. 따라서

$$
\begin{aligned}
\binom{6}{3} &= (a+b)^5 \text{의 } a^2b^3 \text{의 계수} + (a+b)^5 \text{의 } a^3b^2 \text{의 계수} \\
&= \binom{5}{2} + \binom{5}{3}
\end{aligned}
$$

이다. 여기서 $a^3 b^3$ 항을 $a(a+b)^5$과 $b(a+b)^5$의 조합으로 생각하는 조합론의 아이디어를 엿볼 수 있다. 이제 조합론을 본격적으로 이용하여 일반항 $a^k b^{n-k}$를 어떻게 $(a+b)^n$의 n개의 인수 $(a+b)$에서 얻는지 살펴보자. 항 $a^k b^{n-k}$는 a를 k번, b를 $n-k$번 뽑아서 얻는다. 그래서 $a^k b^{n-k}$의 계수는

$$\binom{n}{k} = 원소가\ n개인\ 집합에서\ k개를\ 선택하는\ 방법의\ 수$$

이다. 기호 $\binom{n}{k}$를 'n개에서 k개를 선택하는 경우의 수'로 읽고

$$\binom{n}{k} = \frac{n(n-1)(n-2)\cdots(n-k+1)}{k!}$$

라는 공식을 얻을 수 있다.

왜 그런지 보기 위해 우선 원소가 n개인 집합에서 k개를 순서대로 뽑는 경우를 생각해 보자. 첫 번째 것을 뽑을 때 선택할 수 있는 방법은 n가지이다. 첫 번째 것을 뽑고 나면 원소가 $n-1$개 남기 때문에 두 번째 것을 뽑을 때 선택할 수 있는 방법은 $(n-1)$가지이고, 뽑고 나면 원소가 $(n-2)$개 남는다. 계속 반복해서 마지막 k번째 것을 뽑을 때 선택할 수 있는 방법은 $(n-k+1)$가지이다. 이렇게 k개를 순서대로 뽑는 방법은 $n(n-1)\cdots(n-k+1)$가지이다. 그런데 순서는 상관이 없고 결과적으로 뽑힌 k개의 원소의 집합만이 의미가 있으므로 같은 k개의 원소가 순서를 달리해서 뽑힌 경우의 수인

$$k! = k(k-1)(k-2)\cdots 3\cdot 2\cdot 1$$

로 나누어야 한다. 이렇게 하여 이항 계수 $\binom{n}{k}$를 계산하는 공식을 얻는다.

$(a+b)^n$의 전개식의 계수로 정의한 이항 계수와 위에서 얻은 이항 계수의 공식을 함께 적용하면 아래의 **이항 정리**를 얻는다.

$$(a+b)^n = a^n + na^{n-1}b + \frac{n(n-1)}{2}a^{n-2}b^2$$

$$+ \frac{n(n-1)(n-2)}{3 \cdot 2}a^{n-3}b^3 + \cdots + nab^{n-1} + b^n$$

여기서 $a = 1$이고 $b = x$로 둔 특별한 경우도 역시 이항 정리라고 부른다.

$$(1+x)^n = 1 + nx + \frac{n(n-1)}{2}x^2$$

$$+ \frac{n(n-1)(n-2)}{3 \cdot 2}x^3 + \cdots + nx^{n-1} + x^n$$

지금까지 이항계수 $\binom{n}{k}$를 계산하는 두 가지 방법, 즉 공식을 이용하는 것과 파스칼 삼각형을 이용하는 것을 살펴보았다. 또한 수열 $\binom{n}{0}$, $\binom{n}{1}$, ..., $\binom{n}{n}$을 $(1+x)^n$을 전개하여 얻는 각 항의 계수로 간단히 포착해냈다. 여기서 $(1+x)^n$과 같이 수열을 계수로 포착하는 함수를 그 수열의 **생성함수** generating function라고 한다. 즉 $(1+x)^n$은 이항 계수들로 이루어진 수열 $\binom{n}{0}$, $\binom{n}{1}$, ..., $\binom{n}{n}$의 생성함수이다.

7장에서 조합론에 나오는 다른 수열의 생성함수를 살펴볼 것이다. 많은 경우 무한 수열이며, 조합론도 미적분학처럼 무한 수열에 기대고 있다.

조합론은 때때로 '유한 수학'이라고 부른다. 기초 수준에서는 유한개의 대상을 주로 다루기 때문이다. 그러나 유한개로 이루어진 대상들이 무한히 많이 존재하기 때문에 모든 유한한 것이 갖는 성질을 밝히는 것은 결국 무한한 것의 성질을 다루는 문제이다. 그래서 궁극적으로는 기초 수학에서 무한을 제외해서는 안 된다. 이에 대해 1.8절에서 좀 더 살펴볼 것이다.

1.7 확률

두 선수 모두 한 세트를 이기는 게임 수에 미달했을 때,
(추가 경기 없이 해산할 경우) 산술 삼각형으로부터 각자
부족한 게임 수에 따라 배당을 결정하는 방법

파스칼Pascal(1654), 464쪽

인류가 도박을 시작한 이래로 확률이라는 개념은 막연히 있어 왔지만, 수백 년 전까지는 수학이 다루기에 너무 제멋대로인 개념으로 여겨져 왔다. 이러한 믿음은 카르다노가 우연의 게임에 대한 입문서인 『우연의 게임에 관한 책Liber de ludo aleae』을 집필하던 16세기 무렵 바뀌기 시작했다. 그러나 카르다노의 책은 1663년에야 출판되었는데, 그즈음에는 파스칼Pascal(1654)의 판돈 분배 문제 해법이나 확률 이론에 대해 처음으로 출간되었던 호이겐스 Huygens(1657)의 책과 같은 수학적 확률 이론이 본격적으로 논의되고 있었다.

파스칼의 해법은 간단한 예를 통해 설명할 수 있다. 선수 I과 II가 공정한 동전을 몇 차례 던졌을 때, 일정 횟수를 먼저 맞춘 사람이 승자가 되기로 합의했다고 하자. 어떤 이유로 (경찰이 문을 두드려서?) 이 경기가 n번을 남겨두고 중단되었고, 이 시점에서 선수 I이 k번 더 맞춰야 이길 수 있었다고 하자. 선수들은 이 게임에 걸린 판돈을 어떻게 분배해야 할까?

파스칼은 판돈을 다음 비율로 나눠야 한다고 논했다.

(I이 이길 확률) : (II가 이길 확률)

매번 게임의 시행에서 I이 이기거나 II가 이길 가능성이 똑같으므로 이 확률 은 다음 비율에 따른다.

(n번 시행 중에서 I이 k번 이상 이기는 일이 발생하는 빈도) :
(n번 시행 중에서 I이 k번보다 적게 이기는 일이 발생하는 빈도)

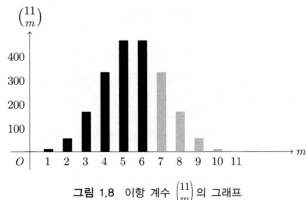

그림 1.8 이항 계수 $\dbinom{11}{m}$ 의 그래프

이제 문제는 조합의 문제로 환원되었다. n개의 집합에서 k개 이상을 선택하는 방법은 얼마나 많은가? 이에 대해서는 이항 계수가 답을 준다.

$$\binom{n}{n}+\binom{n}{n-1}+\cdots+\binom{n}{k}$$

따라서 확률의 비율, 즉 판돈을 나눠야 할 비율은 다음과 같다.

$$\binom{n}{n}+\binom{n}{n-1}+\cdots+\binom{n}{k} \;:\; \binom{n}{k-1}+\binom{n}{k-2}+\cdots+\binom{n}{0}$$

n과 k가 비교적 작은 경우에도 이항 계수 없이는 이 비율의 계산이 쉽지 않을 뿐더러 표현하기조차 어렵다. 예를 들어 $n=11$이고 $k=7$이라고 해 보자. 그림 1.8은 $\dbinom{11}{m}$에 대해 $m=0$부터 11까지 그 값을 나타낸 막대 그래프이다. 이 값은 1부터 462까지 나타나고, $m \geq 7$인 경우는 회색으로 표시되었다. 따라서 이 경우 회색 영역과 검정 영역의 비율을 알아야 한다. 계산하면 다음과 같다.

$$\binom{11}{7}+\binom{11}{8}+\binom{11}{9}+\binom{11}{10}+\binom{11}{11}=330+165+55+11+1$$
$$=562$$

모든 이항 계수 $\binom{11}{k}$들의 합은 $(1+1)^{11} = 2^{11} = 2048$이고, 따라서 다른 쪽 비율은 $2048 - 562 = 1486$이다. 그러므로 이 경우 판돈의 $\frac{562}{2048}$는 선수 I에게 돌아가고 $\frac{1486}{2048}$은 선수 II에게 돌아가야 한다.

n과 k가 커질수록 이항 계수는 급속도로 빠르게 커진다. 실제로 그 총합인 2^n은 지수함수적으로 증가한다. 하지만, n이 커질 때 흥미로운 일이 발생한다. 수직 방향으로 축척을 조정하면 이항 계수들의 그래프의 모양이 다음의 연속적인 곡선에 근사해 간다.

$$y = e^{-x^2}$$

이것은 미적분을 포함하는 고등적인 확률론이며, 8장에서 좀 더 다루고 10.7절에서 증명하고자 한다.

1.8 논리학

수학의 가장 특징적인 면은 논리를 이용해 증명한다는 것이다. 이에 대한 구체적인 설명은 9장으로 미루고 여기서는 논리 중 가장 수학적인 부분인 수학적 귀납법에 대해서만 논의하겠다. **수학적 귀납법**은 무한에 대해 논리를 전개하는 가장 단순한 원리다. 일상생활에서 몇 가지 특수한 사건들로부터 (종종 잘못된) 일반적인 결론을 이끌어내곤 하는 '불완전한 귀납법'과 구별하기 위해 수학적 귀납법을 **완전 귀납법**이라 하기도 한다. 귀납법에 의한 증명의 근거는 자연수 0, 1, 2, 3, 4, 5, ⋯ 의 귀납적 성질, 즉 임의의 자연수는 0에서 시작하여 반복적으로 1을 더해 감으로써 도달할 수 있다는 데 있다.

귀납적 성질로부터 모든 자연수에 대해 참인 어떠한 성질 P도 다음 두 단계로부터 증명될 수 있다.

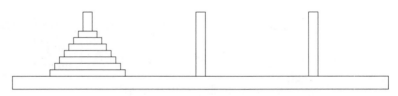

그림 1.9 하노이 탑

기초 단계 성질 P가 0에 대해 성립함을 증명한다.

귀납 단계 성질 P가 각 자연수로부터 그 다음 수로 '퍼져간다'. 즉, P가 n에 대해 성립하면 P가 $n+1$에 대해서도 성립한다.

경우에 따라 반드시 0에서 시작해야만 하는 것은 아니다. 어떤 성질 P가 자연수 중 예컨대 17부터 그 이상의 모든 수에 대해 성립함을 보이고자 한다면, 기초 단계는 P가 17에 대해 성립함을 보이는 것이 된다.

귀납법은 자연스러운 (그리고 필연적인) 증명 방법일 뿐 아니라, 종종 놀라울 정도로 효과적이다. 이유는 귀납법이 P가 각각의 n에 대해 성립하는 구체적인 이유를 '숨기기' 때문이다. 우리는 왜 P가 시작하는 값에서 성립하는지와 왜 각 수로부터 그 다음 수로 퍼져가는지를 이해하기만 하면 된다. 예를 들어, **하노이 탑**으로 알려진 고전적인 조합론 문제를 생각해 보자(그림 1.9).

못 세 개가 박힌 판자가 있다. 하나의 못에는 원판 n개의 무더기가 쌓여 있는데, 그 원판들의 반지름은 위로 갈수록 점점 작아진다. (원판들은 중심에 구멍이 뚫려서 못에 잘 걸려 있다.) 문제의 요구사항은 모든 원판을 다른 못으로 옮기되, 한 번에 한 개씩만 옮길 수 있으며, 큰 원판은 작은 원판 위에 올라가면 안 된다는 것이다.

먼저 $n=1$이라 해 보자. 원판 하나만 있으면 당연히 한 원판을 다른 못에 옮김으로써 문제가 풀린다. 따라서 이 문제는 $n=1$일 때 풀렸다. 이제 $n=k$개의 원판일 때 문제가 풀렸다고 가정하고 $k+1$개의 원판이 있을 때 어떻게 해야 하는지 생각해 보자. 먼저, k개의 원판일 때의 해법을 이용하여 무더기의 위쪽 k의 원판을 다른 못, 예컨대 가운데 못으로 옮긴다. 이렇게 하면 왼쪽 못에는 제일 아래의 원판만 남게 되며, 이를 비어 있는 오른쪽 못으로 옮길 수 있다. 그리고 나면 k개의 원판에 대한 해법을 다시 이용하여 가운데 못에 있는 k개의 원판 무더기를 오른쪽 못으로 옮길 수 있다. 해냈다!

이 증명의 장점은 우리가 n개의 원판을 어떻게 옮길지 알 필요가 없다는 것이다.[4] 그저 옮길 수 있다는 것만 알면 된다. 원판이 서너 개만 되어도 옮기는 작업은 꽤 복잡할 수 있다. 실제로 n개의 원판 무더기를 옮기려면 $2^n - 1$번의 이동 작업이 필요하며, 이에 대한 증명은 위와 비슷하게 귀납법을 쓰면 된다.

기초 단계 1개의 원판을 옮기려면 물론 $1 = 2^1 - 1$번의 이동 작업이 필요하다.

귀납 단계 k개의 원판 무더기를 옮기는 데 $2^k - 1$번의 이동 작업이 필요하다면, $k + 1$개의 무더기를 옮길 때 몇 번이 필요할지 생각해 보자. 어떻게 하든, 위쪽 k개의 원판을 옮기는 데 $2^k - 1$번이 필요하다. 그러면 바닥에 있는 원판은 다른 원판의 위에 놓일 수 없으므로 그 원판을 다른 못으로 옮겨야 한다(1번). 마지막으로 k개의 무더기를 다시 가장 큰 원판 위에 옮겨야 하는데, 이를 위해 $2^k - 1$번이 필요하다. 따라서 $k + 1$개의 무더기를 옮기는 데 필요한 최소의 횟수는 다음과 같다.

$$(2^k - 1) + 1 + (2^k - 1) = 2^{k+1} - 1$$

이는 원래 귀납 단계에서 증명하고자 했던 값이다. ■

---

4) 역주: 사실 귀납법의 과정을 $n = 1$부터 차례로 따라가 보면 n개의 원판을 어떻게 옮길지 알게 된다. 다만 그 과정의 세부 사항을 논리적으로 '숨긴' 것이다.

귀납법이 '필연적'이라 했던 주장을 뒷받침하기 위해 산술에서의 역할을 지적하고자 한다. 이미 본 것처럼, 자연수들 0, 1, 2, 3, 4, 5, …는 0부터 시작해서 반복적으로 계승자 함수 $S(n) = n + 1$을 적용함으로써 생겨난다. 더 주목할 점은 모든 계산가능한 함수들이 $S(n)$에 의해 귀납적 정의(또는 재귀적recursive 정의)로부터 만들어질 수 있다는 것이다. 덧셈, 곱셈 및 지수 계산이 어떻게 얻어지는지 살펴보자.

덧셈을 정의하기 위한 기초 단계는 다음과 같다.

$$m + 0 = m$$

여기서는 $m + n$을 $n = 0$일 때 모든 m에 대해 정의한다. 귀납 단계는 다음 식으로 주어진다.

$$m + S(k) = S(m + k)$$

여기서는 $m + n$을 모든 m과 $n = S(k)$에 대해 정의하되, $m + k$가 이미 정의되었다는 가정하에서 정의한다. 따라서 귀납법에 의하여 $m + n$이 모든 자연수 m과 n에 대해 정의되었다. 요점은, 계승자 함수의 반복적 적용으로 덧셈을 할 수 있다는 아이디어를 귀납법을 통해 형식화한 것이다.

이제 덧셈이 정의되었으므로, 이를 이용하여 곱셈을 다음 등식들로 정의할 수 있다. (각각 기초 단계와 귀납 단계에 해당한다.)

$$m \cdot 0 = 0, \quad m \cdot S(k) = m \cdot k + m$$

이 정의는 곱셈이 덧셈의 반복이라는 아이디어를 형식화한다. 그러고 나면, 정의된 곱셈을 이용해 지수를 다음과 같이 정의한다.

$$m^0 = 1, \quad m^{S(k)} = m^k \cdot m$$

이는 지수가 곱셈의 반복이라는 아이디어를 형식화한다.

귀납법은 유클리드 시대 이래로 여러 형태로 수학에 등장했다(1.9절).

하지만, 귀납법을 산술의 기초로 사용하는 아이디어는 비교적 최근의 일이다. 덧셈과 곱셈에 대한 귀납적 정의는 그라스만Grassmann에 의해 1861년에 도입되었으며, 그는 1.3절에 나열된 정수의 환의 성질 모두를 귀납적으로 증명했다. 환의 성질은 유리수의 체 구조를 포함하며, 따라서 실수(6장)와 복소수의 체 구조를 포함한다. 따라서 귀납법은 셈에 있어서 기초일 뿐 아니라 대수 구조의 기초이기도 하다.

1.9 역사

한때 미국에서 유클리드는 전국의 여러 도로에 유클리드 가(街)라는 이름을 붙일 정도로 존경받는 인물이었다. 이는 19세기에 일어났던 고전에 대한 부흥의 일환이었는데, 이 시기에 많은 장소의 이름을 그리스나 로마의 고전에서 따왔다. 예컨대 클리브랜드의 유클리드 가는 나중에 '백만장자 로(路)'가 되었고, 브루클린의 유클리드 가는 A 열차 노선상의 정차역이 되었다. 그림 1.10에 보이는 샌프란시스코의 유클리드 가의 풍경에는 기하적 형상들이 적절히 배치되어 있다.

대부분의 서구 세계와 마찬가지로 19세기 미국에서 유클리드의 『원론』은 수학과 논리에 대한 교양인의 필수 지식을 담은 표준 교과서로 여겨졌다. 그 한 예가 아브라함 링컨이다. 링컨은 유클리드를 어떻게 공부했는지에 대해 자서전에서 다음과 같이 회고했다.

> 그는 의회 의원이 된 이후로 유클리드의 여섯 권을 모두 공부하여 거의 숙달했다. 그는 충분히 교육받지 못했던 것을 후회하며 부족한 부분을 채우려고 힘썼다.
>
> 링컨의 『짧은 자서전』[5]

---

5) 역주: 링컨이 대통령 선거에 첫 출마했을 때 후보자 경력을 작성하기 위해, 「시카고 트리뷴」의 스크립스 John L. Scripps의 제안으로 링컨이 3인칭 시점으로 직접 쓴 글이다. 짧은 글이지만 링컨의 자서전으로는 가장 길이가 길다.

그림 1.10 샌프란시스코의 유클리드 가

> 그는 유클리드 여섯 권에 있는 모든 명제를 쉽게 설명할 수 있을 때까지 공부했다.
>
> 헤른돈Herndon의 『링컨의 생애』

대체 『원론』이 어떤 책이기에 그렇게 길게 수학과 교육에 그림자를 드리운 것일까? 『원론』은 기원전 300년경 유클리드 시대의 그리스 문명에 알려진 수학을 집대성한 책이다. 이 책은 초등적인 기하와 수론을 담고 있는데, 대체로는 오늘날의 방식과 비슷하지만, 기하를 다룰 때 수를 사용하지 않았고, 대수는 거의 등장하지 않는다. 실제로는 여섯 권이 아닌 열세 권의 책으로 구성되어 있는데, 『원론』의 내용들 중 가장 잘 알려진 초등 기하는 앞의 여섯 권에 나온다. 그 중 미묘한 책인 V권은 (오늘날의 용어로) 유리수를 이용해 실수를 표현하는 문제를 다룬다. 링컨이 정말로 V권을 숙달했다면 진정한 수학자라 할 수 있다!

그리스인들에게는 십진법 같은 표기법이 없었기 때문에 『원론』에는 덧셈과 곱셈에 대한 알고리즘이 전혀 없다. 대신 수에 대한 추상적인 이론을 세련되게 소개하는 VII권부터 IX권에서는 수들을 마치 선분인 것처럼 문자 기호로 표기했다. 이 책들은 오늘날에도 수론 과목의 출발점인 약분가능성, 유클리드 알고리즘, 그리고 소수에 대한 기본 이론을 담고 있다. 특히 IX권에는 소수의 무한성에 대한 유명한 증명이 나온다.

이후 장들에서 『원론』에 대해 계속하여 논의할 것인데, 그 이유는 역사상 어떤 책보다도 기초 수학에 많은 영향을 주었기 때문이다. 책 제목처럼 『원론Elements』은 '기초적elementary'이라는 단어와 깊은 관련이 있다. 우리가 종종 『원론』의 정리들을 인용할 것이므로 옆에 두고 찾아보는 것이 유용할 것이다. 영어권 독자들에게 여전히 가장 훌륭한 번역본은 (주석이 방대한) 히스Heath(1925)의 책이다. 『원론』의 모든 정의와 정리들을 튼튼하고 간결한 형태로 나열한 덴스모어Densmore(2010)의 책 『The Bones』도 유용하다.

십진법은 인도와 이슬람 세계에서 개발되어 중세 시대에 유럽에 소개되었다. 십진법을 처음 소개한 책은 아니지만 가장 유명한 것으로는 이탈리아 수학자 레오나르도 피사노Leonardo Pisano(1202)의 『연산Liber abaci』이 있다. 레오나르도는 그의 별명이었던 피보나치로 오늘날 더 잘 알려져 있다. 그의 책 제목은 주판abacus에서 온 것으로 그 당시까지 유럽에서는 연산과 동의어였다. 매우 영향력 있었던 그의 책에 의해 'abaci'라는 단어를 주판에 의하지 **않는** 연산에 결부시키게 되는 역설적인 결과가 발생했다. (물론 1970년대에 전자계산기가 나오기 전까지는 주판이 연필과 종이를 사용하는 연산과 꾸준한 경쟁 관계에 있었다.) 유명한 피보나치 수열은 다음과 같다.

$$1, 2, 3, 5, 8, 13, 21, 34, 55, 89, 144, 233, 377, 610, 987, 1597, 2584, \ldots$$

여기 나타나는 각각의 수는 앞에 있는 두 수의 합으로, 『연산』의 덧셈 연습 문제에 소개되었다. 피보나치는 n번째 수에 대한 공식이 있는지 궁금해했겠지만, 이 수열이 수론과 조합론에서 이토록 오랫동안 살아남을 줄은 몰랐을 것이다. 공식은 500년이 지나도록 알려지지 않다가 마침내 1720년대에 다니엘 베르누이Daniel Bernoulli와 아브라함 드 무아브르Abraham de Moivre가 다음 식을 증명했다.

$$F_n = \frac{1}{\sqrt{5}}\left[\left(\frac{1+\sqrt{5}}{2}\right)^n - \left(\frac{1-\sqrt{5}}{2}\right)^n\right]$$

여기서 F_n은 (편의상 $F_0 = 0$, $F_1 = 1$로 시작한다고 했을 때) 피보나치 수열의 n번째 항이다. 더 자세한 것은 7장에 나온다.

그림 1.11은 『연산』의 초기 원고로, 피렌체의 국립박물관에 소장되어 있다. 전시된 원고에는 피보나치 수가 1부터 377까지 오른쪽 상자에 열로 쓰여 있다. (3, 4, 5에 대한 숫자 표기가 지금과 다른 것을 주의하라.)

대수 또한 이슬람 세계에서 발전했지만 1500년대 초반에 이탈리아에서 삼차 방정식의 근의 공식이 알려지면서 엄청난 부흥을 맞이하게 되었다. 이후 다음 세기까지 유럽 수학자들은 다항 방정식을 능숙하게 다루는 경지에 다다랐다. 1620년대에 이르러 페르마Fermat와 데카르트Descartes는 대수를 기하에 적용했고, 1660년대 뉴튼Newton과 1670년대 라이프니츠Leibniz는 미적분학을 개발하면서 대수를 사용했다.

하지만 오늘날 학교 수학의 대부분을 만들어낸 당대 수학계의 발전에도 불구하고 1700년대의 교양인에게는 수학을 최악의 수준으로 모르는 것이 아무 문제가 되지 않았다. (어떤 것들은 절대로 바뀌지 않는다...) 『일기Diary』로 유명한 영국의 작가 새뮤얼 페피스Samuel Pepys는 케임브리지에서 교육받았고 이후 해군본부의 비서실장과 왕립학회의 의장을 역임하기도 했는데, 한때 구구단을 배우려고 개인 교사를 고용하기도 했다! 그의 나이 29세였던 1662년 7월 4일 일기 앞부분은 다음과 같다.

나는 오늘부터 로얄 찰스의 동료인 쿠퍼 씨에게 수학을 배우기 시작했다. 그는 아주 유능하고 어떤 큰 문제도 그를 만족시킬 수 없을 것이다. 그와 한 시간쯤 산술을 하고 난 후 (구구단을 배우려는 나의 첫 시도다!) 내일 다시 만나기로 했다.

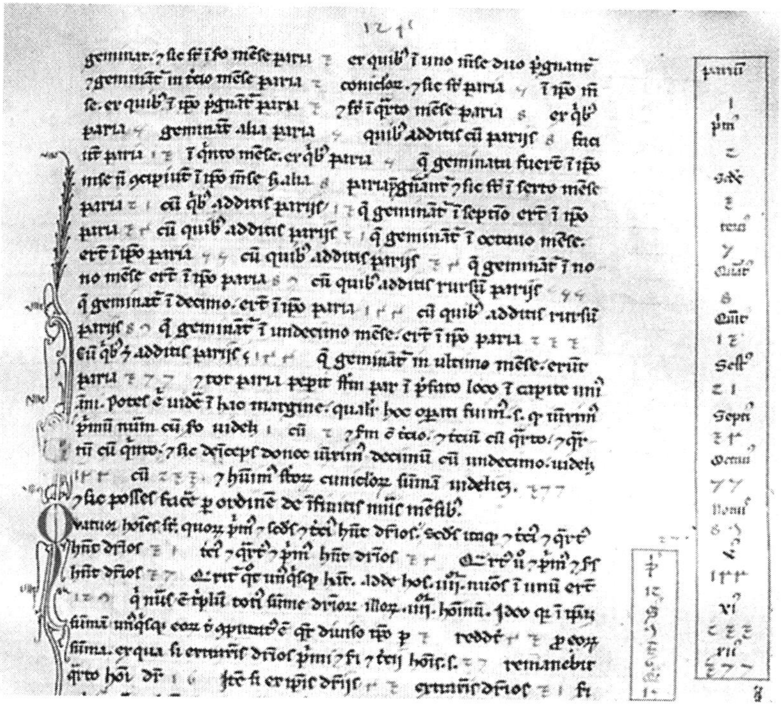

그림 1.11 『연산』의 피보나치 수열

한 주 뒤에 조금 진전이 있었다고 적었다.

4시까지 구구단에 몰두한 결과, 이제는 거의 숙달하게 되었다.[6]

비슷한 시기에 프랑스에서 파스칼이 자신의 저서『산술 삼각형The arithmetic triangle』에서 파스칼 삼각형을 처음 선보였다. 그 삼각형은 이미 몇 세기 전에 아시아의 수학자가 발견했는데, 이와는 독립적으로 파스칼은 좀 다른 방향으로 나갔다. 그는 수학적 귀납법을 이용해 그 삼각형에 대한 20개 정도의 산술적인 성질을 증명한 후, '조합에 대한 산술 삼각형의 활용'에

---

6) 역주: 구구단을 multiplicacion table이라 적었는데, 철자가 틀렸다.

착수했다. 그는 n개 중에서 k개를 고르는 경우의 수 $\binom{n}{k}$에 대해 다음 등식을 증명했다.

$$\binom{n}{k} = \frac{n(n-1)(n-2) \cdots (n-k+1)}{k!}$$

그리고는 이 결과를 처음으로 확률론에 적용하여 끝나기 전에 중단된 도박 게임의 배당액을 분배하는 문제를 해결했다. 1.7절에서 살펴본 대로, 이 문제는 $\binom{n}{k}$로 표현되는 항들의 합에 대한 비율을 계산해서 풀 수 있다.

1700년대 즈음에는 미적분학의 영향으로 수학 전반이 크게 변하여 '기초 수학'의 개념을 수정해야 하는 상황이 되었다. 저명한 수학자 몇몇이 이 개정 작업에 참여했다. 1707년에 출판된 뉴턴의 저서 『일반 산술Universal Arithmetick』은 처음에는 라틴어로 되어 있었고 나중에는 영어로도 출간되었다. 그는 이 책을 '계산의 과학'으로 묘사했는데, 여기서 '계산'이라는 말은 산술과 대수를 아우르는 일반 이론을 가리키는 것이었다. 그의 첫 문단은 새롭고 일반적인 관점을 분명히 보여준다. (여기서 '종species에 의한 계산'은 중고등학교 대수에서 배우는 변수를 포함하는 계산을 의미한다.)

계산은 통상의 산술에서처럼 수에 의한 것일 수도 있고 대수학자들이 보통 작업하듯이 종에 의한 것일 수도 있다. 그들은 모두 같은 기초 위에 놓여 있으며 같은 목표를 향한다. 산술에서는 특수하게, 대수에서는 불확정적이고 일반적으로 수행한 계산에 의해 찾은 거의 모든 표현들, 특히 결론들을 '정리'라 부를 수 있다. 하지만 대수는 이 점에서 특히 탁월한데, 산술적인 문제들은 주어진 양으로부터 찾고자 하는 양으로 풀어나가는 것만 가능하지만, 대수에서는 역방향으로 진행할 수 있다. 찾고자 하는 양들을 마치 그들이 주어진 것처럼 생각하고, 주어진 양들을 마치 그들을 찾고자 하는 것처럼 생각해서 최종적으로 여러 방법으로 결론이나 방정식을 얻게 되고, 이로부터 찾고자 하는 양을 끄집어낼 수 있다. 이렇게 하여 가장 어려운 문제들을 풀 수 있는데, 통상의 산술만을 사용해서는 해답을 찾는 데 실패했을 것이다. 산술은 모든 조작에 있어서 대수에 보조적인 것이긴 하지만, 그 둘 모두 하나의 완결된 '계산의 과학'을 만드는 것으로 보이므로 나는 그들을 함께 설명할 것이다.

1770년에 오일러가 쓴 『대수의 원리Elements of Algebra』에서는 뉴튼과 비슷한 관점으로 다소 다른 내용을 다뤘다. 오일러는 낮은 수준의 십진법에 대한 기본 연산 알고리즘을 생략하고, 높은 수준의 수론을 훨씬 많이 다뤘다. 여기서 오일러가 처음으로 증명한 몇 가지 어려운 결과 중에는 페르마가 제기했던 문제인 방정식 $y^3 = x^2 + 2$에 대한 자연수 해가 $y = 3$, $x = 5$밖에 없음을 보이는 문제도 포함되어 있다. 오일러의 해법은 대수적 수론의 첫 걸음이다(2장).

1700년대 후반, 프랑스 혁명이 프랑스의 수학 교육에 큰 변화를 가져왔다. 고등 교육을 위한 새로운 기관인 에꼴 노르말이 세워졌고 최고의 수학자들이 수학 교과과정을 현대화하는 일에 위촉되었다. 그중에는 라그랑즈Lagrange도 있었는데, 그는 에꼴 노르말에서 했던 강의를 바탕으로 1795년에 기초 수학에 대한 책을 내놓았다. 한 세기가 지나서도 그 책은 여전히 인기가 있었고 영어로는 『기초 수학 강의Lectures on Elementary Mathematics』라는 제목으로 번역되었다. 뉴튼이나 오일러와 마찬가지로 라그랑즈는 대수를 '일반 산술'로 보고 전통적인 산술과 함께 배워야 할 것으로 생각했다. 오일러처럼 그는 산술이 소수, 약분가능성, 방정식의 정수해 등 오늘날 수론이라 부르는 주제를 포함하는 것으로 봤다.

1800년대에는 독일이 수론의 주도권을 쥐었다. 가우스Gauss, 디리클레Dirichlet, 쿰머Kummer, 데데킨트Dedekind가 활약한 고등적인 수준뿐만 아니라 그라스만과 데데킨트가 활약한 기초를 놓는 단계에서도 그러했다. 이 중 가장 놀라운 일은 앞 절에 언급되었던 그라스만의 발견으로, 산술의 기본 함수와 정리들이 수학적 귀납법에 근거하고 있음을 밝힌 것이다. 고등학교 교사이자 산스크리트어에 정통한 학자였던 그라스만은 고등학교 교재 『산술 교과서Lehrbuch der Arithmetik』를 통해 그의 아이디어를 확산시키고자 했다. 물론 이 시도는 실패했지만, 데데킨트Dedekind(1888)가 이를 재발견함으로써 2회전을 맞이하게 되었다.

클라인Kline(1908)은 『고등적인 관점에서 바라본 기초 수학』에서 그라스만을 귀납법으로 산술의 기초를 확립한 수학자로 자리매김한다. 그는 또한 이로부터 따라 나오는 $a + b = b + a$ 또는 $ab = ba$와 같은 '셈의 근본 규칙'을 언급한다. 하지만 그는 환이나 체와 같은 대수 구조에 대한 논의 바로 앞에서 멈춘다. 클라인은 대수를 주로 곡선과 곡면에 대한 대수기하학과 관련된 다항식에 대한 연구로 바라보았다. 선형대수학은 아직 독립적인 분과로 성립되지 않았는데 그 이유는 그 근본 개념들이 상대적으로 고등적인 것으로 여겨지는 행렬식의 개념 밑에 묻혀 있었기 때문이었다.

기하는 클라인이 가장 좋아했던 주제로, 1권(산술, 대수, 해석) 전체에 걸쳐 나오고 2권의 주제이기도 하다. 그는 모든 수학을 (수에 기초를 두고) '산술화'해야 한다는 19세기 후반의 관점을 취해서 기하를 완전히 좌표를 통해 다뤘다. 그는 유클리드의 『원론』을 초등적이고 현학적이라고 비판했고 힐버트가 1899년에 발견한 공리적 기하에 대한 놀라운 새로운 결과들을 무시했다(5장). 대체적으로 20세기는 기하의 산술화에 손을 들어주고 있으며, 선형대수는 유클리드에 접근하는 특별히 효과적인 방법을 제공한다. (선형성의 개념이 행렬식의 개념 때문에 불분명해진 탓에) 초등 기하에 대한 클라인의 접근이 우리가 아는 선형대수와 정확히 맞아떨어지지는 않지만, 그 방향으로 발전하고 있었다.

따라서 클라인의 책은 귀납, 추상 대수, 선형대수가 중요한 역할을 하는 수학의 현재에 대한 전조라 할 것이다. 이후 장들에서 그 이야기를 이어가 보자.

1.10 철학

위에 언급한 다양한 수학의 예들을 대부분의 수학자와 수학 교사들은 기초적인 것으로 여겼다. 대부분의 나라에서 중고등학교 또는 그 이하의 수준에서 가르치고 있다. 모두 기초적으로 여겨져 왔지만, 어떤 것은 다른 것보다 덜 기초적이라는 점도 인정해야 한다. 이로부터 제기되는 질문은 다음과 같다. 수학이 더이상 기초적이지 않게 되는 지점은 어디인가? 기초적인 수학과 고등적인 수학 사이에 명확한 경계가 있는가?

불행히도 그렇지 않다. 기초 수학과 고등 수학의 날카로운 구분선은 없지만, 수학이 고등적으로 되어갈수록 더 뚜렷해지는 특성들이 있다. 이 책에서 중점을 두는 가장 뚜렷한 지점들은 다음과 같다.

- 무한infinity
- 추상abstraction
- 증명proof

일부 수학 교육 프로그램은 이 중 한두 가지 기준에 의해 기초적인 내용을 고등적인 내용으로부터 분리하고자 시도했다. 특히 미국에서는 증명의 도입을 대학 교육의 후반부로 미룰 수 있다고 생각했다. 이것은 내 생각으로는 망상이다.

대학교 저학년 단계에서 증명에 관한 이론을 보류하는 것은 좋은 생각이지만, 증명의 예제는 고등학교 단계부터 수학의 일부가 되어야 마땅하다.[7] 피타고라스 정리처럼 학생들이 자명하지 않은 정리들을 만날 때는 증명이 필요하다. 물론 증명이 처음부터 지나치게 형식적이어서는 안 될 것이다. 실제로 대부분의 수학자들은 완전히 형식적인 증명을 싫어하고, 증명 자체를 수학적 대상으로 바라보는 수리 논리학의 기본적인 아이디어에 반감을 가진다. 그것이 이 책에서 논리를 마지막 장으로 미뤄둔 이유다. 아마도 기초 수학의 범위를 넘어설 수도 있겠지만, 증명의 이론이 유용할 수도 있음을 보여주는 충분한 예들을 제시한 후에 논리를 다룰 것이다.

무한과 추상에 대해서도 사정은 비슷하다. 무한을 다루지 않는 수학은

---

7) 몇몇 수학자 동료들은 이보다는 일찍 증명을 소개해야 한다고 생각한다. 샌프란시스코에서는 최근 중학교나 그 위 단계를 대상으로 '증명 학교'라는 학교를 열었다.

증명을 다루지 않는 수학보다는 훨씬 더 가치가 있기에 '기초 수학'의 후보가 될 수 있다. 하지만 무리 없이 쉽게 이해할 수 있는 무한의 대상을 제외하는 것은 부적당해 보인다. 예컨대 다음 무한 소수 같은 경우가 그렇다.

$$\frac{1}{3} = 0.33333\cdots$$

그러므로 무한이 얼마나 '기초적'인지 결정해야 하는 문제가 생긴다. 이 문제에 답하는 고대의 방법은 잠재적인potential 무한과 실제적인actual 무한을 구별하는 것이다.

　자연수 0, 1, 2, 3, …의 무한성은 잠재적인 것으로, 이를 **끝없는 과정**으로 이해할 수 있다. 0으로 시작해서 계속하여 1을 더하여 나가는 과정 말이다. 이 과정이 완비된다는 것을 믿지 않더라도, 각각의 자연수가 유한한 단계에 만들어짐을 받아들이면 충분하다. 한편, 전체로서의 실수는 잠재적인 무한으로 볼 수 없다. 9장에서 보겠지만, 각각의 실수를 모두 유한한 단계 안에 만들어내는 과정은 있을 수 없다. 실수는 완비된completed 또는 실제적인 무한으로 봐야만 한다. (우리가 실수들을 직선으로 보거나 연속적으로 움직이는 점의 경로로 바라볼 때 사실 그렇게 하고 있다.)

　따라서 잠재적 무한은 받아들이고 실제적 무한을 제외하는 것으로 기초 수학과 고등 수학의 경계를 만들어서 자연수를 기초 쪽에 두고 (전체로서의) 실수를 고등 쪽에 둘 수 있다. 이 경계는 여전히 불분명하긴 하지만 ($\sqrt{2}$ 같은 개별적인 실수는 어느 쪽인가?) 유용하다. 특히 미적분에 대해 논의할 때, 종종 수학은 실수를 포함하는 정도에 따라 점차 고등적이 되어가는 것을 볼 것이다.

　마지막으로 추상을 살펴보자. 여기서는 경계를 긋기가 더 어렵다. 만약 (1 + 1 = 2처럼) 추상이 배제된 수학이 있다면 그것은 너무나 기초적이어서 통상 기초적이라고 부르는 수학을 포괄할 수 없을 것이다. 최소한 임의의 수를 나타내는 a와 b에 대한 다음과 같은 식은 포함해야 할 것이다.

$$a^2 - b^2 = (a+b)(a-b)$$

1.3절에서 논의했듯이, 나는 환이나 체에 대한 공리계 정도는 포함하는 것이 좋다고 본다. 이들은 우리가 수에 대해 증명할 수 있는 모든 등식을 효과적으로 기호화하고 있기 때문이다. 다음 연산의 각 단계를 환의 공리에 따라 정당화하는 것은 중등 수준에 맞는 증명의 좋은 예다. (증명을 통해 공리의 역할을 깨닫도록 돕는다.)

$$
\begin{aligned}
(a+b)(a-b) &= a(a-b) + b(a-b) \\
&= a^2 - ab + ba - b^2 \\
&= a^2 - ab + ab - b^2 \\
&= a^2 - b^2
\end{aligned}
$$

4장과 5장에서는 환과 체의 공리들이 (관련하여 벡터 공간의 공리들이) 상당 부분의 초등 대수와 기하를 통합하는 것을 볼 것이고, 따라서 나는 이들을 기초 수학에 포함하기를 선호한다. 하지만 **기초적 추상**과 **고등적 추상** 사이에 명확한 경계가 있는지 여부에 대한 문제는 그대로 남겨두고자 한다.

2

산 술

들어가는 말

'산술'이라 하면 대부분 십진수로 표기된 정수와 분수의 덧셈, 뺄셈, 곱셈, 나눗셈을 다루는 소박한 내용을 떠올린다. 나중에 이 연산을 여러 전자 기기에 맡길 때쯤이면 초등학교에서 배울 적의 고통스런 기억만 남아 있을 뿐이다.

하지만 수의 일반적인 성질을 발견하고 증명하는 '고등 산술' 또는 수론이라는 분야가 있다. 수론은 언제나 매력적이고도 어려운 분야인데, 유클리드의 시대 이래로 수학자들이 몰두해왔으며, 오늘날 거의 모든 수학의 근원을 제공하고 있다. 우리는 수론이 어떻게 기초 수학에 스며드는지 이후 장들에서 살펴볼 것이다.

이 장의 목표는 기초 수론에서 끊임없이 되풀이되는 주제인 소수prime numbers[1]와 정수 방정식 및 그에 대한 기초적인 증명 방법을 소개하는 것이다. 그중에는 유클리드가 '강하법'이라는 형태로 도입한 귀납법의 원리와

---

1) 역주: 개정된 맞춤법에 따라 prime number와 decimal을 모두 소수로 표기한다. 혼동의 여지가 있을 때에는 영문을 병기하겠다.

단순한 대수 및 기하가 포함된다. 강하법은 두 자연수의 최대공약수를 유클리드 알고리즘에 의해 구할 수 있도록 하며, 임의의 자연수가 유일한 방식으로 소인수분해됨을 보여준다.

대수와 대수적 정수algebraic numbers는 방정식 $y^3 = x^2 + 2$와 $x^2 - 2y^2 = 1$의 양의 정수해를 찾을 때 빛을 발한다. 놀랍게도 $a + b\sqrt{-2}$ 및 $a + b\sqrt{2}$와 같은 꼴의 수(a, b는 보통의 정수)를 도입할 필요가 있으며, 이러한 새로운 수가 보통의 정수처럼 행동한다고 여기는 것이 도움이 된다. 이렇게 여기는 것은 실제로 정당화될 수 있으며, 이로부터 새로운 수들에 대한 소수 이론을 보통의 소수 이론과 매우 유사하게 전개할 수 있다.

2.1   유클리드 알고리즘

주어진 분수 $\dfrac{1728941}{4356207}$ 이 기약분수인지 어떻게 알 수 있을까? 즉, 분모와 분자가 공통 인수가 없다는 것을 어떻게 알 수 있을까? 이에 답하려면 1728941과 4356207의 최대공약수를 구하는 어려워 보이는 작업을 해야 한다. 1728941의 약수를 찾는 것도 어려워 보이는데, 실제로 큰 수의 약수를 찾는 좋은 방법은 아직 알려져 있지 않다.

놀랍게도 두 수의 공약수를 찾는 것은 둘 중 어느 하나의 약수를 찾는 것보다 훨씬 쉽다. 예컨대, 10000011과 10000012 각각의 약수를 몰라도 두 수의 최대공약수가 1이라는 것은 바로 알 수 있다. 왜 그런가? 만약 d가 10000011과 10000012의 공약수라면 적당한 자연수 p와 q에 대해 다음 식이 성립할 것이다.

$$10000011 = dp \text{이고} \ 10000012 = dq \text{이다.}$$

따라서, $10000012 - 10000011 = d(q - p)$이다. 그러므로 d는 10000011과 10000012의 차인 1을 나누어야 하는데, 1을 나누는 자연수는 1뿐이므로

d는 1이다. 더 일반적으로, 만약 d가 두 수 a와 b의 공약수면, d는 $a-b$를 나눈다. 특히, a와 b의 최대공약수는 $a-b$를 나눈다.

이 단순한 사실이 최대공약수를 찾는 효율적인 알고리즘의 기초다. 이를 유클리드가 2000년 전에 『원론』 VII권의 명제 2에서 설명했기 때문에 **유클리드 알고리즘**이라 부른다. 유클리드의 말에 의하면, "더 작은 수를 더 큰 수에서 계속하여 뺀다". 보다 형식적으로 말하면 일련의 정수 쌍에 대한 계산을 진행해야 한다.

유클리드 알고리즘 $a > b$인 정수 쌍 a, b로부터 시작해서 다음의 새로운 쌍을 '이전의 쌍에서 작은 수'와 '두 수의 차'로 구성한다. 이 작업을 반복하다가 같은 수로 이뤄진 쌍이 나타나면 알고리즘이 끝나는데, 이 같은 수가 a와 b의 최대공약수다.

예컨대, $a=13$, $b=8$로 시작하면 1.2절에서 본 것처럼 쌍의 수열이 (1, 1)로 끝나게 되므로 1이 13과 8의 최대공약수다.

유클리드 알고리즘이 성립하는 주된 이유는 위에 살펴본 사실, 즉 a와 b의 최대공약수는 또한 $a-b$의 약수라는 것이다. 최대공약수를 gcd로 쓰면, $\gcd(a, b) = \gcd(b, a-b)$이고 이를 위 예에 적용해 보면 다음과 같다.

$$\gcd(13, 8) = \gcd(8, 5) = \gcd(5, 3) = \gcd(3, 2)$$
$$= \gcd(2, 1) = \gcd(1, 1) = 1$$

(연속된 피보나치 수들인 13과 8로 시작하면 뺄셈에 의해 이전 피보나치 수를 얻을 것이고, 결국에는 1을 얻는다. 이는 어떠한 연속된 피보나치 수들에 대해서도 마찬가지이므로, 그러한 쌍의 gcd는 항상 1이다.)

또 다른 중요한 이유는 이 알고리즘은 반복되면 점점 작은 수를 내놓는다는 것인데, 그리하여 마침내 (반드시 같은 두 수로) **끝나게 된다.** 왜냐하면

그림 2.1 몫과 나머지의 시각화

자연수는 끝없이 작아질 수 없기 때문이다. '무한 강하 불가'의 원칙은 자명해서 유클리드도 종종 사용하곤 했는데, 그 의미는 심오하다. 이는 귀납에 의한 증명이 수학사에 처음 등장한 것으로, 9.4절에서 살펴보게 될 것처럼 모든 수론의 밑바탕이 된다.

마지막으로, 유클리드 알고리즘이 공약수를 찾는 빠른 (주어진 수의 약수를 찾는 알려진 어떤 방법보다 더 빠른) 방법이라는 암묵적인 주장으로 돌아가 보자. 이것은 유클리드가 한 것처럼 뺄셈만을 사용한다면 꼭 맞는 말은 아니다. 예컨대 $\gcd(101, 10^{100}+1)$을 반복된 뺄셈을 이용해 찾으려고 시도한다면 101을 $10^{100}+1$에서 거의 10^{98}번 정도 빼야 할 것이다. 이는 빠르지 않다.

하지만, a로부터 b를 반복적으로 빼서 차이 r이 b보다 작아지게 만든다는 것은 a를 b로 나눈 나머지 r을 구한다는 것과 같은 말이다. 여기서 유클리드 알고리즘의 기초가 되는 다음 사실을 얻는다.

나눗셈 성질 임의의 자연수 a와 $b(\neq 0)$에 대하여 다음이 성립하도록 하는 자연수 q와 r이 있다. (각각 **몫**과 **나머지**라 한다.)

$$a = qb + r \quad (\text{단}, \ |r| < |b|)$$

이 성질은 그림 2.1에서 보듯이 시각적으로도 분명하다. 임의의 자연수 a는 연속된 b의 배수 두 개 사이에 놓여야 한다. 특히, 작은 배수 qb로부터의 거리인 r은 두 배수 사이의 거리 b보다 작다.

몫과 나머지 계산의 장점은 반복된 뺄셈보다 최소한 같은 정도로 빠르거나 보통 훨씬 더 빠르다는 것이다. k자리 수로 나눌 때마다 나누어지는 수로부터 k자리 정도를 줄이고, 최대 k자리인 나머지를 얻는다. 따라서 나눗셈의 개수는 많아 봐야 처음 시작하는 수들의 자릿수의 합 정도다. 1000 자리 수들의 gcd를 구하기에는 충분히 빠르다.[2]

2.2 연분수

유클리드 알고리즘은 다른 알고리즘처럼 사건의 연쇄를 만들어낸다. 각각의 사건은 이전 사건에 단순한 방식으로 의존하지만, 모든 사건을 하나의 단일한 공식으로 포착하기는 어렵다. 그런데 실은 **연분수**라는 공식이 있다.

예를 들어 쌍 117, 25에 유클리드 알고리즘을 적용하면 몫의 수열 4, 1, 2, 8을 차례로 얻는다. 이 수열은 다음 등식에 의해 포착된다.

$$\frac{117}{25} = 4 + \cfrac{1}{1 + \cfrac{1}{2 + \cfrac{1}{8}}}$$

우변의 분수는 아래와 같이 유클리드 알고리즘의 몫과 나머지 계산을 분수 계산으로 반영한다.

$$\frac{117}{25} = 4 + \frac{17}{25} \qquad \text{(몫 4, 나머지 17)}$$

$$= 4 + \cfrac{1}{\cfrac{25}{17}} \qquad \text{(나머지로 나눔)}$$

$$= 4 + \cfrac{1}{1 + \cfrac{8}{17}} \qquad \text{(몫 1, 나머지 8)}$$

---

2) 역주: 물론 컴퓨터로 계산할 때 이야기다.

$$= 4 + \cfrac{1}{1 + \cfrac{1}{\cfrac{17}{8}}} \quad \text{(나머지로 나눔)}$$

$$= 4 + \cfrac{1}{1 + \cfrac{1}{2 + \cfrac{1}{8}}} \quad \text{(몫 2, 나머지 1)}$$

마지막 식에서 이전 식의 나머지 8이 나머지 1로 나눠떨어지므로 이 단계에서 멈추게 된다.

연분수 알고리즘이 완벽하게 유클리드 알고리즘을 흉내 내면서 점점 작아지는 수들을 내놓게 되어 있고, 따라서 항상 멈추게 된다. 그러므로 **임의의 양의 유리수는 유한한 연분수로 표현된다.** 이 말을 뒤집으면 **두 수의 비 (比)가 무한한 연분수를 내놓으면, 그 비는 무리수다.** 지금까지는 유클리드 알고리즘을 유리수 비인지 확실하지 않은 경우에는 실행하지 않았지만, 이런 관찰을 하고 나면 실행해볼 만한 이유가 생긴다. 연분수 알고리즘을 $\sqrt{2}+1$과 1에 대해 적용하면 놀랍게도 단순하고 만족스러운 결과가 나온다.

알고리즘 실행과정에 최소한의 설명만을 달기 위해, 미리 다음 등식을 살펴보자.

$$(\sqrt{2}+1)(\sqrt{2}-1) = 1, \text{ 따라서 } \sqrt{2}-1 = \frac{1}{\sqrt{2}+1} \text{ 이다.}$$

이제 다음 등식을 얻는다.

$$\sqrt{2}+1 = 2 + (\sqrt{2}-1) \quad \text{($\sqrt{2}+1$을 정수 부분과 1보다}$$
$$\text{작은 나머지로 분리하기)}$$

$$= 2 + \frac{1}{\sqrt{2}+1} \quad \text{($\sqrt{2}-1 = \dfrac{1}{\sqrt{2}+1}$ 이므로)}$$

그림 2.2 자기 자신의 모양을 포함하기

더 갈 필요도 없다! 우변의 분모 $\sqrt{2}+1$은 $2+\dfrac{1}{\sqrt{2}+1}$로 바꿀 수 있는데, $\sqrt{2}+1$이 다시 나타나고, 계속 반복된다. 따라서 이 경우 **연분수 알고리즘은 멈추지 않는다.** (그림 2.2처럼 상자 속에 다시 똑같은 상자가 들어 있는 것을 떠올리게 된다. 상황이 이와 비슷하다.)

따라서 $\sqrt{2}+1$은 무리수이고, $\sqrt{2}$도 마찬가지다. 고대 그리스인들은 $\sqrt{2}$가 무리수라는 것을 알았는데, 그들이 이 증명도 알고 있었는지 궁금해진다. 유클리드는 분명히 유클리드 알고리즘이 멈추지 않으면 무리수라는 사실을 알고 있었다. 『원론』X권 명제 2에서 그렇게 말하며, XIII권 명제 5는 쌍 $\dfrac{1+\sqrt{5}}{2}$과 1에 대한 유클리드 알고리즘이 멈추지 않음을 함의한다. 그러므로 파울러Fowler(1999)가 예측한 대로 무리수가 처음에는 이런 방식으로 발견되었을 가능성이 있다. 다른 방식은 약분가능성에 대한 더 직접적인 연구에서 나오는데, 이를 다음 절에서 살펴보겠다.

2.3 소수

소수prime numbers는 아마도 수학에서 가장 놀라운 대상일 것이다. 정의는 쉽지만, 이해하기는 무척 어렵다. 소수는 1보다 큰 자연수 중에서 자신보다 작은 두 자연수의 곱으로 표현되지 않는 수를 가리킨다. 따라서 소수의 수열은 다음과 같이 시작한다.

$$2, \ 3, \ 5, \ 7, \ 11, \ 13, \ 17, \ 19, \ 23, \ 29, \ 31, \ 37, \ 41, \ 43,$$
$$47, \ 53, \ 59, \ 61, \ 67, \ 71, \ 73, \ 79, \ 83, \ 89, \ 97, \ \cdots$$

모든 자연수 n은 소수들의 곱으로 쓸 수 있다. 만약 n 자신이 소수가 아니라면 더 작은 자연수 a와 b의 곱일 것이고, 똑같은 논리가 a와 b에 적용된다. 만약 둘 중 소수가 아닌 것이 있으면 그것은 더 작은 자연수들의 곱이다. 자연수가 무한히 강하할 수 없으므로, 이러한 과정은 결국에는 멈춰야 하고, 필연적으로 n이 소수들의 곱으로 분해된다. 따라서 1보다 큰 자연수는 어떤 것이든 소수들을 곱해서 만들어낼 수 있다.

이것이 자연수를 이해하는 가장 단순한 방법은 아니겠지만 (계속 1씩 더 해가는 것이 더 단순하다) 소수를 이해하도록 해 주는 것은 사실이다. 특히, 이로부터 무한히 많은 소수가 있음을 알 수 있다. 소수들의 수열만을 들여다봐서는 소수가 무한히 많다는 것이 분명치 않지만 말이다. 이에 대한 첫 증명은 유클리드의 『원론』이 담고 있는 위대한 결과의 하나로, 유클리드 증명의 현대적인 형태는 다음과 같다.

주어진 p 까지의 소수들 $2, 3, 5, \ldots, p$에 대해 새로운 소수를 만들어내기만 하면 소수의 수열이 끝나지 않음이 증명된다. 자, 소수들 $2, 3, 5, \ldots,$

p가 주어지면, 다음 수를 생각해 보자.

$$n = (2 \cdot 3 \cdot 5 \cdot \cdots \cdot p) + 1$$

이 수 n은 2, 3, 5, ..., p 중 어느 소수로 나누어도 나머지가 1이므로 나눠떨어지지 않는다. 하지만 n은 소수들의 곱이므로 어떤 소수 q에 의해 나눠져야 한다.

따라서 소수의 무한성은 모든 자연수가 소인수분해된다는 (쉬운) 사실로부터 증명된다. 더 어렵고도 강력한 사실은 **소인수분해가 유일하다**는 것이다. 더 정확히 말하면, **n의 소인수분해는 같은 소수들로 구성되며, 각 소인수들이 같은 횟수만큼 인수로 나타난다.** 설명을 위해 60을 작은 인수들로 쪼갤 때 어떤 일이 생기는지 살펴보자. 이렇게 하는 방법은 여러 가지가 있지만, 결국에는 같은 소수들이 나타난다. 예컨대,

$$60 = 6 \cdot 10 = (2 \cdot 3) \cdot (2 \cdot 5) = 2^2 \cdot 3 \cdot 5,$$
$$60 = 2 \cdot 30 = 2 \cdot (2 \cdot 3 \cdot 5) = 2^2 \cdot 3 \cdot 5$$

소인수분해의 유일성을 보이는 여러 방법이 있지만, 어떤 것도 자명하지 않다. 그래서 친숙한 도구인 유클리드 알고리즘을 이용하는 증명을 채택하겠다.

2.1절에서 $\gcd(a, b)$를 구할 때 a와 b에 대한 일련의 **뺄셈**으로 시작했던 것을 떠올리자. 각각의 **뺄셈**은 a와 b의 정수 결합, 즉 적당한 정수 m과 n에 대해 $ma + nb$ 꼴의 수를 만들어낸다. 왜냐하면 처음에 정수 결합인 $a = 1 \cdot a + 0 \cdot b$와 $b = 0 \cdot a + 1 \cdot b$로부터 시작했으며, 두 정수 결합의 차는 다시 정수 결합이 되기 때문이다. 그러므로 특히

적당한 정수 m과 n에 대해 $\gcd(a, b) = ma + nb$이다.

이로부터 소수에 대한 다음 성질을 증명할 수 있다. 즉, **소수 p가 자연수의 곱 ab를 나누면, p가 a를 나누거나 b를 나눈다.** 이 소수 약분 성질을

증명하기 위해, p가 a를 나누지 않는다고 가정하고 p가 b를 나눔을 보이자.

자, p가 a를 나누지 않는다면 p가 자기 자신 또는 1 외에는 약수가 없으므로

$$1 = \gcd(a,\ p) = ma + np$$

이다. 양변에 b를 곱하면,

$$b = mab + npb$$

이다. 이제 가정에 의해 p는 우변의 첫 항의 ab를 나누며, 둘째 항의 pb를 나누는 것은 자명하다. 따라서 p는 우변의 두 항을 모두 나누므로 이 두 항의 합을 나누고, 따라서 좌변 b를 나눈다.

유클리드가 증명한 소수 약분 성질로부터 소인수분해의 유일성은 쉽게 따라 나온다. 설명을 위해 어떤 수에 대한 두 가지 다른 소인수분해가 있다고 하자. 두 소인수분해로부터 공통된 소인수를 모두 제거하면 어떤 소수들의 곱이 (이 곱이 p로 시작된다고 하자) 전혀 다른 소수들의 곱과 같다는 등식을 얻는다. 하지만 p가 소수들의 곱을 나누면 유클리드의 정리[3]에 의해 어느 한 소인수를 나눠야 하는데 모든 소인수들이 p와 다르기 때문에 이는 불가능하다. 따라서 두 가지 서로 다른 소인수분해를 가지는 자연수는 없다.

얼핏 보기에는 소인수분해의 유일성이 자명하지 않을 수도 있다는 것이 믿기 어려울 것이다. 왜 자명하지 않은지 음미하기 위해서 소인수분해가 성립하지 않는 비슷한 체계를 살펴보는 것이 도움이 된다. 이는 짝수의 체계 2, 4, 6, 8, 10, … 이다. 이 체계는 자연수의 체계와 상당히 유사하다. 어떤 두 원소의 곱도 다시 그 체계 안의 원소가 된다. 또, $a+b=b+a$ 및 $ab=ba$와 같은 성질도 자연수의 성질로부터 물려받는다.

이 체계에서 주어진 짝수가 더 작은 짝수들의 곱으로 쓸 수 없으면 '짝소수'라 부르자. 자연수에 대해 사용했던 강하법에 의해 모든 짝수는 '짝소수'

---

3) 역주: 소수 약분 성질을 말한다.

들의 곱으로 쓸 수 있다. 하지만 60이라는 수는 두 개의 서로 다른 짝소수 분해를 가진다.

$$60 = 6 \cdot 10,$$
$$60 = 2 \cdot 30$$

(물론 '숨겨진' 홀수 소수 3과 5가 짝소수에 들어 있음을 지적하여 두 가지 분해가 발생하는 이유를 설명할 수는 있겠지만, 짝수의 체계는 이런 사정을 모른다.) 따라서 소인수분해의 유일성은 자연수들이 짝수들과 공유하지 않는 무언가에 의존한다. 이것이 무엇인지에 대한 더 좋은 아이디어는 2.6절에서 다른 수의 체계를 공부하면서 얻게 될 것이다.

다시, $\sqrt{2}$는 무리수

소인수분해의 유일성은 $\sqrt{2}$가 무리수라는 사실을 다른 방식으로 매우 간단하게 설명한다. 반대로 $\sqrt{2}$가 유리수라 가정하고 $\sqrt{2}$를 기약분수로 썼다고 생각해 보자. 즉, 분수의 분모와 분자가 소인수를 공유하지 않는다고 해 보자. 그러면 이 분수의 제곱에서 (제곱하면 2이다) 분모와 분자는 다시금 공통된 소인수가 없을 것이다. 하지만 그렇다면 분모가 분자를 나눌 수 없을 것이고, 이로부터 모순을 얻는다.

따라서 $\sqrt{2}$가 유리수라는 가정은 틀렸다.

2.4 유한 산술

9씩 뽑아내기casting out nines는 아마도 십진법 표기만큼이나 오래된 규칙이다. 이에 따르면 어떤 수가 9로 나눠떨어지면 각 자릿수의 합이 9로 나눠떨어지고, 그 역도 성립한다. 예를 들어 711은 9로 나눠떨어지는데, $7 + 1 + 1 = 9$ 역시 그렇다. 더 나아가서 어떤 수를 9로 나눈 나머지는 각 자릿수의 합을 9로 나눈 나머지와 같다. 예를 들어 823을 9로 나눈 나머지가 4인 것은 $8 + 2 + 3$을 9로 나눈 나머지가 4가 되는 것을 보면 알 수 있다. 이렇게 되는 이유를 살펴보면 $823 = 8 \cdot 10^2 + 2 \cdot 10 + 3$인데, $10^2 = 99 + 1$이고 $10 = 9 + 1$이므로 9로 나눈 나머지가 각각 1이다. 즉 1, 10, 10^2(그리고 10의 모든 거듭제곱)은 9의 배수들을 무시하면 같다. 따라서 823은 $8 + 2 + 3$과 '같다'. 이러한 '같음'에 대한 개념을 **mod 9 합동**이라 한다.

일반적으로 $a - b$가 n의 배수일 때, 즉 두 수가 n의 배수를 무시하면 같을 때 두 정수 a와 b가 **mod n 합동**congruent modulo n이라 하고 이를 다음과 같이 나타낸다.

$$a \equiv b \pmod{n}$$

mod n에 대해 서로 다른 수들은 0, 1, 2, ..., $n-1$이고 모든 정수는 mod n에 대해 이 중 어느 하나와 같다. 우리는 또한 이들 n개의 수를 mod n에 대하여 더하거나 곱할 수 있는데, 보통 하듯이 더하거나 곱한 후 n으로 나눈 나머지를 구하면 된다. mod n에 대한 덧셈과 곱셈은 정수의 대수적인 성질을 물려받는다. 예컨대 $a + b = b + a$라는 성질로부터 다음 등식이 성립한다.

$$a + b \equiv b + a \pmod{n}$$

이를 **mod n 연산**이라 부를 수 있다. (이렇게 되는 이유가 아주 자명하진 않다. 자세한 설명은 4.2절을 참고하면 된다.)

mod 2 연산

가장 단순하고 작은 예는 mod 2 연산, 즉 서로 다른 수들이 0과 1 두 개뿐인 경우다. 이는 '짝'과 '홀'에 대한 산술과 마찬가지인데, 짝수는 모두 mod 2에 대해 0과 합동이고 홀수는 1과 합동이기 때문이다. 편의상 합동식 $\equiv$ 을

＝로 바꾸고 (mod 2)라는 표현을 생략하면, 0과 1에 대한 덧셈과 곱셈의 규칙은 다음과 같다.

$$0+0 = 0, \ 0+1 = 1, \ 1+0 = 1, \ 1+1 = 0,$$
$$0 \cdot 0 = 0, \ 0 \cdot 1 = 0, \ 1 \cdot 0 = 0, \ 1 \cdot 1 = 1$$

특히, $1+1 = 0$은 실제로 '홀'＋'홀' ＝ '짝'을 나타낸다.

mod 2에 대한 덧셈과 곱셈에 대해 대수 법칙들이 대부분 성립하므로, $1+1 = 0$임을 잊어버리지만 않으면 보통 하듯이 등식을 다룰 수 있다. 예를 들어, 다음 방정식을 풀어보자.

$$x^2 + xy + y^2 = 0 \quad (\text{mod } 2)$$

변수 x와 y에 모든 가능한 값을 대입해 보면, 이 등식이 성립하는 쌍은 $x = 0$, $y = 0$뿐임을 알 수 있다.

mod 2에 대한 다항 방정식을 풀려면 변수에 유한개의 쌍을 대입해서 등식이 성립할 때마다 답으로 적기만 하면 되므로 원리상 쉽다. 하지만 실제로는 어려울 수 있는 것이, 변수가 m개이면 2^m개의 조합이 가능하다. (첫째 변수에 대해 두 가지이고, 첫째 변수가 정해질 때마다 두 번째 변수에 대해 두 가지이고, …) 따라서 m이 커짐에 따라 가능한 조합의 개수가 천문학적으로 빨리 증가한다. mod 2에 대한 m개의 변수가 있는 방정식을 풀기 위해 이처럼 모든 가능성을 확인해 보는 것보다 본질적으로 빠른 방법은 아직껏 알려지지 않았다.

실은 mod 2에 대한 m변수 방정식이 주어졌을 때 해가 **존재하는지** 알아내는 더 **빠른** 방법 역시 없다. 이는 계산과 논리에 관한 근본적인 미해결문제로서, 이후 3장과 9장에서 더 설명할 것이다.

2.5 이차 정수

25와 27에 대한 신기한 사실을 살펴보자. 25는 제곱수이며, 27은 세제곱수라서 방정식 $y^3 = x^2 + 2$의 해 $x = 5$, $y = 3$를 준다. 거의 2000년 전에 디오판투스Diophantus는 이 방정식을 특별히 언급한 후 해법을 『산술 Arithmetica』 VI권, 문제 17에 제시했다. 디오판투스가 적어둔 구절을 읽은 후 페르마Fermat(1657)는 이 해가 자연수 해로는 **유일하다**고 주장했다. 왜 이 방정식이 그들의 관심사가 되었는지는 알 수 없다. 하지만 오일러Euler (1770)가 401쪽에서 페르마의 주장을 새롭고도 대담한 방법으로 증명한 것은 수론의 전환점이 되었다.

등식 $x^2 + 2 = (x + \sqrt{-2})(x - \sqrt{-2})$를 보면서 오일러는 $a + b\sqrt{-2}$ (a, b는 정수) 꼴의 수에 관심을 두게 되었다. '허수' $\sqrt{-2}$의 의미를 제쳐두고 보면, 이 새로운 수들은 어떤 의미에서 또 다른 '정수들'이다. 이들의 합, 차, 곱은 다시 같은 꼴의 수가 되고 따라서 이들에 대해서 (1.3절에 언급된) 환의 규칙이 성립하기 때문이다. 오일러의 해법에서는 더욱 의심스러운 성질, 예컨대 소인수분해의 유일성도 성립한다고 대담하게 가정했다. 이 가정이 등장하는 이유를 살펴보기 위해 오일러의 사고의 흐름을 따라가보자.

보통의 정수 x와 y가 다음 식을 만족한다고 하자.

$$y^3 = x^2 + 2 = (x + \sqrt{-2})(x - \sqrt{-2})$$

우변의 인수들이 보통의 정수처럼 행동한다고 생각하면 $\gcd(x + \sqrt{-2}, x - \sqrt{-2}) = 1$이고 ($x + \sqrt{-2}$와 $x - \sqrt{-2}$를 소수들로 인수분해하면 공통 소인수가 없다) 이들의 곱이 세제곱수 y^3이므로 각각이 세제곱수여야 한다. 이는 정확한 논리가 아니지만, x가 $y^3 = x^2 + 2$의 해인 경우는 참이라는 것을 다음 절에서 보일 것이다.

이제 $x + \sqrt{-2}$ 를 세제곱수로 쓰면 다음과 같다.

$$
\begin{aligned}
x + \sqrt{-2} &= (a + b\sqrt{-2})^3 \\
&= a^3 + 3a^2 \cdot b\sqrt{-2} + 3a \cdot (b\sqrt{-2})^2 + (b\sqrt{-2})^3 \\
&= a^3 - 6ab^2 + (3a^2b - 2b^3)\sqrt{-2}
\end{aligned}
$$

따라서 실수부와 허수부를 각각 같게 놓으면,

$$
x = a^3 - 6ab^2 \text{이고 } 1 = 3a^2b - 2b^3 = b(3a^2 - 2b^2)
$$

이다. 이제 $1 = b(3a^2 - 2b^2)$에서 b가 1을 나누므로 $b = \pm 1$이다. 만약 $b = -1$이면 $1 = -(3a^2 - 2)$인데, $3a^2 - 2$는 -2이거나 ($a = 0$인 경우) 아니면 양수이기 때문에 불가능하다. 따라서 $b = 1$이 되어야 하고, $1 = 3a^2 - 2$에서 $a^2 = 1$, 즉 $a = \pm 1$을 얻는다.

$a = 1$, $b = 1$을 $x = a^3 - 6ab^2$에 대입하면 음수 $x = -5$를 얻으므로, 남은 경우는 $a = -1$, $b = 1$밖에 없다. 이로부터 페르마가 주장했던 대로 알려진 해인 $x = 5$와 $y = 3$을 얻는다.

오일러의 증명에서 무슨 일이 진행되는가?

오일러가 위 증명을 발견한 것은 '허수' $\sqrt{-2}$의 개념이 잘 이해되기도 전이었으니, $a + b\sqrt{-2}$를 '정수'로 보는 관점은 물론 없었다. 오늘날의 이해에 따르면, $a + b\sqrt{-2}$는 평면에서 실수 축의 좌표가 a이고 허수 축의 좌표가 $b\sqrt{2}$인 점에 해당하고, 따라서 피타고라스 정리에 의해 원점으로부터 거리는 $\sqrt{a^2 + 2b^2}$ 이다(그림 2.3). 이 거리를 $a + b\sqrt{-2}$의 **절댓값**absolute value이라 부르고, $|a + b\sqrt{-2}|$로 표기한다.

이 거리의 제곱인 $|a + b\sqrt{-2}|^2$은 보통의 정수인 $a^2 + 2b^2$이고, 이를 $a + b\sqrt{-2}$의 **노름**norm이라 한다. 그러면 이러한 **이차 정수의 약분가능성**

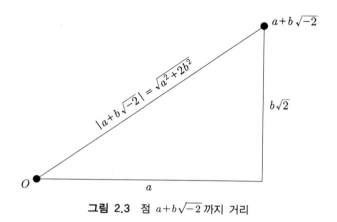

그림 2.3 점 $a+b\sqrt{-2}$ 까지 거리

에 대한 문제를 보통 정수의 약분가능성에 대한 문제로 환원시킬 수 있다. 이를 가능하게 하는 것은 다음의 마술 같은 등식이다.

$$|uv|^2 = |u|^2|v|^2 \qquad (*)$$

즉, '곱의 노름은 각 노름의 곱과 같다'. 다음 절에서 이러한 **곱의 성질**을 더 살펴보겠지만, 일단 어떻게 이로부터 x와 y가 $y^3 = x^2 + 2$를 만족하는 정수들일 때 $\gcd(x+\sqrt{-2},\ x-\sqrt{-2}) = 1$임을 증명할 수 있는지 설명하도록 하자.

마술 같은 성질 (*)이 함의하는 바는 v가 w를 나누면 (즉 $w = uv$로 쓸 수 있으면) $|v|^2$이 $|w|^2$을 나눈다는 것이다. 또한, $a+b\sqrt{-2}$ 꼴의 수 중에서 노름이 1인 것은 ± 1뿐인데, $a^2 + 2b^2 = 1$이면 $a = \pm 1$, $b = 0$이기 때문이다. 따라서 $y^3 = x^2 + 2$일 때 $x+\sqrt{-2}$와 $x-\sqrt{-2}$의 공약수의 노름은 항상 1임을 보이면 된다.

먼저 다음이 성립한다.

$$y^3 \equiv 0,\ 1\ \text{또는}\ 3 \pmod{4}$$

이것은 mod 4에 대한 네 개의 값들, 즉 0, 1, 2, 3을 세제곱 해보면 알 수 있다. 한편, mod 4에 대해 짝수인 0과 2에 대해서는 다음이 성립한다.

$$x^2 + 2 \equiv 2 \quad (\text{mod } 4)$$

따라서 등식 $y^3 = x^2 + 2$이 성립하려면 x는 홀수이어야 하므로 $x \pm \sqrt{-2}$의 노름인 $x^2 + 2$도 홀수다.

이제 $x + \sqrt{-2}$와 $x - \sqrt{-2}$의 공약수는 그 차인 $2\sqrt{-2}$를 나누는데, 이것은 노름이 8이다. 노름 8과 홀수인 $x^2 + 2$의 최대공약수는 1이며, 그래서 $x + \sqrt{-2}$와 $x - \sqrt{-2}$의 공약수의 노름이 1을 나누고, 결국 노름이 1이어야 한다.

2.6 가우스 정수

앞 절에서 정수에 대한 문제가 $\sqrt{-2}$라는 양을 포함하는 이상한 '정수'에 대한 관심을 불러일으키는 것을 살펴봤다. 게다가 이러한 이상한 정수들에 대한 gcd나 소수와 같은 속성을 받아들이면 원래의 문제를 굉장히 단순하게 풀 수 있게 된다. 보통의 정수에 대한 언어만을 사용하는 것보다 $x^2 + 2 = (x + \sqrt{-2})(x - \sqrt{-2})$라는 인수분해를 이용하는 것이 $x^2 + 2$의 행동을 더 잘 설명하는 것처럼 보인다.

하지만, 이차 정수 $a + b\sqrt{-2}$의 세계에서 '소수'나 '유일한 소인수분해'라는 개념이 무슨 의미인지 설명해야 한다. 이를 위해서 먼저 가장 단순한 이차 정수들, 즉 $a + b\sqrt{-1}$ 또는 $a + bi(a, b$는 정수) 꼴의 수들을 살펴보자. 이런 수를 **가우스 정수**라 하는데, 그 이유는 가우스Gauss(1832)가 이런 대상을 처음 연구했기 때문이다. 가우스 정수들은 복소평면에서 정사각형 격자망을 이룬다. 그 일부가 그림 2.4에 그려져 있다.

$a + b\sqrt{-2}$ 꼴의 정수와 마찬가지로 가우스 정수들은 환을 이루는데, 가우스 정수의 합과 차, 곱이 다시 가우스 정수가 되며, 여러 대수 법칙이

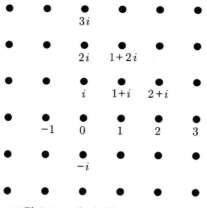

그림 2.4 0에 가까운 가우스 정수들

성립하는 것을 쉽게 확인할 수 있다. 원점으로부터 $a+bi$까지의 거리(**절댓 값**, $|a+bi|$로 표기)는 피타고라스 정리에 의해 $\sqrt{a^2+b^2}$이며, 그 제곱 a^2+b^2은 정수인데, 이를 $a+bi$의 **노름**이라 한다. 이 경우에도 곱의 노름은 노름의 곱과 같다. 이를 확인해 보자.

가우스 정수 $a+bi$와 $c+di$의 노름은 각각 다음과 같다.

$$|a+bi|^2 = a^2+b^2, \ |c+di|^2 = c^2+d^2$$

한편 두 가우스 정수의 곱은 다음과 같다.

$$(a+bi)(c+di) = ac + adi + bci + bdi^2$$
$$= (ac-bd) + (ad+bc)i \quad (i^2 = -1 \text{이므로})$$

이로부터 곱의 노름은 $(ac-bd)^2 + (ad+bc)^2$이 되고, 이 값은 기적 같이 노름의 곱이 된다.

$$(ac-bd)^2 + (ad+bc)^2 = (a^2+b^2)(c^2+d^2)$$

이 식의 양변을 전개하면 모두 $a^2c^2 + a^2d^2 + b^2c^2 + b^2d^2$로 같다는 것을 확

인할 수 있다.

이 계산과정에서 a, b, c, d가 정수임을 가정하지 않았으므로 실제로는 임의의 두 복소수 u, v에 대해서 다음 등식이 성립한다.

$$|uv|^2 = |u|^2 |v|^2$$

이것이 $a + b\sqrt{-2}$ 꼴의 정수에 대해 곱의 노름이 노름의 곱과 같은 이유다.[4] 마찬가지 이유로 가우스 정수의 경우에도 v가 w를 나누면 $|v|^2$이 $|w|^2$을 나누고, 따라서 가우스 정수의 약분가능성은 보통 정수의 약분가능성으로 귀착된다.

이런 맥락에서 노름이 1 이상인 가우스 정수 중에서 더 작은 노름을 갖는 가우스 정수들의 곱으로 쓸 수 없는 수들을 **가우스 소수**라 정의할 수 있다. 노름의 값은 보통의 정수이므로 가우스 정수를 더 작은 가우스 정수들로 분해하는 과정은 결국 멈추게 되고 결국에는 가우스 소수들의 곱으로 쓸 수 있다. 따라서 **모든 가우스 정수는 가우스 소인수분해된다.**

가우스 소인수분해의 예

가장 작은 예는 $2 = (1 + i)(1 - i)$이다. 이 경우 $|1 + i|^2 = |1 - i|^2 = 2$이고 $|2|^2 = 4$이므로 더 작은 노름을 갖는 인수들로 분해한 것이다. $1 + i$와 $1 - i$를 더 작은 노름을 갖도록 더는 쪼갤 수 없는데, 그 이유는 이 수들의 노름인 2가 소수인 정수이기 때문이다.

$37 = 6^2 + 1^2$처럼 두 제곱수의 합인 보통의 소수에 대해서도 상황은 똑같다. 다음 예에서 소수인 정수가 더 작은 노름을 갖는 가우스 인수들로 쪼개진다.

---

4) 또한 $|uv| = |u||v|$가 성립한다. 10.3절에서 이 등식이 복소수에 관해 담고 있는 기하적 의미를 살펴보겠다.

$$6^2 + 1^2 = (6+i)(6-i)$$

(이때, $|6+i|^2 = |6-i|^2 = 37$이고 $|37|^2 = 37^2$이다.)

하지만 37이 소수인 정수이므로 그 이상은 더 작은 노름을 갖는 인수들로 쪼개질 수 없다. 따라서 두 제곱수의 합인 보통의 소수는 항상 두 개의 가우스 소수들의 곱으로 쓸 수 있다.

가우스 소수가 주어지면 그 노름 값에 대한 보통의 소인수를 구해서 가우스 소인수분해를 할 수 있다. $3+i$의 경우, 다음과 같이 진행된다.

$$|3+i|^2 = 3^2 + 1^2 = 10 = 2 \cdot 5$$

따라서 노름 2와 5를 갖는 가우스 인수를 찾아보면 되는데, 이들은 보통의 소수를 노름으로 갖기 때문에 반드시 가우스 소수가 되어야 한다. 이미 노름이 2인 가우스 소수들인 $1+i$와 $1-i$을 알고 있는데, 1의 부호를 바꾸는 것을 제외하면 이들밖에 없다. 그리고 (합이 5가 되는 제곱수들은 4와 1밖에 없으므로) 노름 5인 가우스 소수는 $2+i$이거나 이로부터 부호를 변경해서 얻는 수들밖에 없다. 이들 몇 가지 가능성을 각각 확인해 보면 다음을 얻는다.

$$3 - i = (1-i)(2+i)$$

몫과 나머지 계산

이제 주제를 바꿔서 **몫과 나머지 계산**에 대해 생각해 보자. 보통의 정수에 대해서는 2.1절에서 살펴본 대로 $a = qb + r$ (단, $|r| < |b|$)이라는 **나눗셈 성질**이 분명해 보인다. 가우스 정수 $5+3i$와 더 작은 노름을 갖는 가우스 정수 $3+i$가 있으면 $5+3i$를 $3+i$로 나누어 $3+i$보다 더 작은 노름을 갖는 나머지가 생기도록 해보자. 다시 말해 다음 등식이 성립하도록 하는 ('몫'과 '나머지'에 해당하는) 가우스 정수 q와 r을 찾고자 한다.

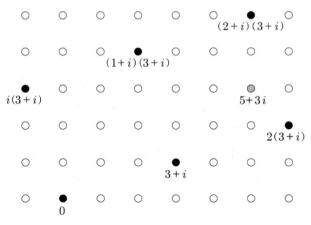

그림 2.5 $5+3i$ 근처에 있는 $3+i$의 배수들

$$5+3i = (3+i)q+r \quad (단, \ |r| < |3+i|)$$

이를 위해 $5+3i$ 근처에서 $3+i$의 배수들을 찾은 후, $5+3i$에 가장 가까운 수 $(3+i)q$를 찾는다. 그런 다음 차를 계산한다.

$$r = 5+3i-(3+i)q$$

이 차가 가장 작게 되도록 잡았으므로, $3+i$보다 작기를 기대한다. 실제로 기대한 대로 되는데, 그 이유는 놀랍게도 다음과 같다. **$3+i$의 배수들은 한 변의 길이가 $|3+i|$인 정사각형 격자를 이루고, 정사각형 내부의 어떤 점을 잡아도 가장 가까운 꼭짓점까지 거리가 변의 길이보다 짧다.**

왜 정사각형인가? 자, 예를 들어 $a+bi$를 곱해 만든 $3+i$의 배수인 가우스 정수는 $3+i$의 a배와 $i(3+i) = -1+3i$의 b배의 합이다. $3+i$와 $-1+3i$는 원점으로부터 떨어진 거리가 $|3+1| = \sqrt{10} = |-1+3i|$이고, **서로 수직**인 방향에 놓여 있다. $3+i$와 $-1+3i$의 배수들을 더해 나가면 더 많은 정사각형들이 생성되며, 각 변의 길이는 그림 2.5에서 보듯이 모두 $|3+i|$와 같다.

그림 2.5에서 $5+3i$에 가장 가까운 $3+i$의 배수는 $2(3+i)$임을 알 수

있고, 차를 계산하면 다음과 같다.

$$r = 2(3+i) - (5+3i) = 1 - i \quad (절댓값은 \ \sqrt{2} < \sqrt{10})$$

일반적으로 피타고라스 정리를 이용하면 정사각형 내부의 한 점으로부터 가장 가까운 꼭짓점까지 거리는 정사각형의 한 변의 길이보다 짧다. 또한, $u = 3+i$인 경우처럼 주어진 가우스 정수 u의 배수인 uq 꼴의 수들은 한 변의 길이가 $|u|$인 정사각형 격자를 이룬다. 따라서 가우스 정수 v 중에 차 $r = v - uq$의 절댓값이 $|u|$보다 작게 되는 것을 찾을 수 있다. 다시 말해, 다음이 성립한다.

나눗셈 성질 가우스 정수 u, v에 대해서 다음 등식을 만족하는 가우스 정수 q, r이 있다.

$$v = uq + r \quad (단, \ |r| < |u|)$$

나머지가 제수(나누는 수) u보다 더 작은 노름을 가지므로 몫과 나머지 계산을 반복하면 언젠가 끝나게 된다. 따라서 임의의 가우스 정수 쌍 s, t에 대해서 다음 꼴의 gcd를 얻는다.

$$\gcd(s, t) = ms + nt \quad (m, \ n은 \ 가우스 \ 정수)$$

그러면 2.3절에서 보통의 정수에 대해 보여준 기술을 발휘하면 다음이 증명된다.

소수 약분 성질 가우스 소수 p가 가우스 정수의 곱 uv를 나누면 p가 u를 나누거나 v를 나눈다.

이제 2.3절과 마찬가지로 **소인수분해의 유일성**이 따라 나온다. 다만 차이점은 이 경우 소인수분해가 약간 '덜 유일'하다. 가우스 소수가 다른 가우스 소수를 나눌 때 몫이 반드시 1이 되지 않기 때문이다. 몫은 −1이거나 ±i일 수도 있다. 이런 이유에서 **가우스 소인수분해는 인수 ±1과 ±i를 무시하면[5] 유일하다.**

2.7 오일러의 증명 되돌아보기

이제 $a+b\sqrt{-2}$ 꼴의 정수에 대한 '소수'를 통해 오일러의 방정식 $y^3 = x^2 + 2$의 풀이에 빛을 비추는 방법을 알게 되었다.

$a+b\sqrt{-2}$의 크기를 노름 $|a+b\sqrt{-2}|^2 = a^2 + 2b^2$으로 잰다. $a+b\sqrt{-2}$의 노름이 1보다 크고, 더 작은 노름을 가지는 수들의 곱으로 쓸 수 없을 때 **소수**라고 한다. (여기서 노름이 1인 수 $a+b\sqrt{-2}$는 ±1밖에 없다. $a^2 + 2b^2 = 1$이 되려면 $a = $ ±1이고 $b = 0$이어야 하기 때문이다.)

또한 $a+b\sqrt{-2}$ 꼴의 정수에 대한 소인수분해의 유일성을 다음 **나눗셈 성질**로부터 증명할 수 있음을 알고 있다. 즉, $a+b\sqrt{-2}$ 꼴의 정수 u, v가 있으면 다음 등식이 성립하도록 하는 같은 꼴의 정수 q, r을 찾을 수 있다.

$$v = uq + r \quad (\text{단, } |r| < |u|)$$

그리고 q와 r를 찾기 위해서는, u의 배수인 uq에 대해 다음 차를 생각한다.

$$r = v - (v\text{에 가장 가까운 배수 } uq)$$

그리고 나면 r이 u보다 작다는 것을 명확히 보여주는 u의 배수들의 그림만 있으면 된다. 이 아이디어를 가우스 정수 때처럼 특수한 예를 통해 설명해보자. 두 수를 $u = 1 + \sqrt{-2}$, $v = 5 + \sqrt{-2}$ 라 하자. 그림 2.6에는 복소평면 상에 이를 나타내는 점들이 표시되어 있다.

---

5) 역주: 인수에 ±1 또는 ±i를 곱한 것은 같은 인수로 본다는 의미이다.

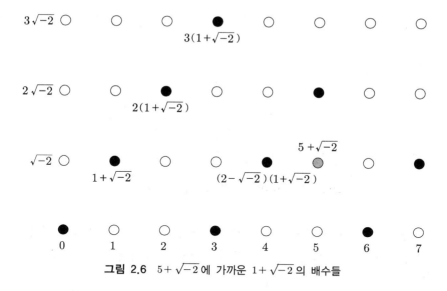

$3\sqrt{-2}$ ○   ○   ○   ●   ○   ○   ○   ○
                              $3(1+\sqrt{-2})$

$2\sqrt{-2}$ ○   ○   ●   ○   ○   ●   ○   ○
                         $2(1+\sqrt{-2})$

                                                          $5+\sqrt{-2}$
$\sqrt{-2}$ ○   ●   ○   ○   ●   ◉   ○   ●
                $1+\sqrt{-2}$ $(2-\sqrt{-2})(1+\sqrt{-2})$

●   ○   ○   ●   ○   ○   ●   ○
0   1   2   3   4   5   6   7

그림 2.6 $5+\sqrt{-2}$ 에 가까운 $1+\sqrt{-2}$ 의 배수들

$a+b\sqrt{-2}$ 꼴의 정수들은 너비가 1이고 높이가 $\sqrt{2}$ 인 사각형 격자를 이룬다. $1+\sqrt{-2}$ 의 배수들은 같은 모양의 사각형 격자를 이루지만, 크기를 $|1+\sqrt{-2}|=\sqrt{5}$ 배 확대한 후 회전하여 짧은 변이 $1+\sqrt{-2}$ 방향을 향한다.

그림에 따르면, $5+\sqrt{-2}$ 에 가장 가까운 $1+\sqrt{-2}$ 의 배수는 다음 수다.

$$(2-\sqrt{-2})(1+\sqrt{-2})=4+\sqrt{-2}$$

따라서 $q=2-\sqrt{-2}$ 이고 $r=1$ 이다. 여기서 r의 절댓값이 제수 $1+\sqrt{-2}$ 보다 작다는 것이 분명하다.

일반적으로 $u=a+b\sqrt{-2}$ 의 배수들은 원래 격자와 같은 모양의 사각형 격자를 이루되, $|u|$배 확대한 후 회전해서 짧은 변이 u의 방향을 향하게 된다. 나머지의 크기 $|r|$이 v로부터 가장 가까운 u의 배수까지 거리이므로, 보여야 할 것은 다음과 같다. **짧은 변이 $|u|$이고 긴 변이 $\sqrt{2}|u|$인 사각형에서 내부의 점으로부터 가장 가까운 꼭짓점까지의 거리는 항상 $|u|$보다 작다.**

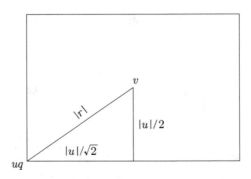

그림 2.7 꼭짓점으로부터 가장 긴 거리에 있는 점

이를 보이기 위해 그림 2.7에서처럼 최악의 경우를 상정하여 v가 사각형의 중심에 있다고 해 보자. 피타고라스 정리에 의하여, 다음을 얻는다.

$$|r| = \sqrt{\frac{|u|^2}{2^2} + \frac{|u|^2}{2}} = \sqrt{\frac{3}{4}|u|^2} = \frac{\sqrt{3}}{2}|u| < |u|$$

이로부터 $a+b\sqrt{-2}$ 꼴의 정수에 대한 나눗셈 성질이 증명되었다. 보통의 정수나 가우스 정수와 마찬가지로 이로부터 유클리드 알고리즘을 얻을 수 있고, 소수 약분 성질과 소인수분해의 유일성이 따라 나온다. 사실 소인수분해는 인수 ± 1을 무시하면 유일한데, $a+b\sqrt{-2}$ 꼴의 정수 중에 노름 1인 것은 ± 1밖에 없기 때문이다.

이제 $a+b\sqrt{-2}$ 꼴의 정수에 대한 소인수분해의 유일성이 **왜** 필요한지 떠올려보자. 2.5절에서 다음처럼 인수분해를 했었다.

$$y^3 = x^2 + 2 = (x + \sqrt{-2})(x - \sqrt{-2})$$

이때, $x + \sqrt{-2}$와 $x - \sqrt{-2}$는 공약수가 없음을 보였다. 하지만 y의 소인수 p는 y^3의 인수 p^3를 만들어내므로, $x + \sqrt{-2}$의 소인수 p를 잡을 때마다 $\pm p^3 = (\pm p)^3$만큼 나타나고, $x - \sqrt{-2}$의 소인수 q를 잡을 때마다 $\pm q^3 = (\pm q)^3$만큼 나타난다. 다시 말해, $x + \sqrt{-2}$는 **세제곱수들의 곱이**

고, 따라서 그 자체로 세제곱수다. 또한, $x - \sqrt{-2}$ 도 세제곱수들의 곱이고, 따라서 그 자체로 세제곱수다.

이제 오일러의 계산과 증명에서 $x + \sqrt{-2} = (a + b\sqrt{-2})^3$ 으로 썼던 것을 정당화할 수 있다. 이러한 정당화는 오일러는 전혀 생각해보지 않았겠지만, 이제는 초등 대수에 속하는 다음 일련의 아이디어에 기초하고 있다.

- 나눗셈 성질과 유클리드 알고리즘에 기초한 약분가능성과 소수에 대한 이론
- 복소수 절댓값의 곱의 성질, 즉 $|uv| = |u||v|$
- 복소수의 기하적 표현과 피타고라스 정리

2.8 $\sqrt{2}$ 와 펠 방정식

정수해를 찾는 또 다른 유명한 문제는 다음 방정식에 대한 것이다.

$$x^2 - 2y^2 = 1 \tag{*}$$

이 방정식은 그리스인들의 관심을 끌었다. 그 이유는 x와 y가 이 식을 만족하는 큰 정수일 때, $\dfrac{x^2}{y^2}$ 이 2에 아주 가깝기에 비율 $\dfrac{x}{y}$ 가 $\sqrt{2}$ 에 매우 가깝게 되기 때문이다.

이 절에서는 실제로 (*)의 해 중에 임의로 큰 정수해들이 있음을 보이고 이 해들을 내놓는 간단한 알고리즘을 찾고자 한다. (이로부터 $\sqrt{2}$ 를 원하는 만큼 유리수로 근사할 수 있게 된다.) 먼저 가장 작은 자연수 해 $x = 3$, $y = 2$로부터 시작해 보자. 즉,

$$1 = 3^2 - 2 \cdot 2^2$$

따라서 각 자연수 n에 대하여

$$1 = (3^2 - 2 \cdot 2^2)^n$$

이다. 또한,

$$3^2 - 2 \cdot 2^2 = (3 + 2\sqrt{2})(3 - 2\sqrt{2})$$

이므로

$$1 = (3 + 2\sqrt{2})^n (3 - 2\sqrt{2})^n$$

이다. 그러므로 다음 등식의 자연수 x_n과 y_n을 구할 필요가 있다.

$$(3 + 2\sqrt{2})^n = x_n + y_n \sqrt{2} \qquad (\text{**})$$

예컨대, $n = 2$이면 다음과 같다.

$$(3 + 2\sqrt{2})^2 = 3^2 + 2 \cdot 3 \cdot 2\sqrt{2} + (2\sqrt{2})^2 = 17 + 12\sqrt{2}$$

그러므로 $x_2 = 17$, $y_2 = 12$이다. 이때, $x = 17$, $y = 12$가 (*)의 해임을 확인할 수 있다.

사실 각 자연수 n에 대해 $x = x_n$, $y = y_n$은 (*)의 해가 된다. 이를 귀납법으로 보이면 다음과 같다.

초기 단계 $n = 1$일 때 $x_1^2 - 2y_1^2 = 3^2 - 2 \cdot 2^2 = 1$을 확인한다.

귀납 단계   이 명제가 $n = k$일 때 참이라면 (즉, $x_k^2 - 2y_k^2 = 1$이라면), $n = k + 1$일 때도 참임을 보이자. x_{k+1}과 y_{k+1}에 대한 정의 (**)에 따라서,

$$\begin{aligned}
x_{k+1} + y_{k+1}\sqrt{2} &= (3 + 2\sqrt{2})^{k+1} \\
&= (3 + 2\sqrt{2})^k (3 + 2\sqrt{2}) \\
&= (x_k + y_k \sqrt{2})(3 + 2\sqrt{2})
\end{aligned}$$

$$(x_k,\ y_k\text{의 정의에 의하여})$$

$$= 3x_k + 4y_k + (2x_k + 3y_k)\sqrt{2}$$

이다. '유리수 부분과 무리수 부분'을 각각 같게 놓으면,

$$x_{k+1} = 3x_k + 4y_k, \quad y_{k+1} = 2x_k + 3y_k \qquad (***)$$

이다. 따라서,

$$
\begin{aligned}
x_{k+1}^2 - 2y_{k+1}^2 &= (3x_k + 4y_k)^2 - 2(2x_k + 3y_k)^2 \\
&= 9x_k^2 + 24x_k y_k + 16y_k^2 - 2(4x_k^2 + 12x_k y_k + 9y_k^2) \\
&= x_k^2 - 2y_k^2 \\
&= 1 \quad (\text{귀납법 가정에 의하여})
\end{aligned}
$$

이다.

이로부터 귀납법에 의한 증명이 완성되었다. 그러므로 각 자연수 n에 대해 $x_n^2 - 2y_n^2 = 1$이다. ■

식 (***)은 n이 커짐에 따라 x_n과 y_n이 (매우 빨리) 증가함을 보여준다. 따라서 $\dfrac{x_n}{y_n}$은 n이 커짐에 따라 $\sqrt{2}$로 빨리 수렴한다. 처음의 근사항 일부는 다음과 같다.

$$\frac{x_1}{y_1} = \frac{3}{2} = 1.5$$

$$\frac{x_2}{y_2} = \frac{17}{12} = 1.416\cdots$$

$$\frac{x_3}{y_3} = \frac{99}{70} = 1.41428\cdots$$

$$\frac{x_4}{y_4} = \frac{577}{408} = 1.4142156\cdots$$

주어진 근사식은 각각 1, 3, 5, 7자리까지 정확하다.

펠 방정식

방정식 $x^2 - 2y^2 = 1$은 $x^2 - my^2 = 1$의 특수한 경우다. 자연수 m이 제곱수가 아닌 경우 이를 **펠 방정식**이라 한다. 위에 살펴본 것과 비슷하게 $x = x_1$, $y = y_1 \neq 0$이 펠 방정식의 한 해이면, 임의로 큰 해 $x = x_n$, $y = y_n$을 다음 공식에 의해 구할 수 있다.

$$x_n + y_n \sqrt{m} = (x_1 + y_1 \sqrt{m})^n$$

한 예로 $x = 2$, $y = 1$은 $x^2 - 3y^2 = 1$의 해인데, 이로부터 더 많은 해들을 다음 공식으로 구할 수 있다.

$$x_n + y_n \sqrt{3} = (2 + \sqrt{3})^n$$

예컨대 $(2 + \sqrt{3})^2 = 7 + 4\sqrt{3}$로부터 두 번째 해 $x = 7$, $y = 4$를 얻는다. 쉽고도 재미있는 작업이긴 하지만, 여기서 질문 두 가지가 제기된다.

- 어떻게 방정식 $x^2 - my^2 = 1$의 해가 **존재하는지** 알 수 있을까?
- 가장 작은 자연수 해 $x = x_1$, $y = y_1$으로부터 얻은 식

$$x_n + y_n \sqrt{m} = (x_1 + y_1 \sqrt{m})^n$$

이 **모든 자연수 해**를 나타낼까?

이에 대한 답을 가장 쉽게 찾는 방법은 수론 외부로부터 아이디어('비둘기집 원리'와 더 깊은 대수)를 들여오는 것이며, 이에 대한 논의는 10.1절로 미루겠다.

2.9 역사

많은 수학 분야들처럼 수론의 이야기는 유클리드로부터 시작한다. 『원론』은 강하에 의한 초창기 증명 몇 개(소인수분해 가능성, 유클리드 알고리즘의 종료)와 소수의 무한성에 대한 첫 증명, 무리수에 대한 깊이 있는 논의를 담고 있다. 유클리드가 획기적인 성과를 거둔 이후로는 거의 발전이 없는 주제도 있다. $2^n - 1$ 꼴의 소수와 완전수에 대한 논의가 그렇다.

소수와 완전수

어떤 자연수보다 작은 약수(진약수)들의 총합이 자기 자신과 일치하면 그 수를 **완전수**라 한다. 예를 들어 6의 진약수는 1, 2, 3이고 $6 = 1 + 2 + 3$이므로 6은 완전수다. 그 다음으로 작은 완전수는 28과 496이며, 유클리드는 아래 등식을 알고 있었음에 틀림없다.

$$6 = 2 \cdot 3 = 2^1 (2^2 - 1),$$
$$28 = 4 \cdot 7 = 2^2 (2^3 - 1),$$
$$496 = 16 \cdot 31 = 2^4 (2^5 - 1)$$

왜냐하면 그는 $2^n - 1$이 소수이면 $2^{n-1}(2^n - 1)$이 완전수임을 알고 있었기 때문이다. 그의 증명은 제법 단순하다. 소인수분해의 유일성에 의하면, $p = 2^n - 1$일 때 $2^{n-1}p$의 진약수는 다음과 같다.

$$1, \ 2, \ 2^2, \ ..., \ 2^{n-1} \text{과} \ p, \ 2p, \ 2^2 p, \ ..., \ 2^{n-2}p$$

첫 번째 그룹의 합은 $2^n - 1$이며 두 번째 그룹의 합은 $(2^{n-1} - 1)p = (2^{n-1} - 1)(2^n - 1)$이어서, 모든 진약수의 합을 구하면 기대한 바와 같다.

$$(2^n - 1)(1 + 2^{n-1} - 1) = 2^{n-1}(2^n - 1)$$

유클리드가 이를 발견한 이후로 완전수에 대해 유일한 진전이라 할 만한 것은 오일러의 정리로, **모든 짝수인 완전수는 유클리드가 발견한 형태임**을 보였다. $2^n - 1$ 꼴의 소수에 대해서는 아직껏 분명한 그림을 갖고 있지 못하며, 이런 꼴의 소수들이 무한히 많은지조차 모른다. 그리고 홀수인 완전수가 있는지도 전혀 모른다.

$2^n + 1$ 꼴의 소수에 대해서는 더 적은 것만 알려져 있지만, 고대의 기하 문제에서 예상치 못한 역할을 했기 때문에 언급할 가치가 있다. 즉, 정m각형을 자와 컴퍼스로 작도하는 문제 말이다. 유클리드는 $m = 3$인 경우(정삼각형)와 $m = 5$인 경우(정오각형) 작도법을 제시했고, 이 숫자들끼리 반복적으로 곱하거나 변의 개수를 두 배로 늘린 경우에 대해 답을 했다(5.4절과 5.6절). 이후 더는 진전이 없었고 기대도 하지 않던 중 1796년에 이르러 19세의 가우스가 정17각형의 작도법을 발견해냈다.

가우스의 발견의 열쇠는 3, 5, 17이 $2^n + 1$ 꼴의 소수라는 것이다. 즉,

$$3 = 2^1 + 1, \quad 5 = 2^2 + 1, \quad 17 = 2^4 + 1$$

가우스는 **소수 개수의 변을 갖는 정다각형이 작도가능하면 그 소수가 $2^n + 1$ 꼴임**을 발견했다. 이를 알고 나면, 그러한 소수들은 실제로 $2^{2^k} + 1$의 꼴이어야 함을 쉽게 알 수 있지만, 그 예로는 다섯 개밖에 알려진 것이 없다.

$$3 = 2^{2^0} + 1,$$
$$5 = 2^{2^1} + 1,$$
$$17 = 2^{2^2} + 1,$$
$$257 = 2^{2^3} + 1,$$
$$65537 = 2^{2^4} + 1$$

즉, 소수의 무한성에 대한 유클리드의 증명 이래로 $2^n - 1$이나 $2^n + 1$과

같은 특정 형태의 소수들의 무한성에 대한 증명 시도는 비참한 실패를 거듭해왔다. 소수는 수학에서 가장 '단순하지만 어려운' 개념임이 틀림없다. 그러므로 수학 자체의 본성을 압축적으로 가장 잘 나타내는 개념이라 할 것이다. 시대가 지나면서 수학이 특히 흥미롭고도 어려워진 시점에 반복적으로 소수의 문제가 재등장했음을 보게 될 것이다.

강하

다시 무한 강하법으로 돌아가보면… 이 방법을 새롭게 적용한 것은 피보나치Fibonacci(1202)와 페르마Fermat(1670, 사후 출간)였다. 피보나치는 **이집트 분수**를 찾아내기 위해 이 방법을 사용했다. 고대 이집트인들은 신기한 방식으로 분수를 다루었는데, 0과 1 사이의 각 분수를 **단위 분수**unit fraction라 부르는 $\frac{1}{n}$ 꼴의 서로 다른 분수들의 합으로 썼다. 예를 들면 다음과 같다.

$$\frac{3}{4} = \frac{1}{2} + \frac{1}{4},$$

$$\frac{2}{3} = \frac{1}{2} + \frac{1}{6},$$

$$\frac{5}{7} = \frac{1}{2} + \frac{1}{7} + \frac{1}{14}$$

시행착오를 통해 이집트 분수를 찾기는 어렵지 않지만, 어떻게 항상 이렇게 쓸 수 있다고 확신할 수 있을까? 피보나치는 이에 대한 성공적인 방법을 제시했다. 그에 따르면, **가장 큰 단위 분수를 반복적으로 제거하라**는 것이다.

피보나치의 방법이 항상 성공하는 이유는 이렇다. $\frac{a}{b}$가 기약분수이고 $\frac{1}{n}$이 $\frac{a}{b}$보다 작은 가장 큰 단위 분수라면 그 차는 다음과 같다.

$$\frac{a}{b} - \frac{1}{n} = \frac{na - b}{bn} = \frac{a'}{bn}$$

이때, $a' < a$이다. ($na - b \geq a$이면 $\dfrac{a}{b} > \dfrac{1}{(n-1)}$ 이고, 따라서 $\dfrac{1}{n}$은 $\dfrac{a}{b}$ 보다 작은 가장 큰 단위 분수가 아니다.) 그러므로 차에 나타나는 분자 a'은 점점 작아질 것이고 유한한 단계를 거쳐 마지막에는 1이 되면서 반복 작업이 멈춘다. $\dfrac{5}{7}$의 경우 이 방법이 어떻게 작동하는지 살펴보자. $\dfrac{5}{7}$보다 작은 가장 큰 단위 분수는 $\dfrac{1}{2}$이고, 차는 다음과 같다.

$$\frac{5}{7} - \frac{1}{2} = \frac{3}{14} \quad (3 < 5\text{임을 확인하라.})$$

다음으로, $\dfrac{3}{14}$보다 작은 가장 큰 단위 분수는 $\dfrac{1}{5}$이고, 차는 다음과 같다.

$$\frac{3}{14} - \frac{1}{5} = \frac{1}{70} \quad (\text{여기서 끝난다.})$$

따라서

$$\frac{5}{7} = \frac{1}{2} + \frac{1}{5} + \frac{1}{70}$$

페르마의 결과는 피보나치의 경우보다 더 세련되긴 하지만, 강하에 기반한다는 점은 비슷하다. 그는 $x^4 + y^4 = z^2$와 같은 방정식이 자연수 해 x, y, z를 갖지 않는다는 것을 보이기 위해, 해가 하나 있으면 반드시 더 작은 해가 있음을 보였다. 자연수는 끝없이 작아질 수 없기 때문에 이로부터 모순이 발생한다. 페르마는 이런 종류의 증명에 대해 '강하'라는 용어를 도입했다. 그는 아마도 특정 형태의 방정식에 대한 특수한 '강하'만을 염두에 두고 있었겠지만, 자연수에서 무한 강하가 불가능함을 끌어들이는 모든 종류의 증명에 '강하'라는 용어를 사용하는 것은 적절해 보인다. 9장에서 보겠지만, 실제로 수론의 거의 모든 증명에 적용된다고도 할 수 있다.

대수적 수론

대수적 수론은 통상 '대수를 이용하는 수론'이라기보다 '대수적 수를 이용한 수론'이라는 뜻으로 이해된다. 물론 대수적 수를 이용해 작업할 때 대수를 하긴 하지만 말이다. 그러니까 앞에서 대수적 수들인 $\sqrt{-1}$, $\sqrt{-2}$, $\sqrt{2}$ 등을 이용해서 보통의 정수에 대한 문제를 풀었던 것이 대수적 수론의 예라 할 수 있다. 살펴본 예들은 다음 환상적인 등식과 관련되어 있다.

$$(ad - bc)^2 + (ac + bd)^2 = (a^2 + b^2)(c^2 + d^2)$$

이 등식은 '곱의 노름은 노름의 곱과 같음'을 표현하며, 다음 식으로도 쓸 수 있다.

$$u = a + bi \text{와} \quad v = c + di \text{에 대하여} \quad |uv|^2 = |u|^2|v|^2$$

디오판투스는 이 중 특수한 경우를 관찰했다(『산술』, III권, 문제 19).

65를 두 제곱수로 쪼개는 데에는 두 가지 방법, 즉 $7^2 + 4^2$과 $8^2 + 1^2$이 있다. 이는 65가 13과 5의 곱이라는 사실에 기인하는데, 이 두 수는 각각 두 제곱수의 합이다.

'두 가지 방법'이 있는 이유는, 다음과 같이 우변의 두 제곱항 안에 (+) 부호와 (−) 부호를 교환함으로써 얻어지는 두 개의 등식이 있기 때문이다.

$$65 = 13 \cdot 5 = (2^2 + 3^2)(1^2 + 2^2)$$
$$= (2 \cdot 2 \mp 3 \cdot 1)^2 + (2 \cdot 1 \pm 3 \cdot 2)^2$$
$$= 1^2 + 8^2, \; 7^2 + 4^2$$

이 등식의 일반적인 형태는 950년경 알−카진al-Khazin이 디오판투스에 대한 주석에 적어놓았고, 대수적인 계산을 통한 증명은 피보나치Fibonacci(1225)가 했다.

그러니 복소수의 특징적인 성질인 $|uv| = |u||v|$는 복소수보다 훨씬 더

일찍 알려졌다고도 할 수 있다! 음수의 제곱근의 꼴로 표현된 복소수는 1500년대에 삼차방정식의 해법과 관련하여 처음 사용되었다. 하지만 1800년대 이전까지는 충분히 이해되지 못했다(4.11절). 이 성질 $|uv| = |u||v|$는 수론뿐만 아니라 기하와 대수에서도 중요함을 10.3절에서 살펴볼 것이다.

이미 봤듯이, $|u|^2$으로 정의되는 u의 노름은 $u = a + b\sqrt{-2}$ 꼴의 정수에 대해서도 적용되며, 실은 이보다 훨씬 더 넓은 범위로 확장된다. 보통의 정수 a, b에 대하여 $a + b\sqrt{2}$ 꼴의 수에 대한 노름을 $a^2 - 2b^2$으로 정의하는 것 역시 유용한데, 왜냐하면 이로부터 다음 등식이 성립하기 때문이다.

$$\mathrm{norm}(uv) = \mathrm{norm}(u)\,\mathrm{norm}(v)$$

그 결과 '정수' $a + b\sqrt{2}$ 의 약분가능성에 대한 문제가 보통의 정수인 노름에 대한 문제로 환원된다. 이에 따라 $a + b\sqrt{2}$ 꼴의 정수들에 대해 최대공약수 및 소수의 개념을 탐구할 수 있게 된다. 이 경우 소인수분해의 유일성이 '노름 1인 인수를 무시하면' 성립한다. 하지만 여기서 유일성은 가우스 정수에 대한 유일성보다 '덜 유일'하다. 이 경우 노름 1인 정수들은 방정식 $a^2 - 2b^2 = 1$의 해로, **무한히 많기** 때문이다.

이 예에서 노름 1인 정수들이 중요하다는 것이 부각되는데, 이들을 **유닛** unit이라 하며, 디리클레가 1840년대에 연구하였다. 또한 지금껏 연구된 여러 종류의 '정수'를 아우르는 **대수적 정수**라는 개념을 설정하고 소인수분해의 유일성에 대한 일반적인 기초를 다질 필요가 있음을 알 수 있다. 이러한 작업은 데데킨트Dedekind(1871b)가 1840년대 쿰머의 발견에 응답하면서 진행되었다. 쿰머는 어떤 대수적 수의 경우 소인수분해의 유일성이 **사라진다**는 것을 발견하고, 모종의 '가상의ideal 소인수'를 고안함으로써 이를 되찾을 수 있음을 밝혔다. 이렇게 하면서 데데킨트는 대수를 새로운 수준, 즉 무한히 많은 보통의 대상들로 이뤄진 '가상의' 대상을 다루는 수준으로 올려

놓았다.[6] 이 수준은 이 책에서 다루고자 하는 기초적인 수준의 수론을 넘어선다.

펠 방정식

m이 제곱수가 아닌 자연수일 때, 방정식 $x^2 - my^2 = 1$을 **펠 방정식**이라 한다. 이 이름은 좀 우스꽝스럽게도 한때 오일러가 이 방정식이 17세기 영국 수학자인 존 펠John Pell로부터 기인한 것으로 잘못 생각했던 것이 굳어진 것이다. 실제로 펠 방정식은 이보다 훨씬 오래되었으며, 그리스와 인도에서 각자 독립적으로 나타난 것으로 보인다.

$m = 2$인 경우 펠 방정식은 우리가 살펴본 것처럼 $\sqrt{2}$가 무리수임을 보이는 맥락에서 고대 그리스에서 연구되었다. 아르키메데스가 제기한 **양떼 문제**cattle problem에는 훨씬 더 화려한 예가 나온다. 이 문제는 다음 펠 방정식의 해와 관련된다.

$$x^2 - 4729494y^2 = 1$$

이 방정식의 가장 작은 해는 206545자리 수다! 그리스 시대의 원시적인 계산 실력을 감안하면 아르키메데스가 이런 해를 찾았을 것으로 믿기는 힘들지만 펠 방정식에 대한 그의 이해도에 따라 아마 해가 m의 값에 따라 굉장히 커질 수도 있다는 것쯤은 알고 있었을 것이다. 양떼 문제 방정식에 대해 다룰 만한 해를 처음 제시한 것은 렌스트라Lenstra(2002)로, 그는 십진수가 아닌 대수적 수를 이용했다.

펠 방정식은 그리스 시대 이후 수백 년이 지나 인도 수학자들이 재발견했다. 그들은 그리스인들이 갖지 못했던 대수를 이용해 상당한 성공을 거뒀다. 예를 들어, 브라마굽타Brahmagupta(628)는 $x^2 - 92y^2 = 1$의 가장 작은

---

6) 역주: 소인수 대신 이데알ideal을 다루는 것을 의미하며, 여기서 이데알은 일반적으로 무한히 많은 원소를 가질 수 있는 집합이다.

자연수 해가 $x = 1151$, $y = 120$임을 발견했고, 바스카라Bhaskara 2세는 1150년경에 언제든지 해를 찾아 내는 방법을 제시했다. 비록 그 방법이 왜 작동하는지는 증명하지 않았지만 말이다. 그는 이 방법을 정말 어려운 첫 예인 $x^2 - 61y^2 = 1$에 대해 설명했는데, 이 경우 가장 작은 자연수 해는 $x = 1766319049$, $y = 226153980$이다.

이 예는 페르마Fermat(1657)가 재발견하여 동료 수학자에게 도전해볼 문제로 제시했다. 페르마는 인도의 발견에 대해서는 모르고 있었기에, 이 예가 정말 어려운 첫 예라고 이해하고 있었음이 분명하다. 그가 각각의 펠 방정식이 자연수 해를 가진다는 것을 증명할 수 있었는지는 알 수 없다. 이에 대한 출판된 증명으로는 라그랑즈Lagrange(1768)가 처음이다. 라그랑즈는 펠 방정식 $x^2 - my^2 = 1$을 푸는 것은 $\sqrt{m}$ 에 대한 연분수를 찾는 것과 본질적으로 동일하다는 사실을 지적했으며, 이것이 **주기적**임을 증명했다.

연분수와의 연관성을 $\sqrt{2}$ 에 대해 설명해 보자. 2.2절에서 본 대로,

$$\sqrt{2} + 1 = 2 + \frac{1}{\sqrt{2} + 1}$$

이다. 그러므로 $\sqrt{2} + 1$을 $2 + \dfrac{1}{\sqrt{2} + 1}$ 로 치환하는 작업을 끝없이 할 수 있으며, 이는 주기적인 과정이다. 실제로 다음과 같이 쓸 수 있다.

$$\sqrt{2} + 1 = 2 + \cfrac{1}{2 + \cfrac{1}{2 + \cfrac{1}{2 + \cfrac{1}{\ddots}}}}$$

우변의 표현을 $\sqrt{2} + 1$의 **연분수**라 하는데, 분모 2가 끝없이 나타나는 점에서 '주기적'이다. 양변에서 1을 빼면 $\sqrt{2}$ 의 연분수를 얻는데, 여기서는 처음 1이 나온 후에는 2가 끝없이 반복된다는 점에서 '결국에는 주기적'이다.

$$\sqrt{2} = 1 + \cfrac{1}{2 + \cfrac{1}{2 + \cfrac{1}{2 + \cfrac{1}{2 + \ddots}}}}$$

유한한 단계에서 분수 적기를 멈추면 $\sqrt{2}$ 를 근사하는 분수를 얻게 되며, 이 분수들은 교대로 $x^2 - 2y^2 = 1$ 과 $x^2 - 2y^2 = -1$ 의 해의 비율 $\dfrac{x}{y}$ 를 나타낸다. 예를 들면,

$$1 + \frac{1}{2} = \frac{3}{2}, \quad 1 + \cfrac{1}{2 + \cfrac{1}{2}} = \frac{7}{5}, \quad 1 + \cfrac{1}{2 + \cfrac{1}{2 + \cfrac{1}{2}}} = \frac{17}{12}, \quad \cdots$$

그러므로 연분수는 $\sqrt{2}$ 를 나타낼 뿐만 아니라 관련된 펠 방정식의 해에 대한 정보도 담고 있다.

2.10 철학

앞 절들에 나오는 유클리드 알고리즘과 소수의 무한성에 대한 논의를 종종 **순수 수론** 또는 **기초 수론**이라 한다. 순수하다 함은 수론에만 속하는 개념들인 완전수, 덧셈, 곱셈 등에 대한 논의라는 뜻이다. 그러하기에 또한 기초적이기도 하며, 논리 전개가 놀랍고 천재적이긴 하지만 대체로 단순하다. 9장에서 논리에 대해 토의할 때 기초 수론에 대해서 더 말할 것이 있을 것이다. 거기서 기초 수론이 수학과 수학적 증명의 본질에 대한 어떠한 설명에도 반드시 필요한 수학적 지식의 최소 내역이라 할 만한지 그 이유를 설명할 것이다.

이 장의 뒤쪽 절들에 나오는 논의는 비순수[7]한데, 그 이유는 대수나 기하

---

7) 철학자들이 이 용어를 사용하곤 하는데, 경멸적인 뜻을 담은 것은 아니다. 수학자들은 이 증명들이 가진 뜻밖의 창의성을 칭송하곤 한다.

의 개념을 결합했기 때문이다. 하지만 이 역시 여전히 기초적이라고 생각한다. 그것은 여기서 사용된 대수나 기하가 초등 대수에 속하기 때문이다. 사실은 대수와 기하 개념들의 교묘한 사용이 이 논의들을 기초적이도록 만든다. 예를 들어 기하를 도입하지 않으면 왜 나눗셈 성질이 (따라서 소인수분해의 유일성이) 참인지 보이는 것이 훨씬 더 어려워진다. 또한 소인수분해의 유일성이라는 안내자 없이는 2.7절에 나오는 오일러의 증명을 어떻게 진행해야 할지 알 수 없을 것이다.

오일러의 정리는 소수의 무한성보다 더 깊은데, 이를 이해하기 위해서는 '한 수 위'의 더 추상적인 개념(대수적 수에 대한 소인수분해의 유일성)에 기대야 하기 때문이다. 분명히 더 추상적인 개념들을 도입할수록 고등 수학으로 진입할 여지가 커진다. 하지만 오일러의 정리는 아직 기초 편에 있는 것으로 나는 본다. 더 그럴듯한 고등 수학의 예들은 쿰머가 1840년대에 발견한 수들처럼 소인수분해의 유일성이 사라진 단계에서 나타난다. 앞 절에서 언급한 것처럼 이런 경우 소인수분해의 유일성을 되찾기 위해서는 '가상의 소인수'를 도입해야 한다. (실제로 대수적 수들로 이뤄진 **무한 집합**인) '가상의 소인수'는 대수적 수보다 더 추상적임은 물론이고 이를 유용하게 만들기까지 많은 이론을 개발해야만 한다. 이런 면에서 기초적인 것과는 거리가 멀다.

무리수와 허수

2.2절과 2.3절에 증명된 $\sqrt{2}$ 가 무리수라는 사실에 비추어 보면, 펠 방정식을 푸는데 $\sqrt{2}$ 를 사용하는 것은 어리석어 보인다. 방정식 $y^3 = x^2 + 2$를 풀기 위해 $\sqrt{-2}$ 를 사용하는 것은 더 어리석어 보인다. 진정 $\sqrt{2}$ 를 몰랐다면, 그것을 사용하여 올바른 답을 얻을 것이라고 믿을 까닭이 무엇인가? 그 이유는 $\sqrt{2}$ 가 **무엇인지** 몰라도 된다는 것이다. 그것이 어떻게 **행동하는지만** 알면 되고, $\sqrt{2}$ 의 행동에 대해 알아야만 할 것은 $(\sqrt{2})^2 = 2$라는

것뿐이다. 그러므로 먼저 기호 $\sqrt{2}$를 문자 x로 대체한 후, 중고등학교 대수 시간에 배운 대로 x에 대한 연산을 수행하되, 필요한 곳에서 x^2을 2로 바꾸면 된다. x를 포함하는 표현에 보통의 대수 법칙들이 적용되므로 잘못된 결론이 나올 리 없다. 우리는 4장에서 정확히 어떤 이유로 이렇게 되는지, 그리고 무엇이 '보통의 법칙들'인지 살펴볼 것이다.

무엇이 $\sqrt{2}$이고 무엇이 진정 $\sqrt{-2}$인지 설명하기 위해 실수와 복소수의 일반적인 정의를 내릴 수도 있다. 그리고 실수와 복소수가 연산에 대한 '보통의 법칙들'을 따른다는 것을 증명할 수도 있다. 이 작업을 9장에서 할 것이다. 하지만, 이는 무한을 심각한 방식으로 포함하는 깊은 수학이다. 4장에서 보게 될 것처럼 유리수만 사용해도 될 연산에서 $\sqrt{2}$와 $\sqrt{-2}$를 사용하는 것은 본질적으로 유리수만의 연산과 같은 정도로 유한한 작업이다. 그것은 '고등 산술'일 수는 있겠지만 그래 봐야 산술이다.

초등학교 산술

많은 이들에게 '산술'은 이 장에서 다룬 것보다 더 기초적인 것을 의미한다. 즉, 초등학교에서 수에 대해서 배웠던 것을 떠올릴 것이다. 실제로 수학자들은 이 장에서 다룬 내용을 흔히 '수론'이라 부르면서 다음과 같이 특정한 수들에 관련된 사실과 구분 짓는다.

$$1 + 1 = 2$$

또는

$$2 + 3 = 3 + 2$$

또는 (더 복잡한 예로) 다음 예를 들 수 있다.

$$26 \cdot 11 = 286$$

그러나 특정한 수들의 덧셈과 곱셈의 세계조차 꽤 복잡하며, 초등학교에서 숙달하는 데 여러 해가 걸린다. 왜 그러한지에 대해 다음 장에서 더 깊이 탐색할 것이다.

그런데 특정한 수들의 덧셈과 곱셈에 대한 모든 사실을 포괄하는 아주 간결한 방법이 있다는 것은 짚고 넘어갈 만한 가치가 있다. 1.8절에 있는 귀납적 정의에 따라 그 모든 사실은 아래 네 개의 식으로부터 전개되어 나온다. (여기서 $S(n)$은 n의 계승자인 $n+1$을 나타낸다.)

$$m + 0 = m \tag{1}$$

$$m + S(n) = S(m+n) \tag{2}$$

$$m \cdot 0 = 0 \tag{3}$$

$$m \cdot S(n) = m \cdot n + m \tag{4}$$

식 (1)은 모든 m과 $n=0$에 대해 $m+n$을 정의한다. 식 (2)는 $n=k$일 때 이미 정의한 $m+n$을 이용해 $m=k+1$일 때 $m+n$을 정의한다. 따라서 (1)과 (2)는 모든 m과 n에 대해 $m+n$을 정의하기 위한 초기 단계와 귀납 단계이다. 마찬가지로 식 (3)과 (4)는 모든 자연수 m과 n에 대해 $m \cdot n$을 정의한다.

그러니까 원리상 식 (1)부터 식 (4)까지는 특정한 숫자들의 합과 곱에 대한 모든 사실을 산출해낸다. 이러한 단순함을 위해 치러야 할 댓가는 자연수 0, 1, 2, 3, … 대신 0, $S(0)$, $SS(0)$, $SSS(0)$, … 과 같은 이름을 가지고 일해야 한다는 것이다. (여기서 수의 이름은 그 수만큼 길다.) 예를 들어 등식 $1+1=2$는 다음 꼴로 적는다.

$$S(0) + S(0) = SS(0)$$

마찬가지로 $2+3=3+2$는 $SS(0)+SSS(0) = SSS(0)+SS(0)$이 되며, $26 \cdot 11 = 286$은 다음과 같이 몹시 불편한 공식이 된다. (우변은 문자 S를 26번씩 11행에 걸쳐 적은 것이다.)

$$SSSSSSSSSSSSSSSSSSSSSSSSSSSSSS(0) \cdot SSSSSSSSSSS(0)$$
$$= SSSSSSSSSSSSSSSSSSSSSSSSSSSSS$$
$$SSSSSSSSSSSSSSSSSSSSSSSSSSSSSS$$
$$SSSSSSSSSSSSSSSSSSSSSSSSSSSSSS$$
$$SSSSSSSSSSSSSSSSSSSSSSSSSSSSSS$$
$$SSSSSSSSSSSSSSSSSSSSSSSSSSSSSS$$
$$SSSSSSSSSSSSSSSSSSSSSSSSSSSSSS$$
$$SSSSSSSSSSSSSSSSSSSSSSSSSSSSSS$$
$$SSSSSSSSSSSSSSSSSSSSSSSSSSSSSS$$
$$SSSSSSSSSSSSSSSSSSSSSSSSSSSSSS$$
$$SSSSSSSSSSSSSSSSSSSSSSSSSSSSSS$$
$$SSSSSSSSSSSSSSSSSSSSSSSSSSSSSS(0)$$

그럼에도 참을성이 충분한 사람은 식 (1), (2), (3), (4)로부터 이 모든 공식을 증명할 수 있다. 특히, $1+1=2$에 대한 증명은 다음과 같다.

$$S(0) + S(0) = S(S(0) + 0) \qquad \text{(2)에 의하여}$$
$$= S(S(0)) \qquad \text{(1)에 의하여}$$
$$= SS(0)$$

곱셈에 관한 사실을 증명하는 것은 반복된 덧셈에 관한 사실들로 귀착되는데, 이는 식 (4)로부터 다음이 성립하기 때문이다. (여기서 우변에는 m이 n번 나온다.[8])

$$m \cdot n = m + m + \cdots + m$$

그러므로 특정 수들의 덧셈과 곱셈에 대한 모든 사실을 식 (1)~(4)로부터

---

8) 엄밀히 말해 우변에는 괄호를 사용해야 한다. 항이 세 개면 $(m+m)+m$으로 써야 하고, 항이 네 개면 $((m+m)+m)+m$으로 써야 한다. 하지만 다음에 이어질 논의에 의해 괄호의 위치는 중요하지 않다.

얻을 수 있음을 보이기 위해서는 덧셈에 관한 사실만을 보여도 된다. 이를 위해서는 다음과 같은 형식의 사실들을 모두 보이면 된다.

$$합 = 수$$

(여기서 **합**은 수들의 합계를 의미하고, **수**는 단일한 수를 의미한다.) 그 이유는 서로 다른 합들이 같다는 것을 보이기 위해서는 각각이 동일한 수와 같다는 것을 보이면 되기 때문이다. 마지막으로, 식 (1)~(4)가 **합** = **수** 형태의 모든 참인 등식을 함의한다는 것을 **합** 안에 들어 있는 (+) 부호의 개수에 대한 귀납법으로 보일 수 있다.

만약 **합**이 (+) 부호를 한 개 포함하면, **합**이 내놓는 **수**는 위에서 합 $S(0) + S(0)$으로부터 $SS(0)$을 얻었던 것과 마찬가지 방식으로 얻게 된다. 만약 **합**이 $k+1$개의 (+) 부호를 포함하면, **합**을 다음과 같이 나눠 쓸 수 있다.

$$합 = 합_1 + 합_2$$

(단, **합**$_1$과 **합**$_2$는 각각 k개 이하의 (+) 부호를 포함한다.)

식 (1)~(4)를 적용하면 귀납법[9]에 의하여

$$합_1 = 수_1 이고 합_2 = 수_2$$

를 얻으며 초기 단계로부터[10] **수**$_1$ + **수**$_2$의 값이 **합**의 **수**임을 알 수 있다.

이러한 개략적인 설명은 식 (1)~(4)가 특정 수들의 덧셈과 곱셈에 대한 사실들을 모두 포괄함을 보여준다. 아직 $a+b = b+a$ 또는 $a \cdot b = b \cdot a$와 같은 규칙으로 표현되는 수들의 대수적 구조를 포착하지는 못했다. 대수적 구조는 4장에서 논의할 것이며, 9장에서는 대수적 구조 역시 귀납법과 밀접하게 연관되어 있음을 보일 것이다.

---

9) 역주: 귀납 단계의 가정으로부터
10) 역주: (+) 부호가 한 개이므로

3

계 산

들어가는 말

계산은 언제나 수학에 필요한 기술이었지만 20세기 초반에서야 하나의 수학적 개념으로 인정받았으며, 종이와 연필을 이용한 사람의 계산을 모델로 삼은 튜링Turing(1936)의 정의가 제일 유명하다. 이 정의에 대한 설명을 위해 먼저 십진법 표기법과 초등 산술에서 사용되는 계산을 살펴볼 것이다. 여기에 담긴 이중적인 목적은, 계산을 기계가 수행할 수 있는 몇 가지 기본 단계들로 쪼개는 것과 계산과정에서 사용된 기본 단계들의 개수를 입력된 자릿수의 함수로 어림하는 것이다.

이와 같은 이중적인 목적은 오늘날 계산에 대해 주로 제기되는 두 가지 질문을 염두에 둔 것이다. 주어진 문제가 컴퓨터로 해결가능한가? 그리고 해결가능하다면 실행가능[1]한가?

첫 번째 질문은 수학과 계산에 관한 매우 일반적인 문제로, 모든 수학

---

1) 역주: 원서의 'feasible'은 '실행가능하다'로, 'feasibility'는 '실행가능성'으로 번역했다. '계산가능성'으로 번역된 'computability' 및 '해결가능성'으로 번역된 'solvability'와는 구분되는 개념이다. 실행가능성의 구체적인 정의는 3.6절에 나온다.

명제 또는 모든 계산 관련 명제의 진리 판정과 같은 맥락에서 등장한다. 앞으로 살펴보겠지만 이러한 문제들은 컴퓨터로 해결불가능하며, 이는 튜링의 정의로부터 쉽게 따라오는 결과다.

두 번째 질문은 유한한 양의 계산으로 문제를 해결할 수 있음은 분명하지만 알려진 해법이 천문학적인 시간을 요구하는 상황에서 제기된다. 그럼에도 종종 제시된 답의 검증은 매우 빠르게 할 수 있어서 우리를 더욱 당황스럽게 하곤 한다. 큰 자릿수의 수를 인수분해하는 문제가 한 예이다.

어떤 방식으로도 해법을 찾기는 매우 어렵지만 제시된 답의 검증은 쉬운 문제가 정말로 존재하는지는 아직 알려진 바 없다. 예를 들어, 큰 자릿수의 수를 아직 알려지지 않은 어떤 방식으로 제법 빠르게 인수분해할 수 있는지 여부에 대해서는 밝혀지지 않았다. 매우 흥미로운 이 주제에 대해 이번 장에서 몇 가지 후보 문제를 살펴보려고 한다.

3.1 숫자 표기법

수와 관련된 많은 흥미진진한 사실들이 그것을 표현하는 방법과는 아무런 상관이 없음이 앞 장의 논의로부터 분명해졌을 것이다. 예를 들어, 소수가 무한히 많다는 사실에 대한 증명은 십진수 표기법과 무관하다. 반면에 계산에 대한 문제라면 상황이 완전히 다르다. 심지어 덧셈이나 곱셈과 같은 단순한 연산의 경우에도 사용하는 숫자 표기법에 따라 큰 차이가 발생한다. 이 절에서는 먼저 자연수의 세 가지 표기법을 비교한다. 가장 단순한 일진법은 주어진 수의 크기만큼 기호를 나열하는 방식이다. 우리에게 친숙한 십진법을 사용하면 동일한 수의 표현에 필요한 자릿수가 기하급수적으로 줄어든다. 그리고 0과 1을 사용하는 이진법 표현은 십진법보다 좀 더 길지만, 자릿수는 마찬가지로 수의 크기에 비해 기하급수적으로 적다.

수 n의 일진법 표현은 숫자 1을 n개 나열한 것이다. 따라서 수의 길이를 사용된 숫자 1의 개수로 재면 n의 길이는 다시 n이 된다. 일진법 표기의 산술은 매우 단순하며, 산술보다는 기하에 가깝다. 예를 들어 m이 n보다 작은지 판정하려면, m을 표기한 길이가 n을 표기한 길이보다 짧은지 보면 된다. 한 예로 5가 9보다 작다는 것은 다음으로부터 자명하다. (이를 십진법으로 쓰면 $5 < 9$ 가 된다.)

$$11111 < 111111111$$

덧셈도 마찬가지로 단순하다. 두 수를 더하려면 두 수의 표기를 이어붙인 후 길이를 보면 된다. 예를 들어, 십진법 표기로 $5 + 9 = 14$라는 사실은 이렇게 표현된다.

$$11111 + 111111111 = 11111111111111$$

뺄셈도 똑같이 쉽다. 곱셈도 많이 어려워지진 않지만 여기부터 일진법의 문제점이 조금씩 드러난다. 즉, 큰 수를 다루기에는 비실용적이다.

m과 n을 곱하려면 m의 길이를 n배 늘려야 하는데, 그러려면 반복되는 곱셈의 결과를 적을 공간이 곧바로 부족해진다. 따라서 두 개 이상의 기호를 사용하는 보다 간결한 표기법이 필요하다.

잘 알다시피 십진수는 0, 1, 2, 3, 4, 5, 6, 7, 8, 9 중에서 선택한 기호들을 나열하여 표기하되, 가장 왼쪽 기호는 0이 아니어야 한다. 숫자 n개를 나열함으로써 정확히 10^n개의 서로 다른 수를 표현할 수 있다. (표현이 0으로 시작하는 경우, 앞쪽 0들은 무시한다.) 따라서 십진법은 열 개의 기호를 이용하는 표기법 중에서 가장 간결하며, 일진법보다 '기하급수적으로 간결'하다. 일진법으로 10^n까지의 수를 모두 나타내려면 길이가 10^n까지 길어지기 때문이다.

그러나 간결한 표기에는 대가가 따른다. 크기 비교, 덧셈, 뺄셈이 일진법만큼 단순하지 않으며, 일부 연산은 거의 실행불가능하다. 산술 연산과 '실행가능성'의 개념에 대해서는 곧 자세히 다룰 것이다. 여기서는 십진수끼리의 크기 비교를 살펴봄으로써 간결한 표기법이 가장 단순한 문제도 복잡하게 만듦을 알아보자.

십진법으로 표기된 두 개의 수 중 하나가 다른 것보다 길이가 짧으면 당연히 짧은 쪽이 더 작은 수를 나타낸다. 하지만 두 표기의 길이가 같다고 해 보자. 예를 들어, 다음 두 수를 비교해 보자.

$$54781230163846, \quad 54781231163845$$

어느 십진수가 더 작은지 찾으려면 왼쪽 기호부터 차례로 비교하여 가장 먼저 다른 기호가 사용된 위치를 찾아야 하고, 그 위치에서 더 작은 기호를 가지는 수가 더 작다. 따라서 아래처럼 왼쪽이 더 작다.

$$54781230\underline{0}163846 < 54781231\underline{1}163845$$

수의 순서를 이렇게 비교하는 규칙을 사전식 순서lexicographic ordering라고 부른다. 사전에서 (같은 길이를 가지는) 단어를 배열하는 규칙과 같기 때문이다. 사전에서 단어를 찾기 위해서 알파벳 순서를 알아야 하는 것처럼 십진수를 비교하려면 숫자 열 개의 순서를 알아야 한다.

수를 간결하게 표기하는 가장 단순한 '알파벳'은 두 기호로 이루어진 이진법 기호로, 사용되는 기호는 0과 1이다. 이진법은 가장 간결한 표기법일 뿐만 아니라 십진법의 작동 방식을 이해하는 데 도움이 된다. 이 중 어떤 것은 우리 대부분이 잊어버렸거나 처음에는 이해하지도 못했던 것이다.

예를 들어, 이진수 101001이 나타내는 수는 아래와 같이 2의 거듭제곱의 합을 표현한다. (이진법 표기에 해당하는 숫자들이 굵게 표시되어 있다.)

$$n = 1 \cdot 2^5 + 0 \cdot 2^4 + 1 \cdot 2^3 + 0 \cdot 2^2 + 0 \cdot 2^1 + 1 \cdot 2^0$$

그러니까 n을 2의 거듭제곱의 합 $n = 2^5 + 2^3 + 2^0$ 으로 쓴다. 모든 자연수 m을 이런 식으로 유일하게 표현할 수 있다. 가장 큰 2의 거듭제곱을 m에서 뺀 후에 나머지 수에 대해 같은 과정을 반복하면 된다. 매번 뺄 수 있는 가장 큰 2의 거듭제곱이 제거되므로 서로 다른 2의 거듭제곱이 내림차순으로 정렬된 합으로 표현된다. 예를 들어 37의 이진법 표기가 100101인 이유는 다음과 같다.

$$
\begin{aligned}
37 &= 32 + 5 \\
&= 2^5 + 5 \\
&= 2^5 + 4 + 1 \\
&= 2^5 + 2^2 + 2^0 \\
&= 1 \cdot 2^5 + 0 \cdot 2^4 + 0 \cdot 2^3 + 1 \cdot 2^2 + 0 \cdot 2^1 + 1 \cdot 2^0
\end{aligned}
$$

숫자를 십진법으로 나타내는 방법은 이진법으로 나타내는 방법과 비슷하게 각 단계에서 **뺄** 수 있는 가장 큰 10의 거듭제곱을 제거하는 과정을 반복하면 된다. 다만, 같은 지수를 갖는 10의 거듭제곱이 최대 9번까지 제거될 수 있으므로 거듭제곱의 계수가 0, 1, 2, 3, 4, 5, 6, 7, 8, 9 중 어느 숫자나 될 수 있다. 예를 들어, 십진법으로 표기된 7901은 아래 수를 가리킨다.

$$
7 \cdot 10^3 + 9 \cdot 10^2 + 0 \cdot 10^1 + 1 \cdot 10^0
$$

또는 초등학교에서 읽었던 대로

$$
7천, 9백, 0십, 1
$$

이다.[2] 학교에서 배울 때는 아주 간단한 아이디어라고 생각했을 것이다. 하지만 다시 살펴보자.

$$
7901 = 7 \cdot 10^3 + 9 \cdot 10^2 + 0 \cdot 10^1 + 1 \cdot 10^0
$$

이 수식은 덧셈, 곱셈, 거듭제곱을 담고 있다. 그러니까 수를 읽을 편리한 이름을 찾기 위해서 고차원 개념의 더미가 필요하다. 이런 의미에서 산술이 깊은 주제라 해도 놀랍지 않다.

---

2) 역주: 물론 0십은 소리 내어 읽지 않는다.

실제로 수론 분야의 난제 중 일부는 십진법 또는 이진법 표기법과 연관된다. 예를 들어, 모두 1로만 구성된 이진수로 나타낼 수 있는 소수prime가 무한히 많은가? 이 질문은 $2^n - 1$ 꼴의 소수가 무한히 많은지 묻는 것과 같으며, 이에 대한 답은 아직 알려지지 않았다.

3.2 덧셈

십진법으로 표기된 수들을 더할 때 어떤 일이 벌어지는지 이해하기 위해 예를 들어 $7924 + 6803$을 생각해 보자. 두 수를 10의 거듭제곱의 합으로 쓰고 같은 거듭제곱끼리 묶으면 다음과 같이 계산된다.

$$
\begin{aligned}
7924 + 6803 &= \mathbf{7} \cdot 10^3 + \mathbf{9} \cdot 10^2 + \mathbf{2} \cdot 10 + \mathbf{4} \\
&\quad + \mathbf{6} \cdot 10^3 + \mathbf{8} \cdot 10^2 + \mathbf{0} \cdot 10 + \mathbf{3} \\
&= (\mathbf{7+6}) \cdot 10^3 + (\mathbf{9+8}) \cdot 10^2 + (\mathbf{2+0}) \cdot 10 + (\mathbf{4+3}) \\
&= (\mathbf{13}) \cdot 10^3 + (\mathbf{17}) \cdot 10^2 + (\mathbf{2}) \cdot 10 + (\mathbf{7})
\end{aligned}
$$

마지막 줄에는 9보다 큰 계수가 있으므로 곧바로 십진법 표기로 바뀌지 않는다. $13 = 10 + 3$처럼 10보다 큰 경우, 더 높은 10의 거듭제곱에 받아올림carrying이 발생하여 왼쪽으로 옮겨서 이미 있던 계수에 더해줘야 한다. 위 계산에서는 10^3과 10^4에 추가항이 발생하므로 다음과 같이 진행된다.

$$
\begin{aligned}
&(\mathbf{13}) \cdot 10^3 + (\mathbf{17}) \cdot 10^2 + (\mathbf{2}) \cdot 10 + (\mathbf{7}) \\
&= (\mathbf{10+3}) \cdot 10^3 + (\mathbf{10+7}) \cdot 10^2 + (\mathbf{2}) \cdot 10 + (\mathbf{7}) \\
&= (\mathbf{10+3+1}) \cdot 10^3 + (\mathbf{7}) \cdot 10^2 + (\mathbf{2}) \cdot 10 + (\mathbf{7}) \\
&= \mathbf{1} \cdot 10^4 + \mathbf{4} \cdot 10^3 + \mathbf{7} \cdot 10^2 + \mathbf{2} \cdot 10 + \mathbf{7}
\end{aligned}
$$

7924와 6803을 손으로 더할 때 "9 더하기 8은 7 쓰고, 1은 올리고"라고 중얼거린다. 이것은 위 계산의 셋째 줄에서 $\mathbf{17}$에 일어나는 일을 간단하게

그림 3.1 손 계산과 주판 계산. 어윈 토마쉬 계산역사 도서관(http://www.cbi.umn.edu
/hostedpublications/Tomash/)의 호의와 사용 허가에 도움을 준 캘거리 대학의
마이클 윌리엄스 교수에게 감사드린다.

말한 것이다. 즉, 7은 10^2의 계수로 남지만 10은 10^3의 계수에 1만큼 기여
한다. '받아올림'은 주판을 이용한 덧셈에서도 발생한다. 주판은 피보나치
의 『연산Liber abaci』(1202)이 출판되기 전부터 이미 유럽에서 널리 사용되었으
며, 그 이후에도 광범위하게 사용되었다. 주판과 십진법의 덧셈 계산과정은
기본적으로 동일하다.

　손 계산이 주판 계산보다 우월하다는 사실이 명확하지 않았기에 두 방식
사이의 경쟁은 수 세기 동안 지속되었다. 그림 3.1은 그레고르 라이시Gregor
Reisch(1503)의 『마르가리타 철학』에 나오는 것으로, 손 계산과 주판 계산의

시합장면을 보여준다. (그림에 나오는 계산 보드는 본질적으로 주판과 동일하다.)

십진법이나 이진법처럼 간결한 표기법을 사용하는 한, 덧셈 연산과정에서 받아올림은 반드시 발생한다. 하지만 놀랍게도 받아올림과 관련된 정리는 거의 없다. 받아올림은 그 자체로는 별 흥미로운 속성이 없는 필요악인 듯하다.

받아올림 이외에 십진법 덧셈에 필요한 유일한 지식은 아라비아 숫자 0, 1, 2, 3, 4, 5, 6, 7, 8, 9에 대한 덧셈표addition table이다. 덧셈표는 '5 더하기 7은 2를 쓰고 1은 올린다'와 같은 총 100가지 사실로 이루어져 있다. 따라서 약간의 암기, 또는 메모리 공간이 필요하다. 하지만 덧셈표를 알고 있고 계산기가 별다른 지체 없이 계산을 수행한다고 가정하면, 아라비아 숫자 두 개를 더하는 데 필요한 시간에는 상한 b가 있을 것이다. (앞 자릿수에서 발생하는 받아올림으로 인해 1이 더해질 수도 있다.) 그러면 n자리 수 두 개를 더하는 데 걸리는 시간은 최대 bn이다.

이는 답을 내는 데 걸리는 시간이 질문의 길이에 거의 비례하는, 매우 드물 정도로 바람직한 경우다. 대부분의 계산 문제는 답을 내는 데 걸리는 시간이 질문의 길이보다 더 빨리 증가하며, 때로는 엄청난 속도로 증가하기도 한다. 십진법 또는 이진법의 자명하지 않은 질문 중에 답을 내는 데 걸리는 시간이 사용된 숫자들의 자릿수에 비례하는 질문은 덧셈과 함께 비교 문제($m < n$인가?)와 뺄셈($m - n$은?)이 거의 전부다. 일반적으로 알려진 비교 과정과 뺄셈 과정을 분석하여 이런 성질이 있음을 확인해 보기 바란다. 계산적으로 자명한 예로는 n이 짝수인지 판단하는 문제를 들 수 있다. 이를 위해서는 n의 끝자리 수만 확인하면 된다.[3]

---

3) 역주: 따라서 이때 걸리는 시간은 상수다.

3.3 곱셈

사람들 대부분이 곱셈을 어려워하지만, 큰 수의 곱셈을 분석해보면 그 이상으로 어려움이 깊다는 것을 알게 된다. 예를 들어 십진법으로 주어진 두 수 4227과 935를 곱하는 통상적인 방법에 따르면 4227과 935의 개별 숫자들끼리의 곱을 계산해야 한다.

$$4227 \times 9 = 38043$$
$$4227 \times 3 = 12681$$
$$4227 \times 5 = 21135$$

이로부터 다음을 얻는다.

$$4227 \times 900 = 3804300$$
$$4227 \times 30 = 126810$$
$$4227 \times 5 = 21135$$

여기서 얻은 우변의 세 수를 더한 결과로 4227×935를 얻는다. 보통은 위 과정을 다음과 같이 세로 곱셈식으로 나타낸다.

$$
\begin{array}{r}
4227 \\
\times\ 935 \\
\hline
21135 \\
126810 \\
3804300 \\
\hline
3952245
\end{array}
$$

이 곱셈식에 나오는 숫자들의 개수는 계산에 필요한 시간을 재는 척도로 사용될 수 있는데, 이는 각 숫자를 구하는 데 걸리는 시간이 일정한 상숫값으로 제한되기 때문이다. 여기서 상숫값은 머릿속에 있는 곱셈표와 덧셈표로부터 정보를 끄집어내어 각 숫자를 얻어내는 데 필요한 최대 시간을 의미한다. m자릿수 M과 n자릿수 N을 곱하기 위해 사용되는 숫자의 개수는

$2mn$보다 작으므로, MN을 계산하는 데 필요한 시간은 특정 상수 c에 대해 cmn으로 제한된다고 할 수 있다.

구구단을 외우지 못하는 사람이라면 한 자릿수와의 곱셈을 반복된 덧셈으로 계산할 수 있다.

$$2M = M + M$$
$$3M = M + M + M$$
$$\vdots$$
$$9M = M + M + M + M + M + M + M + M + M$$

이렇게 하더라도 시간이 그렇게 많이 증가하지는 않는다. 실제로 m자릿수 9개를 더하는 데 걸리는 시간은 최대로 m의 상수배인 dm이다. 따라서 우리가 곱셈식의 각 줄을 계산하는 데 필요한 시간 또한 m에 비례하며, 최종적으로 n개의 줄을 계산하기 위해 필요한 시간은 이를 모두 더하여 최대 dmn시간이 걸린다. 그러니까 구구단을 외우지 못하더라도 필요 시간이 증가하는 정도는 상수 c가 조금 더 큰 상수 d로 바뀌는 정도다.

구구단을 모르더라도 곱셈을 할 수 있다는 사실은 흥미롭게도 이진수 곱셈을 시행해보면 알 수 있다. 이 경우 한 자릿수는 0과 1뿐이며, 0 또는 1과의 곱은 자명하다. 따라서 0 또는 1과 곱한 결과의 오른쪽에 적당한 개수의 0을 추가한 후 이들을 더하면 된다. 그러니까 곱셈식에서 진짜로 해야 하는 일은 각 줄을 더하는 것이다. 결국 m자리 이진수와 n자리 이진수를 곱한 결과를 계산하는 데 걸리는 시간은 특정 상수 e에 대해 최대 emn임을 알 수 있다.

이진수 곱셈의 유용한 변형으로, 이진법 표기를 하지 않아도 되는 방법이 있다. 임의의 양의 정수를 2의 거듭제곱의 합으로 쓸 수 있다는 3.1절의 결과를 사용하면 된다. 양의 정수 M을 그렇게 썼다고 하자. 그러면 M과의 곱셈을 덧셈 및 두 배 계산만을 이용해 계산할 수 있다. 예를 들어, N을 37과 곱하기 위해 먼저 37을 다음과 같이 쓴다.

그림 3.2 몫과 나머지의 시각화

$$37 = 1 + 2^2 + 2^5$$

그러면,

$$37N = (1 + 2^2 + 2^5)N = N + 2^2N + 2^5N$$

이제 N을 쓰고, N을 두 번 두 배 하고, 다시 그 결과를 세 번 두 배 하여 모두 더하면 된다. '반복하여 두 배 하기'로 곱셈을 하는 아이디어는 3.5절에서 다룰 '반복하여 제곱하기'로 거듭제곱을 하는 계산에도 응용된다.

3.4 나눗셈

양의 정수 a와 b가 있으면 보통은 a가 b로 나누어떨어지지 않으므로, 일반적인 나눗셈에서는 몫과 나머지 계산을 하게 된다. 즉, 주어진 a와 b에 대해 다음 식이 성립하도록 하는 몫 q와 나머지 r을 구한다.

$$a = qb + r \quad (단, \ q \geqq 0 이고 \ 0 \leq r < b)$$

그림 2.1은 위 조건을 만족하는 q와 r이 항상 존재함을 보여준다. 기억을 상기시키기 위해 같은 그림을 다시 그림 3.2에 옮겨 놓았다. 그림을 보면 a가 b의 배수들 사이에 놓여 있다. 또한 b의 배수들 중에서 a를 넘지 않는 가장 큰 수는 qb이며, 나머지는 $r = a - qb$이다. 이 값은 연속된 배수인 qb와 $(q+1)b$ 사이의 거리인 b보다 작다.

2.1절에서 유클리드 알고리즘이 최대공약수를 생성한다는 것을 증명할 때는 b보다 작은 나머지 r이 존재한다는 사실만으로 충분했다. 그러면서

나눗셈 과정을 이용해 수천 자릿수끼리의 최대공약수 계산도 충분히 빠르게 할 수 있다고 주장했다. 이 주장을 뒷받침하기 위해 몫과 나머지 계산이 곱셈과 비슷한 속도로 계산될 수 있음을 보이고자 한다. 즉, a와 b가 각각 m자릿수, n자릿수이면 걸리는 시간은 대략 mn에 비례한다.

시간 어림을 하기 위해 초등학교에서 배우는 세로셈long division과 유사하면서 좀 더 단순한 방식을 사용하자. 이 방법으로 34781을 26으로 나누어 보자.

먼저 34781의 각 숫자를 왼쪽부터 오른쪽으로 스캔하면서 각 단계에서 26으로 나누어 얻은 나머지를 그다음 숫자의 왼쪽에 붙이고 이를 다시 26으로 나눈다. 각 단계에서 얻는 몫은 한 자릿수이므로 26으로 나누는 대신 26에 한 자릿수를 곱하는 방법만 알면 된다. 이 예에서 필요한 다섯 단계의 계산은 아래와 같다.

> 3을 26으로 나누면, 몫이 0이고 나머지는 3
> 34를 26으로 나누면, 몫이 1이고 나머지는 8
> 87을 26으로 나누면, 몫이 3이고 나머지는 9
> 98을 26으로 나누면, 몫이 3이고 나머지는 20
> 201을 26으로 나누면, 몫이 7이고 나머지는 19

따라서 34781을 26으로 나눈 몫은 각 단계의 몫을 나열한 1337이고, 나머지는 마지막 나머지인 19이다.

각 단계에서 사용된 숫자인 3, 4, 7, 8, 1이 각각 만의 자리, 천의 자리, 백의 자리, 십의 자리, 일의 자리의 수를 나타낸다는 것을 생각하면 이렇게 하면 되는 이유를 알 수 있다. 예를 들어 34는 34천에 해당하며, 따라서 26으로 나눈 몫은 1천, 나머지는 8천이다. 이 나머지를 7백에 해당하는 다음 숫자 7에 붙이면 87백이 된다. 따라서 26으로 나눈 몫은 3백, 나머지는 9백이다. 이하도 마찬가지다.

일반적으로 m자릿수 a를 n자릿수 b로 나누는 과정은 m단계로 이루어지는데, 각 단계에서는 n자릿수 b를 한 자릿수와 곱한 후 그 값을 그전에 이미 구한 수에서 빼서 b보다 작은 나머지를 구한다. 그리고 한 자릿수와의 곱은 최대 10번까지 실행되므로 각 단계에 걸리는 시간은 n의 상수배로 제한된다. 따라서 전체 m개의 단계를 실행하는 데 걸리는 시간은 mn의 상수배로 제한되며, 이는 우리가 보이고자 했던 결과와 같다.

유클리드 알고리즘 확장판

이제 몫과 나머지를 이용해 계산 속도를 향상시킨 2.1절의 유클리드 알고리즘의 효율성이 확인되었다. 또한 2.3절에서 유클리드 알고리즘이 적당한 정수 m과 n에 대한 등식 $\gcd(a, b) = ma + nb$을 함의한다고 논증했는데, 유클리드 알고리즘 확장판으로 이 논증을 구현하여 m과 n을 효율적으로 찾아낼 수 있다. 여기서 아이디어는 두 수 a와 b로부터 $\gcd$를 찾기 위해 수치적으로 했던 계산을 a와 b라는 문자에 대해 동일한 계산을 대수적으로 수행하는 것이다. 대수의 이점을 활용해 문자 계산으로부터 a와 b의 계수를 추적할 수 있다.

예를 들어, $a = 5$이고 $b = 8$일 때, 두 가지 계산을 양쪽에 두고 비교하면 아래와 같다.

$$
\begin{aligned}
\gcd(5, 8) &= \gcd(5, 8-5) & \gcd(a, b) &= \gcd(a, b-a) \\
&= \gcd(3, 5) & &= \gcd(b-a, a) \\
&= \gcd(3, 5-3) & &= \gcd(b-a, a-(b-a)) \\
&= \gcd(3, 2) & &= \gcd(b-a, 2a-b) \\
&= \gcd(2, 3-2) & &= \gcd(2a-b, b-a-(2a-b)) \\
&= \gcd(2, 1) & &= \gcd(2a-b, -3a+2b)
\end{aligned}
$$

왼쪽의 수들과 오른쪽의 문자들을 비교하면, $1 = -3a + 2b$이 $\gcd(5, 8)$ $= \gcd(a, b)$와 같음을 알 수 있다.

분명히 대수적 계산이 수치 계산과 동일한 횟수로 수행되며 이에 따라
비슷한 시간이 걸린다. 따라서 $\gcd(a, b) = ma + nb$가 되는 m과 n을 찾
는 효율적인 알고리즘을 얻게 된다. 이는 다음 장에서 소수 p를 법으로
하는 정수의 역원 개념과 기약 다항식 $p(x)$를 법으로 하는 다항식의 역원
개념을 다룰 때 중요한 역할을 담당한다. 두 경우 모두 유클리드 알고리즘
을 이용해 $\gcd(a, b) = ma + nb$가 되는 m을 구함으로써 역원을 얻는다.
즉, 역원도 효율적으로 계산할 수 있다.

3.5 거듭제곱

거듭제곱 중 가장 쉬운 경우로 10의 N승은 1에 N개의 0을 붙인 수이다.
예를 들어, $10^{1000000}$의 십진수 표기는 1에 0을 백만 개 붙인 것이다. 따라서
M^N을 십진수로 표기하는 데만도 M과 N을 표기하는 데 비해 기하급수적
으로 긴 시간이 걸린다. 이진수 표기도 비슷한데, 이는 그렇게 놀라운 일도
아니다. 이미 3.1절에서 십진법이나 이진법 표기는 그 기호가 표현하는 수에
비해 기하급수적으로 짧다는 것을 본 바 있는데, 그와 비슷한 현상이다.[4]

그리하여 매우 큰 수를 십진법으로 간결하게 표기할 수 있다는 사실은
단점도 갖는다. 즉, 짧은 표기를 가지는 수를 거듭제곱하면 매우 긴 표기를
가지는 수를 만들어낼 수 있다. 그래서 거듭제곱을 덧셈이나 곱셈을 하는
방식으로 계산하면 너무 느려서 실행불가능하다. 아무리 기발한 방식으로
M^N을 계산하더라도 (실제로 상대적으로 적은 개수의 곱셈으로 계산이 가
능하긴 하지만) 계산 결과를 적는 시간이 일반적으로 너무 오래 걸려서 계산
이 완료되기를 기다릴 수 없다.

반면에 $M^N \bmod K$(M^N을 K로 나눈 나머지) 계산은 온전히 실행가능

---

4) 역주: 그러니까 $10^{1000000}$은 이 표기가 나타내는 수에 비해 엄청나게 짧은 십진법
   표기를 다시 엄청나게 짧게 표현한 것이다.

한데, 그 이유는 단순하게도 K보다 작은 수들끼리의 곱셈을 통해서 답을 얻을 수 있기 때문이다. 2.4절에서 살펴봤듯이 AB를 K로 나눈 나머지는 $(A \bmod K)(B \bmod K)$를 K로 나눈 나머지와 같다. 그래서 계산을 위해서는 K로 나눈 나머지들끼리 곱하기만 하면 된다. 따라서 곱셈의 횟수를 적게 유지하는 방식으로 계산시간을 줄일 수 있다. 엄밀하게 말하면 지수 N에 비해 기하급수적으로 적은 횟수의 곱셈 계산만 하면 된다.

여기서 사용하는 트릭은 3.3절에서 '반복하여 두 배 하기'로 곱셈을 했듯이 '반복하여 제곱하기'로 거듭제곱을 하는 것이다.

이 방법을 다음 문제의 계산을 통해 설명해보자.

$$79^{37} \bmod 107$$

다시 말해 79^{37}을 107로 나눈 나머지를 구해보자. 107보다 큰 수들의 곱셈이 절대 발생하지 않으므로, 관건은 37승을 37번보다 훨씬 적은 횟수의 곱셈만으로 얻는 방법을 찾는 것이다. 이를 위해 앞 절에서 했던 대로 37을 2의 거듭제곱의 합으로 나타내자.

$$37 = 1 + 2^2 + 2^5$$

그러면 다음 식이 성립한다.

$$79^{37} = 79^{1 + 2^2 + 2^5} = 79 \cdot 79^{2^2} \cdot 79^{2^5}$$

이제 다음 사실에 주목한다.

$$79^{2^2} = 79^{2 \cdot 2} = (79^2)^2$$

이는 제곱을 두 번 하는 계산, 즉 두 번의 곱셈이다. 그리고 세 번 더 제곱하면 다음을 얻는다.

$$(((((79^2)^2)^2)^2)^2 = 79^{2^5}$$

따라서 mod 107 곱셈 다섯 번으로부터 79^{2^2}과 79^{2^5}을 얻으며, 마지막으로 곱셈을 두 번 더 하면 다음 결과를 얻는다.

$$79^{37} = 79^1 \cdot 79^{2^2} \cdot 79^{2^5}$$

그래서 총 7번의 곱셈을 실행하면 37승을 얻는다. 각 곱셈에서 107보다 작은 수들만 다루기 때문에, 전체 계산에 걸리는 시간은 그런 수들을 곱하는 데 걸리는 시간과 곱한 결과를 107로 나눈 나머지를 계산하는 데 걸리는 시간의 합으로 제한된다. 그리고 107로 나눈 나머지 계산은 곱셈과 동일한 시간이 걸린다.

일반적으로 $M^N \bmod K$를 계산하는 데 필요한 곱셈의 횟수는 N의 이진법 표기 길이의 두 배보다 적다. 실제로 가장 많은 곱셈이 필요한 경우는 N의 이진법 표기의 각 자릿수가 모두 1일 때이다. 이진법 표기의 길이가 n이라면 다음 지수들에 대한 M의 거듭제곱을 계산해야 한다.

$$1, \quad 2^1, \quad 2^2, \quad \ldots, \quad 2^{n-1}$$

즉, M으로부터 제곱을 총 $n-1$번 해야 한다. 그리고는 그렇게 하여 얻은 다음 수들을 곱해야 한다.

$$M^1, \quad M^{2^1}, \quad M^{2^2}, \quad \ldots, \quad M^{2^{n-1}}$$

여기에 다시 $n-1$번의 곱셈이 실행된다. 따라서 이 경우에도 필요한 곱셈의 횟수가 $2n$보다 적다. 모든 곱셈을 mod K로 계산할 때, 곱하는 수는 모두 K보다 작다고 가정할 수 있다. 따라서 K의 이진법 자릿수를 k라 하면 곱셈 한 번에 걸리는 시간은 모두 k^2의 상수배로 제한된다.

결론적으로 $M^N \bmod K$를 계산하는 데 걸리는 시간은 ek^2n으로 제한된다. 여기서 e는 그다지 크지 않은 상수다. 이로써 주어진 수백 자릿수의 M, N, K에 대해 컴퓨터가 계산을 처리할 수 있다는 의미에서 실행가능하다. 현대의 가장 중요한 기술 중 하나가 이 결과를 활용한다. 인터넷상에서 벌어지는 거래의 암호화가 그것이다. 많은 암호화 기법들이 잘 알려진 RSA 암호화를 사용하는데 여기에는 매우 큰 수의 mod K에 대한 거듭제곱 계산이 사용된다. 빠른 거듭제곱으로 인해 암호화가 쉽다. 반면에 암호해독은 지금까지 알려진 대로는 (그리고 앞으로도 바라기로는) 계산적으로 실행가능하지 않은데, 그 이유는 이 작업이 매우 큰 수의 소인수분해에 의존하기 때문이다. 소인수분해 문제는 다음 절에서 자세히 다룬다.

3.6 P–NP 문제

덧셈, 곱셈, 거듭제곱을 살펴보는 과정에서 계산의 **실행가능성**feasibility 문제가 발생했다. 지금까지는 실행가능성의 의미를 다소 모호하게 사용해 왔는데, 이를 매우 적절하게 포착하는 정확한 개념이 있다. 바로 **다항 시간** polynomial time **계산**이라는 개념이다. 다항 시간 계산을 적절하게 정의하기 위해 먼저 계산을 정의해야 하는데, 이는 다음 절에서 다룰 예정이다. 여기서는 다항 시간 계산 개념의 예제와 이와 연관된 개념인 **비결정론적** 다항 시간 계산을 설명하는 예제를 살펴보자. 예제들을 보면 왜 일차, 이차 또는 삼차 다항함수만 고수하지 않고 일반적인 다항함수를 이용하여 계산시간을 측정하는지 이해하는 데에도 도움이 될 것이다.

3.2절에서 십진수 또는 이진수로 표기된 n자릿수의 덧셈에 걸리는 시간이 적당한 상수 c에 대해 cn으로 제한됨을 관찰했다. 따라서 덧셈은 **선형시간** 내에 풀 수 있는 문제라고 할 수 있다. 질문에 답하기까지 걸리는 시간이 질문을 읽는데 걸리는 시간에 비례하는 이상적인 상황이지만, 이런 일은 드물다. 3.3절에서 n자릿수를 통상적인 방식으로 곱하는데 걸리는 시간이 적당한 상수 d에 대해 dn^2으로 제한됨을 보았다. 매우 큰 수들을 좀 더 빠르게 곱하는 방법이 있긴 하다. 하지만 선형시간 내에 곱셈을 실행하는

현실적인 계산 방법은 아직 알려진 바 없다.

이쯤 되면 계산과 계산시간을 어떻게 정의할 것인지 묻게 된다. 지금까지는 인간이 수행하는 방식으로 계산이 실행된다고 가정했다. 주로 연필과 종이를 사용하여 '7에다 5를 더하면 2를 쓰고 1을 받아올림할 것'과 같은 공식에 따라 계산하는 상황을 상정했다. 실은 이게 기본적으로 맞는 말이다! 계산과 계산시간은 3.7절에서 자세히 다루게 될 **튜링 기계**의 계산 개념을 이용하여 엄밀하게 정의되며, 튜링 기계는 지금까지 알려진 모든 계산장치를 포괄한다. 튜링 기계는 개별적인 단계들을 차례대로 처리하므로, 처리된 단계의 개수를 계산시간의 척도로 삼을 수 있다. 종이와 연필 계산에 비유하면, 하나의 단계는 연필이 한 기호에서 다른 기호로 이동하는 것, 또는 한 기호를 다른 기호로 대체하는 것(빈 공간에 기호를 쓰는 것을 포함)에 해당한다.

튜링 기계 모델에서는 기호들이 일렬로 나열된다. 예를 들어 58301과 29946을 더하려면 아래처럼 쓰고

$$58301 + 29946$$

덧셈의 결과를 같은 줄에 적는다. 이 방식을 따르려면 계속 좌우로 왔다 갔다 해야 한다. 먼저 일의 자릿수를 찾아서 더한다.

$$7 = 5830\cancel{1} + 2994\cancel{6}$$

(다음 단계에서 혼란을 피하기 위해 일의 자릿수에 선을 그었다.) 그 다음 십의 자릿수를 찾아 더한다.

$$47 = 583\cancel{0}\cancel{1} + 299\cancel{4}\cancel{6}$$

계속해서 더하되 필요하면 받아올림을 한다. 다섯 번을 왔다 갔다 하면 작업이 끝난다.

$$88247 = \cancel{58301} + \cancel{29946}$$

더하는 수들이 n자릿수라면 왔다 갔다 하는 과정이 n번 필요하다. 그리고 각 과정은 최소 n개의 기호를 지나가므로, 이렇게 덧셈을 실행하면 n^2번 정도의 단계가 필요하다.

따라서 계산 모델을 바꾸면 계산시간이 선형으로부터 이차로 바뀔 수 있다. 유사한 방식으로 곱셈도 튜링 기계에서 수행하면 계산시간이 이차가 아닌 삼차로 바뀜을 확인할 수 있다. 이와 같은 변형의 문제를 피하기 위한 개념이 **다항 시간 계산**이라는 개념이다.

먼저 문제 $\mathcal{P}$란, 우리가 해당 문제의 '사례' 또는 '질문'이라고 부르는 '기호들의 나열'로 구성된 집합을 말한다. 문제 $\mathcal{P}$가 다항 시간 내에 풀린다는 말은 다항식 p와 튜링 기계 M이 존재하여, 기호 n개로 구성된 문제 $\mathcal{P}$의 임의의 사례 I에 대한 정답을 $T \le p(n)$ 시간 이내에 계산해낼 수 있다는 뜻이다.

다항 시간 내에 풀리는 문제들의 모임을 P 라고 하자. 그러면 P 는 십진수의 덧셈과 곱셈을 포함한다. 뺄셈과 나눗셈뿐만 아니라 $\sqrt{2}$의 십진법 소수 표기의 소수점 이하 n자리까지 구하기와 같이 좀 더 근사한 문제도 포함하는데, 이는 $x^2 - 2y^2 = 1$의 정수 해를 생성하는 알고리즘을 이용하면 된다 (2.8절). 더 인상적인 예는 소수 판별문제다. 이 문제와 관련해서 이미 가우스는 다음과 같이 주장했다.

> 과학 그 자체의 존엄성이 이토록 우아하고 명성이 높은 문제의 해법에 대해 가능한 모든 수단을 탐구하도록 요구하는 것으로 보인다.
>
> 가우스Gauss(1801), 논문 329

소수 판별 문제의 다항 시간 해결책은 아그라왈 등Agrawal et al.(2004)에 의해 최근에야 발견되었다. 렌스트라와 포머런스가 2011년에 발표한 개선된 방법은 n자릿수가 주어지면 n^6에 비례하는 개수의 단계를 통해 문제를 해결한다.

위 인용문은 소수 판별에만 국한된 것은 아니다. 사실 가우스가 언급한 것은 다음과 같다.

소수와 합성수를 구분하는 문제와 합성수를 소인수로 분해하는 문제

가우스Gauss(1801), 논문 329

두 번째 문제인 합성수의 소인수분해 문제는 아그라왈-카얄-삭세나의 방법이 해결하지 못한다. 그들의 방법은 소인수들을 찾지 않으면서 합성수 여부를 판정한다. 주어진 수 M의 소인수를 다항 시간 내에 찾는 방법은 아직도 알려지지 않았다. 반면에 소수들의 곱이 M과 동일한지 여부는 다항 시간 내에 검증이 가능하다. M보다 작은 수들로 일일이 나눠보는 것은 도움이 안 된다. M이 m자릿수이면 M보다 작은 수가 10^m개 있기 때문이다. 그리고 10^m은 어떠한 m의 다항함수보다 빠르게 증가하는 지수함수이다.[5]

소인수분해 문제처럼 해를 찾기는 어렵지만 제시된 해를 검증하기 쉬운 문제는 생각보다 아주 많다. 또다른 간단한 예는 mod 2 연산에 대한 다항식의 해를 구하는 문제다. 정수 계수 다항식 $p(x_1, x_2, \cdots, x_n)$에 대해 아래 합동식의 해가 존재하는지 물어보자.

$$p(x_1, x_2, \cdots, x_n) \equiv 0 \quad (\text{mod } 2)$$

해를 찾기 위해서는 $x_1, x_2, \ldots, x_n$ 변수들에 대해 0과 1의 모든 조합을 대입해 보아야 하며, 이러한 조합은 2^n개다. 반면에, 주어진 조합이 정답인지를 검증하려면 변수들에 대입하여 mod 2에 대한 덧셈과 곱셈을 실행하면 되므로 다항 시간 내에 검증된다.

답을 찾기는 어렵지만 정답 여부의 검증은 쉬운 문제는 도처에 널려 있으며 **비결정론적 다항 시간 문제**, 또는 간단하게 **NP 문제**라고 부른다. 여기서 '비결정론적'이란 다항 시간 해결이 추측과 같은 비결정론적 단계의 도입으

---

5) 역주: 이보다 좀 더 효율적인 방법으로 알려진 에라토스테네스의 체 역시 다항 시간 계산 방법이 아니다.

로만 가능하다는 의미이다.

NP 문제의 궁극의 예제는 **수학 문제의 증명 찾기** 문제다. 이론적으로 수학 증명 각 단계의 정확성은 간단하게 기계적으로 검증될 수 있어서, 옳은 증명은 거기 포함된 기호 개수에 다항 시간에 비례하여 검증될 수 있다. (실제로 몇몇 어려운 정리의 증명이 컴퓨터를 활용하여 검증되어서, 이러한 이론적 사실이 상당 부분 현실화되었다.) 반면에 증명 찾기는 여전히 어렵다. 증명을 기계적으로 찾는 것이 아직 현실화되지 못한 이유는 n개의 기호를 사용하는 증명의 개수가 n에 따라 기하급수적으로 증가하기 때문이다. 우리가 아직 이해하지 못하는 어떤 이유로 (NP가 P보다 큰 모임인지 여부를 아직 모르기 때문에) 기하급수적 증가 문제가 수학자들의 일자리를 지켜주고 있다.

3.7 튜링 기계

실수 계산을 실행 중인 사람은 유한 개의 조건 q_1, q_2, ..., q_R 만을 다룰 수 있는 기계와 비교될 수 있다.

튜링Turing(1936), 231쪽

지금까지 살펴보았듯이 산술에는 다양한 계산 방식이 수천 년 동안 사용되어왔다. 그러나 계산의 일반적인 개념에 대한 요구는 20세기 초가 되어서야 발생했는데, **기호 논리**라는 상당히 다른 형태의 계산으로부터 유래했다. 기호 논리라는 아이디어는 라이프니츠가 17세기에 꿈꾸던 것으로, 추론을 일종의 계산으로 전환하는 것이다. 라이프니츠는 그렇게만 되면 논쟁이 생길 때마다 "우리 계산해 봅시다"라는 식으로 해결할 수 있으리라고 생각했다. 하지만 실제로는 19세기까지 라이프니츠의 꿈은 조금도 실현되지 못했으며, P-NP의 수수께끼와 같이 오늘날에도 여전히 문제로 남아 있다. 하지

	1	0	1	+	1	1	0	1		

그림 3.3 튜링 기계 테이프

만 기호 논리와 계산의 의미를 알아낼 수는 있었다.

기호 논리는 9장에서 좀 더 다룰 것이다. 지금은 생각할 수 있는 모든 추론 형식을 계산으로 환원하는 일이 매우 보편적인 성격의 과제라는 점을 이해하는 것이 필요하다. 이 과제는 생각할 수 있는 모든 형태의 계산을 포괄해야 한다. 포스트Post가 1921년에 처음으로 이 점을 알아차렸다. 포스트는 당시 사용되던 기호 논리 체계를 일반화하는 방식으로 계산의 정의를 제시하였다. 하지만 그는 자신의 결과물을 바로 발표하지 않았다. 그중에는 매우 놀라운 발견도 있었지만, 자신의 정의가 모든 종류의 계산 형식을 망라하는지에 대해 확신이 없었기 때문이었다.

이런 이유로 1930년대에 다른 두 가지 정의가 제시될 때까지 계산의 개념은 수학에서 사용되지 않았다. 처치Church(1935)가 계산의 정의를 가장 먼저 발표했지만, 같은 해에 좀 더 나중에 제시된 튜링 기계 개념이 널리 인정받기에 충분히 설득력 있는 정의를 제시했다. 이 절의 머리말 인용문에서 보듯이 튜링은 사람의 계산 방식을 분석하여 기계 개념에 도달했다.

사람의 계산은 연필과 종이, 그리고 연필 사용법을 안내하는 제한된 양의 지적 활동을 최소 조건으로 요구한다. 앞 절에서 암시하였듯이, '종이'는 연속된 네모 칸으로 나뉜 테이프이며, 각각의 네모 칸에는 하나의 기호만 적을 수 있다(그림 3.3). 또한 '연필'은 $\square$, S_1, S_2, ..., S_n 등의 유한개의 기호를 인식하고 적을 수 있는 읽기/쓰기 헤드 장치다. 여기서 $\square$는 비어 있는 네모 칸을 가리킨다.

끝으로, 튜링 기계는 유한개의 작동 상태internal states q_1, q_2, ..., q_n을 갖는데, 이는 주어진 계산에 필요한 지적 상태mental state에 대응한다. 지금까지 살펴보았듯이, 덧셈 같은 계산은 유한개의 지적 상태만을 활용해서 수행될 수 있다. 튜링에 의하면 어떠한 계산도 무한히 많은 지적 상태를 요구할 수 없는데, 그렇지 않다면 그들 중 일부는 서로 식별하지 못할 정도로 유사할 것이기 때문이다. 같은 이유로 하나의 계산에 무한히 많은 기호가 개입될 수 없다.

이러한 이유로 튜링 기계는 오직 유한개의 q_i와 S_j를 사용한다. 튜링 기계는 어떻게 작동할까? 정해진 순서의 단계를 차례대로 실행한다. 각 실행 단계에서 읽기/쓰기 헤드는 현재 가리키는 네모 칸에 적혀 있는 기호 S_j를 읽는다. 그리고 현재의 작동 상태 q_i에 따라 S_j를 다른 기호 S_k로 대체하고 왼쪽 또는 오른쪽으로 한 칸 이동하여 새로운 상태 q_l로 전환한다. 따라서 튜링 기계 M은 주어진 q_i와 S_j에 대해 실행해야 할 행동의 목록을 담은 5중쌍의 테이블로 구성된다. (만약 q_i와 S_j에 대해 아무런 행동이 지정되지 않았으면 M은 정지하는데, 그때 M의 작동 상태는 q_i이고, 읽기/쓰기 헤드는 S_j를 가리킨다.) 읽기/쓰기 헤드를 우측으로 이동시켜야 하는 경우 5중쌍은 아래 모양이다.

$$q_i \quad S_j \quad S_k \quad R \quad q_l$$

그리고 읽기/쓰기 헤드를 왼쪽으로 이동시키는 경우는 다음 모양이다.

$$q_i \quad S_j \quad S_k \quad L \quad q_l$$

이진수로 1을 더하는 튜링 기계 M을 예로 들어보자. 읽기/쓰기 헤드가 입력된 이진수의 오른쪽 끝 네모 칸을 가리키고 있고, 작동 상태는 q_1이라고 가정하자. 아래는 M을 구성하는 5중쌍 각각에 대한 설명이다.

$q_1 \quad 0 \quad 1 \quad L \quad q_2$ (0을 1로 대체, 왼쪽으로 한 칸 이동 후 비활동 상태 q_2로 전환)

$q_1 \quad 1 \quad 0 \quad L \quad q_3$ (1을 0으로 대체, 왼쪽으로 한 칸 이동 후 받아올림 상태 q_3로 전환)

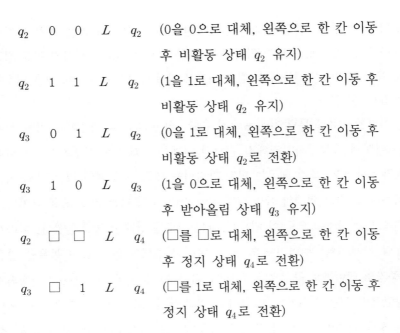

q_2	0	0	L	q_2	(0을 0으로 대체, 왼쪽으로 한 칸 이동 후 비활동 상태 q_2 유지)
q_2	1	1	L	q_2	(1을 1로 대체, 왼쪽으로 한 칸 이동 후 비활동 상태 q_2 유지)
q_3	0	1	L	q_2	(0을 1로 대체, 왼쪽으로 한 칸 이동 후 비활동 상태 q_2로 전환)
q_3	1	0	L	q_3	(1을 0으로 대체, 왼쪽으로 한 칸 이동 후 받아올림 상태 q_3 유지)
q_2	□	□	L	q_4	(□를 □로 대체, 왼쪽으로 한 칸 이동 후 정지 상태 q_4로 전환)
q_3	□	1	L	q_4	(□를 1로 대체, 왼쪽으로 한 칸 이동 후 정지 상태 q_4로 전환)

M은 입력된 숫자들을 오른쪽부터 차례대로 훑으면서 받아올림이 계속 이어질 때까지 해당 네모 칸의 수를 변경하고 왼쪽으로 한 칸 이동하며, 비활동 상태에서는 아무것도 변경하지 않고 왼쪽으로 한 칸 이동한다. 이 과정을 비어 있는 네모 칸이 나올 때까지 반복한 후 실행을 멈춘다. 그림 3.4는 입력값 101을 M이 처리하는 연속과정의 스냅샷을 보여준다. 읽기/쓰기 헤드는 현재 상태가 표시된 상자에 위치한다.

지금껏 설명한 기계 M은 초기 상태 q_1과 받아올림 상태 q_3가 동일하게 작동한다. 따라서 $q_1 = q_3$로 둠으로써 여덟 개의 5중쌍을 여섯 개로 줄일 수 있다. 실제로 이렇게 하면 받아올림, 비활동, 정지에 해당하는 상태가 사람이 같은 계산을 수행하는 과정의 세 가지 지적 상태에 각각 대응한다.

주어진 계산을 실행하는 튜링 기계를 고안하는 일은 지루하고 힘든 일이지만, 기본적으로는 한 번에 하나의 기호만을 지켜볼 수 있다면 어떻게 해야 하는지를 푸는 문제다. 몇 번 연습하면, 어떤 계산도 구현가능하다는 생각이

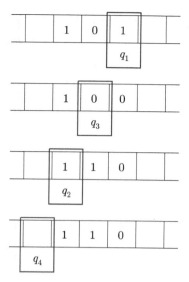

그림 3.4 M의 연속 실행과정의 스냅샷[6]

들 것이다. 따라서 계산가능한 것은 모두 튜링 기계로 계산할 수 있다는 것이 직관적으로 그럼직하다. 포스트와 처치를 비롯한 여러 사람들이 제안한 계산 모델 모두 이 주장을 뒷받침한다. 실제로 지금까지 고안된 어떠한 종류의 계산 모델도 튜링 기계로 시뮬레이션할 수 있음이 확인되었다. 튜링 기계 개념이 계산가능성이라는 직관적인 개념을 잘 담는다는 원리, 소위 **처치 테제**Church's thesis 또는 **처치-튜링 테제**Church-Turing thesis라고 불리는 원리를 수학자들이 받아들이는 이유가 여기에 있다.

---

6) 역주: 본문의 설명에 따라 꼼꼼히 확인해 보면, 마지막 스냅샷에 q_4 대신 q_2로 써야 하며, 그다음에 이어서 상태 q_4에 □110이 따라오는 스냅샷을 하나 더 추가해야 함을 알 수 있다.

3.8 *해결불가능한 문제

계산 기계의 개념에 대한 정의로부터 **알고리즘**과 **해결가능한**solvable **문제**에 대한 정의도 얻을 수 있다. 3.6절에서 살펴본 대로 문제 P는 유한 알파벳을 사용하는 유한 길이의 문자열로 표현되는 사례들 또는 질문들의 집합으로 볼 수 있다. 예를 들어 소수 판정 문제는 다음 형태의 질문들의 집합이다.

$$n이\ 소수인가?$$

여기서 n은 십진수이다. 이 경우 계산 기계가 질문에 답하기 위해 필요한 것은 수 n 하나이기 때문에 사실 이 문제의 사례들은 십진수 n의 집합으로 주어진다고 해도 된다.

　문제 P에 대한 **알고리즘**은 비공식적으로 말해 P의 질문들에 대한 답을 얻기 위한 규칙을 말하며, 엄밀하게는 P의 사례 Q가 입력될 때마다 유한 단계 내에 정답을 테이프에 적고 멈추는 튜링 기계를 가리킨다. 한층 더 엄밀하게 하려면 Q가 예/아니오 질문(n이 소수인가?)인 경우 답이 예이면 1을, 아니오이면 □를 가리키며 멈추는 튜링 기계 M을 요구할 수 있다.

　끝으로, 문제 P가 **해결가능**하다는 것은 그 문제를 푸는 알고리즘이 있다는 말이다. 즉, 각각의 입력 Q에 대해 항상 정답을 내며 멈추는 튜링 기계가 존재한다는 뜻이다. 이 정의를 약간 다듬으면 3.6절에서 간략하게 설명한 다항 시간 해결가능성을 엄밀하게 정의할 수 있다. 또한, 튜링 기계가 비결정론적 계산 단계를 사용할 수 있도록 허용하면 비결정론적 계산도 정의할 수 있다. 비결정론적 계산 단계를 허용한다는 말은 상태 $q_i S_j$가 한 가지 이상의 출력을 가질 수 있도록 허용한다는 것이다.[7] 이렇게 하면 3.6절의 P와 NP 문제를 엄밀하게 정의할 수 있다.

---

7) 역주: 계산과정 중 무작위random 출력을 허용하는 것을 말한다. 일정한 조건 하에 무작위로 변수를 생성하여 정답이 도출된다면 이른 시간 안에 멈출 수 있다.

그런데, P와 NP 문제는 분명히 해결가능하다. 여기서는 해결불가능한 문제들을 살펴보고자 한다. 그중 일부는 쉽게 묘사할 수 있지만, 해결불가능함을 증명하기 가장 쉬운 것은 튜링 기계 자체와 관련된 문제다.

튜링Turing(1936)의 **정지 문제**halting problem를 살펴보자. 이 문제는 다음 질문들의 집합으로 간주될 수 있다.

$Q_{M,I}$. 튜링 기계 M과 입력값 I가 주어지면, M이 결국 □를 가리키며 멈출 것인지 여부를 판정하라. (상황을 완전하게 특정하기 위해 M이 입력값 I의 가장 오른쪽 기호에서 상태 q_1으로 시작하고, I가 입력된 곳 이외는 모두 빈칸이라고 가정한다.)

이 문제가 얼마나 어려운지 가늠하기 위해서, I가 십진수이고 M은 $2^{2^J}+1$이 소수가 되도록 하는 I보다 큰 J를 찾는다고 해 보자. 현 시점에서는 $I = 5$일 때 M이 멈출 것인지 알지 못한다. 즉, 답하기 어려운 정지 문제의 사례들이 있다. 튜링Turing(1936)은 실수 연산에 대한 질문 $Q_{M,I}$를 이용하여 정지 문제의 해결불가능성을 증명했다. 좀 더 간단한 접근방법은 튜링 기계 스스로 자신의 행동을 조사하도록 할 때 무슨 일이 벌어지는가를 살펴보는 것이다.

앞 절에서 살펴보았듯이, 튜링 기계는 유한개의 5중쌍으로 구성된 설명서로 자신을 묘사한다. 설명서는 유한하지만, 임의로 많은 개수의 기호 q_1, q_2, ···와 S_1, S_2, ···을 포함할 수 있다. 따라서 그와 같은 설명서를 모두 입력값으로 받아들일 수 있는 튜링 기계는 존재하지 않는다.[8] 하지만 고정된 유한개의 알파벳 $\{q,\ S,\ ',\ R,\ L,\ □\}$을 사용해서 모든 튜링 기계의 설명서를 쉽게 다시 작성할 수 있다. 변수 q_i는 q에 $'$를 i개 붙인 것으로 바꾸고, S_j는 S에 $'$를 j개 붙인 것으로 바꾸면 되기 때문이다. 이런 식으로

---

8) 역주: 튜링 기계의 입력값은 미리 지정된 유한개의 알파벳만 사용할 수 있다.

교체한 튜링 기계 M의 설명서를 $d(M)$이라 하자. 이제 아래 질문들로 이루어진 문제 Q를 정지 문제의 부분집합으로 정의할 수 있다.

$Q_{M,d(M)}$. 입력값 $d(M)$이 주어지면 튜링 기계 M이 언젠가 □를 가리키며 멈추는가?[9]

T가 이 문제를 푸는 튜링 기계라면, T의 입력값으로 사용될 질문 $Q_{M,d(M)}$ 대신 단순히 $d(M)$이 주어진다고 해도 문제가 없다. 설명서 $d(M)$이 튜링 기계 M을 정확하게 묘사하기 때문이다. 또한, T가 각 질문에 대해 답이 예이면 1에서, 아니오이면 □에서 멈춘다고 가정하자.

그런데 이렇게 가정하면 T가 질문 $Q_{T,d(T)}$에 대해 정확히 답하는 것이 불가능하다. 만약 T가 아니오라고 답하면, T는 □에서 멈출 것이고, 그러면 내놓은 답이 오답이다. 반면에 T가 예라고 답하면, □가 아닌 1에서 멈춘다. 하지만 이 역시 오답이다. 그러므로 T는 Q의 질문 한 가지를 제대로 답하는 데 실패하므로 문제 Q를 풀지 못한다. 즉, 문제 Q는 해결불가능하며, 따라서 정지 문제도 해결불가능하다.

조금만 숙고해봄으로써 정지 문제가 해결불가능하다는 것이 분명해지길 바란다. 정지 문제를 해결한다고 주장하는 기계에게 자신의 행동에 대한 질문을 던짐으로써 괴롭히기란 정말로 쉬운 일이다. 이와 같은 '자기 참조' 기술은 고대 이래 모순의 재료였다. 미구엘 세르반테스의 『돈키호테』에 멋진 예제가 나온다.

이 다리를 지나고자 하는 자는 먼저 행선지와 목적을 말하고 맹세해야 한다. 만약 진실을 맹세했다면 지나갈 수 있다. 하지만 거짓 맹세를 했다면 건너편 교수대에서 처형될 것이다. … 그런데 어느 날 한 남자에게 맹세를 시켰더니 그는 그 교수대에 죽으러 간다고 맹세하였다.

---

9) 역주: 이 문제를 기호화하는 작업이 기술적으로 어려운 부분이지만 가능하다.

더 놀라운 것은 진짜 수학 문제 중에 본질적으로 똑같은 이유로 해결불가능한 것으로 판명된 문제들이 있다는 점이다. 대표적인 예인 힐버트의 10번 문제는 그가 1900년에 수학자들에게 제시한 문제 목록 중 열 번째 문제로, 다음 질문들로 구성된다.

$Q_{p(x_1, \ldots, x_n)}$: 다항식 $p(x_1, \cdots, x_n) = 0$이 정수해 $x_1, \cdots, x_n$를 갖는가?

여기서 $p(x_1, \ldots, x_n)$는 정수 계수 다항식이다. 이 문제는 정지 문제로부터 긴 변환과정의 연쇄를 거쳐 해결불가능함이 증명되었다. 1930년대에 나온 증명을 위한 첫 단계는 튜링 기계 개념의 산술화 작업이었다. 즉, 연속된 테이프 상태는 수로, 각 계산 단계는 덧셈, 곱셈, 거듭제곱 등을 이용한 산술 연산자로 기호화하였다. 가장 어려운 부분은 거듭제곱을 제거하는 작업이었으며, 마티야세비치Matiyasevich(1970)가 최종적으로 완성했다.[10] 그로 인해 계산에 대한 질문이 다항식에 대한 질문으로 환원되었다.

마티야세비치의 발견으로 인해, 덧셈과 곱셈만을 사용하는 초등 산술에도 해결불가능한 문제들이 그림자를 드리우고 있음을 알게 되었다.

3.9 *범용 기계

튜링 기계는 본질적으로 매우 단순한 프로그래밍 언어로 작성된 컴퓨터 프로그램이다. 포스트Post(1936)의 형식화에서는 작동 상태 대신 명령문 번호를 사용하여 이 점을 명확히 보여준다. 사소한 차이점을 무시한다면, 튜링의 5중쌍

---

10) 덧셈과 곱셈 중 하나를 제거하는 것은 불가능하다. 덧셈 또는 곱셈만 사용하는 이론에서는 모든 명제를 진리 판정할 수 있는 알고리즘이 있기 때문이다. 해결불가능성은 덧셈과 곱셈의 결혼에서 발생한다.

$$q_i S_j S_k L q_l$$

에 해당하는 포스트의 명령문은 다음과 같다.

i. S_j를 S_k로 대체, 왼쪽으로 움직이고, l번 명령문으로 이동

(헤드를 오른쪽으로 이동하는 5중쌍인 경우도 비슷하다.) 따라서 튜링 기계 프로그래밍 언어의 핵심은 특정 명령문으로 가라는 '이동' 명령이다. 이동 명령은 대다수의 현대 프로그래밍 언어에서는 보다 체계적인 명령으로 대체되었다.[11]

튜링 기계를 프로그램으로 보기 시작하면, 자연스럽게 모든 튜링 기계 프로그램을 실행할 수 있는 기계를 찾게 된다. 실제로 튜링Turing(1936)이 이를 실행하는 **범용 튜링 기계**를 설계했다. 그 세부사항은 중요하지 않다. 왜냐하면 어떠한 계산도 튜링 기계에 의해 실행될 수 있다는 처치−튜링 테제를 받아들이면, 범용 기계가 존재한다는 것이 분명하기 때문이다. 튜링 기계 M에 I가 입력되었을 때의 계산을 사람이 어떻게 흉내 낼 수 있는지를 생각해 보기만 하면 되고, 그런 흉내 내기는 꽤 쉽다.

가장 어려운 점은 임의의 튜링 기계 M은 유한개라 하더라도 임의로 많은 상태 q_i와 기호 S_j를 사용하여 묘사되는 반면, 범용 기계 U에는 다른 튜링 기계처럼 유한개의 상태와 기호만이 허용된다는 것이다. 이 문제를 피하는 유일한 방법은 q_i와 S_j를 $\{q,\ S,\ '\}$과 같은 고정된 알파벳의 문자열로 표현하는 것이다. 그러면 단일 기호 q_i는 q 다음에 i개의 $'$ 기호가 이어지는 문자열인 $q^{(i)}$로 표시될 수 있으며, S_j 또한 S에 이어 j개의 $'$ 기호가 이어지는 $S^{(j)}$로 표시될 수 있다. 따라서 어떤 튜링 기계 M이 S_j를 S_k로 대체하는 단계를 범용 기계 U가 흉내 내는 과정에서는 문자열 $S^{(j)}$를 문자열 $S^{(k)}$로 대체해야 한다. 이렇게 하면 U가 흉내 내는 속도가 M의 계산 속도보다

---

11) 역주: 이동go to 명령은 널리 알려진 고수준 언어에서는 거의 사용되지 않는다. 대신에 while 또는 for 반복문을 일반적으로 사용한다.

상당히 느려질 수밖에 없지만, 이런 식으로 U의 범용성은 보장된다.

범용 튜링 기계 U를 이용하면 모든 기계 M에 대한 해결불가능한 문제가 하나의 기계 U에 대한 해결불가능한 문제가 된다. 예를 들어, 정지 문제는 주어진 입력값 I에 대한 판정 문제가 된다. 즉, I를 입력한 후 U가 언젠가는 정지할 것인지 판정하는 문제가 된다. 왜냐하면 임의의 기계 M과 M의 입력값을 함께 기호화하여 U에 하나의 입력값으로 넣을 수 있기 때문이다.

튜링Turing(1936)이 처음 범용 기계를 고안한 이후로 가능한 한 단순화된 범용 기계를 설계하려는 시도가 많이 이어졌다. 예를 들어 (네모 칸을 포함하여) 단 두 개의 기호만 사용하는 범용 기계와 단 두 개의 상태만 허용하는 범용 기계가 알려져 있다. 하지만 범용 기계를 고안하는 데 필요한 상태와 기호의 최소 조합이 무엇인지는 아직 알려지지 않았다. 지금까지의 기록은 로고진Rogozhin(1996)이 발견한 범용 기계가 갖고 있으며, 4개의 상태와 6개의 기호를 사용한다. 이런 작은 튜링 기계를 이용한 계산에 관해 어떤 놀라운 점도 아직까지 알려진 바가 없는데, 아마도 그 기계가 충분히 단순하지 않기 때문일 수도 있다. 반면에, 정말로 단순한 범용 기계를 갖는 다른 계산 모델이 있다. 예컨대 콘웨이Conway의 '생명 게임'은 베를레캄프 등Berlekamp et al.(1982)에 자세히 소개되어 있다.

3.10 역사

간결한 표기법과 덧셈, 곱셈 기법의 발견은 수천 년 전으로 거슬러 올라간다. 유럽과 극동 지역에서는 이 기법들이 처음에는 주판으로 실행되었다. 서면 계산written computation은 5세기 경 인도에서 0을 나타내는 기호가 발명된 이후 본격적으로 실용화되었다. 수의 인도식 표기는 아랍권으로 퍼져나갔으며, 이로 인해 아라비아 숫자라는 이름이 생겼다. 이후 스페인의 무어인들에 의해 유럽으로 전해졌다. 서면 계산이 유럽에서 상용화된 것은 피보나치가 『연산』을 출간한 1202년경이다. 책 제목이 말하듯이, 그때까지 계산은 주판abacus과 동의어였다.

사실 서면 계산에 대한 주판 사용자들의 반대가 수 세기 동안 계속되었다. 그들의 논거는 간단한 작업에 대해서는 서면 계산이 주산보다 빠르지 않다는 것이었다. (내 장인어른은 1970년대까지도 자신의 말레이시아 상점에서 주판을 사용했다.)12) 16세기 대수와 17세기 미적분에서 주판으로 다룰 수 없는 계산이 등장한 결과로 서면 계산은 비로소 널리 사용되었다. 뉴튼, 오일러, 가우스 등 저명한 수학자들에 의해 개발된 수치 계산 및 기호 계산의 장인적인 기술과 함께 이 두 분야는 서면 계산의 황금시대를 열었다.

1660년대에 라이프니츠는 추론을 계산으로 수행하는 기호 언어인 추론계산자calculus ratiocinator의 가능성을 예견했다. 라이프니츠의 꿈을 구현하려는 첫 시도로서 부울Boole(1847)은 지금은 명제 논리로 알려진 대수적 상징론을 고안했다. 부울은 +와 ·을 '또는or'과 '그리고and'에 대응시키고, 0과 1이 '거짓'과 '참'을 나타내도록 하였다. 그러면, +와 ·은 일반 대수에서 사용되는 법칙과 유사한 법칙을 만족하게 되어 특정 유형의 명제들의 참, 거짓을 대수적 계산을 통해 판단할 수 있다. 예를 들어 $p+q$가 'p와 q 둘 중의 하나만'을 의미하도록 하면, 명제 논리의 대수 규칙은 mod 2에 대한 연산과 정확히 일치한다. 이와 같은 산술과 논리의 놀라운 평행성은 9.1절에서 자세히 설명할 것이다.

명제 논리는 절대로 논리의 전부가 아니며, 논리적 진릿값도 일반적으로는 mod 2 연산처럼 간단하지 않다. 하지만 기초 논리를 계산으로 환원하는 데 있어서 부울이 거둔 성공은 이후 프레게Frege(1879), 페아노Peano(1895), 화이트헤드와 러셀Whitehead and Russell(1910)이 논리와 수학에 대한 포괄적인 기호체계를 개발하도록 영감을 주었다. **형식체계**formal systems라 불렀던 기

---

12) 역주: 한국의 많은 초등학생들은 1980년대에도 주산을 배웠다.

호체계를 개발한 목적은 무의식적인 가정이나 여타 사람의 실수 때문에 증명과정에 오류나 비약이 발생하는 것을 피하기 위해서였다. 형식적인 증명의 각 단계는 사용되는 기호들의 의미를 모른 채 따라갈 수 있어서, 원칙적으로 기계에 의해 확인될 수 있다. 실제로 형식적인 증명과 정리는 원칙상 기계적으로 생성될 수 있는데, 모든 가능한 기호들의 문자열을 생성하는 기계와 생성된 문자열이 (올바른) 증명인가를 검증하는 기계를 결합하면 된다.

최초의 형식체계가 개발될 당시 이를 지원하는 기계는 아직 만들어지지 않았을 뿐만 아니라, 계산가능성이 수학적 개념으로 여겨지지도 않았다. 하지만 형식체계가 모든 가능한 계산과정을 포함할 수 있다는 생각이 점차 퍼져 나갔다. 3.7절에서 언급한 대로, 1921년에 포스트는 형식체계 내에서 수행할 수 있는 가장 보편적인 기호 조작 방식을 고려하여 그것을 몇 개의 단순한 단계들로 분해하였다. 그의 애초의 목적은 라이프니츠가 기대했던 것처럼 참과 거짓을 기계적으로 결정할 수 있는 지점까지 논리를 단순화시키는 것이었다. 그는 러셀과 화이트헤드 체계의 모든 정리를 생성하는 매우 단순한 체계를 개발하는 데까지 나아갔다. 그러자 놀랍게도 매우 단순한 과정들의 결과를 예측하기가 어렵다는 사실을 발견하게 되었다.

그중 하나를 포스트의 **꼬리표 체계**Post's tag system라고 한다. 이 체계에서 사용되는 문자열은 0과 1만을 이용하며, 다음 두 가지 규칙을 반복 적용한다.

1. 문자열 s의 왼쪽 끝에 있는 기호가 0이면, 오른쪽 끝에 00을 추가한 후, 왼쪽 끝에서 세 개의 기호를 삭제한다.
2. 문자열 s의 왼쪽 끝에 있는 기호가 1이면, 오른쪽 끝에 1101을 추가한 후, 왼쪽 끝에서 세 개의 기호를 삭제한다.

예를 들어 $s = 1010$에 대해 두 규칙을 반복적으로 적용하면 아래 과정을

$$\cancel{1}\cancel{0}\cancel{1}01101,$$
$$\cancel{0}\cancel{1}\cancel{1}0100,$$
$$\cancel{0}\cancel{1}\cancel{0}000,$$
$$\cancel{0}\cancel{0}\cancel{0}00,$$
$$\cancel{0}\cancel{0}\cancel{0}0,$$
$$\cancel{0}\cancel{0}\cancel{0}$$

거쳐 결국에는 문자열이 없어진다.

다양한 문자열에 위 두 규칙을 적용해보면 흥미로운 일이 벌어진다. 매우 오랫동안 반복 과정이 진행되기도 하고, 주기성이 나타나기도 한다. 포스트는 주어진 문자열 s가 결국에는 빈 문자열에 도달할 것인지를 결정하는 알고리즘을 찾을 수 없었다. 이 문제는 일종의 정지 문제이며, 사실 지금까지도 풀리지 않았다.

이 난국에 직면한 후 포스트의 사고에 극적인 방향 전환이 이뤄졌다. 단순한 체계가 모든 가능한 계산을 흉내 낼 수 있었다. 맞다. 그렇지만 그것이 계산에 관한 모든 질문에 답할 수 있는 하나의 알고리즘이 존재한다는 것을 의미하지는 않았다. 반대로 이는 해결불가능한 알고리즘에 관한 문제가 존재함을 암시했으며, 3.8절에서 다룬 튜링의 정지 문제의 해결불가능성을 증명하는 것과 유사한 논증을 할 수 있었다. 포스트Post(1941)는 당시 튜링의 아이디어에 대해 가졌던 자신의 예감을 자세히 설명한다.

하지만 포스트는 오늘날 우리가 처치 테제라고 부르는 가정을 해야 한다는 걱정 때문에 결정적인 발견의 순간에 망설였다. 그 테제가 계산에 대한 수학적 정의라기보다 영원한 시험이 필요한 자연의 법칙에 가까운 것으로 여겨졌기 때문이다. 처치가 자신의 테제를 제시하고 나서야 비로소 포스트Post(1936)는 자신의 계산 체계 중 하나를 발표했다. 이는 튜링 기계 개념과 매우 유사한 체계로, 그 당시 튜링도 같은 아이디어로 작업 중이었다.

그 사이에 처치와 튜링은 서로 독립적으로 해결불가능한 문제를 발견하였으며, 이와 관련하여 이미 괴델Gödel(1931)은 동등하게 기념비적인 결과인 수학 공리체계의 '불완전성'을 발견하였다. 이는 임의의 건전한sound[13] 수학 공리체계 A에는 A가 증명하지 못하는 정리가 항상 존재함을 말한다. 실제로 괴델은 이보다 강력한 결과를 증명했는데, 이에 대해서는 잠시 뒤에 다룰 것이다.

1920년대에 포스트가 했던 것처럼 해결불가능한 문제가 존재하면 무한히 많은 불완전성이 발생한다는 점을 먼저 확인할 필요가 있다. 튜링의 정지 문제를 예로 들어보자. 튜링 기계 계산에 대한 정리를 증명하려 하고, 이를 위해 건전한 형식체계 A가 주어졌다고 하자. (즉, A는 튜링 기계에 대한 참인 정리만 증명한다.) A가 형식적이기 때문에, 특정 튜링 기계를 이용하여 A의 모든 정리를 기계적으로 생성할 수 있다. 그러나 만약 A가 완전하다면 다음 형식의 참인 사실을 모두 증명할 것이다.

기계 M은 입력값 $d(M)$에 대해 언젠가는 □에서 정지한다.

반면에 위 형식의 질문을 거짓으로 만드는 기계 M'에 대해서는 다음 형식의 참인 사실을 모두 증명할 것이다.

기계 M'은 입력값 $d(M')$에 대해 절대로 □에서 정지하지 않는다.

결과적으로 A의 정리들의 목록을 읽어내려가면 모든 질문 $Q_{M,d(M)}$에 답할 수 있게 되어 정지 문제를 해결할 수 있게 된다. 하지만, 정지 문제는 해결불가능하기 때문에 A에서 증명불가능한 위와 같은 형식의 명제가 존재한다.[14] (실제로는 무한히 많다. 만약에 유한하다면 그 명제들을 A의 공리로 추가하여 A를 완전하게 만들 수 있다.)

괴델은 처치 테제를 가정하지 않는 다른 논법으로 불완전성을 발견하였

---

13) 역주: 오직 참인 정리만 증명할 수 있다는 의미로, '참'의 모델에 의존하는 상대적인 개념이다.

14) 역주: 따라서 A가 완전하다는 가정이 틀렸다.

다. 괴델은 또한 주류 수학이 사용하고 있는 형식체계의 불완전성을 증명할
수 있었다. 여기서 말하는 주류 수학은 기초 수론을 포함하는 임의의 체계를
의미한다. 오늘의 시각에서 괴델의 논법과 포스트의 논법은 '기호 계산의
산술화' 또는 논리라는 동일한 현상에 대한 두 관점으로 볼 수 있다. 3.8절에
언급한 대로 튜링 기계의 모든 연산을 수의 연산으로 시뮬레이션할 수 있으
며, 종국에는 +과 ·만의 용어로 정의될 수 있다. 따라서 어떤 의미에서는
모든 계산은 주판 계산이다!

모든 계산을 +와 ·로 표현하는 보다 구체적인 방법은 3.8절에 언급한
힐버트의 열 번째 문제의 해법 안에 담겨 있다. 마티야세비치Matiyasevich
(1970)는 임의의 튜링 기계 계산의 출력물을 안다는 것은 특정 다항식

$$p(x_1, \ldots, x_n) = 0 \tag{*}$$

이 정수해 $x_1, \ldots, x_n$을 갖는지 여부를 안다는 것과 동등함을 보였다. 그리
고 이것은 (다항식 p를 생성하는) 덧셈과 곱셈의 특정 조합에 의해 0을 내놓
는 정수들 $x_1, \ldots, x_n$이 있는지 여부를 아는 것에 해당한다.

이제 힐버트의 열 번째 문제를 그에 해당하는 mod 2 연산 문제로 대체해
보자. 즉, $x_1, \ldots, x_n$이 0 또는 1의 값을 가지고, +와 ·을 mod 2에 대한
합과 곱으로 해석했을 때, (*)의 해가 있는지 여부를 물어보자. 그러면 임의
의 계산에 대한 문제를 명제 논리의 문제로 환원할 수 있다. 여기 나타나는
명제 논리의 문제를 **해의 존재성 문제**satisfiability problem[15]라 부르며, 이는
해결가능하다. 왜냐하면 x_i가 0과 1의 값만 가진다면 (*)의 해가 있는지
여부를 알기 위해 유한개의 답만 확인해 보면 되기 때문이다.

그럼에도 해의 존재성 문제는 이미 3.6절에서 언급한 대로 NP에 속하지
만 P에 속하는지 여부는 알려지지 않았다는 점에서 여전히 흥미롭다. 즉각

---

15) 역주: 해당 논리식이 제시하는 성질을 만족하는 모델의 존재성을 묻는 문제이다.
    이 책에서 다루고 있는 상황에 대해 좀 더 친숙한 표현인 '해의 존재성'으로 번역하였다.

적인 해법은 수열 $(x_1, \ldots, x_n)$을 이루는 총 2^n가지 값을 모두 대입해보는 것이며, 이보다 근본적으로 빠른 해법은 알려진 바 없다. 실제로 쿡Cook(1971) 은 해의 존재성 문제가 임의의 NP 문제만큼 어렵다는 사실을 보였다. 즉, 만약 해의 존재성 문제가 다항 시간 내에 해결가능하다면, 어떠한 NP 문제 도 다항 시간 내에 해결가능하게 된다. 따라서 NP 문제에 대한 모든 어려움 이 mod 2 연산에 관한 하나의 문제로 응축된다. (이러한 문제를 **NP-완전** NP-complete **문제**라고 부르며, 많은 NP-완전 문제들이 알려져 있다.)

일반적인 계산과 NP 계산 모두 다항방정식과 관련된 용어로 간단히 묘사 하는 방법이 있다는 것은 매우 놀라운 일이다. 하지만 이 사실이 NP ≠ P와 같은 골치 아픈 질문에 대해서 아직까지 어떤 실마리도 주지 못했다.

3.11   철학

이번 장의 논의는 초등학교 3학년 수준의 산수에서부터 해결불가능성과 불완전성의 깊이까지 끊김 없이 이동한 것처럼 보인다. 아주 풍부하고 이상 한 세계로의 거대한 전환이었다. 어디선가 기초 수학과 고등 수학의 경계선 을 넘어간 것은 아닐까? 내 견해로는 튜링 기계의 정의가 경계선은 아니다. 튜링 기계를 통상의 수학 교육과정에 포함시키지 않는 것이 사실이고 그럴 이유도 있었겠지만, 다음 이유로 포함시킬 가치가 있다고 믿는다.

1. 계산은 이제 수학의 근본 개념 중의 하나이다.
2. 튜링 기계 개념이 계산에 대한 가장 단순하고 가장 설득력 있는 모델이 다.
3. 개념이 정말 단순하다. 십진법 덧셈과 곱셈 알고리즘보다 별로 더 복잡 하지 않다.

이 점들을 인정한다면, 계산 이론에서 고등 단계는 계산가능성을 수학의 일부로 만드는 처치 테제이거나 또는 정지 문제의 해결불가능성을 증명하는 데에 사용된 '자기 참조' 트릭일 것이다.

　간결성에도 불구하고 처치 테제와 자기 참조 트릭 모두 심오한 아이디어로 여길 만하며, 따라서 고등수학의 한 부분이다. 두 수법의 심오함은 수학 역사상 수천 년이 걸려서야 발견되었다는 점과 수리 논리와 집합론이라는 대건축물의 초석으로 사용되었다는 점으로 확인할 수 있다. 수리 논리와 집합론은 이들의 발견 이후에야 건설될 수 있었다. 이 주장을 좀 더 뒷받침해보자.

　수학자들은 수천 년 동안 계산을 다뤄온 만큼, 비록 모호할지라도 계산 개념은 항상 존재했다. 또한 수학자들은 다소간 모호한 개념들을 정형화하기 위해 애써왔다. 이는 유클리드가 『원론』에서 '기하'의 개념을 정형화한 데서부터 시작되었다. 1900년 전후로 속도가 붙어서 페아노Peano(1889)는 자연수의 공리들로 '산술'을 정형화했고, 체르멜로Zermelo(1908)는 집합의 공리들로 '집합론'을 정형화했다. 하지만 결국 괴델Gödel(1931)이 수론과 집합론에 대한 어떠한 공리체계도 불완전하다는 것을 증명하면서 정형화는 심한 타격을 받았다. 괴델의 증명은 산술의 완전한 정형화는 결코 가능하지 않다는 것을 보인 것이다. 괴델은 자신의 증명이 계산가능성의 개념 또한 정형화될 수 없음을 보이는 것이 아닐까 하고 생각했다. 하지만 튜링 기계 개념을 접했을 때 자신이 틀렸음을 확신했으며, 괴델Gödel(1946)에서 계산가능성의 정형화가 가능하다는 것이 "일종의 기적이다"라고 선언하였다.

　따라서 만약 처치 테제가 맞다면, 계산가능성은 산술의 개념보다 더 정확하고 절대적인 개념인 것이다! 이것은 확실히 심오하고 놀라운 발견이다.

　이제 '자기 참조' 트릭을 살펴보자. 우리는 가상적인 튜링 기계 T에 자신을 묘사하는 $d(T)$를 입력하여 대면시킴으로써 어떠한 튜링 기계 T도 정지 문제를 해결할 수 없다는 것을 증명한다. 3.8절에서 언급하였듯이 유사한 아이디어가 한두 세기 전의 철학과 문학(예컨대 돈키호테)에서 출현했다. 모두 일종의 패러독스로 흥미를 불러일으키고 시사점을 던졌다. 그렇긴 하

$$
\begin{array}{ll}
x_1 & 0.\mathbf{1}374\cdots \\
x_2 & 0.9\mathbf{4}61\cdots \\
x_3 & 0.22\mathbf{2}2\cdots \\
x_4 & 0.345\mathbf{6}\cdots \\
& \vdots
\end{array}
$$

그림 3.5 피해야 하는 숫자들로 만들어진 대각선

지만 별다른 효용은 없었다. 반면에 수학에서 사용된 트릭은 기초 수학에 담겨 있으리라고 전혀 예상하지 못했던 해결불가능성과 불완전성이 존재한다는 획기적인 결과를 가져왔다.

자기 참조의 조금 덜 역설적인 형태는 **대각선 논법**diagonal argument 또는 **대각선 구성**이라고 알려진 것이다. 대각선 논법에 대해서 9.7절에서 자세히 논의할 예정이지만, 튜링 연구의 시발점이 되었으므로 여기서 미리 간단히 살펴볼 만하다.

무한소수로 표현된 실수들의 목록 x_1, x_2, x_3, ⋯ 이 주어졌을 때, 실수 x를 구성하되 각 n에 대해 x_n과 소수점 이하 n번째 자리가 다르게 한다. 이를 '대각선 구성'이라고 하는데, 그 이유는 x가 피해야 하는 숫자들이 그림 3.5에서 진하게 표시된 숫자들처럼 x_1, x_2, x_3, ⋯ 로 이루어진 숫자 배열의 대각선상에 놓이기 때문이다. 그러면 만약 x_1, x_2, x_3, ⋯ 이 계산가능한 수들로 구성된 계산가능한 목록이라면 x 역시 계산가능한 수가 된다. (예를 들어 1을 피해서 2를 사용하고, 나머지 숫자들을 피해서 1을 사용하는 방식으로 특정 규칙을 이용하면 된다.) 따라서 목록 x_1, x_2, x_3, ⋯ 은 계산가능한 수를 모두 포함할 수 없다.

대각선 논법이 어떻게 정지 문제에 활용되는지 알아보기 위해 계산가능한 수와 튜링 기계를 연관시켜 보자. 「계산가능한 수에 대해⋯」라는 튜링 Turing(1936)의 논문의 제목이 암시하듯이, 튜링 기계의 첫 응용은 계산가능한 실수를 정의하는 데 사용되었다. 튜링은 실수 x의 계산가능성을, x의 소수점 이하 숫자들을 차례대로 출력하는 기계가 존재하는 것으로 정의했

다. 단, 테이프에 출력된 숫자들은 절대 지워지지 않으며 한 칸 건너 하나씩 출력되어야 한다. 튜링은 이런 조건을 달아서 무한히 많은 빈칸을 계산에 사용되도록 남겨두려고 했다. 물론 이를 위해 조건을 달리 할 수도 있다. 튜링의 정의의 핵심은 다음과 같다.

1. 모든 n에 대해 x의 n번째 자릿수가 언젠가는 출력된다.
2. 한 번 출력된 숫자는 절대로 변경되지 않는다.

이제 계산가능한 실수들로 구성된 목록 x_1, x_2, x_3, $\cdots$ 이 주어지면, 이 목록이 계산가능함을 정의할 수 있다. 즉, 튜링 기계 설명서의 목록을 계산하는 튜링 기계가 존재해서 각각의 n에 대해 목록의 n번째에 해당하는 기계가 x_n을 정의한다면 x_1, x_2, x_3, $\cdots$ 이 계산가능하다고 말한다. 여기에 대각선 구성을 적용하면 계산가능한 목록에 포함된 수들 x_1, x_2, x_3, $\cdots$ 어떤 것과도 다른 계산가능한 실수 x를 얻을 수 있다. 계산가능성에 대한 완전한 개념이 존재한다는 것을 확신하지 못하는 사람에게는 이것이 계산가능성 개념이 불완전하다는 증명으로 보일 수도 있다.

하지만 튜링은 계산가능한 수에 대한 자신의 정의가 완전하다고 확신하였기에, 다음과 같이 다른 결론을 내렸다. **모든 튜링 기계가 계산가능한 수를 정의하는 것은 아니며, 계산가능한 수를 정의하는 튜링 기계들의 목록을 계산하는 것도 불가능하다.** 기계가 미래에 어떻게 발전할지 전혀 알 수 없기 때문에 이 두 가지 결론을 입증하기는 어렵다. 계산가능한 수를 정의하는 기계를 골라내기 위해 무엇이 필요한지 파악하는 과정에서 튜링은 정지 문제라는 근원적인 어려움을 발견하였다. 이렇게 하여 그는 정지 문제가 해결불가능함을 증명하기에 이르렀다. 정지 문제의 해결불가능성은 이후에 보다 직접적인 방식으로 확인되었으며, 3.8절에서 설명한 증명도 그중 하나이다.[16]

---

16) 내가 찾아보니 에르메스Hermes(1965)의 22장 145쪽에 이런 유형의 증명이 처음 나온다.

4

대 수

들어가는 말

고전적인 대수는 수 연산과 동일한 규칙을 따르는 변수 기호를 포함하는 식의 연산법을 가리키며, 뉴튼은 이를 '보편 산술Universal Arithmetick'이라 불렀다. 이런 관점은 오늘날의 초등 대수에도 여전히 적용되지만, 초점이 규칙 자체와 그 규칙을 따르는 여러 가지 수학적 구조로 옮겨갔다.

초점이 옮겨간 이유는 다항식으로 주어진 방정식을 사칙연산 $+$, $-$, $\cdot$, $\div$와 거듭제곱근 $\sqrt{}$, $\sqrt[3]{}$, $\sqrt[4]{}$, $\ldots$에 의한 연산을 이용해 풀고자 했던 대수학의 원래 목표가 실패한 데 있었다. 1831년에 갈로아는 오차 이상의 방정식의 해는 일반적으로 거듭제곱근을 이용해 표현할 수 없음을 증명함으로써 대수학의 방향을 바꿔놓았다. 이를 증명하려면 대수 연산과 그 규칙에 대한 일반적인 이론을 개발해야 한다. 대수 연산에 대한 갈로아 이론은 초등 대수의 범위를 벗어나지만, 체의 이론 같은 대수학의 일부분은 그렇지 않다.

체는 연산 $+$, $-$, $\cdot$, $\div$이 있는 보통의 산술 법칙을 따르는 체계이다. 따라서 체, 또는 연관된 체계인 환($\div$ 연산이 없을 때)은 산술에서 이미 익숙한 계산과 개념을 포함한다. 사실, 산술은 몫과 나머지 계산과 합동의 개념을 통해 체 이론의 발전에 영감을 주었는데, 원래 의도했던 적용 범위를 훨씬 넘어서까지 유용성을 입증했다. 체 이론은 새로운 '보편 산술'이라 할 만하다.

더 놀라운 점은, 체 이론이 대수와 기하 사이에 다리를 놓는다는 것이다. 두 분야는 벡터 공간의 개념 및 선형 대수의 기법에 의해 연결된다. 이 장에서는 벡터 공간의 대수적 측면을 다루고, 기하적 측면은 다음 장에서 다루겠다.

4.1 고전 대수

'대수'라는 말은 '복원'이라는 뜻의 아랍어 al-jabr에서 왔으며, 한때 스페인어, 이탈리아어, 영어에서 골절된 뼈를 맞춘다는 뜻으로 사용하기도 했다. 이 말은 850년경 나온 알-콰리즈미Al-Kwārizmi의 책 『적분과 방정식의 책』에서 방정식을 다루는 기법을 의미하면서 수학 용어로 사용되기 시작했다. 알-콰리즈미의 대수는 이차방정식의 풀이 수준을 넘어서지 않는데, 이는 이미 고대 그리스, 중동, 인도 지역의 문명에서 알려져 있던 내용이다. 그럼에도 알-콰리즈미의 대수는 중세 유럽에서 중요하게 여겨졌다. (그의 이름은 '알고리즘'이라는 용어에 남아 있다.) 이로부터 오늘날 '중고등학교 대수'로 알려진 기호를 이용한 산술로 발전해갔다.

알-콰리즈미의 대수의 전형적인 기법으로 이차방정식을 풀기 위한 '정사각형 완성하기'[1]가 있다. 예를 들어 다음 방정식이 주어졌다고 하자.

$$x^2 + 10x = 39$$

여기서 $x^2 + 10x$에 25를 더해 제곱항을 완성하면 다음과 같다.

$$(x+5)^2 = x^2 + 10x + 25$$

---

1) 역주: 영어의 'square'는 정사각형이라는 뜻과 함께, 제곱이라는 뜻도 있다.

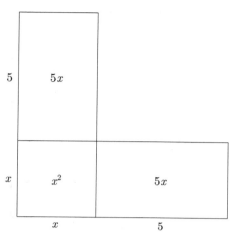

그림 4.1 $x^2 + 10x$의 미완성된 정사각형

그러므로 방정식의 양변에 25를 더하면 다음 등식을 얻는다.

$$x^2 + 10x + 25 = 39 + 25 = 64$$

따라서, $x + 5 = \pm 8$이다. 이로부터 다음 해를 얻는다.

$$x = -13 \text{ 또는 } x = 3$$

실제로, 알-콰리즈미는 x가 길이를 나타내는 기하적 논변에 의해 이 과정을 정당화했기 때문에 음수 해를 받아들이지 않았다. 이러한 논변은 유클리드의 권위가 그랬던 것처럼 이슬람 세계와 유럽에 수 세기 동안 지속되었다. 위 예의 경우 알-콰리즈미는 그림 4.1에 보는 것처럼 $x^2 + 10x$를 한 변이 x인 정사각형과 넓이가 $5x$인 두 직사각형을 붙여서 얻은 도형으로 해석했다.

그리고 나서 한 변이 5이고 넓이가 25인 정사각형을 그림 4.2처럼 빈칸을 채워서 말 그대로 정사각형을 완성했다.

처음 방정식이 $x^2 + 10x = 39$이었으므로 완성된 정사각형은 넓이가

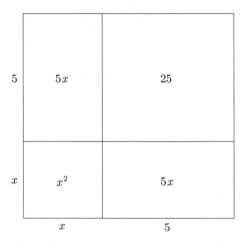

그림 4.2 식 $x^2 + 10x + 25 = (x+5)^2$ 에 대응하는 완성된 정사각형

$39 + 25 = 64$ 이고, 한 변이 8이다. 이로부터 $x = 3$ 을 얻는다.

음수 해를 받아들이려면 음수를 받아들여야 하는데, 이 과정은 중동과 중세 유럽에서는 느리게 진행되었다. 인도에서는 브라마굽타Brahmagupta(628)가 이미 음수를 받아들여 일반적인 이차방정식 $ax^2 + bx + c = 0$ 의 해에 대한 다음 공식을 적었다.

$$x = \frac{-b \pm \sqrt{b^2 - 4ac}}{2a}$$

브라마굽타와 알-콰리즈미 이후에는 16세기 이탈리아 수학자인 델 페로 del Ferro와 타르타글리아Tartaglia가 **삼차**방정식의 해법을 얻으면서 대수에 의미 있는 첫 진전을 가져왔다. 특히 그들은 방정식 $x^3 = px + q$ 의 해를 다음과 같이 구했다.

$$x = \sqrt[3]{\frac{q}{2} + \sqrt{\left(\frac{q}{2}\right)^2 - \left(\frac{p}{3}\right)^3}} + \sqrt[3]{\frac{q}{2} - \sqrt{\left(\frac{q}{2}\right)^2 - \left(\frac{p}{3}\right)^3}}$$

이 공식은 카르다노Cardano(1545)의 책 『위대한 기술Ars magna』에 나오기 때문에 카르다노 공식으로 알려졌다. 이 놀라운 공식은 수학의 발전에 큰 영향을 주었다. 특히, 수학자들이 $\sqrt{-1}$ 과 같은 '허수'에 대해 고민하도록 만들었다. 봄벨리Bombelli(1572)가 발견했듯이 허수는 다음 식처럼 전혀 문제없는 삼차방정식을 카르다노 공식으로 풀 때 출현한다.

$$x^3 = 15x + 4$$

이 방정식은 분명 $x = 4$라는 해를 갖지만, 카르다노의 공식에 따르면 해가 다음과 같다.

$$
\begin{aligned}
x &= \sqrt[3]{2 + \sqrt{2^2 - 5^3}} + \sqrt[3]{2 - \sqrt{2^2 - 5^3}} \\
&= \sqrt[3]{2 + \sqrt{-121}} + \sqrt[3]{2 - \sqrt{-121}} \\
&= \sqrt[3]{2 + 11\sqrt{-1}} + \sqrt[3]{2 - 11\sqrt{-1}}
\end{aligned}
$$

봄벨리는 '허'수 $i = \sqrt{-1}$ 이 보통의 '실'수와 같은 연산 규칙을 따른다고 가정함으로써 자명한 해와 공식에 따른 해를 조화시켰다. 즉, 다음이 성립한다.

$$2 + 11i = (2 + i)^3 \text{이고 } 2 - 11i = (2 - i)^3$$

따라서

$$\sqrt[3]{2 + 11i} = 2 + i \text{이고 } \sqrt[3]{2 - 11i} = 2 - i$$

그러므로

$$\sqrt[3]{2 + 11i} + \sqrt[3]{2 - 11i} = (2 + i) + (2 - i) = 4 \quad \text{(증명 끝!)}$$

여기서 질문 실수와 허수들이 따르는 '연산의 규칙'이란 정확히 무엇인가? 이에 답하려면 19세기에 전개된 대수에 대한 보다 추상적인 접근, 즉 대수 구조에 대한 고찰이 필요하다. 이에 대해서는 이후의 절들에서

더 언급하겠다. 하지만 우선 대수 구조를 정조준하도록 했던 문제를 설명
해야 한다.

거듭제곱근에 의한 해

이차방정식과 삼차방정식의 해를 구하는 공식을 보면 방정식의 해를 방정식
의 계수로부터 사칙연산 +, −, ·, ÷ 및 거듭제곱근 $\sqrt{}$, $\sqrt[3]{}$ 을 이용한
연산에 의해 구했다. '거듭제곱근radical'이라는 말은 '뿌리'를 의미하는 라틴
어 'radix'로부터 왔다. 삼차방정식의 해법이 알려진 직후, 카르다노의 학생
인 페라리Ferrari는 일반적인 사차방정식의 해 역시 방정식의 계수에 대한
연산 +, −, ·, ÷ 및 거듭제곱근을 이용한 연산의 식으로 쓸 수 있음을
발견했다.

그리하여 오차방정식이나 더 높은 차수에 대해 거듭제곱근 $\sqrt[4]{}$, $\sqrt[5]{}$ 등을
추가하여 비슷한 공식을 찾고자 하는 시도가 촉발되었다. 여기서 목표하는
바를 거듭제곱근에 의한 해라 부른다.

하지만, 다음 일반적인 5차방정식에 대한 거듭제곱근에 의한 해는 발견되
지 않았다.

$$ax^5 + bx^4 + cx^3 + dx^2 + ex + f = 0$$

1800년에 이르자 일반적인 오차방정식은 거듭제곱근에 의한 해가 없는 것
이 아닐까 하는 의심이 퍼지기 시작했고, 루피니Ruffini(1799)는 이를 증명하
려고 했다. 루피니의 300쪽짜리 시도는 너무 길고 당대 수학자들을 설득하
기에 불명확했지만 아벨Abel(1826)의 유효한 증명의 전조가 된다. 역설적으로
아벨이 제시한 훨씬 짧은 증명은 너무 간결해서 마찬가지로 당대 수학자들이
이해할 수 없었다. 아벨의 증명에 대한 의심은 해밀턴Hamilton(1839)에 의해서
야 완전히 해소되었다.

그러는 와중에 1831년에 극적으로 새롭고 우아한 증명이 등장했다. 이

역시 처음에는 이해받지 못했으며, 1846년이 되어서야 출판되었다. 이는 바로 갈로아의 증명인데, 그는 이후 체와 군이라 불리는 대수 구조를 확립함으로써 거듭제곱근에 의한 해의 본질에 새로운 빛을 비추었다.

수학에서 이미 잘 알려진 체의 예들이 있다. 가장 중요한 예는 유리수 체계 $\mathbb{Q}$로서 1.3절에 소개된 것처럼 덧셈과 곱셈의 연산을 갖추고 있다. $\mathbb{Q}$는 자연수로부터 연산 $+$, $-$, $\cdot$, $\div$을 적용하여 얻어지는 체계라 할 수 있다. 또한, 여기에 무리수들을 던져넣음으로써 더 큰 체를 얻는다. $\sqrt{2}$를 던져넣으면 (전문용어로 '추가'하면) 유리수 a, b에 대해 $a + b\sqrt{2}$ 꼴의 수들로 이루어진 체 $\mathbb{Q}(\sqrt{2})$가 된다. 무리수들이 $\mathbb{Q}$에 추가되면 그로부터 얻는 체는 대칭성을 가질 수 있다. 예를 들어, $\mathbb{Q}(\sqrt{2})$의 각 원소 $a + b\sqrt{2}$는 '켤레' $a - b\sqrt{2}$를 갖는데, 이들은 같은 행동을 보인다. 즉, $\mathbb{Q}(\sqrt{2})$의 원소들에 대한 어떤 등식이 있으면 여기에 나타나는 수들을 그 켤레로 바꾼 등식 또한 성립한다.

갈로아는 거듭제곱근을 $\mathbb{Q}$에 추가했을 때 나타나는 대칭성을 살펴보기 위해 군group이라는 대수적 개념을 도입했다. 그는 거듭제곱근에 의한 해가 있는지 여부가 이 방정식에 연결된 군의 해결가능성으로 귀착되는 것을 보였다. 이로부터 일반적인 오차방정식을 포함한 많은 방정식들이 거듭제곱근에 의한 해를 갖지 않음을 한번에 보일 수 있게 되었다. 즉, 방정식과 연결되는 군에 필수적으로 요구되는 '해결가능성'이 없다는 사실을 보임으로써 거듭제곱근에 의한 해가 없음을 보였다.

군이라는 개념이 수학에서 가장 중요한 개념의 하나가 된 것은 대칭성이 있는 상황에서 군이 언제나 유용하게 작동하기 때문이다. 그럼에도 그것을 기초적인 개념으로 여기기에 주저되는 이유는 방정식에 대한 갈로아 이론을 포함해 군이 가장 인상적으로 적용되는 경우에는 대부분 상당한 정도의 추가적인 군 이론이 필요하기 때문이다. 그래서 일반적인 군 개념은 고등 수학의 열쇠 중 하나이며, 기초 수학의 경계 바로 바깥에 놓여 있는 개념으로 생각된다.

한편 체라는 개념은 기초 수학 안에 있는 것으로 보인다. $\mathbb{Q}$를 포함한 중요한 체들은 기초적인 수준에서 나타난다. 벡터 공간과 같은 중요한 초등적인 개념들이 여기에 기반하고 있다(4.6절). 그리고 고대로부터 내려오는 초등 기하의 문제들이 그 도움을 받아 쉽게 풀리기도 한다(5.9절). 이어지는 두 절에서 덧셈, 뺄셈, 곱셈, 나눗셈의 기본 연산과 계산 규칙을 다시 살펴보면서 체의 개념에 다가가보자.

4.2 환

앞 절에서 언급한 대로, 유리수 체 $\mathbb{Q}$는 자연수에 연산 $+$, $-$, $\cdot$, $\div$을 적용하여 얻는다. 그 전에 $+$, $-$과 $\cdot$만을 적용한 결과가 무엇인지 살펴볼 필요가 있다. 여기서 이미 흥미로운 체계를 구성하는 정수들integers이 생성된다.

$$\cdots, \ -3, \ -2, \ -1, \ 0, \ 1, \ 2, \ 3, \ \cdots$$

이를 $\mathbb{Z}$라 부른다. (1.3절에 설명한 대로 'Zahlen'에서 따왔다.)

$\mathbb{Z}$는 자연수를 포함하는 집합 중에서 어떤 두 원소의 합과 차, 곱이 다시 그 집합의 원소가 되도록 하는 가장 작은 집합이다. $\mathbb{Z}$에 대한 연산 규칙의 핵심은 환 공리라 불리는 다음 여덟 개 항목이다.

$$a+b = b+a \qquad\qquad ab = ba \qquad\qquad \text{(교환 법칙)}[2]$$

$$a+(b+c) = (a+b)+c \qquad a(bc) = (ab)c \qquad\qquad \text{(결합 법칙)}$$

---

[2] 여기서는 곱셈에 대한 교환 법칙이 성립하는 것으로 가정했다. 일반적으로는 이러한 대상을 가환 환이라 하고 이 조건이 없는 경우를 환이라 한다. 이 책에서 나오는 환은 가환 환을 가리키는 것으로 이해하면 된다.

$$a + (-a) = 0 \qquad \text{(역원 법칙)}$$

$$a + 0 = a \qquad a \cdot 1 = a \qquad \text{(항등원 법칙)}$$

$$a(b + c) = ab + ac \qquad \text{(분배 법칙)}$$

이 항목들은 그 개수를 최소화하려는 시도로부터 얻어진 것인데, 보통 사용하는 모든 규칙을 이로부터 유도할 수 있다는 것이 명백해 보이진 않는다. 잠시 시간을 들여서 왜 다음 사실들이 위 여덟 개 항목의 결과인지 생각해 보라.

1. 각각의 a에 대해 $a + a' = 0$이 되는 a'은 유일하다. 즉, $a' = -a$이다.
2. $-(-a) = a$
3. $a \cdot 0 = 0$
4. $a \cdot (-1) = -a$
5. $(-1) \cdot (-1) = 1$

이 문제들을 생각할 동안, 환 공리를 달리 표현하는 방법에 대해 언급하려고 한다. 대안적인 공리계에서는 덧셈, 곱셈과 부호 바꾸기negation라는 연산 (a로부터 덧셈에 대한 역원인 $-a$ 만들기)만이 관여한다. 이런 재주를 부리면, 덧셈과 부호 바꾸기를 결합함으로써 뺄셈을 제거할 수 있다. 즉, 뺄셈은 다음과 같이 정의된다.

$$a - b = a + (-b)$$

이제 위에 적힌 다섯 가지 사실들로 돌아가 보자. 첫째는 방정식 $a + a' = 0$을 풀기 위해 양변에 $-a$를 더하면 된다. 너무 뻔해 보이지만, 규칙을 엄격하게 따르자면 여러 단계를 거쳐야 한다. 우변 왼쪽에 $-a$를 더하면 항등원 법칙에 의해 $-a$가 된다. 이때 좌변은 다음과 같이 된다.

$$(-a) + (a + a') = [(-a) + a] + a' \quad \text{(결합 법칙에 의하여)}$$
$$= [a + (-a)] + a' \quad \text{(교환 법칙에 의하여)}$$
$$= 0 + a' \quad \text{(역원 법칙에 의하여)}$$
$$= a' + 0 \quad \text{(교환 법칙에 의하여)}$$
$$= a' \quad \text{(항등원 법칙에 의하여)}$$

양변을 같게 둠으로써 $a' = -a$를 얻는다.

이제 $-(-a) = a$를 보이기 위해 항등원 법칙으로부터 $a' = -(-a)$가 방정식 $(-a) + a' = 0$의 해임을 관찰하자. 그런데 다음에서 보듯 $a' = a$ 역시 이 방정식의 해다.

$$(-a) + a = a + (-a) = 0 \quad \text{(교환 법칙과 역원 법칙에 의하여)}$$

해가 하나밖에 없으므로, 사실 1에 의해 $-(-a) = a$이다.

세 번째 사실 $a \cdot 0 = 0$을 보이기 위해 다음을 생각해 보자.

$$a \cdot 1 = a \cdot (1 + 0) \quad \text{(항등원 법칙에 의하여)}$$
$$= a \cdot 1 + a \cdot 0 \quad \text{(분배 법칙에 의하여)}$$

이제 양변에 $-a \cdot 1$을 더하면, (역원 법칙에 의하여) 좌변은 0이 되고 (결합, 교환, 역원 법칙에 의하여) 우변은 $a \cdot 0$이 된다. 따라서 $a \cdot 0 = 0$이다.

다음으로 $a \cdot (-1)$을 아래와 같이 계산해 보자.

$$0 = a \cdot 0 \quad \text{(사실 3에 의하여)}$$
$$= a \cdot [1 + (-1)] \quad \text{(역원 법칙에 의하여)}$$
$$= a \cdot 1 + a \cdot (-1) \quad \text{(분배 법칙에 의하여)}$$
$$= a + a \cdot (-1) \quad \text{(항등원 법칙에 의하여)}$$

그러므로 사실 1에 의하여 $a \cdot (-1) = -a$이다.

마지막으로, $(-1) \cdot (-1)$을 계산하면 다음과 같다.

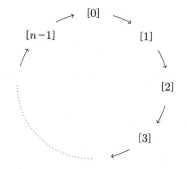

그림 4.3 mod n 연산으로부터 얻는 '환'

$$(-1) \cdot (-1) = -(-1) \qquad \text{(사실 4에 의하여)}$$
$$= 1 \qquad \text{(사실 2에 의하여)}$$

$\mathbb{Z}$에 대해 이러한 사실들이 잘 알려져 있긴 하지만, 이와 같이 증명해 보는 것은 시간 낭비가 아니다. 그 이유는 여덟 가지 규칙을 만족하는 어떠한 체계에도 동일한 증명이 적용되기 때문이다. 이런 체계는 아주 많고 경우에 따라서는 $\mathbb{Z}$와 전혀 다를 수도 있다. 예를 들어 유한한 체계일 수도 있다. 실제로 그림 4.3에 있는 유한한 예로부터 환[3]이라는 체계의 이름이 생겼음 직하다. 지금부터는 여덟 가지 공리들을 **환의 성질**이라 부르겠다.

유한 환

가장 중요한 유한 환은 2.4절에 소개한 mod n 합동의 개념으로부터 나온다. 거기 언급된 대로 mod n 연산의 아이디어는 원소가 0, 1, 2, ..., $n-1$인 환에서 +과 · 연산을 mod n에 대한 덧셈과 곱셈을 시행하는 것으로 생각하는 것이다. 이 환의 원소들을 mod n에 대한 합동류 [0], [1], [2], ..., [$n-1$]로 보면 같은 내용을 더 편리하게 다룰 수 있다. 이때, [a]는

---

3) 역주: 환環은 고리ring라는 뜻이다.

mod n에 대해 a와 합동인 모든 정수들의 집합이다.

$$[a] = \{ \dots,\ a - 2n,\ a - n,\ a,\ a + n,\ a + 2n,\ \cdots \}$$

그러고 나면 mod n 연산은 다음 식으로 매우 간단히 정의된다.

$$[a] + [b] = [a + b] \text{이고} \ [a] \cdot [b] = [a \cdot b]$$

다만, 미묘한 문제는 이 연산이 실제로 잘 정의됨을 확인해야 한다는 것이다. 다시 말해, 이 정의가 주어진 합동류를 대표하기 위해 선택한 수들 a와 b에 무관하게 동일하다는 것을 확인해야 한다. 만약 다른 대표 a'과 b'을 선택했다면 다음과 같다.

어떤 정수 c와 d에 대하여 $a' = a + cn$이고 $b' = b + dn$이다.

이제 다음 계산으로부터 a'과 b'을 이용해 합과 곱을 정의해도 같은 합동류를 얻는 것을 확인할 수 있다.

$$[a' + b'] = [(a + cn + b + dn)] = [a + b + (c + d)n] = [a + b]$$

$$\begin{aligned} [a' \cdot b'] &= [(a + cn) \cdot (b + dn)] \\ &= [a \cdot b + adn + bcn + cdn^2] \\ &= [a \cdot b + (ad + bc + cdn)n] = [a \cdot b] \end{aligned}$$

이러한 합동류에 의한 정의는 두 가지 큰 장점이 있다.

- 보통의 $+$과 $\cdot$ 기호를 모호함 없이 사용할 수 있다. 합동류에 적용했을 때, 이 기호들은 mod n 연산을 뜻한다. 한편, (괄호 [ ] 안에 있는) 수에 적용했을 때, 이 기호들은 보통의 덧셈과 곱셈을 뜻한다.
- mod n에 대한 환의 성질을 $\mathbb{Z}$로부터 곧바로 "물려받는다". 예를 들어, $[a] + [b] = [b] + [a]$가 되는 이유는 다음과 같다.

$$[a]+[b]=[a+b] \qquad \text{(정의에 의하여)}$$
$$=[b+a] \qquad \text{(Z의 교환 법칙에 의하여)}$$
$$=[b]+[a] \qquad \text{(정의에 의하여)}$$

그러므로 합동류 $[0]$, $[1]$, $[2]$, ..., $[n-1]$들은 mod n 연산을 갖춘 환을 이룬다. 이러한 유한 환에서는 각 원소들을 그 전 원소로부터 mod n에 대해 $[1]$을 더해서 얻으며, 그 결과 자연스럽게 원을 따라 배열되어 고리(환)의 형태를 이룬다(그림 4.3).

mod n에 대해 $[a]$를 더하는 것은 이 그림에서 각 원소들을 a 자리만큼 원을 따라 옮기는 것에 해당된다. 하지만, mod n에 대한 곱셈은 더 복잡하다.

유한 환이 Z와 다른 중요한 점은 역수의 존재에 관한 것이다. 환의 원소 x와 y가 서로 역수라 함은 $x \cdot y = 1$이라는 뜻이다.[4] 그래서 Z에서 (모든 다른 환에서도) 1은 자기 자신의 역수이고, -1도 자기 자신의 역수다. 그러나 Z에서는 역수를 가지는 원소가 그 이외에는 없다. 한편 mod n에 대한 연산에서는 역수가 더 많다. 어떤 경우에는 0이 아닌 모든 원소가 역수를 가진다. 예를 들어 mod 5 연산을 살펴보자.

$$[1] \cdot [1] = [1],$$
$$[2] \cdot [3] = [6] = [1],$$
$$[3] \cdot [2] = [6] = [1],$$
$$[4] \cdot [4] = [16] = [1]$$

그래서 $[1]$, $[2]$, $[3]$, $[4]$ 모두 역수를 가진다. 다음 절에서는 역수를 가질 조건이 무엇인지 살펴보겠다.

---

4) 역주: 영어로 '곱셈에 대한 역원'이라는 표현에 대해 한국어로는 역수라는 간단한 표현이 있다.

4.3 체

환 $\mathbb{Z}$에 비율 $\dfrac{m}{n}$을 (m은 정수, n은 0이 아닌 정수) 모두 포함시키면 유리수의 체인 $\mathbb{Q}$를 얻게 된다. 또는 더 경제적으로 0이 아닌 정수 n에 대해 역수 $n^{-1} = \dfrac{1}{n}$을 포함시키면 된다. 왜냐하면 이미 있는 곱셈 연산과 역수를 결합하면 분수 $\dfrac{m}{n}$을 모두 얻기 때문이다. 0이 아닌 분수 $\dfrac{m}{n}$의 역수는 말 그대로 분수를 뒤집은 $\dfrac{n}{m}$이다.

따라서 $\mathbb{Q}$는 다음 아홉 가지 성질을 가진다. 이 중 여덟 가지는 $\mathbb{Z}$로부터 물려받은 환의 성질이고, 아홉 번째 성질은 0이 아닌 원소 a마다 역수 a^{-1}가 있다는 것이다.

$$a + b = b + a \qquad\qquad ab = ba \qquad\qquad \text{(교환 법칙)}$$

$$a + (b + c) = (a + b) + c \qquad a(bc) = (ab)c \qquad \text{(결합 법칙)}$$

$$a + (-a) = 0 \qquad\qquad a \cdot a^{-1} = 1 \ (a \neq 0) \qquad \text{(역원 법칙)}$$

$$a + 0 = a \qquad\qquad a \cdot 1 = a \qquad\qquad \text{(항등원 법칙)}$$

$$a(b + c) = ab + ac \qquad\qquad\qquad\qquad\qquad \text{(분배 법칙)}$$

물론 우선 $+$과 $\cdot$ 연산을 분수 $\dfrac{m}{n}$에 대한 연산으로 확장해야 한다. 이 작업은 초등학생들에게 (그리고 누군가에게는 평생 동안) 두통을 일으키곤 한다. 일단 다음을 받아들이자.

$$\frac{m}{p} + \frac{n}{q} = \frac{mq + np}{pq},$$

$$\frac{m}{p} \cdot \frac{n}{q} = \frac{mn}{pq}$$

그러고 나면 분수에 대한 환의 성질들이 정수에 대한 성질로부터 따라오는 것을 기계적으로 확인할 수 있으며, $\frac{n}{m}$이 $\frac{m}{n}$의 역수임도 알 수 있다.

분수가 유리수와 정확히 같은 것은 아니라는 점을 덧붙일 필요가 있다. 많은 분수들이 동일한 유리수를 나타내기 때문이다. 예를 들면,

$$\frac{1}{2} = \frac{2}{4} = \frac{3}{6} = \frac{4}{8} = \cdots$$

그래서 앞 절에서 합동류를 다룬 것처럼 어떤 것들의 류class를 생각할 필요가 있으며, 사실 초등학교 과정에서 동일한 수를 나타내는 모든 분수들을 늘어놓았던 것이 바로 그 아이디어다. 우리는 하나의 유리수를 그것을 표현하는 분수 하나와 동일시하곤 하는데, 때로는 융통성이 필요하다. 특히 '통분'을 하기 위해 다음을 생각한다.

$$\frac{m}{p} = \frac{mq}{pq} \text{ 이고 } \frac{n}{q} = \frac{np}{pq}$$

그러면 위에 나온 합의 공식을 잘 설명할 수 있다.

$$\frac{m}{p} + \frac{n}{q} = \frac{mq}{pq} + \frac{np}{pq} = \frac{mq + np}{pq}$$

$\mathbb{Z}$로부터 환의 공리를 찾았던 것처럼 $\mathbb{Q}$에 대한 연산 법칙들을 체라 불리는 더 일반적인 개념을 정의하는 성질들로 사용한다. 위의 아홉 가지 법칙들을 **체의 성질** 또는 **체의 공리**라 한다.

체에는 많은 예가 있으며, 앞 절에서 살펴본 유한 환 중에서도 찾을 수 있다. 그 한 예는 mod 5 연산이 적용되는 합동류 [0], [1], [2], [3], [4]들이다. 이 합동류들이 환을 이룸을 알 수 있고, 0이 아니면 역수를 가지므로 이 합동류들은 체를 이룬다. 이 체를 $\mathbb{F}_5$라 쓴다. 일반적으로 역수를 가질 조건을 조사해 보면 무한히 많은 유한 환 $\mathbb{F}_p$를 찾을 수 있다. 각 소수 p마다 하나씩 있다.

유한 체 $\mathbb{F}_p$

mod n 연산에서 합동류 $[a]$가 역수 $[b]$를 가질 조건은 다음과 같다.

$$[a] \cdot [b] = [1]$$

(약간 느슨하게 b가 a의 mod n에 대한 역수라고 말한다.) 이는 합동류 $[a] \cdot [b] = [ab]$가 다음 합동류와 같다는 뜻이다.

$$[1] = \{ \dots,\ 1 - 2n,\ 1 - n,\ 1,\ 1 + n,\ 1 + 2n,\ \dots \}$$

다시 말해, 어떤 정수 k에 대해 $ab = 1 + kn$으로 쓸 수 있다는 뜻이고, 이는 다음 등식이 성립한다는 뜻이다.

$$ab - kn = 1 \qquad\qquad (*)$$

이 등식은 a와 n이 1보다 큰 공약수 d를 가지면 분명 성립할 수 없다. 만약 그렇다면 d가 $ab - kn$을 나눌 것이고, 결국 1을 나눠야 하기 때문이다. 반면에, $\gcd(a, n) = 1$이라면 등식 $(*)$이 성립하도록 하는 정수 b를 찾을 수 있다. 왜냐하면 2.3절에서 본 대로 적당한 정수 M과 N에 대해서 다음 등식이 성립하기 때문이다.

$$1 = \gcd(a,\ n) = Ma + Nn$$

이로부터 $b = M$, $k = -N$이라 하면, 등식 $(*)$을 얻는다.

그러므로 a가 mod n에 대해 역수를 가지는 것은 정확히 $\gcd(a, n) = 1$일 때다. (이 경우 3.4절에 설명한 유클리드 알고리즘을 적용하여 역수 M을 찾을 수 있다.) n이 소수 p인 경우에는 mod n에 대해 0이 아닌 모든 a에 대해 $\gcd(a, n) = 1$이므로, 합동류 $[0]$, $[1]$, $[2]$, $\dots$, $[p-1]$들은 체를 이루며, 이를 $\mathbb{F}_p$라 부른다.

가장 단순한 예는 체 $\mathbb{F}_2$이며, 2.4절에서 mod 2 연산을 살펴봤던 것과 같다. **명제 논리**propositional logic에서 중요한 역할을 하는 이 체는 9장에서 더 살펴볼 것이다. 실은 $\mathbb{F}_2$가 곧 명제 논리의 대수적 형태다.

4.4 역수와 연관된 두 정리

역원의 개념은 보통의 산술에서 오래된 아이디어로[5], 뺄셈은 덧셈 과정을 뒤집고, 나눗셈은 곱셈 과정을 뒤집는다는 것을 알고 있다. 하지만 '역원' 개념을 일반적으로 생각한 것은 1830년경 갈로아가 유한 체를 발견했을 때가 처음이었다. 19세기 수학자들은 이 발견을 되돌아보면서 이전 세기들에 발견된 수론의 정리들이 역원의 개념을 통해 간명해진다는 것을 깨달았다. 유명한 예 두 가지를 살펴보자.

페르마의 작은 정리

페르마는 1640년에 소수의 거듭제곱에 관해 재미있는 정리를 발견했다. mod p 합동의 개념을 사용해 표현하면 다음과 같다.

소수 p에 대하여 $a \not\equiv 0 \pmod{p}$이면 $a^{p-1} \equiv 1 \pmod{p}$이다.

페르마는 1.6절의 이항정리를 이용해 증명했지만, mod p에 대한 역수를 이용하는 더 잘 알려진 증명이 있다.

$a \not\equiv 0 \pmod{p}$라는 조건은 $[a]$가 0이 아닌 합동류들 $[1], [2], ..., [p-1]$ 중 하나라는 뜻이다. 이들 각각에 $[a]$를 곱하면 다음과 같이 0이 아닌 합동류들을 얻는다.

---

5) 초등학교 6학년 어느 날 선생님이 '역수'가 무슨 의미인지 보여주었던 기억이 생생하게 남아 있다. 어떻게 분수로 나눌 수 있는지 보여주겠다고 하시고는, 제일 앞줄에 있던 작은 아이를 앞으로 불러 내셨다. 그리고는 예고도 없이 갑자기 그 아이를 거꾸로 세워 들어 올리며 분수로 나누려면 "위아래를 뒤집은 다음 곱하라"고 하셨다.

$$[a][1], \quad [a][2], \quad \dots, \quad [a][p-1] \qquad\qquad (*)$$

이 합동류들 각각에 $[a]$의 역수를 곱해서 다시 원래의 합동류들을 복구할 수 있으므로 이 합동류들은 서로 다르다. 이는 (*)에 나열한 합동류들이 처음 합동류들 [1], [2], …, $[p-1]$과 (나열된 순서는 다를 수 있겠지만) 같아야 함을 의미한다.

그러므로 나열된 합동류들을 모두 곱하면 같은 결과를 얻는다. 즉,

$$[a]^{p-1} \cdot [1] \cdot [2] \cdot \dots \cdot [p-1] = [1] \cdot [2] \cdot \dots \cdot [p-1]$$

이 등식의 양변에 [1], [2], …, $[p-1]$의 역수들을 곱하여 다음을 얻는다.

$$[a]^{p-1} = [1], \quad \text{다시 말해} \quad a^{p-1} \equiv 1 \pmod{p}$$

이것이 오늘날 페르마의 작은 정리Fermat's little theorem라 부르는 것이다. (n제곱의 합에 대한 페르마의 '마지막' 정리만큼 크지 않기 때문에 이렇게 부른다.) 페르마가 발견한 형태는 이 등식의 양변에 a를 곱한 아래의 등식이다.

$$a^p \equiv a \pmod{p}$$

오일러의 정리

1750년경 오일러는 위 증명과 상당히 가까운 방식으로 페르마의 작은 정리를 증명했다. 그리고는 임의의 mod n에 대한 경우로 이 정리를 일반화했다. 합동과 역수의 개념을 이용하여 설명하면 다음과 같다. (아래에서 '가역'은 '역수를 가진다'는 의미다.)

mod n에 대해 가역인 합동류가 m개라 하고, 이들을 다음과 같이 나열했다고 하자.

$$[a_1], \quad [a_2], \quad \dots, \quad [a_m]$$

이들 각각에 가역인 합동류 $[a]$를 곱하면 다음과 같이 된다.

$$[a][a_1], \quad [a][a_2], \quad \ldots, \quad [a][a_m]$$

이들은 다시 가역이 되고, mod n에 대한 $[a]$의 역수를 곱함으로써 처음 목록을 복구할 수 있으므로 서로 다르다. 따라서 나열된 두 목록은 서로 같으므로 목록에 있는 합동류들을 모두 곱한 결과가 같아야 한다.

$$[a]^m \cdot [a_1] \cdot [a_2] \cdot \cdots \cdot [a_m] = [a_1] \cdot [a_2] \cdot \cdots \cdot [a_m]$$

이 식의 양변에 $[a_1]$, $[a_2]$, ..., $[a_m]$의 역수를 곱하여 다음을 얻는다.

$$[a]^m = [1], \quad \text{다시 말해,} \quad a^m \equiv 1 \pmod{n}$$

앞 절로부터 $[a]$가 가역인 것은 정확히 $\gcd(a, n) = 1$일 때라는 사실을 알고 있다. 따라서 m은 1, 2, ..., $n-1$ 중에서 n과의 gcd가 1인 수의 개수다. 이런 수들을 n과 **서로소**라 한다. n과 서로소인 수들의 개수를 $\varphi(n)$으로 쓰며, φ를 오일러 파이 함수Euler phi function라 한다. 오일러의 정리는 보통 파이 함수를 이용해 다음과 같이 서술된다.

$$\gcd(a, n) = 1 \text{이면 } a^{\varphi(n)} \equiv 1 \pmod{n} \text{이다.}$$

오일러 정리를 보여주는 예로서, 8과 서로 소인 수들을 생각해 보자. 그것은 1, 3, 5, 7이며 따라서 mod 8에 대해 네 개의 가역인 합동류 $[1]$, $[3]$, $[5]$, $[7]$이 있다. 위 논증에 따라 8과 서로소인 수 a에 대하여 다음 등식을 얻는다.

$$a^4 \equiv 1 \pmod{8}$$

예컨대 $a = 3$일 때 $a^4 = 81$인데, 이 수는 실제로 mod 8에 대해 1과 합동이다.

최근 들어 온라인 결제에 많이 사용되는 RSA 암호 시스템의 핵심 요소가 되면서, 오일러의 정리는 수학에서 가장 많이 사용되는 정리 중 하나가 되었다. RSA에 대해서는 거의 모든 수론 입문 서적에서 찾아볼 수 있으므로 더 자세히 설명하지 않겠다.

4.5 벡터 공간

벡터 공간이라는 개념은 20세기가 되어서야 명확히 기술되었기 때문에 대단히 추상적이고 수준 높은 개념으로 여겨질 수도 있다. 이미 추상적인 개념인 체 위에 지어지는 개념이므로 어떤 점에서는 그러하지만 또 다른 점에서는 그렇지 않다. 2000년 이상을 거슬러 올라가는 매우 기초적인 주제인 선형 대수의 기초가 되기 때문이다.

4.1절에서 다항 방정식을 간략히 살펴볼 때 다음 선형 방정식은 건너뛰었다.

$$ax + b = 0$$

건너뛴 이유는 너무 단순해서 논의할 필요가 없었기 때문이다. 한편 여러 미지수에 대한 선형 연립방정식은 오늘날 사용하는 방법과 아주 유사하게 2000년 이상 다뤄져 왔지만 그렇게 단순하지 않다. 여기서 이 방법에 대해 기억해야 할 단 한 가지는 연산 $+$, $-$, $\cdot$, $\div$만을 포함한다는 것이다. 따라서 방정식의 계수들이 어떤 체의 원소들이면 그 방정식의 해도 같은 체에 속하게 된다.

이런 설명을 통해 선형 대수의 장비가 체의 개념을 내장하고 있음을 볼 수 있길 바란다. 통상 선형 대수의 초심자들에게는 체를 $\mathbb{R}$로 생각하라고 하는데, 이는 6장에서 자세히 다룰 실수들의 체계이다. 하지만 체는 $\mathbb{Q}$도 될 수 있으며 $\mathbb{F}_p$나 그 밖의 어떠한 체를 생각해도 된다.

체가 $\mathbb{R}$인 경우 두 변수에 대한 선형 방정식은 평면 $\mathbb{R}^2$에서 직선을 나타낸다. 이것이 '선형'이라고 부르는 이유다. 마찬가지로 세 변수에 대한 선형

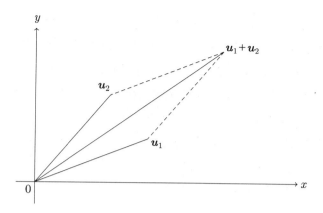

그림 4.4 평면의 벡터 합

방정식은 삼차원 공간 $\mathbb{R}^3$ 안에 있는 평면을 나타낸다. 이것이 '벡터 공간'에서 '공간'의 유래다. $\mathbb{R}$, $\mathbb{R}^2$, $\mathbb{R}^3$는 모두 벡터 공간의 예들이다. 벡터는 이 공간들 안에 있는 점들이고, 이 점들을 더하는 규칙과 각 점에 수를 곱하는 규칙이 있다. $\mathbb{R}$의 경우에는 이 연산이 보통의 덧셈 및 곱셈과 같다. 고차원 공간에서는 점들의 덧셈을 벡터 합이라 하고 점에 수를 곱하는 연산을 상수 곱이라 부른다.

그림 4.4는 평면 $\mathbb{R}^2$의 벡터 합을 보여준다. $\mathbb{R}^2$의 점들은 순서쌍 $(x,\ y)$에 대응되며 다음 규칙에 따라 좌표별로 더하면 된다.

$$(x_1,\ y_1) + (x_2,\ y_2) = (x_1 + x_2,\ y_1 + y_2)$$

따라서 점 $u_1 = (x_1, y_1)$과 점 $u_2 = (x_2, y_2)$의 덧셈은 세 꼭짓점이 $0 = (0,0)$, u_1, u_2인 평행사변형의 네 번째 꼭짓점이 된다.

이 그림은 벡터 합의 개념이 기하적 성격을 가지고 있음을 보여준다. 상수 곱의 개념도 마찬가지인데 다음과 같이 0으로부터 $(x,\ y)$까지의 선분을 배율 a로 확대하면 된다.

$$a(x,\ y) = (ax,\ ay)$$

사실 벡터 공간의 개념은 대수와 기하의 중간 숙소라 할만하다. 한편으로는 대수를 이용해 여러 기하적 문제들을 일련의 계산으로 환원하고, 다른 한편으로는 기하적 직관이 **차원**dimension 같은 개념들을 제시함으로써 대수적 작업을 이끌어간다. 차원의 개념에 대해서는 다음 절에서 살펴보겠다. 이제 벡터 공간을 정의해 보자.

주어진 체 $\mathbb{F}$와 + 연산이 가능한 대상들의 집합 V에 대하여, V가 $\mathbb{F}$ **위의 벡터 공간**이라 함은 다음 조건들이 만족되는 것을 말한다. 먼저 +는 보통 덧셈이 만족하는 성질을 가져야 한다. 즉, V의 원소 u, v, w에 대하여, 다음이 성립한다.

$$u + v = v + u$$
$$u + (v + w) = (u + v) + w$$
$$u + 0 = u$$
$$u + (-u) = 0$$

그러므로, 특히 영벡터 0가 있으며 각 벡터 u에 대하여 부호를 바꾼 벡터 $-u$가 있다. 다음으로, 벡터에 $\mathbb{F}$의 원소('스칼라')를 곱하는 규칙은 $\mathbb{F}$의 곱셈과 잘 맞아야 하며, 또한 $\mathbb{F}$의 덧셈이 벡터의 덧셈과 잘 맞도록 해야 한다. 즉, $\mathbb{F}$의 원소 a, b와 V의 원소 u, v에 대하여 다음이 성립한다.

$$a(bu) = (ab)u$$
$$1u = u$$
$$a(u + v) = au + av$$
$$(a + b)u = au + bu$$

통틀어 여덟 가지 규칙이 벡터 공간을 정의하며, 이는 아홉 가지 규칙으로 정의된 체 위에 놓여 있다. 꽤나 많은 게 사실이다. 하지만 모든 규칙들은 수에 대한 보통 연산에 사용된 규칙과 닮아 있어서 벡터 공간의 연산을 거의

무의식적으로 할 수 있다.[6]

그러한 연산을 따라가면, $\mathbb{R}$ 위에서의 벡터 합과 스칼라 곱이 위의 여덟 가지 조건들을 만족함을 보임으로써 $\mathbb{R}^2$가 $\mathbb{R}$ 위의 벡터 공간임을 알 수 있다. 유사한 방식으로 벡터 합과 스칼라 곱을 정의하면 n개의 실수 순서쌍들로 이루어진 $\mathbb{R}^n$ 역시 $\mathbb{R}$ 위의 벡터 공간이 됨을 알 수 있다.

또 다른 흥미로운 예는 다음 집합이다.

$$\mathbb{Q}(\sqrt{2}) = \{a + b\sqrt{2} : a,\, b \in \mathbb{Q}\}$$

이 집합은 그 자체로 체가 되기도 하지만, 체 $\mathbb{Q}$ 위의 벡터 공간이기도 하다. 벡터 합은 수들의 합과 같으며 스칼라 곱은 유리수를 통상의 방식으로 곱하는 것이다. 유리수 a와 b를 수 $a + b\sqrt{2}$의 '좌표'로 생각하면 벡터 합은 $\mathbb{R}^2$의 벡터 합과 마찬가지로 '좌표별'로 하면 된다.

$$(a_1 + b_1\sqrt{2}) + (a_2 + b_2\sqrt{2}) = (a_1 + a_2) + (b_1 + b_2)\sqrt{2}$$

사실, 다음 절에서 $\mathbb{Q}(\sqrt{2})$는 $\mathbb{Q}$ 위의 벡터 공간으로서 이차원임을 보일 것이다. 또한 여기서의 차원이 $\sqrt{2}$의 **차수**degree, 즉 이 수를 정의하는 방정식 $x^2 - 2 = 0$의 차수와 같다는 것이 우연의 일치가 아님을 살펴볼 것이다.

이 예는 벡터 공간이라는 개념이 대수와 기하의 중개 역할을 함을 잘 보여준다.

4.6 일차 종속, 기저, 차원

$\mathbb{R}^2$의 차원인 2를 두 개의 좌표 축이나 단위 벡터 $i = (1, 0)$와 $j = (0, 1)$가 가리키는 두 방향으로부터 읽을 수 있다. 이 두 벡터는 $\mathbb{R}^2$를 생성하는데,

---

6) 역주: 많은 경우 일상적으로 활용되는 개념을 형식화하면 매우 복잡한 형태를 띠게 된다. 반대로 형식적으로 간단한 개념은 일상적인 언어로 파악하기 어려울 수 있다.

모든 벡터를 다음과 같이 두 벡터의 일차 결합으로 표현할 수 있다는 의미에서 그렇다.

$$(x,\ y) = x\boldsymbol{i} + y\boldsymbol{j}$$

또한, $\boldsymbol{i}$와 $\boldsymbol{j}$는 일차 독립인데, 그 의미는 어느 것도 다른 것의 스칼라 곱이 아니라는 것이며, 달리 말해 $a = b = 0$이 아니라면 $a\boldsymbol{i} + b\boldsymbol{j}$는 절대로 영벡터가 되지 않는다는 뜻이다. 생성과 일차 독립이라는 두 성질을 가지는 $\boldsymbol{i}$, $\boldsymbol{j}$라는 쌍을 ($\mathbb{R}$ 위에서) $\mathbb{R}^2$의 기저basis라 부른다.

같은 맥락에서 $\mathbb{F}$ **위의 벡터 공간** V**의 기저**를 정의할 수 있다. $\mathbb{F}$ 위에서 V의 기저는 다음 조건들을 만족하는 집합 $\{v_1,\ v_2,\ ...,\ v_n\}$을 말한다.

1. 벡터들 v_1, v_2, ..., v_n이 V를 생성한다. 즉, V의 임의의 벡터 v를 다음과 같이 표현할 수 있다.

    $$v = a_1v_1 + a_2v_2 + \cdots + a_nv_n \quad (a_1,\ a_2,\ ...,\ a_n \in \mathbb{F})$$

2. 벡터들 v_1, v_2, ..., v_n은 일차 독립이다. 즉,

    $$a_1v_1 + a_2v_2 + \cdots + a_nv_n = 0 \quad (a_1,\ a_2,\ ...,\ a_n \in \mathbb{F})$$

    이려면 $a_1 = a_2 = \cdots = a_n = 0$이어야 한다.

이러한 기저를 가진 공간을 유한 차원이라 한다. 곧 '차원'에 대해 살펴보겠지만, 모든 벡터 공간이 유한 차원인 것은 아니다. 벡터 공간을 어떤 체 위에서 볼 것인지에 따라 달라질 수도 있다. 예컨대 $\mathbb{R}$은 $\mathbb{Q}$ 위에서는 무한 차원이다. 하지만, 무한 차원 공간은 고등 수학에 속한다고 말하는 것이 적절할 것이다. 그러니까 기초 수학에서는 유한 차원 공간만을 다루면 된다. 이들에 관하여는 모든 기저의 개수가 같다는 중요한 성질을 증명할 수 있다.

이를 위하여 단순하지만 기발한 다음 결과를 이용하려고 한다. 이 결과는 슈타이니츠Steinitz(1913)의 이름을 따서 부르지만, 실제로는 그라스만Grassmann (1862)의 1장 2절에 나온다.

슈타이니츠의 교환 정리 만약 n개의 벡터가 V를 생성하면 $n+1$개의 벡터는 일차 독립일 수 없다. (따라서, 만약 n개로 이루어진 기저가 있으면 그보다 더 많은 개수의 기저는 없다.)

증명 우선, (나중에 모순을 찾기 위해) u_1, u_2, ..., u_n이 V를 생성하는데 v_1, v_2, ..., v_{n+1}이 V 안에서 일차 독립이라고 가정해 보자. 우리 계획은 u_i 중 하나를 v_1으로 바꾸되 남은 u_i들이 v_1과 함께 여전히 V를 생성하도록 하려는 것이다. 그리고는 남은 u_i 중 하나를 v_2로 바꾸되 생성 조건은 유지하도록 한다. 이런 방식으로 계속하면 모든 u_i가 v_1, v_2, ..., v_n으로 바뀐다. 이는 v_1, v_2, ..., v_n이 생성 집합이라는 뜻이므로 적절한 일차 결합으로 v_{n+1}을 표현할 수 있게 되며, 이는 v_1, v_2, ..., v_{n+1}이 독립이라는 가정에 모순된다.

이런 계획이 성공하는지 보기 위해 u_i 중 $m-1$개를 성공적으로 v_1, v_2, ..., v_{m-1}로 바꿨다고 해보자. ($m=1$인 경우는 아무것도 하지 않은 것으로 생각한다.) 이제 남은 u_i 중 하나를 v_m으로 바꾸려고 한다. 지금까지 성공적이었다고 했으니 v_1, v_2, ..., v_{m-1}과 남은 u_i들이 V를 생성할 것이고, 따라서 v_m을 다음과 같이 쓸 수 있다.

$$v_m = a_1 v_1 + a_2 v_2 + \cdots + a_{m-1} v_{m-1} + b_i u_i \ \text{꼴의 항들}$$

여기서 계수인 a_1, ..., a_{m-1}과 b_i들은 $\mathbb{F}$의 원소다. v_1, v_2, ..., v_m이 일차 독립이므로 b_j 중 하나는 0이 아닌 것이 있어야 한다. 이때 양변을 b_j로 나누어 u_j를 v_1, v_2, ..., v_m과 남은 u_i들의 일차 결합으로 쓸 수

있다. 따라서 u_j를 v_m으로 바꿔도 여전히 생성 조건이 유지될 것이다. 그러므로 교환 과정을 계속하여 모든 u_1, u_2, ..., u_n이 v_1, v_2, ..., v_n에 의해 대체되도록 할 수 있으며, 이로부터 위에 미리 언급해둔 모순이 발생한다. 이로써 슈타이니츠의 교환 정리가 증명되며, 따라서 유한 차원 벡터 공간의 모든 기저는 개수가 같다. ■

이 결과로부터 다음과 같이 차원을 정의할 수 있다.

정의 유한 차원 벡터 공간 V의 차원은 V의 기저의 개수다.

기저와 차원의 개념은 $\mathbb{Q}$ 위의 벡터 공간 $\mathbb{Q}(\sqrt{2})$에 의해 잘 예시된다. $\mathbb{Q}(\sqrt{2})$의 원소인 $a + b\sqrt{2}\,(a,\ b \in \mathbb{Q})$는 항상 1과 $\sqrt{2}$의 일차 결합이므로 1과 $\sqrt{2}$가 $\mathbb{Q}(\sqrt{2})$를 생성한다.

또한, 1과 $\sqrt{2}$는 $\mathbb{Q}$ 위에서 일차 독립이다. 왜냐하면 0이 아닌 유리수 a와 b에 대해 $a + b\sqrt{2} = 0$이 된다면 $\sqrt{2} = -\dfrac{a}{b}$로 쓸 수 있는데, 이는 $\sqrt{2}$가 무리수라는 사실에 위배된다.

따라서 1과 $\sqrt{2}$는 $\mathbb{Q}$ 위에서 $\mathbb{Q}(\sqrt{2})$의 기저를 이루며, $\mathbb{Q}(\sqrt{2})$는 $\mathbb{Q}$ 위에서 이차원이다.

4.7 다항식 환

중고등학교 대수 시간에 $x^2 - x + 1$이나 $x^3 + 3$ 같은 다항식 연산을 연습했을 때를 기억해 보면, 다항식들끼리 더하거나 빼고 곱할 때 수와 같은 규칙에 따르면 된다. 뉴턴이 이런 종류의 대수를 '보편 산술'이라 부른 것은 '미지수' 또는 '변수'에 해당하는 기호 x가 수와 똑같이 행동하기 때문이다. 엄밀히 말하면 x가 수와 마찬가지로 행동한다고 가정하는 것이 무모순적임을 확인해야 한다. 이를 위해서 다항식의 덧셈, 뺄셈, 곱셈이 4.2절에 나열한 환의 성질들을 만족함을 확인해야 한다. 이는 지루하긴 하지만 늘상 하던대로 확인할 수 있다.

더 흥미로운 것은 다항식이 환의 성질을 제외하고도 정수들을 세밀하게 닮아 있다는 점이다. 특히 '소수' 다항식이라는 개념이 있고, 유클리드 알고리즘이 있으며, 소인수분해의 유일성이 있다. 이는 대수가 뉴튼도 깨닫지 못했던 수준에서 산술을 모방하는 것을 보여주며, 수론의 다른 아이디어들을 도입하여 다항식의 대수에 적용했을 때 어떤 흥미로운 일이 벌어질지 기대하도록 한다.

이 아이디어에 견실한 기초를 놓기 위해서 우리가 가장 관심을 기울일 다항식들을 특정하도록 하자. 그것은 x에 관한 유리수 계수를 갖는 다항식들로 이뤄진 환 $\mathbb{Q}[x]$이다. 즉 $\mathbb{Q}[x]$의 원소는 다음 꼴로 주어진다.

$$p(x) = a_0 + a_1 x + \cdots + a_n x^n \qquad (a_0, \ a_1, \ ..., \ a_n \in \mathbb{Q})$$

0이 아닌 다항식이라면 $a_n \neq 0$이라 가정할 수 있으며 이때 n을 $p(x)$의 **차수**degree라 하고 $\deg(p)$로 쓴다. 상수 다항식은 차수가 0이다. 차수는 다항식의 '크기'를 측정하도록 한다. 특히 $\mathbb{Q}[x]$ 안에서 더 작은 '크기'를 갖는 다항식들의 곱이 아닌 것들을 '소수' 다항식으로 여길 수 있다는 아이디어를 제시한다. 정확하게는 다음과 같다.

정의 $\mathbb{Q}[x]$의 다항식 $p(x)$를 $\mathbb{Q}[x]$ 안에 있는 더 낮은 차수의 다항식 두 개의 곱으로 쓸 수 없을 때, $p(x)$를 기약이라 한다.[7]

예를 들어 $x^2 - 2$가 기약인 이유는 다음과 같다. $\mathbb{Q}[x]$ 안에서 $x^2 - 2$의

---

7) 역주: 더 낮은 차수의 '상수가 아닌' 다항식 두 개의 곱으로 쓸 수 없다는 조건이 더 정확하다.

더 낮은 차수의 인수라면 $x + a(a \in \mathbb{Q})$의 상수 배뿐이다. 하지만 그렇게 되면 $a^2 = 2$가 되기 때문에 $\sqrt{2}$가 무리수라는 사실에 모순된다. 한편, $x^2 - 1$은 기약이 아닌데, 이 다항식은 더 작은 차수를 갖는 $x + 1$과 $x - 1$의 곱으로 쓸 수 있기 때문이다.

다항식에 대한 유클리드 알고리즘을 얻으려면 자연수의 경우처럼 몫과 나머지 계산을 실행하면 된다. 2.1절에서 살펴본 대로 양수 a와 b에 대하여 몫과 나머지 계산을 하면 '몫'과 '나머지'에 해당하는 수 q와 r에 대해 다음이 성립한다.

$$a = qb + r \quad (단, \ |r| < |b|)$$

이제 $\mathbb{Q}[x]$의 두 다항식 $a(x)$와 $b(x) \neq 0$에 대하여 다음이 성립하는 다항식 $q(x)$와 $r(x)$을 찾으려고 한다.

$$a(x) = q(x)b(x) + r(x) \quad (단, \ \deg(r) < \deg(b))$$

이를 만족하는 다항식 $q(x)$와 $r(x)$는 경우에 따라 고등학교에서 배우기도 하는 다항식에 대한 장제법long division을 통해 얻을 수 있다. 이 방법은 스테빈Stevin(1585b)까지 거슬러 올라가는데, 그는 이 방법을 이용해 다항식에 대한 유클리드 알고리즘을 얻을 수 있다는 사실도 발견했다.

예시로, $a(x) = 2x^4 + 1$과 $b(x) = x^2 + x + 1$에 대한 장제법을 살펴보자. 아이디어는 $b(x)$에 적절한 x의 거듭제곱과 상수를 곱하여 $a(x)$로부터 더하거나 빼서 $a(x)$의 최고차항을 계속하여 제거해 나가는 것인데, 결국에는 $b(x)$의 차수보다 더 작은 차수의 다항식이 남게 된다. 먼저, $2x^2 b(x)$를 $a(x)$에서 빼면 x^4 항을 제거할 수 있다.

$$a(x) - 2x^2 b(x) = 2x^4 + 1 - 2x^2(x^2 + x + 1) = -2x^3 - 2x^2 + 1$$

다음으로, $2xb(x)$를 더하면 x^3 항이 제거된다. (동시에 x^2 항도 제거된다.)

$$a(x) - 2x^2 b(x) - 2x b(x) = -2x^3 - 2x^2 + 1 + 2x(x^2 + x + 1) = 2x + 1$$

즉,

$$a(x) = (2x^2 - 2x)b(x) + (2x + 1)$$

이로부터 $q(x) = 2x^2 - 2x$ 과 $r(x) = 2x + 1$ 을 얻고, 이때 $\deg(r) < \deg(b)$ 이다.

일단 몫과 나머지를 계산할 수 있으면 $\mathbb{Q}[x]$ 안에서 남은 단계들을 거쳐 소인수분해의 유일성에 다다를 수 있다.

- 유클리드 알고리즘으로부터 두 다항식 $a(x)$, $b(x)$의 **최대공약 다항식** (즉, 공약 다항식 중 최고 차수를 갖는 다항식)을 아래와 같은 모양으로 얻는다.

$$\gcd(a(x),\ b(x)) = m(x)a(x) + n(x)b(x) \quad (m(x),\ n(x) \in \mathbb{Q}[x])$$

- 이로부터 '소수 약분 성질'을 얻는다. 즉, 기약 다항식 $p(x)$가 두 다항식의 곱 $a(x)b(x)$를 나누면 $p(x)$가 $a(x)$를 나누거나 $b(x)$를 나눈다.

- 임의의 다항식을 기약 다항식들의 곱으로 유일하게 인수분해할 수 있다. 단, 여기서 유일성에는 '상수(유리수) 인수를 무시하면'이라는 단서를 달아야 한다.

주어진 자연수의 소수 여부를 확인할 때처럼 주어진 다항식이 기약인지 확인하는 것이 항상 쉽지만은 않다. 하지만, 낮은 차수인 경우 몇 가지 흥미로운 방법이 있다. 또한 '소수를 법으로 취했을 때의 합동'에 대한 아이디어를 가져오면 무슨 일이 생기는지도 흥미로운 주제다. 4.3절에서 p가 소수일 때 $\bmod\ p$에 대한 정수의 합동 조건으로부터 유한체 $\mathbb{F}_p$를 얻은 바 있다. 다음 절에서는 기약 다항식 $p(x)$를 법으로 했을 때, $\mathbb{Q}[x]$에서의 합동 조건이 '유한한 차수'의 체를 만들어내는 것을 볼 것이다.

환 $\mathbb{R}[x]$와 $\mathbb{C}[x]$

$\mathbb{Q}[x]$ 안에서의 소인수분해가 어려운 것은 인수들이 유리수 계수를 가질 것을 요구하기 때문이다. 예를 들어 다음 인수분해를 생각해 보자.

$$x^2 - 2 = (x + \sqrt{2})(x - \sqrt{2})$$

여기서 $\sqrt{2}$가 무리수이므로 이러한 인수분해는 $\mathbb{Q}[x]$ 안에서는 허용되지 않는다. 더 일반적으로 $x^n - 2$는 $\mathbb{Q}[x]$ 안에서 기약인 사실에서 볼 수 있듯이 $\mathbb{Q}[x]$ 안에서의 소수들은 임의로 높은 차수를 가질 수 있다.

계수의 범위를 확장함으로써 기약 다항식들의 집합을 단순화할 수 있다. 실수 계수로는 $x^2 + 1$과 같은 이차의 기약 다항식도 있긴 하지만, 항상 이차 이하이다. 복소수 계수 기약 다항식은 모두 일차이다. 이 사실은 대수학의 기본정리fundamental theorem of algebra로부터 따라오는데, 그 내용은 복소수 계수를 갖는 모든 다항 방정식 $p(x) = 0$은 복소수 해가 있다는 것이다. 이 정리가 완전히 대수의 범위 안에 있지 않기 때문에 4.11절에서 더 자세히 다루도록 하겠다.

임의의 다항식이 일차 다항식들로 인수분해된다는 사실은 대수학의 기본 정리와 함께 몫과 나머지 계산을 적용하면 쉽게 알 수 있다. 다항 방정식 $p(x) = 0$이 $x = c$를 해로 가지면, 몫과 나머지 계산에 의하여 다음과 같이 적힌다.

$$p(x) = q(x)(x - c) + r(x) \quad (\text{단, } \deg(r) < \deg(x - c))$$

$x = c$를 대입하면 $r(c)$가 0이 되어야 하고, 따라서 $x - c$가 $p(x)$의 인수임을 알 수 있다. 또한, $q(x)$는 $p(x)$보다 차수가 하나 작기 때문에 이러한 과정을 유한번 반복하여 $p(x)$를 일차 인수들의 곱으로 쓸 수 있다.

따라서 복소수를 계수로 갖는 다항식들의 환 $\mathbb{C}[x]$에서는 가장 단순한 소인수분해를 얻는다. 즉, 모든 다항식이 일차 인수들의 곱으로 분해된다. 실수 계수를 갖는 다항식들의 환 $\mathbb{R}[x]$에서는 그렇게까지 할 수 없는데, x^2+1이 더 이상 인수분해되지 않는 것이 그 예다. 하지만 오일러Euler(1751)가 보인 다음의 유용한 사실로 인해 이차 이하인 다항식들의 곱으로 인수분해하는 것이 가능하다.

다항식 $p(x)$의 계수들이 실수라면, $p(x)=0$의 실수가 아닌 해 $x=a+ib$는 반드시 켤레 복소수 $\overline{x}=a-ib$를 또 다른 해로 동반한다.

실수가 아닌 해가 항상 켤레로 나타나는 이유는 (4.1절에 언급한 바와 같은 맥락에서) 다음과 같은 켤레 복소수 연산의 '대칭성' 때문이다.

$$\overline{c_1+c_2}=\overline{c_1}+\overline{c_2} \text{이고 } \overline{c_1 \cdot c_2}=\overline{c_1} \cdot \overline{c_2} \text{이다.}$$

이러한 성질은 켤레 복소수의 정의 $\overline{a+ib}=a-ib$로부터 쉽게 확인할 수 있다.

이에 따르면 임의의 복소수 x에 대하여 $p(x)=a_0+a_1 x+\cdots+a_n x^n$이면, 다음이 성립한다.

$$\overline{p(x)}=\overline{a_0}+\overline{a_1 x}+\cdots+\overline{a_n x^n}$$

따라서 $a_0, a_1, \cdots, a_n$이 실수이면 각각 켤레 복소수가 자기 자신이므로 다음이 성립한다.

$$\overline{p(x)}=a_0+a_1\overline{x}+\cdots+a_n\overline{x}^n=p(\overline{x})$$

그러므로 위 주장대로 $p(x)=0$이면 $p(\overline{x})=\overline{p(x)}=\overline{0}=0$이다.

켤레 해인 $x=a+ib$와 $a-ib$는 각각 인수 $x-a-ib$와 $x-a+ib$에 해당되며, 이로부터 다음과 같이 실계수 이차 인수를 얻는다.

$$(x-a-ib)(x-a+ib) = (x-a)^2 - (ib)^2 = x^2 - 2ax + a^2 + b^2$$

따라서 $\mathbb{R}[x]$ 안의 다항식 $p(x)$는 실계수 일차 인수들 및 이차 인수들의 곱으로 분해되며, 결론적으로 모든 기약 다항식은 이차 이하이다.

4.8 대수적 수 체

$\mathbb{Q}[x]$의 다항식 $q(x)$를 0이 아닌 다항식 $r(x)$로 나눈 분수함수 $\dfrac{q(x)}{r(x)}$를 모두 모으면 유리수 계수를 갖는 **유리 함수들의 체** $\mathbb{Q}(x)$를 얻는다. 그러고 나서 x를 수 α로 바꾸면 $\mathbb{Q}(\alpha)$라고 쓰는 수 체number field를 얻는데, 이를 $\mathbb{Q}$에 α를 **추가하여 얻은 체**라 한다. 앞서 이미 4.5절과 4.6절에서 $\alpha = \sqrt{2}$ 인 경우에 $\mathbb{Q}(\sqrt{2})$를 다루면서 이 기호를 사용한 바 있다.

체 $\mathbb{Q}(\alpha)$가 특별히 흥미로운 경우는 α가 **대수적 수**일 때, 즉 α가 $\mathbb{Q}[x]$의 다항식 $p(x)$에 대한 방정식 $p(x) = 0$의 해일 때이다. 이럴 때 $\mathbb{Q}(\alpha)$를 **대수적 수 체**algebraic number field라 한다. 예를 들어 $\mathbb{Q}(\sqrt{2})$는 $\sqrt{2}$ 가 $x^2 - 2 = 0$ 의 해이므로 대수적 수 체다. $\sqrt{2}$ 가 무리수이므로, $x^2 - 2 = 0$은 $\sqrt{2}$를 해로 갖는 다항식 중 최소 차수를 가진다.

한 가지 주의할 점은, $\mathbb{Q}(x)$의 원소인 분수함수 $\dfrac{q(x)}{r(x)}$에 대수적 수인 α를 직접 대입하면 안 된다는 것이다. 만약 $r(x)$가 $p(x)$를 인수로 가지는 경우 $r(\alpha)$가 0이 되기 때문이다. 이 문제를 피하려면 다항식에 대한 몫과 나머지 계산을 이용하면 된다. 이렇게 하여 4.3절에서 유한 체 $\mathbb{F}_p$를 얻을 때와 같은 방법으로 체를 얻는다. 소수 p가 했던 역할을 이제는 기약 다항식 $p(x)$가 한다.

다항식을 법으로 하는 합동

α가 대수적 수이면 $p(\alpha)=0$이 되도록 하는 최소 차수의 다항식이 있다. 이러한 **최소다항식**은 (0이 아닌 유리수의 곱을 무시하면) 유일하다. 실제로 $q(x)$가 $p(x)$와 같은 차수의 다항식이면서 $p(\alpha)=0$이라면, (적당한 유리수를 곱하여) $p(x)$와 $q(x)$의 최고차항의 계수가 같다고 가정할 수 있다. 이런 상황에서 $p(x)$와 $q(x)$가 다르다면, $p(x)-q(x)=0$은 α를 해로 갖는 더 낮은 차수의 방정식이 되므로 $p(x)$가 최소다항식이라는 가정에 모순된다.

비슷한 이유로 α의 최소다항식 $p(x)$는 기약이어야 한다. 만약 $p(x)=q(x)r(x)$이고 $q(x)$와 $r(x)$는 $\mathbb{Q}[x]$의 상수가 아닌 다항식이라면, $p(\alpha)=0$으로부터 $q(\alpha)=0$ 또는 $r(\alpha)=0$을 얻고, 이는 다시금 $p(x)$가 최소다항식이라는 사실에 모순된다. α의 (기약인) 최소다항식 $p(x)$는 수체 $\mathbb{Q}(\alpha)$를 얻는 새로운 방법을 제시한다. 즉, $\mathbb{Q}[x]$ 안에 있는 다항식들로부터 'mod $p(x)$에 대한 합동류'들을 모아 놓음으로써 수 체 $\mathbb{Q}(\alpha)$를 얻을 수 있다.

$\mathbb{Q}[x]$의 두 다항식 $a(x)$와 $b(x)$가 **mod $p(x)$ 합동**이라 함은, $p(x)$가 $\mathbb{Q}[x]$ 안에서 $a(x)-b(x)$를 나눈다는 것이고, 이를 다음과 같이 쓴다.

$$a(x) \equiv b(x) \pmod{p(x)}$$

따라서 $a(x)$의 합동류 $[a(x)]$는 $a(x)$와의 차가 $n(x)p(x)$ $(n(x) \in \mathbb{Q}[x])$ 꼴인 다항식들로 이루어진다. (x에 α를 대입했을 때 $a(x)$와 같게 되는 다항식들이라고 생각해도 된다.)

정수에 대해 소수 p를 법으로 했을 때와 마찬가지로 기약인 $p(x)$를 법으로 했을 때 합동류들은 체를 이룬다. 특히, 모든 다항식 $a(x)$는 mod $p(x)$에 대한 **역수**, 즉 $\mathbb{Q}[x]$ 안에서 다음을 만족하는 다항식 $a^*(x)$를 가진다.

$$a(x)a^*(x) \equiv 1 \pmod{p(x)}$$

이 체는 무엇일까? α가 다항 방정식 $p(x)=0$의 해일 때 이 체가 바로

$\mathbb{Q}(\alpha)$이다! 또는 다음과 같은 의미에서 $\mathbb{Q}(\alpha)$와 '같은 구조'를 갖는 체다.

수 체의 구성 α가 최소다항식 $p(x)$를 갖는 대수적 수라면, $\mathbb{Q}(\alpha)$의 원소들은 $\mathbb{Q}[x]$ 안에서 $\mathrm{mod}\ p(x)$에 대한 합동류들과 일대일 대응된다. 그리고 이 대응 관계에서 양쪽의 합과 곱이 상응한다.

증명 양쪽에서 $\mathbb{Q}[x]$의 다항식 $a(x)$의 값 $a(\alpha)$와 $\mathrm{mod}\ p(x)$에 대한 합동류 $[a(x)]$를 짝지어 대응 관계를 만든다. 이렇게 하면 역수 $\dfrac{1}{a(\alpha)}$는 $[a(x)]$의 역수가 되는 합동류 $[a^*(x)]$와 짝지어진다.

이 대응 관계가 일대일 대응임을 보이기 위해 임의의 다항식 $a(x)$, $b(x) \in \mathbb{Q}[x]$에 대하여 다음을 보이면 된다.

$a(\alpha) = b(\alpha)$이면 $a(x) \equiv b(x)\ \mathrm{mod}\ p(x)$이고 역도 참이다.

즉, $c(x) = a(x) - b(x)$로 놓았을 때 다음을 보이면 된다.

$c(\alpha) = 0$이면 $c(x) \equiv 0\ \mathrm{mod}\ p(x)$이고 역도 참이다.

만약 $c(x) \equiv 0\ \mathrm{mod}\ p(x)$이면 $\mathbb{Q}[x]$의 적당한 원소 $d(x)$에 대하여 $c(x) = d(x)p(x)$로 쓸 수 있고 따라서 다음과 같이 계산된다.

$$c(\alpha) = d(\alpha)p(\alpha) = 0 \quad (p(\alpha) = 0\text{이므로})$$

역으로, $c(\alpha) = 0$이라면 $c(x)$를 $p(x)$로 나눈 몫 $q(x)$와 나머지 $r(x)$에 대하여 다음 식이 성립한다.

$$c(x) = q(x)p(x) + r(x) \quad (\text{단},\ \deg(r) < \deg(p))$$

$c(\alpha) = 0 = p(\alpha)$이므로 또한 $r(\alpha) = 0$이다. $r(x)$가 0이 아니라면 $p(x)$가 최소다항식이라는 사실에 모순이고, 따라서

$$c(x) = q(x)p(x), \ \ \text{즉} \ \ c(x) \equiv 0 \ \mathrm{mod} \ p(x)$$

이다. 이로써 주장했던 대로 $\mathbb{Q}(\alpha)$의 원소들은 $\mathbb{Q}[x]$의 합동류들과 일대일 대응된다.

마지막으로, 양쪽의 덧셈이 상응하는 것은 $[a(x)] + [b(x)] = [a(x) + b(x)]$로부터 확인할 수 있다. 즉, $a(\alpha)$와 $b(\alpha)$의 값은 각각 $[a(x)]$와 $[b(x)]$에 대응되는데, $a(\alpha) + b(\alpha)$는 $[a(x) + b(x)]$에 대응되며, 이는 $[a(x)]$와 $[b(x)]$의 합과 같다. 곱에 대해서도 $[a(x)] \cdot [b(x)] = [a(x) \cdot b(x)]$이므로 마찬가지로 양쪽이 상응한다. ∎

합과 곱이 상응하도록 하면서 일대일 대응된다는 것이 합동류들로 이루어진 체가 수 체 $\mathbb{Q}(\alpha)$와 '같은 구조'를 가진다는 말의 뜻이다. 이와 같은 체들 간의 구조적 대응 관계는 **동형 관계**isomorphism의 한 예다. (이 용어는 '동일한 형태'라는 뜻의 그리스어에서 왔다.) 동형 관계라는 개념은 고등 대수에는 모든 곳에 나타나기 때문에 위 정리에 이 개념이 등장하는 것을 초등 대수의 경계에 와 있다는 신호로 받아들일 수도 있다. 그럼에도 내가 위 증명을 기초적이라고 생각하는 이유는 이 증명이 또다시 몫과 나머지 계산을 적용한 결과이기 때문이다.

정수들에 대해 소수를 법으로 하는 합동류로부터 체를 구성했던 것과 유비를 찾은 것은 무시할 수 없는 너무나 근사한 발견이다. 정수의 경우에는 유한 체를 얻었는데, 다항식의 경우에 얻은 결과 역시 어떤 의미에서 유한하다. 이 경우 '유한'한 것은 차수로서, 체를 $\mathbb{Q}$ 위의 벡터 공간으로 봤을 때의 차원과도 일치한다.

4.9 벡터 공간으로서의 수 체

α의 최소다항식이 $p(x)$일 때, $\mathbb{Q}(\alpha)$를 $p(x)$를 법으로 하는 다항식들의

합동류들의 체로 보는 관점은 $\mathbb{Q}$ 위의 벡터 공간인 $\mathbb{Q}(\alpha)$의 자연스런 기저에 대한 통찰을 준다.

$\mathbb{Q}(\alpha)$의 기저 α의 최소다항식이 n차라면, 1, α, α^2, ..., α^{n-1}은 $\mathbb{Q}$ 위에서 $\mathbb{Q}(\alpha)$의 기저를 이룬다.

증명 $p(x) = a_0 + a_1 x + \cdots + a_n x^n$이라 하면 다음 두 가지가 성립한다.

1. 합동류 $[1]$, $[x]$, $[x^2]$, ..., $[x^{n-1}]$이 $\mathbb{Q}$ 위에서 일차 독립이다. 이를 보이기 위해 모두 0이 되지는 않는 유리수들 b_0, b_1, ..., b_{n-1}에 대하여 다음 등식이 성립한다고 가정하자.

$$b_0[1] + b_1[x] + \cdots + b_{n-1}[x^{n-1}] = [0]$$

그러면 수 체 구성에서의 대응으로부터 다음 등식을 얻는다.

$$b_0 + b_1\alpha + \cdots + b_{n-1}\alpha^{n-1} = 0$$

이는 $p(x)$가 최소다항식이라는 사실에 모순이다.

2. 합동류 $[1]$, $[x]$, $[x^2]$, ..., $[x^{n-1}]$이 mod $p(x)$에 대한 합동류들의 체를 생성한다. 이 체는 분명히 무한히 많은 합동류들 $[1]$, $[x]$, $[x^2]$, ...,에 의해 생성된다. 하지만 $[1]$, $[x]$, $[x^2]$, ..., $[x^{n-1}]$의 일차 결합으로부터 다음 식을 얻는다.

$$-[x^n] = \frac{1}{a_n}(a_0[1] + a_1[x] + \cdots + a_{n-1}[x^{n-1}])$$

이로부터 다음 식도 얻는다.

$$-[x^{n+1}] = \frac{1}{a_n}(a_0[x] + a_1[x^2] + \cdots + a_{n-1}[x^n])$$

같은 이유로 $[1]$, $[x]$, $[x^2]$, ..., $[x^{n-1}]$이 더 높은 차수의 거듭제곱 항에 대한 합동류들을 모두 생성하므로, 모든 합동류들을 생성할 수 있다.

그러므로 $[1]$, $[x]$, $[x^2]$, ..., $[x^{n-1}]$는 $\mathbb{Q}$ 위에서 mod $p(x)$에 대한 합동류들의 체[8]에 대한 기저다. 따라서 각각에 대응되는 수들인 1, α, α^2, ..., α^{n-1}은 $\mathbb{Q}$ 위에서 $\mathbb{Q}(\alpha)$의 기저다. ■

이로부터 특히 임의의 대수적 수 α에 대한 벡터 공간 $\mathbb{Q}(\alpha)$는 $\mathbb{Q}$ 위에서 유한 차원임이 따라온다. 이를 직접 보이기는 쉽지 않다. 연습문제로 직접 합과 곱, 역수를 계산해서 다음 동치 관계를 보여보라.

$$\mathbb{Q}(\sqrt{2}) = \{a + b\sqrt{2} : a, b \in \mathbb{Q}\}$$

이 계산으로부터 $\mathbb{Q}(\sqrt{2})$가 $\mathbb{Q}$ 위에서 이차원임을 알 수 있다. 하지만 예컨 대 $\mathbb{Q}(2^{\frac{1}{5}})$가 $\mathbb{Q}$ 위에서 오차원임을 보이려고 해보라. 아니면,

$$\frac{1}{2^{\frac{1}{5}} + 7 \cdot 2^{\frac{3}{5}} - 2^{\frac{4}{5}}}$$

를 1, $2^{\frac{1}{5}}$, $2^{\frac{2}{5}}$, $2^{\frac{3}{5}}$, $2^{\frac{4}{5}}$의 일차 결합으로 표현하려고 해보라.

대수적 수 α에 대해 $\mathbb{Q}(\alpha)$가 $\mathbb{Q}$ 위에서 유한 차원이라는 사실의 역도 성립한다. 여기서는 더 쉽지만 여전히 놀라운 정리를 증명하려고 한다.[9] 이 증명에서 벡터 공간을 $\mathbb{F}$로 쓸 것인데, 그것이 실제로 체이기 때문이다.

---

8) 역주: $\mathbb{Q}$ 위의 벡터 공간이다.

9) 역주: 사실상 역 명제를 증명한 것이다.

ℚ 위의 유한 차원 벡터 공간 𝔽가 ℚ 위의 n차원 벡터 공간이면 𝔽의 모든 원소는 차수가 n 이하인 대수적 수다.

증명 𝔽의 원소 α에 대해 $n+1$개의 원소 1, α, α^2, ..., α^n을 생각하자. 𝔽가 ℚ 위에서 n차원이므로 이 원소들은 일차 종속이며, 다시 말해 다음 등식이 성립하도록 하는 모두 0은 아닌 유리수들 a_0, a_1, ..., a_n이 있다.

$$a_0 + a_1\alpha + \cdots + a_n\alpha^n = 0$$

이는 바로 α가 차수 n 이하인 대수적 수라는 말이다. ■

𝔽가 n개의 기저를 가지기 때문에 ℚ에 차수 n 이하인 대수적 수들 n개를 추가하여 𝔽를 만들 수 있다. 이럴 때 차수가 n인 하나의 수 α가 있어서 $\mathbb{F} = \mathbb{Q}(\alpha)$로 쓸 수 있다는 정리가 있다. 이러한 수 α를 원시 수primitive element라 한다. 원시 수의 존재성에 대한 증명을 하지는 않겠다.[10] 하지만 대수적 수들을 연달아 추가하는 것이 수 체의 차원에 어떤 결과를 가져오는지 살펴보려고 한다. 이에 대해 데데킨트Dedekind(1894) 473쪽에 언급된 '상대 차원'에 관한 정리는 다음과 같다.

데데킨트 곱 정리 체들이 포함관계 $\mathbb{E} \subseteq \mathbb{F} \subseteq \mathbb{G}$를 만족하며, 𝔽는 𝔼 위에서 m차원이고 𝔾는 𝔽 위에서 n차원이면, 𝔾는 𝔼 위에서 mn차원이다.

증명 𝔼 위에서 𝔽의 기저를 u_1, u_2, ..., u_m이라 하면 𝔽의 원소 f는 다음과 같이 쓸 수 있다.

$$f = e_1 u_1 + \cdots + e_m u_m \quad (단, \ e_1, \ ..., \ e_m \in \mathbb{E}) \tag{*}$$

---

10) 좋은 연습문제로 다음 예를 생각해 보라. ℚ에 $\sqrt{2}$와 $\sqrt{3}$을 추가하는 것은 하나의 수 $\sqrt{2} + \sqrt{3}$을 추가하는 것과 같다.

또한 $\mathbb{F}$ 위에서 $\mathbb{G}$의 기저를 v_1, v_2, ..., v_n이라 하면 $\mathbb{G}$의 원소 g는 다음과 같이 쓸 수 있다.

$$g = f_1 v_1 + \cdots + f_n v_n \quad (단, \ f_1, \ ..., \ f_n \in \mathbb{F})$$
$$= (e_{11} u_1 + \cdots + e_{1m} u_m) v_1 + \cdots + (e_{n1} u_1 + \cdots + e_{nm} u_m) v_n$$

(둘째 줄에서는 각 f_i를 (*)에 의해 주어지는 일차 결합으로 다시 쓴 것이다.) 따라서 $\mathbb{G}$의 각 원소 g는 $\mathbb{E}$의 원소인 e_{ji}들을 계수로 하여 원소들 $u_i v_j$의 일차 결합으로 쓸 수 있다. 즉, mn개의 원소들 $u_i v_j$는 $\mathbb{E}$ 위에서 $\mathbb{G}$를 생성한다.

또한, 이 원소들은 $\mathbb{E}$ 위에서 일차 독립이다. 만약 $u_i v_j$들의 일차결합을 $\mathbb{E}$의 원소인 e_{ji}들을 계수로 하여 썼을 때 0이 되면, 위 과정을 거꾸로 돌려서 다음 등식을 얻는다.

$$0 = (e_{11} u_1 + \cdots + e_{1m} u_m) v_1 + (e_{n1} u_1 + \cdots + e_{nm} u_m) v_n$$

v_1, ..., v_n이 $\mathbb{F}$ 위에서 일차 독립이므로 다음에 나열된 각각의 계수들이 모두 0이 되어야 한다.

$$(e_{11} u_1 + \cdots + e_{1m} u_m), \quad ..., \quad (e_{n1} u_1 + \cdots + e_{nm} u_m)$$

그러나 이번에는 u_1, ..., u_m이 $\mathbb{E}$ 위에서 일차 독립이므로 모든 계수들 e_{ji}가 0이 되어야 한다.

따라서 mn개의 원소들 $u_i v_j$는 $\mathbb{E}$ 위에서 $\mathbb{G}$의 기저를 이루며 $\mathbb{G}$는 $\mathbb{E}$ 위에서 mn차원이다. ■

대수적 수 α는 종종 체 $\mathbb{Q}(\alpha)$ 안에 넣어놓고 살피는 것이 좋은데, 이럴 때 위 정리가 유용하다. 예를 들어 '정육면체 2배하기'와 같은 고대의 기하 문제의 질문들은 다음과 같다. $\sqrt[3]{2}$를 유리수에 제곱근만을 추가해서 만들어낼 수 있을까? 다음 장에서 체 $\mathbb{Q}(\sqrt[3]{2})$의 차원을 $\mathbb{Q}$에 제곱근들을 추가하여 얻은 체의 차원과 비교함으로써 이 질문에 대한 답이 아니오라는 것을 보일 것이다. 여기서 제곱근들을 추가하여 얻은 체의 차원은 데데킨트 곱 정리로부터 쉽게 계산할 수 있다.

4.10 역사

기하와 마찬가지로 수론과 대수 역시 수천 년간 탐구되어왔다. 이차방정식은 4000년 쯤 전에 바빌로니아인들이 풀었고, 여러 개의 미지수에 대한 선형 연립방정식은 2000년 쯤 전에 중국인들이 풀었다. 하지만 유클리드의 『원론』에서 기하와 수론을 다룬 일반성과 추상성의 수준에 비추어 대수는 그에 미치지 못하고 느리게 발전했다. 이는 추정컨대 그리스 수학에서 수론과 기하를 분리했기 때문일 것이다. 수론에서는 완전수를 다뤘고, 기하에서는 무리수 길이와 같은 양들을 다뤘는데 이들끼리는 수처럼 곱셈을 할 수 없다고 생각했다. 이 역시 추정컨대 적절한 기호가 없었기 때문일 것이다. 오늘날에는 한 줄에 적을 수 있는 식을 표현하기 위해 한 쪽의 글이 필요했기에, 그리스에서는 방정식이라는 아이디어 자체를 떠올리기 힘들었으며, 능숙하게 계산하는 것은 더욱 힘들었다.

어떤 이유였던 간에 이탈리아 수학자들이 삼차와 사차방정식의 해법을 발견한 16세기까지 대수는 번성하지 못했다. 카르다노Cardano (1545)의 『위대한 기술Ars Magna』에 풀이 방법이 발표된 당시에는 무엇이라도 할 수 있을 것처럼 보였다.

> 이 기술은 모든 인간의 교묘함과 현세적 재능의 명석함을 뛰어넘은 진정 우주적인 선물이며 인류 정신의 능력에 대한 명료한 증거이므로 자신을 거기 던져본 사람은 누구든 이해할 수 없는 것은 없다는 것을 믿게 될 것이다.

이후 드러난 바에 따르면, 방정식에 대한 이탈리아의 기술은 사차방정식의 해법과 봄벨리의 복소수에 관한 대수 정도에서 거의 한계에 다다른 것이었다. 하지만 이것만으로도 이후 300년 동안 수학자들을 바쁘게 하기에 충분했다. 1620년대에 페르마와 데카르트는 대수학을 동원하여 기하학을 도왔고, 이로부터 1660년대에 미적분학이 나왔다. 그 후 뉴튼과 라이프니츠, 베르누이를 거쳐 18세기의 오일러로 이어졌다. 대수학으로부터 별다른 개념상의 유입이 없이 단지 기호 계산을 적을 수 있다는 것만으로 이 모든 것이 가능해졌다.

사실 미적분학은 대수학을 뛰어넘어서 당시의 주된 대수 문제인 대수학의 기본 정리를 증명해낼 정도까지 다다랐다. 그 해법은 16세기에는 전혀 기대하지 못한 것이었다. 이전에는 방정식의 근을 계수들에 대한 표현으로 나타내는 공식을 다뤘지만, 이제는 새로운 종류의 증명인 **존재 증명**이 나타났다. 이에 대해서는 다음 절에서 더 논의할 것이고, 10.3절에서 대수학의 기본정리를 증명하겠지만, 존재 증명의 아이디어는 삼차방정식의 경우에 예시될 수 있다.

삼차다항식의 예로 $x^3 - x - 1$을 생각하면 삼차 곡선(이 경우 $y = x^3 - x - 1$)에 대응되며, 그림 4.5에 실수값들의 그래프가 그려져 있다. 이 그림은 대수적으로도 알 수 있는 바를 확인하게 해준다. 즉, x가 양으로 커지면 $x^3 - x - 1$이 큰 양의 값을 가지고, x가 음으로 커지면 큰 음의 값을 가진다. 또한 대수적으로 설명하기에는 미묘한 점도 볼 수 있는데, 이 곡선이 연속적이어서 x**축을 어디에선가 만난다**는 것이다. 그 만나는 교점의 x값이 방정식 $x^3 - x - 1 = 0$의 근이다.

이처럼 대수학의 기본정리는 대수 밖의 개념인 연속함수라는 개념과 결부되어 있다.[11] 19세기까지는 그 중요성이 적절하게 이해되지 못했지만 연속

---

11) 기본정리를 얻고자 하는 동기 역시도 대수 밖에서, 즉 유리 함수의 적분에 대한 미적분 문제로부터 왔다는 것을 지적할 필요가 있다. 이 문제를 풀기 위해서 다항식을 인수분해하는 것이 중요한데, 기본정리에 의하여 실수 일차, 이차 인수만 얻으면 충분하다는 것이 알려졌다.

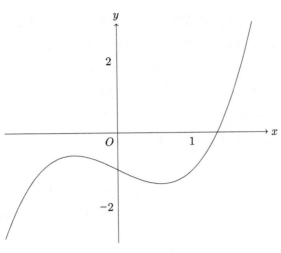

그림 4.5 곡선 $y = x^3 - x - 1$의 그래프

성은 미적분학의 근본적인 개념이다. 6장에서 살펴보겠지만, 연속성은 $y = x^3 - x - 1$의 그래프에서 보듯이 외관상 단순하지만 여러 이유에서 고등적인 개념이다.

대수학의 기본정리를 증명하기 위해서 연속성 개념이 들어가지 않는 논증을 찾고자 할 수도 있다. 하지만, 이를 이탈리아인들이 증명할 것을 기대하기 어려웠던 또 다른 이유가 있다. 그들은 사차 이하 방정식의 해법을 찾았지만 오차에 가서는 실패할 운명이었다. 아벨Abel(1826)과 갈로아Galois(1831)가 보였듯이, 일반적인 오차방정식은 거듭제곱근에 의한 해가 없기 때문이다. 4.1절에 언급한 것처럼 갈로아는 체와 군의 개념을 도입하여 왜 거듭제곱근에 의한 해법이 불가능한지 설명했다. 4.3절에서 체가 무엇인지 설명했는데, 이 책에서 군에 대한 설명을 통해 거듭제곱근에 의한 해법의 이야기를 완성하지 않는 이유는 무엇인가? 불행히도 군의 개념을 정의하는 것 말고도 해야 할 것들이 더 있다.

1. 군의 개념은 환이나 체의 개념보다 기초 수학의 경험으로부터 더 멀리

있다. 환과 체는 수와 관련된 친숙한 연산에 결부되어 있지만, 군의 개념은 '대칭'이라는 개념과 결부되어 있으며, 이에 대한 연산은 자명하지 않다.

2. 게다가 군의 개념을 아는 것으로 충분하지 않다. 군의 개념을 거듭제곱근에 의한 해법에 적용하기 전에 상당한 양의 군론을 전개해야 한다. 대부분의 군론이 기초 수학으로부터 먼 이유는 군의 원소들의 '곱'이 일반적으로 교환적이지 않기 때문이다.

체는 기초적으로 여겨질 수 있지만 군은 그렇지 않은 이유에 대해 다음 절에 추가적인 논의가 이어진다.

당대에는 갈로아의 결과들을 이해하지 못했지만, 19세기 후반에 가서 몇몇 수학자들(특히 정수론자인 데데킨트와 크로네커)은 수와 방정식의 행동을 적절하게 이해하기 위해 환, 체, 군의 추상적 개념이 필요하다는 것을 분명히 알았다. 데데킨트Dedekind(1877)는 다음과 같이 썼다.

> 현대의 함수 이론처럼 근본적인 성질들에 곧바로 기초를 둔 증명을 찾고, 계산에 의존하기보다는 이론을 건설하여 계산 결과를 예측하도록 하는 것이 바람직하다.

1920년대에 에미 뇌터Emmy Noether는 추상적 관점을 완전히 끌어안은 첫 대수학자가 되었다. "이미 데데킨트 책에 있다"고 겸손하게 말하곤 했지만 말이다. 그녀의 관점은 그녀의 제자인 에밀 아틴Emil Artin과 판 데르 바르덴van der Waerden도 채택했으며, 판 데르 바르덴은 1930년에 자신의 책 『현대 대수Moderne Algebra』에 이 관점을 담음으로써 수학계의 주된 흐름 안으로 들이고자 했다.

오늘날 '추상 대수'는 대학 커리큘럼에서 표준적인 교과목으로, 보통 고학년에 가르친다. 하지만 추상이 기초적인 수준에 속하는가? 나는 그렇게 믿지만, 얼마만큼의 추상이 속할지 미묘한 문제가 있다. 다음 절에서는 이 문제를 더 탐색하도록 하겠다.

4.11 철학

무리수와 허수

대수적 수 체 $\mathbb{Q}(\alpha)$의 구성으로부터 구체적이고 구성적인 방법으로 $\sqrt{2}$, $\sqrt{-1}$, $\sqrt{-2}$와 같은 수들을 다룰 수 있게 된다. 이들에 관한 '산술'은 2장에서 살펴보았다. 2.10절에 주장한 바대로 그들을 십진수로 보거나 평면의 점으로 볼 필요가 없으며 단지 어떤 규칙을 따르는 기호로 보면 된다. 그 규칙은 체의 공리와 다루고자 하는 수를 정의하는 최소다항식으로 주어지는 방정식이 전부다. 예를 들어 $\sqrt{-1}$은 기호 z로서 체의 공리와 $z^2 = -1$을 만족하는 수다. 그러므로 유리수 a, b에 대하여 $a + b\sqrt{-1}$이나 $a + b\sqrt{-2}$ 꼴의 수들에 대한 연산을 위해 실수나 복소수 전체에 대한 이론이 필요한 것은 결코 아니다. 예컨대 2.8절에서 펠 방정식 $x^2 - 2y^2 = 1$의 해를 찾기 위해 $\sqrt{2}$라는 기호를 사용했는데, 이를 정당화하기 위해 $\sqrt{2}$를 무한소수로 쓰는 것에 동의하지 않아도 된다.

더 일반적으로 최소다항식 $p(x)$를 갖는 대수적 무리수 α를 사용하고자 하면 그 대신 x에 대한 다항식들과 mod $p(x)$에 대한 합동류들을 가지고 일하면 된다. 이것이 크로네커Kronecker(1887)가 '일반 산술'이라 불렀던 것이고, 그가 "무리수는 존재하지 않는다"고 말했다는 낭설이 퍼진 이유다. 만약 그가 그렇게 말했다면 문자 그대로의 의미가 아니라 대수적 무리수를 실제 유리수와 함께 계산할 적에 그들을 유리수처럼 기호적으로 다룰 수 있다는 의미로 말한 것이다. 그 결과, 대수적 수 체의 구성은 대수적 수의 연산을 '유리화한다'.[12]

그러나, 9.8절에서 살펴보겠지만 모든 수들이 대수적 수인 것은 아니다. π나 e 같은 수들을 다루고자 하거나 특히 실수 전체를 다룰 때는 산술을

---

12) 역주: 원문의 'rationalize'는 합리화한다는 의미로도 읽을 수 있다.

넘어서는 개념들을 피할 수 없다. 6장에 가면 실수 전체의 개념(실직선)이 필요하다는 것이 명확해질 것이다. 9장에서는 직선을 어떻게 '실수화'[13]할 것인지 살펴볼 것이다.

*대수학의 기본 정리

앞 절에서 언급한 대로 방정식의 해에 대한 연구는 대수학의 기본정리라 불리는 결과로 인해 방향을 틀게 되었다. 이 정리에 의하면, 실수 계수를 가지는 모든 다항 방정식은 복소수들의 집합 $\mathbb{C}$ 안에서 근을 가진다. 또한 4.8절에서 보인 것처럼, p가 유리수 계수를 갖는 기약 다항식일 때 다항 방정식 $p(x) = 0$은 mod $p(x)$에 대한 다항식들의 체에서 근을 가진다.

이 결과는 크로네커Kronecker(1887)에 의한 것으로, '대수학자 판(版) 대수학의 기본정리'라 할만하다. 이는 대수적으로 주어진 다항 방정식은 대수적으로 정의된 체 안에서 근을 가진다는 것을 보여주기 때문이다. 몇몇 수학자들은 대수학자 판 정리를 고전적인 정리보다 선호하기도 했는데, $\mathbb{R}$과 $\mathbb{C}$를 $\mathbb{Q}$로부터 '대수적으로' 얻을 수 없기 때문이다. 그들을 구성하려면 대수학보다는 해석학의 전형적인 무한과정이 개입해야 한다(6장). 한편, 4.8절에 설명된 기약인 $p(x)$에 대한 수 체의 구성은 진정 대수적이면서 어떤 의미에서 $p(x) = 0$의 '해'를 그 구성된 체 안에서 합동류 $[x]$로 준다.

어떤 수학자들은 대수학자 판 정리가 더 구성적constructive이기에 선호하기도 한다. 대략 말해서 증명이 구성적이라 함은 증명과정 중에 존재한다고 주장한 대상은 모두 직접 구성할 방법을 제시한다는 뜻이다. 구성과정은 무한할 수도 있지만, 그럴 경우 1.10절에서 말했던 의미에서 잠재적으로만 무한potentially infinite하다. 즉, 대상이 단계별로 구성되도록 하되, 각 부분은 유한한 단계에서 얻어져야만 한다. mod $p(x)$에 대한 다항식들의 체는 이런 의미에서 '구성'되었다. 유리수들을 구성적으로 열거할 수 있고, 이어서 유

---

13) 역주: 원문의 'realize'는 구현하다의 의미로도 읽을 수 있다.

리수 계수 다항식들을 구성적으로 열거할 수 있기 때문이다.

증명이 비구성적nonconstructive 또는 '순전한 존재 증명'이라 함은 존재성이 증명되는 대상의 구성을 제시하지 않은 경우를 말한다. 이런 증명은 전형적으로 증명 안에 실무한actual infinity에 기초하는 대상이 포함될 때 발생한다. 왜냐하면 그런 대상 자체가 단계별로 구성될 수 없기 때문이다.

9장에서 보겠지만, 집합 $\mathbb{R}$과 $\mathbb{C}$는 실무한이므로 고전적인 대수학의 기본정리는 비구성적이다. 비구성적인 증명에 반대할 필요는 없지만 (나도 반대는 없다) 거기에 뭔가 문제의 소지가 있음은 알고 있는 편이 좋다. 이런 의미에서 $\mathbb{R}$에 기초하는 증명은 거의 확실히 고등적이다. 6장에서 대수학의 기본정리를 포함하여 연속함수에 대한 정리 꾸러미를 살펴볼텐데, 이들은 아주 유사한 방식으로 $\mathbb{R}$의 성질에 기초를 두고 있다. 이런 정리들은 기초 수학과 고등 수학의 중요한 경계면을 형성한다.

대수학의 기본정리에 대한 구성적 접근은 크로네커Kronecker(1887)가 처음 제기했다. 그는 '대수학자 판 대수학의 기본정리'를 특수한 경우로 갖는 '일반 산술의 기본정리'로 고전적인 대수학의 기본정리를 대체하자고 제안했다. 편지에서 크로네커Kronecker(1886)는 이후 구성주의자들에게 유행한 교조적인 어조로 다음과 같이 말했다.

> 대수를 다루는 나의 방법은 … 공약수를 이용하는 모든 연구에서 유일하게 가능한 것이다. 그런 주제들에 적용할 수 없는 소위 대수학의 기본정리의 위치는 나의 새로운 '일반 산술의 기본정리'에 의해 대체된다.

대수학의 기본정리에 대한 크로네커의 입장을 더 자세히 알고 싶다면 에드워즈Edwards(2007)를 보라.

*군론

군은 제법 친숙해 보이는 다음의 공리들을 만족하는 구조다.

$$a(bc) = (ab)c \qquad \text{(결합 법칙)}$$

$$a \cdot 1 = a \qquad \text{(항등원)}$$

$$a \cdot a^{-1} = 1 \qquad \text{(역원)}$$

물론 이 공리들은 0이 아닌 체의 원소들의 성질에서 이미 본 적이 있다. 하지만 여타의 체의 공리들 없이 위 공리들은 아주 넓은 범위의 대상들을 포괄한다. 특히 항등원 1은 수 1이어야 할 필요가 없다.

군의 원소 a와 b를 ab라고 쓴 원소로 묶어내는 군의 연산은 실제로 $\mathbb{Z}$의 덧셈이 될 수도 있다. 이 경우 a와 b의 묶음은 $a+b$로 쓰여지고, a의 역원은 $-a$이며, 항등원은 0이다. 이 경우 결합법칙은 $a+(b+c) = (a+b)+c$로 쓰여지며, $\mathbb{Z}$에서 참이라고 알고 있는 것이다. 따라서 $\mathbb{Z}$는 $+$ 연산에 관하여 군이라 할 수 있다. 벡터 공간과 벡터 합 연산에 대해서도 마찬가지다. (이 경우 영벡터가 항등원이다.)

'곱셈' 기호로 되돌릴 수 있는 예로, 주어진 집합의 가역인 함수들의 집합에 함수의 합성(함수의 함수 만들기)을 연산으로 취한 경우가 있다. f, g, h, …가 함수들이면 fg라는 함수는 $fg(x) = f(g(x))$로 정의되며[14], 다음 등식이 성립함을 알 수 있다.

$$f(gh)(x) = (fg)h(x) = f(g(h(x)))$$

따라서 이 함수 '곱'은 결합법칙을 만족한다. 항등원 1은 항등 함수identity function로서, $1(x) = x$로 정의되고, 이로부터 $f \cdot 1 = f$임은 쉽게 따라온다. 마지막으로, 함수 f의 역수 f^{-1}은 f의 역함수로서, 다음 조건에 의해 정의된다.

$$f(x) = y \text{이면 } f^{-1}(y) = x \text{이고, 역도 성립한다.}$$

---

14) 역주: 여기서는 '곱셈'을 강조하기 위해 fg라는 기호를 쓰고 있으며, 통상적으로는 $f \circ g$로 쓴다.

이로부터 $f \cdot f^{-1} = 1$임을 쉽게 알 수 있다.

군의 개념이 더 적은 수의 공리를 요구하기 때문에 환이나 체의 개념보다 쉽다고 생각할 수도 있다. 그러나 사실은 그 반대다. 가역인 함수들이 이루는 군의 예가 이미 경고음을 내고 있다. 얼마나 자주 함수의 함수의 함수를 생각해 봤을까? 군의 개념이 어려운 수학적인 이유가 있지만, 우선 역사적으로 어떻게 군이 나타났는지 알아보자.

앞 절에서 군 개념이 환이나 체의 개념보다 기초 수학에서 더 멀다고 주장했다. 그 이유는 대표적인 환과 체인 $\mathbb{Z}$와 $\mathbb{Q}$가 고대로부터 친숙한 대상이었으며, 환과 체의 공리가 $\mathbb{Z}$와 $\mathbb{Q}$의 근본적인 성질을 묘사하기 때문이다. 같은 성질들이 다른 구조들에도 적용된다는 것은 우리에게 친숙한 연산법을 다른 데서도 쓸 수 있다는 말이니 여전히 환영할 일이다.

군 개념은 경우가 다르다. 갈로아에 의해 개념이 확립되기 전에 (그리고 한 세대 전에 라그랑즈가 흘낏 스쳐보기 전에) 사람들에게 알려진 군은 대표적이지 않은 것들로서, 덧셈만을 고려하는 정수 집합처럼 교환적인 commutative 연산을 가지는 군들이었다. 일반적인 다항 방정식에서 등장하는 예처럼 가장 중요한 군들은 교환적이지 않다. 따라서 군의 공리에서 교환 법칙을 제외해야 했고, 수학자들은 비교환적인 곱셈에 익숙해지기 위해 노력해야 했다. 갈로아 이전에는 그런 연산에 대한 경험이 적었지만, 이제 우리는 그것이 본질적으로 어렵다는 걸 안다. 이를 증명할 수도 있다!

비교환적인 곱셈이 어려운 이유는 튜링 기계의 연산에 가깝기 때문이다. 군의 원소들을 a, b, c, d, e, ...로 쓰면 그들의 곱은 cat이나 dog처럼 '낱말'들이다. 비교환적이라 함은 철자들의 순서를 일반적으로 바꿀 수 없다는 것이어서 '낱말'는 어떤 의미에서 자신의 완결성을 유지한다. 다만, 인접한 역수 글자들을 삽입하는 작업에 의해서만 교란될 수 있다. 예를 들어 다음 등식이 성립한다.

$$cat = cabb^{-1}t$$

이러하기에 어떤 군 안에서 특정 기호들의 나열을 다른 기호들의 나열로 대체하도록 허용하는 유한개의 낱말방정식을 이용하여 튜링 기계의 연산을 모의 실험할 수 있음을 보일 수 있다. 여기서 아이디어는 입력input, 판독 헤드reading head의 위치, 초기 상태initial state로 구성된 기계의 초기 설정을 어떤 낱말로 부호화하고 부분 문자열을 교체함으로써 뒤따르는 설정의 부호를 얻는 것이다. 역수 글자들에 의한 교란이 너무 심하지 않게 하려면 엄청난 천재성이 필요한데, 노비코프Novikov(1955)가 처음으로 이런 위대한 성취를 이뤘다.[15]

하지만, 일단 할 수 있다는 것을 알고 나면, 정지 문제의 해결불가능성으로부터 군의 계산에 대한 여러 다른 문제들 역시 해결불가능이라는 것 또한 알게 된다. 예를 들어, 낱말들에 대한 유한개의 방정식을 설정하여 주어진 낱말이 1과 같은지 여부를 판단하는 문제가 해결불가능하도록 만들 수 있다. 이러한 낱말 문제word problem는 비가환적인 곱셈에 대해 생각할 수 있는 거의 가장 단순한 문제이므로, 나는 군은 공식적으로 어렵고 환이나 체만큼 기초적이지 않다고 생각한다. (글자들이 가환적이라 가정하면 해당 문제가 해결가능한 것이 된다.)

---

15) 역수 철자가 없는 경우를 반군semigroup이라고 하는데, 이 경우 배열의 부호는 그리 어렵지 않기 때문에 10.2절에서 이를 직접 수행해 볼 것이다. 이로부터 왜 비교환적 곱셈이 해결불가능성을 끌어내는지 아주 단순하고도 직접적으로 볼 수 있다.

5

〜

기 하

들어가는 말

기하는 가장 먼저 세밀하게 발달한 분야로 많은 양의 기초적인 내용이 이미 유클리드의 『원론』에 들어 있다. 5장의 앞부분에서는 유클리드가 어떻게 수학의 시각화와 논리를 흥미롭게 혼합하여 기하학을 다루는지 몇 장면에서 살펴볼 것이다. 많은 사람들은 여전히 이 방법이 수학적 논증의 설득력을 보여주는 예라고 생각한다.

유클리드의 기하는 눈금 없는 자와 컴퍼스를 도구로 사용한다. 자와 컴퍼스는 직선이나 원과 같은 유클리드 기하의 재료를 결정하고, 이 재료들은 길이, 넓이, 각과 같이 측정이 가능한 양을 가진다. 그리고 이들 사이에는 가끔 피타고라스 정리처럼 전혀 예상하지 못한 놀라운 관계가 존재한다.

놀랍게도 유클리드 기하는 풍부한 대수 구조도 갖는다. 그러나 유클리드는 이런 면을 알지 못했는데, 그리스인들은 기하에 수를 사용하지 않으려고 했기 때문에 대수는 고려 대상조차 아니었기 때문이다. 1630년경에 페르마와 데카르트가 기하에 수와 방정식을 도입하고 나서야 이 부분이 빛을 볼 수 있었다. 5장의 중간 부분에서는 데카르트가 발견한 눈금 없는 자와 컴퍼스를 이용한 작도와 작도가능한 수 사이의 관계를 설명할 것이다. 작도가능한 수란 유리수로부터 $+$, $-$, $\times$, $\div$와 $\sqrt{}$ 연산해서 얻는 수를 말한다.

마지막으로 유클리드를 현대적으로 재해석하여 내적을 갖춘 벡터 공간에서의 유클리드 기하에 대해 논의할 것이다. 벡터 공간은 직선의 성질에서 유래한 유클리드 기하의 선형성을 담아내고, 내적은 피타고라스 정리와 호환되는 길이의 성질을 잡아낸다. 유클리드 기하는 고대와 현대를 모두 아우를 수 있었기에 지속될 수 있었을 것이다. 유클리드 기하의 눈금 없는 자와 컴퍼스라는 고대의 도구는 정확하게 현대의 벡터공간과 내적이라는 도구와 동등하다.

5.1 수와 기하학

현대수학에서 초등 기하학은 실수 위의 선형대수로 환원하는 방식으로 산술화했다. 이에 대해서는 5.7절과 5.8절에서 구체적으로 살펴볼 것이다. 또한 고등 기하도 실수나 복소수에서 정의된 대수 함수algebraic function와 미분가능한 함수를 이용하여 산술화했다. 그러나 대부분의 사람들은 여전히 그림을 이용하여 기하에 접근하는 것을 쉽게 여겨서, 수로 이루어진 원시의 바다에서 대상을 시각적으로 재현하고, 수의 연산을 시각적인 연산으로 표현할 방법을 찾는다. 예를 들어 평면의 점을 두 실수의 순서쌍 (x, y)으로 표현하고, 직선은 일차식 $ax + by + c = 0$으로, 원은 이차식 $(x-a)^2 + (y-b)^2 = r^2$으로 표현한다. 그리고 이들의 교점은 연립 방정식의 해를 구하여 찾고, 평면의 물체들은 벡터공간 $\mathbb{R}^2$에서 정의된 선형변환을 이용하여 움직인다. 이런 식으로 수의 세계에 고차원적 개념을 이용하여 유클리드 기하의 모형을 만든다.

이런 과정은 지난 수십 년 동안 컴퓨터의 발전과정에서 재현되었다. 컴퓨터의 기본 언어는 물론 수이며, 초기 발전과정에서 역시 수로 이루어진 데이터를 주로 처리했다. 그러다가 1970년대가 되어서 최초로 조잡한 그림을 그리기 시작했는데, 보통 긴 종이 롤에 패턴에 따라 기호를 많이 나열한 형태를 띠었다. 1980년대에는 프로그램을 통해서 이미지를 컴퓨터 스크린에 픽셀 단위로 형상화하기 시작했다. 해상도가 나중에 320 × 200까지 발전했어도 그 시대의 수학책에서 전형적으로 볼 수 있는 결과는 무척 엉성했다. 프로그래밍 언어에 그래픽에 대한 명령어가 추가될 때, 두 점 사이를 연결하는 '직선'을 최대한 진짜 직선처럼 보이도록 하는 것이 중요한 문제였다. 기울기가 있는 직선은 대체로 계단처럼 보였기 때문이다.

그러나 해상도는 1990년대까지 점차 좋아져서 직선은 곧은선으로, 곡선은 부드럽게 표현할 수 있었고 많은 그림을 신뢰할 만한 정도로 그릴 수 있게 되었다. 이를 통해 오늘날 전화기와 태블릿의 스크린에서 직접 두드리고 움직이고 회전하고 확대하고 뒤집으면서 주로 그림으로 교류하는 세상으로 인도한 시각적 연산visual computing의 문이 활짝 열렸다. 컴퓨터가 수의 토대에서 만들어졌지만 기하적인 대상이 되길 바랐기에, 프로그램 개발자들은 기하적인 연산을 형상화할 수 있는 고차원의 개념을 발전시켜야 했다.

이제 수와 기하가 함께 어우러지는 것을 살펴볼 것이다. 앞으로 살펴보겠지만, 수에 대한 일반적인 개념 없이 기하를 하는 데는 이유가 있으며, 실제로 유클리드는 이런 방식으로 주목할 만한 결과를 얻었다. 다음 두 절에서는 유클리드 기하의 큰 업적인 각과 넓이에 대한 이론을 복습한다. 그러나 적당한 수의 개념을 사용하는 것이 훨씬 쉽기 때문에 나머지 절에서는 수의 개념을 사용하는 기하를 다룰 것이다.

5.2 각에 대한 유클리드의 이론

우리는 각의 크기를 수로 표현하는 것에 익숙하다. 처음에는 육십분법을

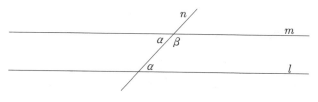

그림 5.1 평행선 공리와 각

사용하고 좀 더 배우고 나서는 특별한 수인 π를 이용한 라디안을 사용한다. 그러나 유클리드는 이 문제를 직각을 각의 측정 단위로 삼고 두 각이 같다는 개념을 이용하여 해결했다. 각이 같은지 결정하기 위한 주된 개념적 도구는 삼각형의 합동과 평행선 공리이다. 평행선 공리는 실로 유클리드 기하의 특징이므로 여기에서 시작하자. 편의상 평행선 공리를 살짝 변형한 것을 살펴보겠지만 유클리드 공리와 동치이다.

평행선 공리 직선 l과 m이 평행하고(즉 둘은 만나지 않고), 이들과 모두 만나는 직선 n이 주어졌다. 그리고 n의 같은 쪽에서 l, m이 만나서 이룬 각을 각각 α와 β라고 하자. 그러면 두 각의 합 $\alpha + \beta$는 두 직각과 같다(그림 5.1).

평행선 공리로부터 β와 이웃한 각은 직선을 이루므로 α이다. 곧바로 아래의 결과를 얻는다.

삼각형의 내각의 합 삼각형의 세 내각 α, β, γ의 합 $\alpha + \beta + \gamma$는 두 직각과 같다.

증명 주어진 삼각형 ABC의 각 꼭짓점의 각을 α, β, γ라고 하자. 꼭짓점 C를 지나고 선분 AB에 평행한 직선을 생각하자(그림 5.2). 그러면 평행선 공리로부터 꼭짓점 C에서 γ에 이웃한 두 각의 크기는

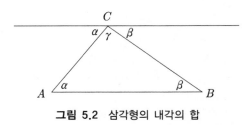

그림 5.2 삼각형의 내각의 합

각각 α와 β이다. 그러므로 꼭짓점 C에서의 세 각의 합은 직선을 이루므로 두 직각과 같다.

$$\alpha + \beta + \gamma = \text{두 직각} \qquad\blacksquare$$

이제 각이 같다는 것을 정의하기 위해 합동을 사용해야 할 차례다. 이와 관련된 합동 공리는 오늘날 SSS 합동이라고 부른다. 즉 삼각형 ABC와 $A'B'C'$이 각각 대응하는 변의 길이가 같다면 각각 대응하는 각의 크기도 모두 같다. SSS 합동으로부터 잘 알려진 이등변 삼각형의 정리가 나온다. (두 변의 길이가 같은 삼각형을 이등변 삼각형이라고 한다.)

이등변 삼각형 정리 삼각형 ABC에서 $AB = AC$이면 각 B와 각 C가 같다.

증명 유클리드보다 몇 세기 뒤에 살았던 그리스 수학자 파푸스Pappus는 유클리드와 달리 다소 놀라운 방법으로 이 정리를 증명했다.
파푸스는 삼각형 ABC가 삼각형 ACB와 바로 SSS 합동이라는 것에 주목했다. 그렇다. 삼각형 ACB는 바로 삼각형 ABC를 '뒤집은' 것이다. 즉, 그림 5.3에서 보듯이 두 삼각형에서 대응하는 변의 길이가 모두 같다.

$$AB = AC, \ AC = AB, \ BC = CB$$

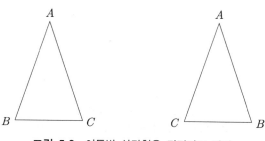

그림 5.3 이등변 삼각형은 뒤집어도 같다.

그러므로 각 B에 대응하는 각 C도 같다. ∎

이제 각에 대한 두 정리를 합치면 다음을 얻는다.

반원의 각 선분 AB를 지름으로 하는 원 위의 점 C가 주어지면 삼각형 ABC에서 각 C는 직각이다(그림 5.4).

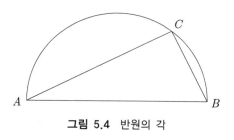

그림 5.4 반원의 각

증명 그림 5.5에서 원의 중심을 O라고 하고 선분 OC를 생각하자. 그러면 $OA = OB = OC$는 모두 원의 반지름으로 같다. 그러므로 삼각형 OAC와 삼각형 OBC는 모두 이등변 삼각형이다. 이제 이등변 삼각형의 정리에 의하여 두 삼각형의 밑각이 각각 같다. 이를 α와 β로 표시했다.

삼각형 ABC의 내각의 합은 두 직각이므로 아래와 같은 식을 얻는다.

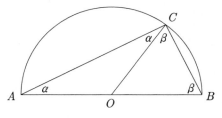

그림 5.5 반원에 들어 있는 이등변 삼각형

$$\alpha + (\alpha + \beta) + \beta = \text{두 직각}$$

그러므로

$$\alpha + \beta = \text{각 } C = \text{직각}$$

임을 알 수 있다. ■

5.3 넓이에 대한 유클리드의 이론

전해 내려오는 이야기에 따르면 기원전 500년경에 피타고라스 학파의 수학자들은 $\sqrt{2}$ 가 무리수라는 사실을 발견했다. 그들의 표현을 빌리자면 정사각형의 한 변과 대각선을 같은 단위로 잴 수 없다는 것이다. 다시 말해 정사각형의 한 변과 대각선의 길이를 자연수배로 각각 표현할 수 있는 공통의 기본 단위가 없다. 그러므로 당시 피타고라스 학파의 수학자들이 가지고 있었던 유일한 수인 자연수만으로는 기하에 나타나는 길이를 모두 표현할 수 없었다. 이 중대한 발견은 그리스 수학자들의 특징적인 관점으로 이어졌다. 바로 길이의 개념으로 수를 대신하는 것이다. 그러나 길이를 가지고 연산을 하는 것에는 제한이 많았다. 예를 들어 길이를 서로 더하거나 뺄 수는 있지만 곱할 수는 없었다. 이것은 곧바로 넓이와 부피는 완전히 다른 방법으로 다루어야 한다는 것을 의미했고 이들을 더하거나 빼기는 더 어려울 듯 했다. 특히 그리스 수학자들에게 넓이나 부피가 같다는 개념은 매우

그림 5.6 a와 b의 직사각형

복잡했다. 그럼에도 불구하고 그리스 수학자들은 기초 수학에 필요한 넓이와 부피에 대한 모든 이론을 발전시킬 수 있었다. 이제 이런 이론들을 출발부터 살펴보자.

주어진 길이 a, b에 대해서 현대의 수학자들은 'a 곱하기 b'는 이웃한 두 변의 길이가 각각 a, b인 직사각형의 넓이와 같다고 할 것이다. 이것을 **a와 b의 직사각형**이라고 부르자(그림 5.6).

그런데 넓이는 무엇인가? 넓이는 분명히 길이가 아니다. 그리스인들의 개념 속에 직사각형은 존재해도 직사각형의 넓이라는 것은 없었다. 그러나 직사각형이 같다는 개념은 있었는데 현대의 넓이가 같다는 개념과 일치한다. 사실 직사각형뿐만 아니라 모든 다각형에 대해서 같다는 개념은 있었다. 이 그리스인들의 같다는 개념은 다음에 소개되는 유클리드 『원론』 I권에서 **일반 관념**common notion으로 불리는 원리에 근거한다.

1. 같은 것과 같은 것은 또한 서로 같다.
2. 같은 것이 같은 것에 더해지면 전체도 같다.
3. 같은 것을 같은 것에서 빼면 남은 것도 같다.
4. 서로 일치하는 것은 서로 같다.
5. 전체는 부분보다 크다.

1, 2, 3, 4번은 근본적으로 한 대상에 유한번 동일한 조각을 더하거나 빼서 얻은 결과가 서로 같다는 것을 말한다. 이 개념은 1.4절에서 피타고라스 정리를 증명할 때 이미 사용했다. 같은 넓이를 가지는 다각형들이 유클리드

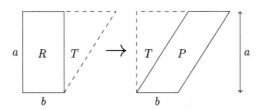

그림 5.7 직사각형을 평행사변형으로 변형하기

의 개념으로 '같다'는 것을 증명하는데 1, 2, 3, 4번만 있으면 충분하기 때문에 5번은 지금 필요하지 않다.

사실 넓이가 같은 다각형이 '유클리드의 개념으로 같다'는 것은 기초적인 정리로 19세기에 볼리아이Farkas Bolyai[1]와 게르빈Gerwien에 의해서 증명되었다. 증명은 다소 지루하므로 여기서는 초등 기하의 가장 중요한 평행사변형과 삼각형의 넓이에 어떻게 적용되었는지 보겠다. 지금부터는 '유클리드의 개념으로 같다' 대신 '넓이가 같다'고 하겠다.

첫째로 a와 b의 직사각형을 R라고 하고 높이가 a이고 밑변이 b인 평행사변형을 P라고 하자. R는 P와 넓이가 같다. 왜냐하면 그림 5.7에서 보듯이 R의 한쪽에 삼각형 T를 붙이고 다른 쪽에서는 똑같은 삼각형을 잘라내어 P와 같이 만들 수 있기 때문이다.

그러므로 평행사변형은 밑변과 높이가 같은 직사각형과 면적이 같다. 이로부터 곧바로 높이가 a이고 밑변이 b인 삼각형의 넓이는 밑변이 b이고 높이가 절반, 즉 $\frac{a}{2}$인 직사각형과 넓이가 같다는 것을 알 수 있다. 왜냐하면 그림 5.8처럼 이런 삼각형 두 개를 붙여서 밑변이 b이고 높이가 a인 평행사변형을 만들 수 있기 때문이다.

넓이가 같은 직사각형들이 유클리드의 개념으로 서로 같기 때문에 길이 a와 b의 곱 ab를 a와 b의 직사각형이라고 정의하고 직사각형들이 유클리드의 개념에서 같으면 '곱도 같다'고 하자. 그러면 $ab = cd$일 때 a와 b의 직사

---

1) 역주: 쌍곡기하 연구로 유명한 야노스 볼리아이Janos Bolyai의 아버지

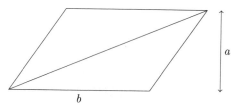

그림 5.8 삼각형 두 개로 평행사변형 만들기

각형에 같은 것을 더하거나 빼서 c와 d의 직사각형으로 변형시킬 수 있는데, 이런 방법으로 $ab = cd$라는 조건이 유클리드 개념에서 a와 b의 직사각형과 c와 d의 직사각형이 같다는 것과 동치임을 증명할 수 있다.

볼리아이와 게르빈의 정리에 의한 이런 일반적인 사실 없이도 그리스 수학자들이 흥미로운 무리수 직사각형의 합동을 보였을 수도 있다. 실제로 증명했는지는 알려지지 않았지만 말이다.

$\sqrt{2} \cdot \sqrt{3} = \sqrt{6}$의 기하적 증명

데데킨트Dedekind(1872)가 도입한 실수에 대한 이론의 장점은 $\sqrt{2} \cdot \sqrt{3}$ $= \sqrt{6}$과 같은 결과를 엄밀하게 증명할 수 있다는 점일 것이다. 데데킨트 Dedekind(1901)는 실수를 정의하고 아래와 같이 짐작했다.

예를 들어 $\sqrt{2} \cdot \sqrt{3} = \sqrt{6}$와 같은 결과를 진짜로 증명했는데, 이는 이제까지 증명된 적이 없었던 것이다.

$\sqrt{2} \cdot \sqrt{3} = \sqrt{6}$가 그때까지 실제로 증명된 적이 없었다는 것은 사실일지 모르겠지만, 그리스 수학자들이 이와 동치인 명제를 증명하지 못했을 이유도 없었다. 가드너Gardiner(2002)는 181~183쪽에서 우리가 예로 들고 있는 등식을 그리스 수학자들이 납득할 만한 수준에서 상당히 쉽게 해석하고 증명할 수 있다고 밝혔다. 이제 가드너의 방법을 변형한 기초적인 증명을 살펴보자.

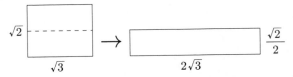

그림 5.9 $\sqrt{2}$, $\sqrt{3}$ 인 직사각형의 높이를 반으로 낮추기

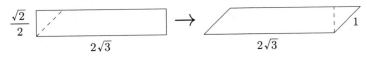

그림 5.10 직사각형을 평행사변형으로 변형하기

피타고라스 정리를 이용하면 $\sqrt{2}$ 는 한 변의 길이가 1인 정사각형의 대각선이고, $\sqrt{3}$ 은 빗변이 2이고 한 변이 1인 직각삼각형의 나머지 한 변이다. 이렇게 $\sqrt{2}$ 와 $\sqrt{3}$ 을 길이로 표현하면 $\sqrt{2}$ 와 $\sqrt{3}$ 의 직사각형이 의미가 있다. 이제 이 직사각형에 같은 조각들을 더하고 빼서 밑변이 1인 직사각형으로 변형하자.

우선 그림 5.9와 같이 $\sqrt{3}$ 인 밑변에 평행한 선을 이용하여 직사각형을 이등분한다. 잘려진 한쪽을 옆으로 이어 붙여 높이가 $\dfrac{\sqrt{2}}{2}$ 이고 밑변이 $2\sqrt{3}$ 인 직사각형을 만든다. 원래 직사각형과 이렇게 새로 얻은 것은 유클리드의 관점에서 '같다'. 다음엔 그림 5.10과 같이 새로 만든 직사각형을 변형하여 평행사변형을 만든다. 즉 직사각형의 왼쪽 구석에서 두 변이 모두 $\dfrac{\sqrt{2}}{2}$ 인 직각삼각형을 잘라서(이 직각삼각형의 대각선의 길이는 피타고라스 정리에 의해 1이다) 오른쪽으로 옮겨 붙인다. 그 결과로 얻은 평행사변형은 폭이 같지만 (45도로) 비스듬한 변의 길이가 1이고 넓이는 처음 직사각형과 같다.

마지막으로 그림 5.11과 같이 평행사변형을 돌려서 비스듬한 변을 밑변으로 삼은 뒤, 삼각형을 잘라내고 옮겨 붙여서 밑변과 높이가 같은 직사각형으로 변형한다. 물론 이 과정에서 넓이는 계속 같다. 높이 h 를 구해 보자.

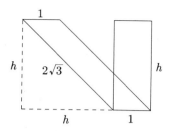

그림 5.11 평행사변형을 밑변이 1인 직사각형으로 변형하기

그림 5.11에서 h는 빗변이 $2\sqrt{3}$인 직각 이등변 삼각형의 한 변이므로 피타고라스 정리에 의해 아래와 같이 계산할 수 있다.

$$h^2 + h^2 = (2\sqrt{3})^2 = 4 \times 3 = 12, \; 즉 \; h^2 = 6$$

이렇게 해서 두 변이 각각 $\sqrt{2}$, $\sqrt{3}$인 직사각형과 두 변이 각각 $\sqrt{6}$, 1인 직사각형은 넓이가 같다. 그러므로 현대적으로 표현하면 $\sqrt{2} \cdot \sqrt{3} = \sqrt{6}$이다.

부피의 개념

유클리드는 넓이와 같은 방법으로 부피에 대한 이론을 시작했다. 기본적인 대상은 b와 c의 직사각형을 밑면으로 하고 높이가 a인 상자로 모든 면이 다 직사각형으로 이루어져 있다. 이것을 앞으로 a, b, c**의 직육면체**라고 부르겠다. '같음'은 같은 조각을 더하거나 빼는 것을 이용해서 정의한다. 그림 5.12에서 보듯이 평행육면체(모든 면이 다 평행사변형으로 이루어진 육면체)는 높이와 폭과 깊이가 같은 직육면체와 '같다'.

다음은 평행육면체를 반으로 잘라서 얻은 각기둥prism이 같은 밑면을 가지고 높이가 절반인 직육면체와 같다는 것을 알 수 있다. 그러나 이런 식으로 유한개의 조각들을 이용해서 얻을 수 있는 결과는 이 정도가 전부이다. 예를 들어 사면체만 해도, 유클리드는 무한히 많은 각기둥으로 사면체를

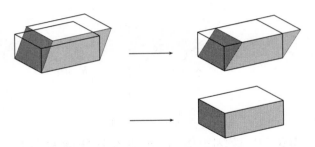

그림 5.12 평행육면체를 직육면체로 변형하기

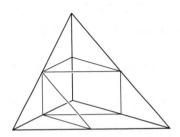

그림 5.13 사면체의 각기둥 두 개

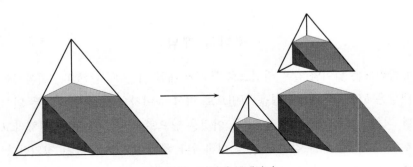

그림 5.14 사면체 분해하기

나누어서 부피가 같은 직육면체를 겨우 찾아낼 수 있었다. 그림 5.13은 첫 번째 단계의 각기둥 두 개를 보여준다. 그림 5.14는 첫 번째 단계의 각기둥 두 개를 잘라내고 난 나머지 두 개의 사면체에서 각각 각기둥을 두 개씩 잘라내는 모습을 보여준다.

많은 시간이 지나 덴Dehn(1900)은 무한히 많은 조각을 사용하는 것을 피할 수 없다는 것을 알아냈다. 다시 말해 정사면체를 유한개의 조각으로 분해하고 조립하여 정육면체를 만드는 것은 불가능하다. 이 놀라운 발견은 부피가 넓이보다 훨씬 심오한 개념이라는 것을 보여준다. 만약 우리 생각대로 부피가 기초 수학에 속한다면 당연히 무한과정도 기초 수학에 자리를 차지한다는 것을 받아들여야 한다. 이에 대해서는 다음 장에서 더 살펴보자.

5.4 눈금 없는 자와 컴퍼스를 이용한 작도

유클리드 『원론』의 많은 명제가 작도에 대한 것이다. 작도는 평면에서 직선과 원을 사용하여 그림을 그리는 것을 말한다. 이런 작도는 유클리드가 (우리는 '공리'라 부르는) '가정'에 포함시킨 다음 두 가지에 기초한다.

1. 한 점에서부터 주어진 다른 점까지 직선을 그릴 수 있다.
2. 임의의 점을 중심으로 하고 주어진 반지름을 가지는 원을 그릴 수 있다.

사실 유클리드는 무한한 직선을 허용하지 않았기 때문에 1번을 두 개의 공리로 나누었다. 바로 **주어진 두 점을 잇는 선분을 그릴 수 있다**와 **선분은 임의로 길게 연장할 수 있다**이다. 선분과 원을 그릴 때 사용하는 도구를 각각 눈금 없는 자와 컴퍼스라고 부르기 때문에 유클리드의 작도를 눈금 없는 자와 컴퍼스를 이용한 작도라고 부른다.

유클리드의 가장 첫 번째 정리는 눈금 없는 자와 컴퍼스로 주어진 선분 AB를 밑변으로 하는 정삼각형을 작도하는 것이다. 여기서 컴퍼스의 용도는 단순히 원을 그리는 것만이 아니라 선분의 길이를 **저장**하고 **복사**하는 데 사용된다. 즉 컴퍼스를 이용하여 주어진 선분을 다른 곳으로 옮길 수 있다.

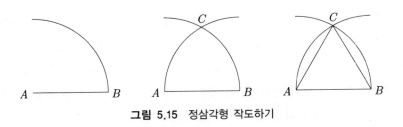

그림 5.15 정삼각형 작도하기

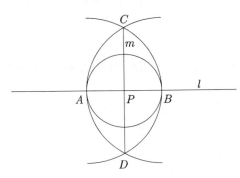

그림 5.16 수직선 작도하기

그림 5.15에서 정삼각형의 나머지 한 꼭짓점 C는 선분 AB를 반지름으로 하고 중심이 A와 B인 원을 각각 그렸을 때 두 원의 교점이다. 이제 A와 C를 선분으로 연결하고 B와 C도 선분으로 연결하면 정삼각형이 완성된다. 작도한 삼각형이 정말 우리가 원하는 정삼각형인지는 아래와 같이 확인할 수 있다.

AC와 AB는 둘 다 같은 원의 반지름이므로 $AC = AB$이고,

BC와 AB도 둘 다 같은 원의 반지름이므로 $BC = AB$이다.

그러므로 '같은 것과 같은 것은 또한 서로 같기' 때문에 $AB = AC = BC$ 이다.

초등 기하에 나오는 다른 많은 작도는 모두 이와 비슷하다. 예를 들어 정삼각형을 그릴 때 사용했던 두 원의 또 다른 교점을 D라고 하면, 선분

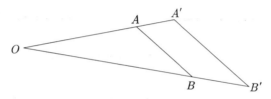

그림 5.17 탈레스의 정리

CD는 선분 AB에 수직이고 중점 P를 지난다. 역으로 그림 5.16에서처럼 직선 l의 한 점 P를 중심으로 원을 그리면 P는 선분 AB의 중점이다. 선분 AB를 이용하여 위에서 했던 방법대로 C와 D를 찾아서 점 P를 지나고 직선 l에 수직인 직선 m을 작도할 수 있다.

이제 직선 m에 또다시 수직인 직선 n을 작도하면 처음에 주어진 직선 l에 평행한 직선을 얻는다. 평행선은 유클리드 기하의 중심개념이며, 그림 5.17의 탈레스의 정리로 인해 다른 작도에 주요하게 사용된다.

탈레스의 정리 삼각형 OAB와 $OA'B'$가 주어졌다. 이때 OAA'과 OBB'가 각각 한 직선이고 AB와 $A'B'$가 평행하면 다음이 성립한다.

$$\frac{OA}{OA'} = \frac{OB}{OB'}$$

유클리드는 수를 사용하지 않으려 했기 때문에 $\dfrac{OA}{OA'}$와 $\dfrac{OB}{OB'}$의 비율을 나타내기가 쉽지 않아서 상당히 교묘하게 탈레스의 정리를 증명했다. 길이를 수로 받아들이면 훨씬 간단하게 증명할 수 있다(5.7절 참조). 이로써 눈금 없는 자와 컴퍼스의 작도를 통해 사칙연산 $+$, $-$, $\cdot$, $\div$과 제곱근 연산 $\sqrt{}$를 길이에 기반하도록 하는 길을 열었다. 이러한 기획의 가장 흥미로운 내용은 다음 절에서 다룬다. 여기서는 우선 $+$와 $-$ 연산을 살펴볼텐데, 이 경우는 유클리드의 관점에서도 쉽게 설명되며, 탈레스의 정리가 필요 없다.

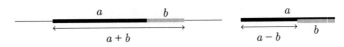
그림 5.18 선분의 길이를 더하고 빼기

주어진 선분 a와 b의 합인 $a+b$는 먼저 선분 a를 한쪽 방향으로 충분히 길게 연장한다. 그리고 컴퍼스로 b의 길이를 복사하여 a가 끝나는 곳에서 연장선 위에 연장되는 방향으로 붙여 그리면 된다. 비슷하게 $a-b$는 a가 b보다 길다고 가정하고, a의 연장선 위에서 a가 끝나는 곳에서 연장되는 방향과 반대로, 즉 선분 a의 위에 선분 b의 다른 끝점이 오도록 작도하면 된다(그림 5.18).

5.5 연산의 기하적 실현

앞에서 보았듯이 길이를 더하고 빼는 것을 선분을 이용해서 작도로 나타내는 것은 간단하다. 곱하기와 나누기도 쉽지만 평면의 성질과 평행선을 이용해야 한다. 또한 단위길이를 정해야 한다. 길이 a가 주어지면 그림 5.19의 방법을 따라 다음과 같이 임의의 b에 a를 곱한 길이를 작도할 수 있다.

작도는 O에서 시작하는 두 직선으로 시작한다. 한 직선에 단위길이를 $1 = OB$로 표시하고 다른 직선에 $a = OA$를 표시한다. 그리고 첫 번째 직선 위에 $b = BB'$를 더한다. 마지막으로 선분 AB와 이에 평행한 선분 $A'B'$을 그린다. 그러면 탈레스의 정리에 의해 $AA' = ab$이다.

결과적으로 'a를 곱하기'는 단위길이 1인 선분과 길이 b인 선분에 평행선을 이용하여 길이 a인 선분과 ab인 선분을 대응시켜서 얻었다. 반대로 하면 그림 5.20에서처럼 'a로 나누기'를 얻을 수 있다.

이렇게 해서 $+$, $-$, $\cdot$, $\div$를 기하적으로 구현했다. 제곱근을 구하는 것도 생각보다 쉽다. 하지만 아래와 같은 탈레스 정리의 응용이 필요하다.

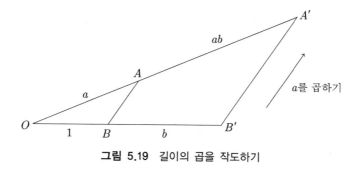

그림 5.19 길이의 곱을 작도하기

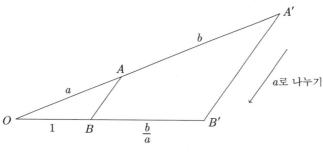

그림 5.20 길이의 몫을 작도하기

삼각형의 닮음비 삼각형 ABC와 $A'B'C'$의 대응하는 각이 각각 같다. 즉 $A = A'$, $B = B'$, $C = C'$이다. 그러면 각각 대응하는 변의 비율이 같다. 다시 말해 다음과 같다.

$$\frac{AB}{A'B'} = \frac{BC}{B'C'} = \frac{CA}{C'A'}$$

증명 그림 5.21과 같이 삼각형 $A'B'C'$을 움직여서 $A = A'$이 되게 하고 A, B, B'과 A, C, C'를 각각 한 직선 위에 놓는다. C와 C'의 각이 같으므로 BC와 $B'C'$은 평행하다. 탈레스의 정리에 의해 $\frac{AB}{A'B'} = \frac{AC}{A'C'}$이다. 이제 삼각형을 움직여서 B를 B'에 겹치게

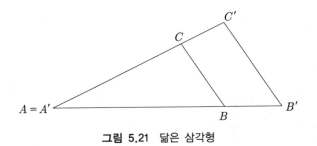

그림 5.21 닮은 삼각형

하면 $\dfrac{BC}{B'C'} = \dfrac{AB}{A'B'}$ 을 얻을 수 있다. 그러므로 두 삼각형의 대응하는 변의 비율이 같다. ■

이제 주어진 길이 l의 제곱근 $\sqrt{l}$ 을 그림 5.22를 참고하여 작도하자. 이것은 유클리드의 『원론』 VI권의 명제 13이다.

5.2절에서 보았듯이 꼭짓점 A, B의 각 α, β의 합 $\alpha + \beta$는 직각이다. 삼각형의 내각의 합은 두 직각이므로 꼭짓점 C에 해당하는 두 각은 α와 β이다. 그러므로 ADC와 CDB는 닮은 삼각형이고 대응하는 변의 비율은

$$\frac{1}{h} = \frac{h}{l}$$

이다. 이로부터

$$h^2 = l, \text{ 즉 } h = \sqrt{l}$$

를 얻는다. 아래의 방법을 따라 $\sqrt{l}$ 을 작도할 수 있다.

1. 1에 l을 더하여 선분 AB를 그린다.
2. 선분 AB를 이등분하여 AB를 지름으로 하는 원의 중심을 찾는다.
3. AB를 지름으로 하는 원을 그린다.
4. AB에 수직이고 D를 지나는 직선을 그린다. 이때 D는 1과 l이 만나는 점이다.

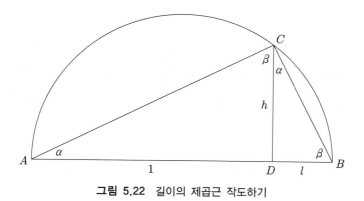

그림 5.22 길이의 제곱근 작도하기

5. AB의 수직인 선분이 원과 만나는 점 C를 찾아서 선분 CD를 그린다.

5.6 작도의 대수적 실현

지금까지 대수적 연산인 $+$, $-$, $\cdot$, $\div$와 제곱근을 눈금 없는 자와 컴퍼스의 작도로 구현하는 것을 살펴보았다. 이 절에서는 평면에 눈금 없는 자와 컴퍼스를 도입해서, 어떻게 위에서 정의한 연산을 단위길이에 적용하여 모든 작도가능한 길이를 얻을 수 있는지 살펴볼 것이다. 그러므로 기하적 개념과 대수적 개념 사이에 서로 상응하는 관계가 있고, 이로부터 작도가 가능한지 가능하지 않은지를 대수적으로 알아볼 수 있다. 이 절의 끝에 작도가능한 예를 두었고, 가능하지 않은 예는 5.9절에 있다.

먼저 작도의 기본적인 두 작업, 즉 주어진 두 점을 잇는 선분을 그리는 것과 주어진 중심과 반지름을 가지는 원을 작도하는 것을 좌표를 이용해서 다시 나타내자.

- 주어진 두 점 $(a_1,\ b_1)$, $(a_2,\ b_2)$을 잇는 직선의 기울기는 $\dfrac{b_2 - b_1}{a_2 - a_1}$ 이다.

  그러므로 이 직선 위에 있는 임의의 점 $(x,\ y)$에 대해서

$$\frac{y - b_1}{x - a_1} = \frac{b_2 - b_1}{a_2 - a_1}$$

이다. 이 식을 일반적인 직선의 방정식 $ax + by + c = 0$의 형태로 다시 쓰면 a, b, c는 a_1, b_1, a_2, b_2에 연산 $+$, $-$, $\cdot$, $\div$을 적용한 형태로 표현된다.

- 주어진 점 $(a,\ b)$를 중심으로 하고 반지름이 r인 원의 방정식은

$$(x - a)^2 + (y - b)^2 = r^2$$

이다. 이때 계수들은 a, b, r에 연산 $+$, $-$, $\cdot$, $\div$을 적용한 형태로 표현된다.

직선과 원이 만나는 교점도 역시 작도가능하다. 이런 교점도 직선과 원의 방정식에 들어 있는 계수들에 연산 $+$, $-$, $\cdot$, $\div$와 $\sqrt{}$를 적용한 형태로 표현된다.

- 두 개의 직선 $a_1 x + b_1 y + c_1 = 0$과 $a_2 x + b_2 y + c_2 = 0$이 주어졌을 때, 이 두 직선의 교점을 연립방정식을 풀어서 구하면, 그 해는 연산 $+$, $-$, $\cdot$, $\div$만을 적용해 얻을 수 있다. 다시 말해 교점의 좌표는 a_1, b_1, c_1, a_2, b_2, c_2에 연산 $+$, $-$, $\cdot$, $\div$을 적용한 형태로 표현할 수 있다.

- 주어진 직선 $a_1 x + b_1 y + c_1 = 0$과 원 $(x - a_2)^2 + (y - b_2)^2 = r^2$의 교점은 우선 직선의 방정식을 y에 대해 풀어서 원의 방정식에 대입하여 x에 대한 이차방정식을 얻는다. 이때 이차방정식의 계수는 a_1, b_1, c_1, a_2, b_2, r에 연산 $+$, $-$, $\cdot$, $\div$을 적용한 형태로 표현된다. 이제

이차방정식의 근의 공식을 써서 x를 구하면 계수들에 연산 $+$, $-$, $\cdot$, $\div$와 제곱근을 적용한 형태로 표현된다. (바로 이 지점이 제곱근이 필요한 곳이다.) 마지막으로 이렇게 구한 x를 직선의 방정식에 대입한 후, 다시 $+$, $-$, $\cdot$, $\div$를 적용하여 y를 구한다.

- 주어진 두 원의 식 $(x-a_1)^2 + (y-b_1)^2 = r_1^2$, $(x-a_2)^2 + (y-b_2)^2 = r_2^2$을 아래와 같이 풀어서 정리한다.

$$x^2 - 2a_1x + a_1^2 + y^2 - 2b_1y + b_1^2 = r_1^2$$

$$x^2 - 2a_2x + a_2^2 + y^2 - 2b_2y + b_2^2 = r_2^2$$

첫 번째 식에서 두 번째 식을 빼면 x^2항과 y^2항이 없는 일차식을 얻는다. 이 일차식과 원의 방정식의 공통근을 위의 방법대로 구하면 두 원의 교점을 얻는다.

정리하면 주어진 직선과 원의 교점으로 얻은 새로운 점의 좌표는 직선과 원의 방정식의 계수들에 $+$, $-$, $\cdot$, $\div$와 제곱근을 적용한 형태로 표현된다. 그러므로 눈금 없는 자와 컴퍼스로 작도가능한 점의 좌표는 1에 위 연산을 시행하여 얻어낼 수 있다. 역으로 $+$, $-$, $\cdot$, $\div$와 제곱근을 이용하여 1로부터 얻어낸 수(이러한 수를 **작도가능한 수**라 할 수 있겠다.)를 좌표로 가지는 모든 점들은 눈금 없는 자와 컴퍼스로 작도가능하다.

이제 대수적인 방법으로 작도가능성을 알아낼 수 있는 예를 살펴보자.

정오각형

그림 5.23은 한 변의 길이가 1이고 대각선의 길이가 x인 정오각형이다. 대각선의 길이 x를 구해 보자. 다른 두 개의 대각선은 닮은 삼각형을 만든

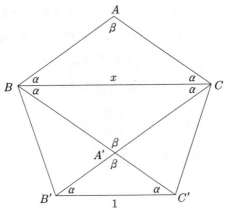

그림 5.23 정오각형의 내각

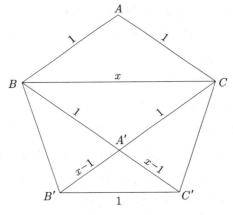

그림 5.24 정오각형의 변의 길이

다. 정오각형의 대칭성으로부터 대각선들은 각각 맞은편의 변과 평행이고, 이로부터 삼각형 ABC, $A'BC$, $A'B'C'$는 각 α와 β를 공통으로 가진다.

그러므로 $A'BC$와 ABC는 닮은 삼각형이고 BC를 공통으로 가지기 때문에 합동이다. 모든 대각선의 길이는 x이므로 그림 5.24와 같이 $A'B'$과 $A'C'$은 길이가 $x-1$이다.

삼각형 ABC와 $A'B'C'$의 닮음비로부터

$$\frac{1}{x} = \frac{x-1}{1}$$

이므로, 이차방정식 $x^2 - x - 1 = 0$의 해 $x = \frac{1 \pm \sqrt{5}}{2}$를 얻는다. 둘 중 양수가 바로 정오각형의 대각선의 길이다. 이 수는 작도가능한 수이므로 눈금 없는 자와 컴퍼스로 작도할 수 있다. 그러므로 삼각형 ABC를 먼저 작도하고 여기에 삼각형들을 붙여서 정오각형을 작도하는 것이 가능하다.

5.7 벡터 공간의 기하

이 절에서는 이차원 평면 $\mathbb{R}^2$를 순수하게 실수 위의 벡터 공간으로 보고 유클리드 기하를 어디까지 표현할 수 있는지 생각해 보자. 길이의 개념을 사용할 수 없기 때문에 분명히 모두 다 표현할 수는 없다. 그러나 '상대적인 길이'의 개념으로 같은 방향의 선분들의 길이를 서로 비교할 수 있다. 이것만으로도 탈레스의 정리와 같은 길이의 비율에 대한 중요한 정리를 증명할 수 있다.

탈레스의 정리를 벡터 공간에서 다시 기술하려면 몇 가지 중요한 개념을 $\mathbb{R}^2$의 벡터로 다시 표현해야 한다. 전통적인 기하에서 했던 대로 선분은 양 끝점을 사용하여 표기하자. 즉 st는 s와 t를 양 끝점으로 하는 선분이다.

삼각형 삼각형의 세 꼭짓점 중 하나를 원점 0이라고 가정하고 다른 두 꼭짓점을 벡터 u, v라고 가정해도 일반성을 잃지 않는다. 그리고 u와 v가 기하적으로 삼각형을 이루어야 하기 때문에 0에서 시작하는 서로 다른 직선에 있어야 한다. 다시 말해서 u와 v는 **일차독립**으로 $au + bv = 0$을 만족하는 실수 해는 오직 $a = b = 0$뿐이다.

평행선 s와 t가 $\mathbb{R}^2$의 두 점일 때, $t - s$는 s에서 시작해서 t에서 끝나는 방향을 가지는 선분으로 s를 기준으로 t의 위치를 표현한 것이다. 또 다른 점 u와 v에 대해서

$$t - s = c(v - u)$$

를 만족하는 실수 $c \neq 0$가 존재하면 uv가 st에 평행하다고 한다.

상대적인 길이 0인 아닌 실수 a에 대해서 0에서 시작해서 au로 끝나는 선분과 0에서 시작해서 u로 끝나는 선분은 같은 방향이고, a는 0에서 시작해서 u로 끝나는 선분을 기준으로 0에서 시작해서 au로 끝나는 선분의 상대적인 길이이다.

이와 같이 벡터로 표현한 개념을 가지고 아래의 정리를 쉽게 증명할 수 있다.

벡터에 대한 탈레스의 정리 삼각형의 세 꼭짓점을 0, u, v하고 하자. s와 t는 각각 $0u$와 $0v$ 위에 있고, st는 uv와 평행이다. 그러면 $0s$의 $0u$에 대한 상대길이는 $0t$의 $0v$에 대한 상대길이와 같다.

증명 주어진 가정을 모두 그림 5.25로 나타냈다. s가 $0u$ 위에 있기 때문에 적당한 실수 $b \neq 0$에 대하여

$$s = bu$$

이고, t도 $0v$ 위에 있기 때문에 적당한 실수 $c \neq 0$에 대하여

$$t = cv$$

이다. 또한 st는 uv에 평행하기 때문에 적당한 실수 $a \neq 0$에 대하여

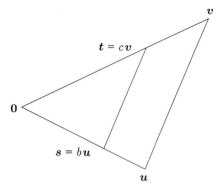

그림 5.25 벡터에 대한 탈레스의 정리

$$t - s = cv - bu = a(v - u)$$

이다. 그러므로 다음이 성립한다.

$$(b - a)u + (a - c)v = 0$$

u와 v가 일차독립이기 때문에 $b - a = a - c = 0$, 즉 $a = b = c$이다. 그러므로 $s = au$, $t = av$, 즉 s와 t가 $0u$와 $0v$를 같은 비율 a로 나눈다. ∎

참고 역 명제도 쉽게 증명할 수 있다. 즉 s와 t가 선분 $0u$와 $0v$를 각각 같은 비율 a로 나누면, st는 uv에 평행하다. 왜냐하면 $s = au$이고 $t = av$이므로 $t - s = a(v - u)$, 즉 st와 uv가 평행임을 알 수 있다.

벡터 기하의 다른 정리

선분 $0u$의 중점은 $\frac{1}{2}u$이다. 일반적으로 u에서 v를 잇는 선분의 중점은 $\frac{1}{2}(u + v)$이다. 왜냐하면 u에서 출발해서 v방향으로 절반 간 것이 중점

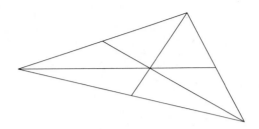

그림 5.26 중선의 교점

이므로

$$\frac{1}{2}(u+v) = u + \frac{1}{2}(v-u)$$

이기 때문이다. 중점은 기하의 고전적인 정리에서 자주 등장한다. 예를 하나 들어보자.

평행사변형의 대각선　평행사변형의 두 대각선은 서로 이등분한다.

증명　평행사변형을 이루는 세 꼭짓점을 0, u, v라고 하자. 그러면 나머지 한 꼭짓점은 $u+v$이다. 0에서 $u+v$에 이르는 대각선의 중점은 $\frac{1}{2}(u+v)$이고, 이것은 u에서 v에 이르는 대각선의 중점과 같다. 두 대각선의 중점이 같으므로 서로 이등분한다.　　　　　　■

두 번째 예는 아르키메데스의 정리로 그림 5.26에서 보듯이 삼각형의 **무게중심**(혹은 중선의 교점)에 대한 것이다.

중선의 정리　삼각형의 한 꼭짓점에서 마주보는 변의 중점을 이은 중선들은 모두 한 점에서 만난다.

증명 삼각형의 세 꼭짓점을 u, v, w라고 하고, u에서 $\frac{1}{2}(v+w)$를 잇는 중선을 생각하자. 그림을 보면 중선 세 개가 만나는 점이 u에서 $\frac{2}{3}$만큼 간 거리의 점인 듯 보인다. 이 점을 실제로 구해 보면

$$u + \frac{2}{3}\left[\frac{1}{2}(v+w) - u\right]$$

이며, 정리하면

$$u + \frac{1}{3}(v+w-2u) = \frac{1}{3}(u+v+w)$$

이다. 식에서 u, v, w가 대칭이므로 어느 꼭짓점에서 시작한 중선을 고려해도 다 같이 $\frac{2}{3}$만큼의 거리에 있다는 것을 알 수 있다. 그러므로 $\frac{1}{3}(u+v+w)$가 모든 중선에 공통으로 속한 교점이다. ■

5.8 내적을 이용하여 길이 정의하기

평면 $\mathbb{R}^2$의 두 벡터 $u = (a, b)$, $v = (c, d)$에 대해서 내적 $u \cdot v$를 아래와 같이 정의한다.

$$u \cdot v = ac + bd$$

$$\text{특별히 } u \cdot u = a^2 + b^2$$

이고, 이는 밑변을 a, 높이를 b로 하는 직각삼각형의 빗변의 길이 $|u|$의 제곱에 해당한다. 그러므로 $|u|$를 u의 **길이**로 보는 것이 자연스럽다.

일반적으로 $u_1 = (x_1, y_1)$에서 $u_2 = (x_2, y_2)$에 이르는 **거리**는

$$|u_2 - u_1| = \sqrt{(x_2 - x_1)^2 + (y_2 - y_1)^2}$$

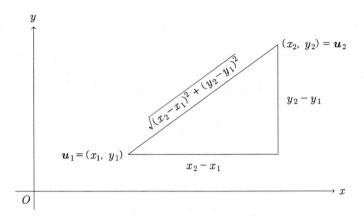

그림 5.27 피타고라스 정리로 주어진 거리

로 정의하는데, 그림 5.27과 같이 밑변이 $x_2 - x_1$이고 높이가 $y_2 - y_1$인 직각삼각형에 피타고라스 정리를 적용하면 자연스럽게 빗변의 길이가 두 점 사이의 거리라는 것을 알 수 있다.

그러므로 내적을 이용하여 벡터 u의 길이를

$$|u| = \sqrt{u \cdot u}$$

로 정의하면 유클리드의 개념과 같다. 이런 이유로 이 내적이 정의된 이차원 벡터 공간 $\mathbb{R}^2$를 **유클리드 평면**이라고 부른다.[2]

길이는 각을 결정한다. 삼각형을 생각해 보면 변의 길이가 완전히 각의 크기를 정한다는 것을 알 수 있다. 그러나 각의 개념이 아주 단순하지만은 않다. 다음 장에서 미적분학이 필요하다는 것을 보게 될 것이고 여기서는 유클리드가 했던 것처럼 가장 중요한 직각만 정의하겠다.

길이가 같은 두 벡터 $u = (a, b)$, $v = (-b, a)$는 그림 5.28에서 보듯이

---

2) 이차원뿐만 아니라 임의의 n차원의 벡터 공간에서도 같은 일을 할 수 있다. 즉 내적을 $(a_1, a_2, ..., a_n) \cdot (b_1, b_2, ..., b_n) = a_1 b_1 + a_2 b_2 + \cdots + a_n b_n$으로 정의하고 피타고라스 정리를 $\mathbb{R}^n$에 적용하면 같은 개념의 길이를 정의할 수 있다.

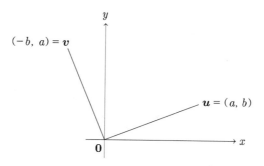

그림 5.28 길이가 같고 서로 수직인 벡터

직각을 이룬다. 달리 말해 서로 수직이다. 수직이라는 성질은 길이에 상관없기 때문에 이것을 일반화하여 임의의 두 벡터 u, v가 **서로 수직**이라는 것을

$$u \cdot v = 0$$

이 성립하는 것으로 정의하자.

이렇게 수직을 정의하면 단순한 계산으로 수직에 대한 여러 가지 정리를 증명할 수 있다. 이 계산에는 내적에 대한 다음 규칙을 적용하는데, 이들은 모두 정의로부터 쉽게 바로 확인할 수 있다. (벡터와 내적에 대한 식이지만 내적을 나타내는 ・기호를 수에 적용한 것처럼 생각하면 평범한 곱셈과 더하기에 대한 식과 똑같이 보인다.)

$$u \cdot v = v \cdot u$$
$$u \cdot (v + w) = u \cdot v + u \cdot w$$
$$(au) \cdot v = u \cdot (av) = a(u \cdot v)$$

먼저 유클리드 평면에서 피타고라스 정리가 일반적으로 성립한다는 것을 확인하자.

벡터에 대한 피타고라스 정리 직각삼각형의 세 꼭짓점이 u, v, w라고 하고 v가 직각이라고 하자. 그러면 다음과 같다.

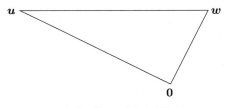

그림 5.29 직각삼각형

$$|v - u|^2 + |w - v|^2 = |u - w|^2$$

증명 $v = 0$이라고 가정해도 일반성을 잃지 않는다. 그러면 v가 직각이므로 그림 5.29에서 보듯이 $u \cdot w = 0$이다. 이제 우리가 증명해야 할 것은

$$|u|^2 + |w|^2 = |u - w|^2$$

이며, 아래와 같이 계산을 통해 보일 수 있다.

$$
\begin{aligned}
|u - w|^2 &= (u - w) \cdot (u - w) \\
&= u \cdot u + w \cdot w - 2u \cdot w \\
&= |u|^2 + |w|^2 \quad (u \cdot w = 0 \text{이므로})
\end{aligned}
$$ ■

5.2절에서 보았던 반원에서의 각에 대한 정리도 간단한 계산으로 다시 증명할 수 있다.

반원의 각 중심이 0이고 u, $-u$을 지름의 양 끝점으로 하는 반원과 반원 위의 점 v가 있다. 그러면 v에서 시작해서 u와 $-u$를 향하는 두 벡터는 서로 수직이다.

증명 v에서 시작해서 u와 $-u$를 향하는 두 벡터는 각각 $v - u$와 $v + u$이고 이들의 내적은 다음과 같다.

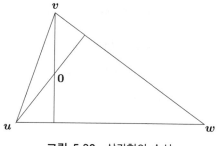

그림 5.30 삼각형의 수선

$$(v - u) \cdot (v + u) = v \cdot v - u \cdot u = |v|^2 - |u|^2 = 0$$

여기서 $|u|$와 $|v|$는 같은 원의 반지름이므로 크기가 같다. 그러므로 $v - u$와 $v + u$가 서로 수직이다. ■

마지막으로 전통적인 기하의 방법으로는 복잡해서 아직 증명하지 않은 정리가 있는데 이제 내적을 이용해서 아주 간단하게 증명할 수 있다.

수선의 정리 삼각형의 각 꼭짓점에서 마주보는 변에 내린 수선은 모두 한 점에서 만난다.

증명 삼각형의 세 꼭짓점을 u, v, w라고 하고, 그림 5.30에서처럼 0을 u와 v에서 내린 수선의 교점이라고 하자.
그러면 0에서 u방향의 벡터는 벡터 $w - v$와 수직이므로

$$u \cdot (w - v) = 0 \text{이고 } u \cdot v = u \cdot w \text{이다.}$$

같은 이유로 v에서 마주보는 변에 내린 수선도 $w - u$와 수직이므로

$$v \cdot (w - u) = 0 \text{이고 } u \cdot v = v \cdot w \text{이다.}$$

두 번째 식에서 첫 번째 식을 빼면

$$0 = u \cdot w - v \cdot w = w \cdot (u - v)$$

이다. 이로부터 0와 w를 잇는 직선과 $u - v$가 수직이고, 0이 꼭짓점 w에서 마주보는 변에 내린 수선 위에 놓여 있음을 알 수 있다. 그러므로 0이 세 수선 모두의 교점이다. ∎

5.9 작도가능한 수의 체

벡터 공간은 기하학에서 눈금 없는 자와 컴퍼스로 작도가 가능한 수와 그렇지 않은 수를 구별하는 역할도 한다. 잘 알려진 예는 $\sqrt[3]{2}$이다. 이것은 주어진 정육면체의 부피의 두 배를 부피로 가지는 정육면체를 그릴 수 있는지를 묻는 고대의 문제에 나타난다. 주어진 정육면체의 한 변의 길이를 1이라고 하면 부피가 1이므로 부피가 2인 정육면체의 한 변의 길이는 $\sqrt[3]{2}$이다. 눈금 없는 자와 컴퍼스만 이용할 수 있으므로 5.6절에서 보았듯이 단위 길이 1로부터 $+$, $-$, $\cdot$, $\div$, $\sqrt{}$를 이용하여 $\sqrt[3]{2}$를 작도해야 한다.

단위 길이 1로부터 $+$, $-$, $\cdot$, $\div$, $\sqrt{}$를 이용하여 얻은 수 α를 유리수 체에 추가하여 확장한 체 $\mathbb{Q}(\alpha)$를 보자. 4.9절에서 보았듯이 $\mathbb{Q}(\alpha)$는 유리수 위의 벡터 공간으로 차원은 α의 차수와 같다. 이때 데데킨트의 곱셈 정리에 의해 α가 생성되는 과정의 제약조건으로부터 벡터 공간의 차원은 2의 제곱수만 될 수 있다. 구체적인 예를 들어 왜 그런지 살펴보자.

작도가능한 수인 $\alpha = \sqrt{1 + \sqrt{3}}$에 대해 유리수 체 $\mathbb{Q}(\alpha)$는 유리수로부터 다음과 같은 두 단계를 거쳐서 쉽게 얻는다. 첫째로 $\sqrt{3}$을 유리수에 더해서 $\mathbb{F} = \mathbb{Q}(\sqrt{3})$를 얻는다. $\sqrt{3}$은 무리수이므로 $\mathbb{F}$는 유리수 위에서 이차원이다. 다음으로 $\mathbb{F}$에 $1 + \sqrt{3}$의 제곱근을 더한다. $\alpha = \sqrt{1 + \sqrt{3}}$는 $\mathbb{F}$에 속하지 않기 때문에 $\mathbb{F}(\alpha)$는 $\mathbb{F}$의 확장이다. α는 $x^2 - (1 + \sqrt{3}) = 0$의 근이고 $1 + \sqrt{3}$은 $\mathbb{F}$에 속한다. 그러므로 $\mathbb{F}$는 유리수 위에서 이차원이고,

$\mathbb{F}(\alpha) = \mathbb{Q}(\alpha)$는 $\mathbb{F}$ 위에서 이차원이므로, 데데킨트의 곱셈 정리를 사용하면 $\mathbb{Q}(\alpha)$는 유리수 위에서 사차원이다.

임의의 작도가능한 수 α에 대해서 이런 방법으로 제곱근을 차근차근 추가하며 확장해서 $\mathbb{Q}(\alpha)$를 생성할 수 있다. 그리고 제곱근을 추가할 때마다 데데킨트의 곱셈 정리에 의하여 차원은 두 배씩 커진다. 그러므로 $\mathbb{Q}(\alpha)$의 차원은 유리수 위에서 2의 거듭제곱수이다.

이제 $\sqrt[3]{2}$가 작도가능한 수가 아님을 보일 수 있다.

$\sqrt[3]{2}$의 차수 $\sqrt[3]{2}$의 차수는 3이다.

증명 $\sqrt[3]{2}$는 $x^3 - 2 = 0$의 해이므로 $p(x) = x^3 - 2$가 $\mathbb{Q}$에서 기약 다항식임을 보이면 된다. 만약 $p(x)$가 기약 다항식이 아니라면 삼차보다 작은 차수의 다항식의 곱으로 쓸 수 있다. 그러므로 일차 다항식을 인수로 가진다. 이 일차 다항식을 $x - \dfrac{m}{n}$이라고 가정해도 일반성을 잃지 않는다. 이때 m, n은 정수다. 그러면 $0 = p\left(\dfrac{m}{n}\right) = \dfrac{m^3}{n^3} - 2$이므로 $2n^3 = m^3$이다. 그런데 이것은 소인수분해의 유일성에 비추어 모순이다. 왜냐하면 마지막 식은 m^3이 짝수라고 주장한다. 그러므로 m도 짝수이며, 즉 2를 약수로 가진다. 그러면 m^3은 인수 2를 3의 배수만큼 가진다. 반면 $2n^3$도 같은 이유로 2를 인수로 가지는데 3의 배수 $+1$만큼 가진다. 그러나 $2n^3 = m^3$의 양변에서 인수 2의 개수가 다르므로 모순이다. ■

따라서 $\sqrt[3]{2}$는 작도가능한 수가 아니고 정육면체를 부피를 두 배로 늘리는 작도는 불가능하다. 고대의 문제에 대한 이러한 부정적인 결론은 문제가 주어지고 무려 2000년 이상이 지난 뒤 방첼Wantzel(1837)이 최초로 밝혔다. 비슷한 시기에 방첼은 또 다른 고대 문제인 **임의의 각을 삼등분**하는 문제에도 부정적인 결론을 얻었다.

임의의 각이 주어졌을 때 눈금 없는 자와 컴퍼스를 가지고 똑같은 크기의 각으로 삼등분할 수 있는가?[3] 임의의 각을 삼등분하는 방법이 있다면 정삼각형의 한 내각인 $\frac{\pi}{3}$를 삼등분해서 $\frac{\pi}{9}$를 얻을 수 있을 것이다. 그러면 한 내각이 $\frac{\pi}{9}$이고 빗변이 1인 직각삼각형을 작도해서 $\cos\frac{\pi}{9}$의 길이를 작도할 수 있을 것이다. 그러나 $x = \cos\frac{\pi}{9}$는 삼차방정식

$$8x^3 - 6x - 1 = 0$$

을 만족하는데, $8x^3 - 6x - 1$은 사실 기약 다항식이다. 이 다항식이 기약인 것을 보이는 것은 $x^3 - 2$가 기약 다항식임을 보이는 것만큼 쉽지는 않다. 어쨌든 증명이 가능하므로 이를 받아들이면, $\cos\frac{\pi}{9}$는 차수가 삼차이므로 작도가능하지 않다. 그러므로 임의의 각을 삼등분할 수 없다.

5.10 역사

유클리드의 『원론』은 지금까지 가장 영향력 있는 수학책으로 20세기가 되기까지 수학에 기하적 편향을 가져왔다. 20세기 말에도 학생들은 『원론』에 나오는 방식의 증명을 배웠다. 2000년이 넘게 내려온 방법에 이의를 제기하는 것은 어려운 일이다. 그러나 이제 우리는 유클리드 기하를 내적과 벡터공간을 통해서 대수적으로 기술할 수 있다는 것을 알게 되었고 이를 통해 기하를 바라보고 연구하는 새로운 관점을 가지게 되었다. 어떻게 해서 이런 관점이 생겨났는지 초등 기하의 역사를 살펴보자.

유클리드 기하는 5.2절과 5.4절에 기술한 대로 시각적 직관과 논리와

---

3) 임의의 각을 이등분하는 방법은 알려져 있다. 5.4절에서 봤던 선분을 이등분하는 방법을 응용하면 된다.

허를 찌르는 기술을 결합하여 여러 시대를 지나는 동안 수학자들을 즐겁게 했다. 우리는 유클리드가 말한 것을 점, 선, 면으로 시각화할 수 있었고, 그토록 적은 수의 공리로부터 수많은 정리들이 나오는 것에 감동했고, 때로는 전혀 예상하지 못한 결과를 얻었을 때에도 증명에 대해 확신했다. 어쩌면 피타고라스 정리가 가장 놀라운 결과일지도 모른다. 과연 누가 삼각형의 변의 길이들이 제곱수로 서로 연관된다고 예상할 수 있었을까?

피타고라스 정리는 유클리드 기하와 그로부터 파생된 모든 수학에서 정리 또는 정의로서 (유클리드 공간에서 피타고라스 정리는 사실상 내적의 정의에 의해 성립한다.) 영향을 주었다. 피타고라스 정리는 고대 그리스 수학자들을 $\sqrt{2}$ 로 안내했고, 무리수 길이라는 환영받지 못하는 발견으로 이어졌다. 5.3절에서 보았듯이 그리스 수학자들은 길이는 수가 아니라고 결정했기 때문에 수를 곱하듯이 곱할 수는 없었다. 그 대신 두 길이의 '곱'을 직각사각형으로 보고, 이에 작은 조각을 더하거나 잘라내는 방법으로 넓이를 가지고 연산을 할 수 있었다. 이것은 넓이에 대한 이론에서는 흥미롭고 성공적이었으나 대단히 복잡했다. 게다가 부피를 다룰 때는 무한히 많은 조각도 생각해야 한다는 것을 5.3절에서 보았다.

『원론』에는 기하뿐만 아니라 수론도 있었다는 것을 강조해야겠다. (VII권에서 IX권은 소수와 약분가분성에 대한 것이다.) 또한 싹이 트는 단계였던 실수에 대한 이론에서는 임의의 길이는 유리수로 근사가 가능하다는 것도 밝히고 있다(V권). 이후에 고등 기하에서 특히 데카르트Descartes(1637)와 힐버트Hilbert(1899)는 이 세 분야를 아울러 하나로 통합하는 방향으로 나아갔다.

유클리드 이후 기하의 첫 번째 중요한 진보는 페르마와 데카르트가 1620년대에 좌표와 대수학을 도입하면서 이루어졌다. 이 두 수학자는 비슷한 결과를 통해 같은 개념에 독립적으로 도달했던 것으로 보인다. 예를 들어 둘 다 이차 곡선은 원뿔 곡선(타원, 포물선, 쌍곡선)과 일치함을 발견했다. 그들은 기하와 대수를 통합했을 뿐만 아니라 유클리드 기하와 수십 년 뒤에 저술된 아폴로니우스의 원뿔 곡선론도 통합했다. 그리하여 임의로 높은 차수를 가지는 곡선을 생각할 수 있는 대수기하의 무대가 마련되었다. 이후 머지않아 미적분학이 나타났을 때, 접선과 넓이를 연구하는 새로운 이론을 삼차 이상의 대수 곡선에 시험해볼 수 있었다.

대수와 미적분학은 단순히 새로운 기하적 대상을 만들어낸 것이 아니라 기하를 바라보는 새로운 관점도 제공한 것이다. 데카르트는 길이를 곱하는 금기를 깨는 것으로 시작했다. 그리하여 이제 대수적 연산을 위해서 길이를 수로 볼 수 있었다. 또한 눈금 없는 자와 컴퍼스로 작도가 가능한 수를 대수적으로 기술함으로써 5.9절에서 우리가 봤던 대로 작도불가능한 예에 대한 19세기 증명에 초석을 놓았다.

데카르트의 의도는 점을 실수의 순서쌍 (x, y)으로 표현하거나, 일차식을 만족하는 점들의 집합으로 직선을 표현하며 기하의 새로운 기초를 놓으려고 했던 것은 아니었다. 점과 직선에 대한 유클리드의 표현에 만족하면서, 다만 대수를 이용하여 기하 문제를 조금 쉽게 풀기를 원했다. 사실은 대수 식을 푸는 데 기하를 때때로 이용하고자 했다. 기하의 새로운 기초에 대한 의문은 1820년대에 비유클리드 기하가 유클리드 기하에 도전하면서 시작되었다. 비유클리드 기하에 대해서는 나중에 설명하겠다. 비유클리드 기하는 처음에는 추측이었고 별로 주목받지 못했다. 그러나 벨트라미 Beltrami(1868)가 가우스와 리만의 몇 가지 아이디어를 이용하여 유클리드 공간처럼 공리가 모순 없이 성립하는 구체적인 비유클리드 기하의 모델을 만들면서 분위기는 바뀌었다.

벨트라미의 발견은 유클리드 기하가 수학의 근간에 오랫동안 차지했던 지위를 흔드는 지진이었다. 기하 대신에 실수를 포함하는 산술을 기초로 수학을 수립하려는 프로그램이 강화되었다. 데카르트에 힘입어 미적분학에서는 산술화가 이미 진행되고 있었고, 유클리드 기하에서 산술은 이미 안성맞춤으로 주어진 초석이었다. 벨트라미의 모델은 실수와 미적분학의 토대 위에서 만들어졌고, 이는 기하 공간의 산술화를 완벽하게 보여주는 업적이었다.

오늘날에 기하는 대체로 산술화되어서 유클리드나 비유클리드 공간 모두 국소적으로는 n차원의 유클리드 공간과 같지만 '곡률'을 가지고 있는 여러 종류의 **다양체**manifold의 하나로 여겨진다. 유클리드 공간은 모든 점에서 곡률이 0인 다소 특수한 위치에 있다. 이런 관점에서 유클리드 공간은 가장 단순하고, 그 다음은 벨트라미의 비유클리드 공간으로 모든 점에서 음의 상수 곡률을 가진다. 현대에 곡면을 연구할 때 유클리드 공간은 접평면으로서 특별하게 이용된다. 곡면의 각 점은 접평면을 가지고, 접평면은 비교적 간단한 벡터 공간의 구조를 자연스럽게 가지기 때문에 종종 접평면을 이용한 연구가 진행된다.

기하가 실수에 대한 이론에 기초하는 것은 매우 좋다. 그러나 우리는 실수를 얼마나 잘 이해하고 있을까? 실수는 어디에서 왔을까? 힐버트Hilbert(1899)는 실수의 근본적인 토대에 대해 질문했고 흥미로운 대답을 했다. 바로 실수는 기하에 근거한다는 것이다! 좀 더 정확히 말하자면 실수는 '완전한' 유클리드 기하에 기초한다. 힐버트는 1890년대 초 유클리드 기하의 공리를 완전하게 하려는 연구를 진행했는데, 우선 유클리드의 증명 중에 빠져 있는 부분들을 채워나갔다. 프로젝트가 진행되면서 더하기와 곱하기가 공리로부터 전혀 예상치 못한 방법으로 나타나서, 체에 대한 개념을 완전히 기하적으로 얻을 수 있었다. (5.11절을 보라.) 그리고 직선이 빈틈없이 빼곡하다는 것을 보증하는 공리를 더하여 실수의 성질을 가지는 완비된 '수직선'을 정의했다.

*비유클리드 기하

1820년대에 볼리아이Janos Bolyai[4]와 로바체프스키Nikolai Lobachevsky는 각각 독립적으로 비유클리드 기하 공간을 발견했는데 이 기하 공간은 유클리드의 평행선 공리를 제외한 나머지 공리를 다 만족한다. 평행선 공리는 바로 그려서 확인할 수 있을 것 같은 다른 네 공리와 좀 달라보인다.

---

4) 볼리아이-게르빈 정리에 나오는 볼리아이의 아들이다.

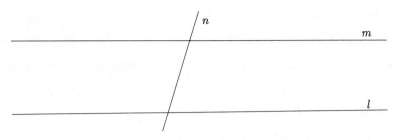

그림 5.31 만날 예정인 두 직선

1. 주어진 두 점을 잇는 직선을 그릴 수 있다.
2. 선분은 임의로 길게 연장할 수 있다.
3. 임의로 주어진 중심과 반지름을 가지는 원을 그릴 수 있다.
4. 모든 직각은 다 같다.

반면 평행선 공리를 확인하려면 무한정 기다려야 한다.

5. 주어진 직선 l, m이 다른 직선 n과 만나서 이루는 내각의 합이 두 직각보다 작을 때, l과 m을 한없이 연장하면 언젠가는 만난다(그림 5.31).

유클리드의 시대 이후로 수학자들은 평행선 공리에 만족하지 못해 이를 다른 구성적인 공리를 이용하여 증명하려고 시도했다. 가장 확실한 시도는 사케리Saccheri(1733)가 했는데, 서로 멀어지지도 않고 만나지도 않는 직선 l과 m은 무한대에서 만나야 함을 증명했다. 사케리가 생각하기로 이는 직선의 특성에 반하는 것이었다. 하지만 이것은 모순이 아니다. 실제로 직선이 이런 성질을 만족하는 다른 기하 공간이 있다.

로바체프스키Lobachevsky(1829)와 볼리아이Bolyai(1832)는 각각 유클리드 공리 1~4번과 아래의 5′을 공리로 삼은 공간에 대한 연구를 발표했다. (볼리

아이는 아버지 책의 부록으로 발표했다.)

5′. 서로 만나지 않는 직선 l과 m이 존재한다. 이때 두 직선이 직선 n과 만나서 이루는 내각의 합이 두 직각보다 작다.

그들은 '점', '직선', '각'을 적당하게 정의하여 유클리드 공리의 1~4번과 공리 5′을 함께 만족시키는 데 전혀 모순을 발견하지 못했고, 벨트라미 Beltrami(1868)는 모순이 없다는 것을 재확인했다. 이렇게 해서 유클리드 기하는 경쟁상대를 가지게 되었고, '점', '직선', '거리', '각'을 어떻게 정의하느냐가 관건이 되었다.

앞에서 보았듯이 유클리드 공리는 데카르트의 좌표를 이용한 기하에서 잘 이해되고 있다. '점'은 순서쌍 $(x,\ y)$으로, '직선'은 일차식 $ax + by + c = 0$을 만족하는 점들로 이루어져 있고, 두 점 $(x_1,\ y_1)$과 $(x_2,\ y_2)$ 사이의 거리는 $\sqrt{(x_2 - x_1)^2 + (y_2 - y_1)^2}$ 으로 주어진다.

볼리아이와 로바체프스키의 공리에 대해서는 벨트라미가 잘 해석했는데 거리는 다소 복잡하게 주어진다. 가장 간단한 것은 **반평면 모델**half-plane model일 것이다. 이 모델에서

- '점'은 평면의 점으로 위 반평면에 속한다. 즉 $y > 0$를 만족하는 순서쌍 (x, y)이다.
- '직선'은 중심이 x축에 있고 반평면에 속한 반원에서 양 끝점을 제외한 열린 반원이거나 x축에 수직인 열린 반직선 $\{(x,\ y): x = a,\ y > 0\}$ 이다.
- 두 점 P, Q 사이의 '거리'는 $\dfrac{\sqrt{dx^2 + dy^2}}{y}$ 를 P와 Q 사이를 잇는 '직선'을 따라 적분한 것이다.

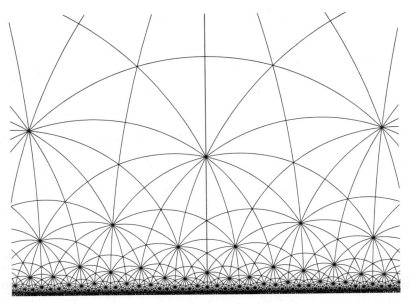

그림 5.32 반평면 모델에서 합동인 삼각형들

두 곡선 사이의 '각'은 유클리드 공간에서의 각과 같다. 다시 말해 곡선 사이의 각은 두 접선 사이의 각으로 정의한다. 그림 5.32에서 비유클리드 기하 공간의 아름다움을 감상해 보자. 그림에서 보이는 삼각형들은 모두 각이 $\frac{\pi}{2}$, $\frac{\pi}{3}$, $\frac{\pi}{7}$이고 서로 합동이다. 삼각형들이 크기가 모두 같다는 사실로부터 비유클리드 공간에서 거리가 어떻게 주어졌는지 엿볼 수 있다. 또한 공간의 한 점으로부터 x축은 무한히 멀리 떨어져 있다. 이는 왜 x축 위의 점들이 이 모델에 포함되지 않는지를 설명한다. 그리고 경로를 따른 삼각형의 개수로 거리를 대략 추정하면 '직선'이 두 점을 연결하는 가장 짧은 선이라는 것도 볼 수 있다.

평행선 공리가 성립하지 않는 것도 자명해 보인다. 그림 한 가운데 있는 '직선'과 왼쪽에 있는 '직선' 위의 점을 하나 선택하자. 선택한 점을 지나는 '직선'들이 많이 보이는데 이들 중에 여러 개가 처음에 선택한 '직선'과 만나지 않는다.

*벡터 공간의 기하

수학의 기초에 크게 기여한 그라스만Grassmann(1861)의 저술이 1.9절에서 언급한 『산술 교과서Lehrbuch der Arithmetik』만 있는 것은 아니다. 이에 앞서 그라스만Grassmann(1844)은 『선형 확장론Die Lineale Ausdehnungslehre』(1844)에서 벡터 공간 위에 유클리드 기하의 초석을 놓았다. 이 논문 역시 다른 논문처럼 처음에는 잘 이해되지 못했다. 논문을 심사할 수 있는 사람은 그라스만 본인뿐이어서 거의 팔리지 않은 초판은 출판사에 의해 폐기되었다. 이 책의 출생과 사후 전말에 대한 자세한 이야기는 펫체Petsche(2009)가 쓴 그라스만의 전기에서 찾아 볼 수 있다.

그라스만은 자신만의 독특한 용어와 매우 이해하기 어려운 스타일로 **외적**[5]이 정의된 실수 n차원 벡터 공간에 대한 새롭고 복잡한 아이디어를 풀어 놓았다. 조금 더 간단한 개념인 내적은 그라스만의 관점에서는 외적의 파생물로 『선형 확장론』의 2권에서 밝히려 했지만, 1권이 호응을 얻지 못해 2권은 그냥 포기했다.

기하에서 그라스만의 업적은 자칫 유실될 뻔 했다. 그러나 뜻밖의 놀라운 행운이 있었다. 1846년 라이프니츠의 야블로노스키 과학회가 오직 그라스만만이 대답할 준비가 되어 있는 문제에 논문상을 걸었다. 라이프니츠 탄생 200주년을 기념하며 출제된 문제로 이후 라이프니츠의 '기호 기하학'의 기초 개념으로 발전했다. 그라스만Grassmann(1847)은 벡터 공간에서의 내적과 기하적인 해석에 대하여 썼으나 출판하지 못했던 1844년의 논문을 다시 작성하여 상을 받았다. 논문에서 그라스만은 내적이 피타고라스 정리에 의해 동기부여됐다고 밝혔다. 일단 이렇게 정의되고 나면, 나머지 기하에 대한 정리들은 대수적인 식과 계산에 의해 자동으로 따라온다.

그라스만의 논문은 상당히 명료하게 쓰였지만 알려지기까지 오랜 시간이

---

5) 외적이 무엇인지 여기서 설명하지 않겠지만 행렬식을 정의하는 개념으로 이후 행렬식의 이론으로 발전했고 오늘날에는 선형 대수에서 다소 덜 중심적인 역할을 한다.

걸렸다. 하지만 그의 아이디어가 점점 힘을 얻으면서 그라스만Grassmann (1862)의 『확장론Die Ausdehnungslehre』이 새롭게 출판될 수 있었고, 수학자들에게 점점 더 익숙하게 받아들여졌다. 페아노Peano(1888)는 그라스만의 아이디어를 처음으로 이해한 수학자 중 하나로, 이에 영감을 받아 처음으로 실벡터 공간에 대한 공리 시스템을 만들어냈다. 클라인Klein(1909)은 그라스만의 기하를 삼차원에 적용하여 널리 알렸다. 클라인은 내적을 언급하긴 했지만 주로 행렬식에 기반하여 넓이와 부피를 편리하게 구할 수 있는 공식들을 제공했다.

5.11   철학

*비유클리드 기하

비유클리드 기하는 유클리드 기하보다 고등 수학이라고 여겨지는데, 많은 역사적인 증거가 이를 뒷받침한다. 유클리드 기하 이후 비유클리드 기하가 발견되기까지 2000년 이상의 시간이 필요했다. 비유클리드 기하에서 '점'과 '직선' 자체는 유클리드 기하에도 나오기 때문에 고등적이라고 보기 어렵지만, 길이에 대한 개념은 분명히 고등적이다.

 길이를 보존하는 사상으로 비유클리드 평면의 일부를 $\mathbb{R}^3$에 들어 있는 곡면 S의 일부로 옮겨본다면, S는 어떤 모양일까? 가장 단순한 모양은 그림 5.33에서 보는 대로 나팔모양을 한 **의구**pseudosphere라는 곡면이다. 의구는 아래의 식으로 주어진 **추적선**tractrix을 x축을 중심으로 회전시켜서 얻는다.

$$x = \ln \frac{1 + \sqrt{1 - y^2}}{y} - \sqrt{1 - y^2}$$

 추적선의 식은 무척 복잡하며 그 생성과정은 훨씬 더 복잡하다. 힐버트 Hilbert(1901)는 비유클리드 평면 전체를 $\mathbb{R}^3$에 부드럽게 넣을 수 없다는 것을

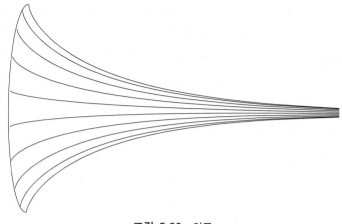

그림 5.33 의구

증명했다. 그래서 비유클리드 평면의 일부만 $\mathbb{R}^3$의 곡면조각과 비교할 수 있다. 예를 들어 비유클리드 평면에서 무한대의 한 점에서 만나는 평행한 두 '직선'이 만드는 좁은 쐐기 모양의 영역을 생각하자. 이 영역의 경계를 이루는 두 직선을 이어붙이면 바로 그림 5.33에서 보는 대로 끝이 점차 가늘어지는 관처럼 생긴 의구를 얻는다.

이와는 대조적으로 유클리드 평면은 $\mathbb{R}^3$에서 가장 간단한 모델을 가진다. 바로 평면이다.[6]

*수와 기하

힐버트Hilbert(1899)의 공리로 돌아가서 이 공리가 수와 기하의 관계에 대해서 무엇을 말하고 있는지 생각해 보자. 힐버트의 공리는 직선의 개념을 유클리드가 『원론』 V권에서 밝힌 것보다 훨씬 더 발전된 수준에서 담아냈다. 힐버

---

6) 쌍곡 평면을 유클리드 공간인 $\mathbb{R}^3$에 집어넣고자 하는 생각이 이상한 건지도 모르겠다. 만약 유클리드 평면을 비유클리드 공간으로 집어넣고 본다면 똑같이 이상하게 보일 것이라고 생각할지 모르겠지만 사실이 아니다. 벨트라미는 유클리드 평면을 비유클리드 공간에 **무한대에 중심을 둔 구**로 아름답게 잘 넣을 수 있음을 증명했다.

트는 유클리드 공리계에 대한 데카르트의 $\mathbb{R}^2$ 모델을 이용하여 유클리드 기하가 본질적으로 실수의 대수구조와 동치임을 보였다. 그러나 오늘날 대수학자나 수리논리학자는 기하에서 실수 전체 집합을 쓰지 않는 것을 선호한다. 대신 유클리드 기하는 자와 컴퍼스로 작도된 수만 보기 때문에 작도가 능한 수만 사용해도 충분하다고 생각한다. '잠재적인' 무한인 대수적으로 정의된 점들의 집합만으로 기하를 다룰 수 있기 때문에 '실제적인' 무한인 $\mathbb{R}$을 사용하지 않으려고 하는 것이다. 수리논리학자 역시 작도가능한 수를 더 선호하는데 작도가능한 수의 무모순성의 강도가 실수 이론의 무모순성의 강도보다 덜하기 때문이다.

다시 말해 작도가능한 수의 이론에서 무모순성(즉 유클리드 공리의 무모순성)을 증명하는 것이 실수 전체의 이론에서 무모순성(즉 힐버트 공리의 무모순성)을 증명하는 것보다 쉽다.

*기하와 역수학

최근 수리논리학자들은 역수학reverse mathematics이라는 새로운 분야를 발전시켰다. 프리드만Friedman(1975)이 밝힌 동기는 아래와 같다.

정리가 딱 맞는 공리들로부터 증명되었다면, 공리들은 해당 정리로부터 증명될 수 있다.

9.9절에서 다루겠지만 역수학은 주로 실수에 대한 정리와 관련된 전문 분야이다. 그러나 시선을 넓혀서 '알맞은 공리'가 무엇일까를 묻는다면 역수학은 유클리드로부터 시작된다.

유클리드는 평행선 공리가 피타고라스 정리를 증명하기 위한 알맞은 공리이고, 어쩌면 역으로 (다른 공리들과 함께) 피타고라스 정리를 이용해서 평행선 공리를 증명할 수 있다고도 생각했다. 유클리드 기하의 다른 많은 정리에 대해서도 같은 현상이 나타난다. 예를 들어 탈레스 정리나 삼각형의 세 내각의 합이 π라는 정리 역시 모두 평행선 공리와 동치이다. 그러므로 평행선 공리가 이들을 증명하는 '알맞은 공리'인 셈이다.

역수학에서는 일단 어떤 분야에서 가장 기본적이고 당연한 가정을 포함하는 기초 이론을 골라낸다. 이때 골라낸 기초 이론으로 증명할 수 없는 흥미롭고 자명하지 않은 정리들도 있어야 한다. 이제 이 자명하지 않은 정리들을 증명할 수 있는 '알맞은' 공리를 찾는다. 공리가 '알맞은' 것인지 아닌지는 기초 이론만 가정한 상태에서 공리로부터 정리를 유도할 수 있는지 여부로 판단한다.

유클리드는 점, 직선, 삼각형의 합동(평행선 공리는 제외)과 같은 것을 기초 이론으로 삼았다. 이것을 **중립 기하**neutral geometry라고 하자. 그리고 평행선 공리를 도입하기 전에 가능한 한 많은 정리를 증명했다. 평행사변형의 넓이나 피타고라스 정리와 같이 반드시 필요하게 되었을 때 평행선 공리를 도입했다. 또한 탈레스의 정리나 삼각형의 내각의 합이 π라는 것을 증명하는 데에도 평행선 공리가 필요하다. 그리고 이제 우리는 역으로 이 정리들이 중립 기하의 기초 위에서 평행선 공리를 이끌어낸다는 것을 안다. 그러므로 평행선 공리가 이 정리들에 '알맞은' 공리임을 알 수 있다.

중립 기하는 비유클리드 기하의 기초 이론이기도 하다. 왜냐하면 비유클리드 기하는 중립 기하에 비유클리드적인 평행선 공리, 즉 한 점을 지나고 그 점을 지나지 않는 다른 직선에 평행인 직선이 두 개 이상 존재한다는 공리를 추가하여 얻어지기 때문이다.

우리가 이미 살펴본 그라스만의 실 벡터 공간에 대한 이론도 유클리드 기하의 기초 이론으로 선택할 수 있다. 실 벡터 공간에서는 이미 평행선 공리가 성립하기 때문에 중립 기하를 기초 이론으로 선택하는 것과는 상당한 차이가 있다. 그러나 실 벡터 공간만으로는 피타고라스 정리를 증명할 수 없을 뿐만 아니라 각에 대한 어떤 것도 설명할 수 없다. 실 벡터 공간을 기초 이론으로 삼으면 피타고라스 정리를 주는 알맞은 공리는 내적의 존재이다. 왜냐하면 거꾸로 피타고라스 정리로부터 거리, 각, 각의 코사인 값을 정의할 수 있고 궁극적으로 아래와 같이 내적을 정의할 수 있기 때문이다.

$$u \cdot v = |u| \cdot |v| \cos\theta$$

이것은 실 벡터 공간에 다른 공리를 추가하면 다른 종류의 기하학을 얻을 수도 있다는 가능성을 열어준다. 마치 중립 기하에 새로운 평행선 공리를 추가하여 비유클리드 기하를 얻었던 것처럼 말이다. 실제로 다른 종류의 내적을 도입하여 이를 실현할 수 있다. 그라스만이 도입한 내적은 오늘날 우리가 **양의 정부호인 내적**positive-definite inner product이라고 부르는 것이 며, $u \cdot u = 0$은 오직 u가 영벡터일 때뿐이라는 특징을 가진다.

양의 정부호가 아닌 내적도 자연스럽게 존재한다. 가장 유명한 예는 아마 도 사차원 실 벡터 공간에 민코프스키Minkowski(1908) 공간을 정의하는 내적 일 것이다. 사차원 실 벡터 공간의 벡터를 $u = (w,\ x,\ y,\ z)$로 쓰면 **민코프 스키 내적**은 아래와 같이 정의한다.

$$u_1 \cdot u_2 = -w_1 w_2 + x_1 x_2 + y_1 y_2 + z_1 z_2$$

특히 민코프스키 공간에서 벡터 u의 길이는

$$|u|^2 = u \cdot u = -w^2 + x^2 + y^2 + z^2$$

으로 주어지므로 u가 영벡터가 아니어도 $|u|$가 0이 될 수 있다.

민코프스키 공간은 아인슈타인의 특수 상대성 이론의 기하 모델로 유명하 다. 이 모델에서 x, y, z는 보통의 삼차원 공간의 좌표를 나타내고, t가 시간 좌표, c가 빛의 속도일 때 $w = ct$이다. 민코프스키Minkowski(1908)는 아래와 같이 말했다.

내가 말하고 싶은 공간과 시간에 대한 관점은 실험물리학의 토양에서 자라왔고 거기에 강점이 있다. 이는 혁명적인 관점이다. 그리하여 공간과 시간 자체는 단순한 그림자처럼 사라질 운명이지만 그들의 모종의 결합은 독립적인 실체로 남을 것이다.

분명히 상대성 이론은 양의 정부호가 아닌 내적을 거리의 개념처럼 실재하는 중요한 개념으로 등장시켰다. 그러나 수학자들도 이미 이런 내적을 생각하고 있었다. 예를 들면 푸앵카레Poincaré(1881)가 비유클리드 기하의 모델로 발표한 **쌍곡면 모델**hyperboloid model에서 볼 수 있다.

쌍곡면이 어떻게 만들어지는지 보자. 벡터 $u = (w, x, y)$로 이루어진 삼차원 민코프스키 공간을 생각하자. 여기서 w는 시간 좌표이고 x, y는 공간 좌표이다. 벡터의 크기는 $|u|^2 = -w^2 + x^2 + y^2$로 주어진다. 이제 '허수 반지름을 가진 구'를 생각하자.

$$\{u : |u| = \sqrt{-1}\} = \{(w, x, y) : -w^2 + x^2 + y^2 = -1\}$$

이 '구'[7]는 삼차원 벡터 공간에서 아래를 만족하는 점들의 집합이다.

$$w^2 - x^2 - y^2 = 1$$

이는 정확히 쌍곡면으로, (w, y)평면의 쌍곡선 $w^2 - y^2 = 1$을 w축을 중심으로 회전하여 얻을 수 있다. 여기에 민코프스키 내적으로부터 정의되는 거리를 주면 비유클리드 기하의 평면 모델을 얻는다. 거리를 정의하는 자세한 방법은 꽤 복잡하므로 생략하고 대신 그림 5.34를 보자. 이것은 베를린 자유 대학교의 콘라드 폴티에르Konrad Polthier 교수가 소장한 사진을 흑백으로 처리한 것이다. 이는 쌍곡 공간의 또 다른 모델인 **등각 원판 모델** conformal disk model로, 쌍곡면 모델과 그림 5.32의 반평면 모델이 어떻게 연관되는지와, 그림 5.32의 삼각형 배열이 각 모델에서 어떻게 보이는지 알려준다.

민코프스키 공간과 비유클리드 기하 공간 사이의 아름다운 관계는, 라이

---

7) 사실 민코프스키 공간이 나오고 비유클리드 기하가 발전하기 훨씬 이전에 램버트 Lambert(1766)는 '허수 반지름을 가지는 구'의 기하에 대한 연구를 했다. 특별히 이런 공간에서는 삼각형의 세 내각의 합이 π보다 작다고 했는데 이는 본질적으로 비유클리드 기하의 평행선 공리이다.

그림 5.34 쌍곡면의 삼각형 쪽매맞춤

언Ryan(1986)과 같은 비유클리드 기하를 다루는 교과서에 자주 나온다. 양의 정부호인 내적이 실 벡터 공간을 기초로 한 유클리드 기하에 대한 '알맞은' 공리인 것처럼 민코프스키 내적은 비유클리드 기하의 '알맞은' 공리이다.

*사영 기하

또 한 가지 훌륭한 '알맞은' 공리의 예는 유클리드 이후 수백 년 뒤 파푸스가 발견한 정리이다. 파푸스는 자신의 정리가 유클리드 기하의 한 부분이라고 보았지만 사실은 아니다. 이 정리에는 유클리드 기하의 전형적인 명제처럼 길이나 각에 대한 언급이 없다. 따라서 이 정리는 길이나 각의 개념이 결부되지 않는 기하학에 살고 있다. 그림 5.35를 참고하여 파푸스 정리를 살펴보자.

파푸스 정리 그림 5.35와 같이 평면의 두 직선에 번갈아가며 속하는 점들 A, B, C, D, E, F가 있다. 그러면 직선 AB와 DE의 교점, BC와 EF의 교점, CD와 FA의 교점은 모두 한 직선 위에 있다.

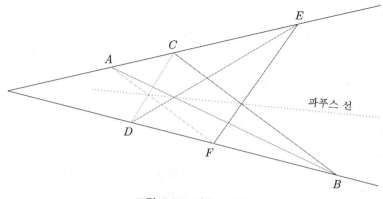

그림 5.35 파푸스 정리

파푸스 정리는 길이를 사용하여 유클리드의 방식으로 증명할 수도 있고, 방정식과 좌표를 사용해서 증명할 수도 있다. 그러나 점과 직선, 그리고 점이 직선에 속한다는 개념 등 정리의 서술에 꼭 필요한 개념만 사용하여 증명할 방법은 없는 것 같다. 사실 파푸스 정리를 증명하기 위한 적합한 배경은 평면의 **사영 기하**이다. 사영 기하는 길이와 각은 고려하지 않고 점과 직선의 행동만 포착하려고 한다. 사영 기하에서 점이나 직선의 배치가 다른 쪽에 사영되면 두 배치는 같은 것으로 간주한다.

사영을 하면 길이와 각도는 변하지만 직선은 직선으로 그대로 보존되고 점이 직선에 속하는지 여부도 보존된다. 평면 사영 기하의 공리를 나열하면 아래와 같다.

1. 임의의 두 점은 유일한 직선 위에 있다.
2. 임의의 두 직선은 항상 유일한 교점을 가진다.
3. 어느 세 점도 같은 직선 위에 있지 않는 네 개의 점이 있다,

첫 번째 공리는 유클리드 공리 중 한 가지다. 두 번째 공리는 유클리드 기하와 맞지 않는다. 왜냐하면 유클리드 기하에서는 평행선이 있기 때문이다.

사영 기하에서는 평행선들도 '지평선horizon'에서 만나도록 사영된다. 세 번째 공리는 우리가 보고 있는 세상이 직선이 아니라 진짜로 평면임을 알려준다. 하지만 이 세 공리만으로는 파푸스 정리를 증명할 수 없다. 그러나 이 세 공리는 자연스러운 점과 직선에 대한 다른 공리를 추가할 토대가 되는 기초 이론을 형성한다.

파푸스 정리를 증명할 '알맞은 공리'는 무엇일까? 정답은 파푸스 정리 자체이다. 파푸스 정리에 의해 '점'과 '직선'의 공간에 좌표를 줄 수가 있고 이것은 4.3절에서 정의한 체가 된다. 이렇게 해서 파푸스 정리로부터 하나의 기하학이 온전하게 솟아날 수 있는 것이다! 파푸스 공리(이제 이렇게 부르는 게 더 적당하겠다)는 체를 이용한 좌표화를 증명하는 '알맞은' 공리다. 왜냐하면 그러한 좌표화로부터 파푸스 정리를 증명할 수 있기 때문이다. 즉 우선 일차식을 이용하여 직선을 정의하고 나면, 체의 성질들을 이용하여 방정식들을 풀어서 직선의 교점을 구할 수 있다. 그리고 이를 이용하여 교점이 다른 직선에 속하는지 아닌지 알 수 있다.

좌표로부터 기하에 접근하는 과정을 역으로 뒤집는 아이디어는 폰 슈타우트von Staudt(1847)가 시작했다. 그는 파푸스 공리를 가지고 직선 위의 점들의 덧셈과 곱셈을 정의했다. 힐버트Hilbert(1899)는 이것을 더 발전시켜서 좌표들이 체를 형성한다는 것을 증명했는데 **데자르그Desargues의 정리**라고 불리는 다른 공리를 하나 더 추가해야 했다. 데자르그의 정리는 1640년경에 나왔다. 대략 설명하자면 파푸스의 공리는 덧셈과 곱셈의 교환법칙을 보일 수 있고, 데자르그의 정리로부터 결합법칙을 쉽게 보일 수 있다. 헤센베르크Hessenberg(1905)가 파푸스 정리로부터 데자르그의 정리를 유도할 수 있다는 것을 알아내기까지 얼마나 많은 시간이 흘렀는지를 생각하면 놀랍다. 결국 파푸스 공리 하나가 체에 의한 평면의 좌표화와 동치라는 것이다.

파푸스 정리에 대한 역수학 이야기에서 또 한 가지 놀라운 점은 대수에서 발견되었다. 체를 정의하는 아홉 개의 공리가 사영 평면의 공리 세 개에 파푸스를 더한 네 개의 기하 공리에서 따라 나온다는 사실이다!

6

미적분

들어가는 말

미적분은 유클리드와 아르키메데스가 넓이나 부피를 계산하기 위해 무한합을 사용한 것으로부터 시작되었다. 가장 간단한 **기하급수**에서 이야기를 시작하자. 나중에 기하급수가 일종의 씨앗이 되어 다른 급수들을 만들어내는 것을 볼 것이다.

오늘날 우리가 아는 대로 미적분학은 무한과정이 내놓는 것을 계산하는 방법으로 곡선의 접선을 구하는 것부터 시작했다. 예시로 $y = x^n$의 그래프로 나타나는 곡선의 접선을 구하고 이를 이용하여 곡선의 아랫부분의 넓이를 구할 것이다. 접선과 넓이는 **미분**과 **적분**을 이용하여 구하며, **미적분학의 기본정리**는 이들이 서로 역 관계에 있음을 식으로 나타낸다.

미분은 잘 알려진 함수의 범위를 벗어나지 않지만, 적분은 종종 벗어난다. 예를 들어 로그함수와 삼각함수는 유리함수의 적분으로 나타난다. 그러므로 유리함수와 대수함수를 조합하면 상당히 큰 그룹이 되는데 이를 **초등함수**라고 부르자. 유리함수의 적분은 초등함수 범위에 있다.

초등함수만 다루는 기초 미적분학이 있을 것 같지만 그렇지 않다. 초등함수로만 제한해도 미적분학은 완전한 기초 수준이 아니다. 예를 들어 도함수가 0인 함수는 상수라는 정리와 같이 직관적으로 당연해 보이지만 증명하기는 매우 어려운 것들이 있기 때문이다. 그래서 미적분학에서는 그럴듯해 보이는 결과를 증명 없이 그냥 받아들이거나, 그렇지 않으면 고등 영역으로 자주 건너가야 한다.

이 장에서는 기초와 고등의 경계선을 종종 넘어갈 텐데 이를 통해 이 경계를 어떻게 나누어야 할지 이해하게 될 것이다. 고등 지식이나 훈련이 필요한 절에는 *표시를 붙였다.

6.1 기하급수

> 어떤 거리를 가려면 그 전에 절반을 가야 하고 그리고 무한
> 히 많은 절반의 거리들을 가야 한다.
>
> 아리스토텔레스, 『자연학Physics』, 263a5

아리스토텔레스는 거리의 절반을 가는 것으로 가장 간단하고 자연스럽게 기하급수가 나오는 상황을 명료하게 설명했다. 절반을 가고, 거기서 남은 거리의 절반(전체 거리의 사분의 일)을 가고, 거기서 또 남은 거리의 절반(전체 거리의 팔분의 일)을 가는 것을 계속한다. 따라서 이동한 전체 거리는 아래와 같이 분수들의 합이다.

$$\frac{1}{2} + \frac{1}{4} + \frac{1}{8} + \frac{1}{16} + \cdots$$

이는 무한 기하급수의 예로 각 항은 바로 앞 항의 절반이다. 유한개의 단계만으로는 목적지까지 가야 할 거리가 항상 남아 있기 때문에 무한히 가야 한다.

그러나 움직일 때마다 남아 있는 거리는 임의로 줄어들기 때문에 출발지와

목적지 사이에 있는 어떤 곳도 유한한 단계에서 지나간다. 그러므로 움직인 거리를 무한히 합하면 전체거리보다 작을 수 없다. 즉 다음이 성립한다.

$$\frac{1}{2} + \frac{1}{4} + \frac{1}{8} + \frac{1}{16} + \cdots = 1$$

이와 같이 무한과정은 미적분학의 핵심이다. 한편 무한 합은 아래와 같은 방법으로 직접 구할 수 있다. n번째 항까지의 합을

$$S_n = \frac{1}{2} + \frac{1}{4} + \frac{1}{8} + \cdots + \frac{1}{2^n}$$

이라 하자. 그러면

$$2S_n = 1 + \frac{1}{2} + \frac{1}{4} + \frac{1}{8} + \cdots + \frac{1}{2^{n-1}}$$

이므로, $2S_n$에서 S_n을 빼면

$$S_n = 1 - \frac{1}{2^n}$$

이다. n을 아주 크게 하면, $\frac{1}{2^n}$은 거의 0에 가까운 수로 우리가 원하는 만큼 작게 할 수 있으므로 합은 1에 아주 가까운 수가 된다. 그러므로 무한 합으로 도달할 수 있는 수는 1뿐이다.

이런 식으로 무한 합 전체를 다 보는 대신 임의의 유한 합을 사용하는 법을 **완전소진법**method of exhaustion이라고 한다. 왜냐하면 답이 될 가능성이 있는 모든 값을 다 소진하고 하나만 남기기 때문이다. 1.5절에서 아르키메데스가 포물선 영역의 넓이를 구한 방법과 같다. 아르키메데스는 포물선 영역을 삼각형의 조각들로 다 소진하면 아래와 같이 삼각형 넓이의 합이 포물선 영역의 넓이와 같다는 것을 발견했다.

$$1 + \frac{1}{4} + \frac{1}{4^2} + \frac{1}{4^3} + \cdots$$

이 급수의 합은 $\frac{4}{3}$ 이다. 위에서 했던 것처럼 n번째 항까지의 합

$$S_n = 1 + \frac{1}{4} + \frac{1}{4^2} + \cdots + \frac{1}{4^n}$$

을 생각한다. 여기에 4를 곱하고

$$4S_n = 4 + 1 + \frac{1}{4} + \frac{1}{4^2} + \cdots + \frac{1}{4^{n-1}}$$

S_n을 빼면

$$3S_n = 4 - \frac{1}{4^n}$$

이다. 그러므로

$$S_n = \frac{4}{3} - \frac{1}{3 \cdot 4^n}$$

이고, 따라서 S_n은 $\frac{4}{3}$ 보다 작다는 것을 알 수 있다. 그런데 n을 크게 키워서 $\frac{1}{4^n}$을 임의로 작게 할 수 있기 때문에 S_n은 $\frac{4}{3}$ 보다 작은 어떤 수보다도 크다. 그러므로 $\frac{4}{3}$ 보다 작은 수 중에서 답이 될 만한 수는 (다 소진되어) 없기 때문에 무한급수의 합은 $\frac{4}{3}$ 이다.

일반적으로 아래와 같이 주어진 기하급수의 합은 같은 방법으로 구할 수 있다.

$$a + ar + ar^2 + ar^3 + \cdots$$

부분 합

$$S_n = a + ar + ar^2 + \cdots + ar^n$$

에 r을 곱하고 S_n에서 빼면

$$(1-r)S_n = a - ar^{n+1}$$

이다. r이 1이 아니면 양변을 $1-r$로 나누어서

$$S_n = \frac{a - ar^{n+1}}{1-r}$$

을 얻는다. $r=1$이었다면 $S_n = a + a + \cdots + a = (n+1)a$이고, n이 커지면 계속해서 무한히 커질 것이다.

이제 우리가 본 예에서 r이 모두 작은 수였던 이유를 알 것이다. $|r| \geq 1$이면 무한 합은 의미가 없고, $|r| < 1$이면 ar^{n+1}은 우리가 원하는 만큼 아주 작게 할 수 있기 때문에 기하급수가 다음과 같은 유한한 합을 가진다.

$$a + ar + ar^2 + ar^3 + \cdots = \frac{a}{1-r}$$

기하급수로 표현한 함수들

기하급수의 중요한 예는 $a=1$, $r=-x$일 때 얻는 식

$$\frac{1}{1+x} = 1 - x + x^2 - x^3 + \cdots$$

과 $a=1$, $r=-x^2$일 때 얻는 식

$$\frac{1}{1+x^2} = 1 - x^2 + x^4 - x^6 + \cdots$$

이다. r이 만족해야 하는 조건이 있으므로 이 공식들은 $|x| < 1$일 때만 성립하며 이 범위의 x에 대해서 정의된 함수 $\frac{1}{1+x}$와 $\frac{1}{1+x^2}$의 **거듭제곱 급수전개**라고 부른다. $\frac{1}{1+x}$과 같이 간단해 보이는 함수를 무한한 항을

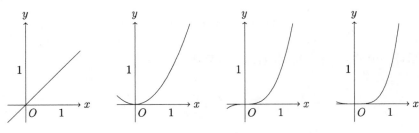

그림 6.1 $y=x$, $y=x^2$, $y=x^3$, $y=x^4$의 그래프

가진 $1 - x + x^2 - x^3 + \cdots$으로 바꾸는 것이 어리석은 짓처럼 보일지도 모르겠다. 그러나 x, x^2, x^3, $\cdots$을 가지고 작업하는 것이 $\dfrac{1}{1+x}$보다 쉬운 일이 있다. 사실 이 장의 목표가 바로 e^x, $\sin x$와 같은 초등함수를 거듭제곱 급수를 통해서 이해하는 것이다.

　이런 접근법은 1665년경 뉴튼이 개발했고 오늘날까지 가장 좋은 기초적인 접근법으로 여겨진다. 정리하자면 미적분학은 완전히 기초적인 주제는 아니다. 특별히 무한급수에 대해서는 꽤 까다로운 질문이 많다. 우리는 여기서 비교적 쉽게 혹은 약간만 노력하면 바로 답을 찾을 수 있는 것만 다루겠다. 물론 노력이 더 필요한 것이 무엇인지도 밝히겠지만 너무 멀리 가지는 않을 것이다.

6.2 접선과 미분

함수 $y = x^n$의 그래프를 통해서 x의 거듭제곱을 먼저 이해해 보자. 그림 6.1에 몇 가지 예제가 있다. 각각의 그래프가 가진 기하적 특징에 대한 근본적인 질문은 접선에 대한 것이다. $y = x$를 제외한 나머지 곡선의 접선을 어떻게 찾아야 할지 자명하지 않다. 답은 곡선의 두 점을 잇는 선분을 구하는 것에서 시작한다.

　구체적으로 포물선 $y = x^2$의 한 점 $P = (1,\ 1)$에서 접선을 찾아 보자.

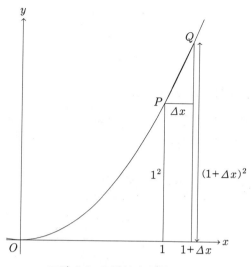

그림 6.2 포물선의 접선 구하기

그림 6.2와 같이 P와 근처에 있는 점 $Q = (1+\Delta x, \ (1+\Delta x)^2)$를 연결하는 선분을 생각한다. 두 점의 x좌표의 차이를 Δx로 쓰는데 Δ는 차이를 나타내는 그리스 단어의 첫 글자이다. 여기서는 굳이 이런 기호를 쓰지 않아도 되지만 나중에는 꼭 사용해야 되니 지금부터 익숙해지자.

Δx가 점점 작아져서 0에 가까워질 때 Q는 점점 P에 가까이 다가간다. 그리고 P와 Q를 잇는 선분은 P에서의 접선에 가까워진다. 이때 기울기를 Δx를 이용하여 계산하면 아래와 같은데, Δx가 점점 0에 가까워질 때 기울기는 2에 가까워진다.

$$
\begin{aligned}
PQ\text{의 기울기} &= \frac{y\text{값의 변화량}}{x\text{값의 변화량}} \\[2mm]
&= \frac{(1+\Delta x)^2 - 1^2}{(1+\Delta x) - 1} \\[2mm]
&= \frac{1^2 + 2\Delta x + (\Delta x)^2 - 1^2}{\Delta x}
\end{aligned}
$$

$$= \frac{2\Delta x + (\Delta x)^2}{\Delta x}$$

$$= 2 + \Delta x$$

이런 방법으로 포물선의 임의의 점 $P = (x, \ x^2)$에서의 접선의 기울기를 구할 수 있다. P 근처의 점을 $Q = (x + \Delta x, \ (x + \Delta x)^2)$라 하고 두 점을 잇는 선분의 기울기를 구하자.

$$PQ\text{의 기울기} = \frac{(x + \Delta x)^2 - x^2}{(x + \Delta x) - x}$$

$$= \frac{x^2 + 2x \cdot \Delta x + (\Delta x)^2 - x^2}{\Delta x}$$

$$= \frac{2x \cdot \Delta x + (\Delta x)^2}{\Delta x}$$

$$= 2x + \Delta x$$

Δx가 점점 0에 가까워질 때 기울기는 $2x$에 다가간다.

계산은 좀 길어지겠지만 $y = x^3$을 비롯한 고차원 식에도 같은 방법을 적용할 수 있다. $y = x^3$의 임의의 점 $P = (x, \ x^3)$과 근처의 점 $Q = (1 + \Delta x, \ (1 + \Delta x)^3)$을 잇는 선분의 기울기는

$$\frac{(x + \Delta x)^3 - x^3}{(x + \Delta x) - x} = \frac{x^3 + 3x^2 \cdot \Delta x + 3x \cdot (\Delta x)^2 + (\Delta x)^3 - x^3}{\Delta x}$$

$$= 3x^2 + 3x \cdot \Delta x + (\Delta x)^2$$

이다. Δx가 점점 0에 가까워질 때 $3x \cdot \Delta x$와 $(\Delta x)^2$도 0에 가까워지기 때문에, 기울기는 $3x^2$에 다가간다.

비슷하게

$y = x^4$의 임의의 점 $(x, \ x^4)$에서의 접선의 기울기를 구하면 $4x^3$이고,

$y = x^5$의 임의의 점 $(x, \ x^5)$에서의 접선의 기울기를 구하면 $5x^4$이고,

$y = x^n$의 임의의 점 $(x,\ x^n)$에서의 접선의 기울기를 구하면 nx^{n-1}이다. 임의의 자연수 n에 대한 계산에는 1.6절의 이항정리가 필요하다.

$$(x + \Delta x)^n = x^n + nx^{n-1} \cdot \Delta x + \frac{n(n-1)}{2} x^{n-2} \cdot (\Delta x)^2 + \cdots + (\Delta x)^n$$

$y = x^n$의 임의의 x값에서의 접선의 기울기를 주는 함수 nx^{n-1}를 x^n의 **도함수**derivative라고 부른다.

x^n의 도함수   임의의 자연수 n에 대하여 x^n의 도함수는 nx^{n-1}이다.

지금은 이 경우만 알면 되지만 나중을 위해 도함수의 정확한 정의를 보자.

정의   함수 f의 정의역의 임의의 값 x에 대해 다음을 만족하면 f가 **미분가능하다**고 한다. 즉, Δx가 점점 0에 가까워질 때

$$\frac{f(x + \Delta x) - f(x)}{\Delta x}$$

가 유한한 값 $f'(x)$에 수렴한다. 이때 $f'(x)$를 $f(x)$의 **도함수**라고 부른다.

특별히 $f'(a)$가 존재할 때 f가 a에서 미분가능하다고 한다. 함수가 미분가능하지 않은 예는 흔하다. 예를 들어 그림 6.3의 $f(x) = |x|$는 $x = 0$에서 미분가능하지 않다. 왜냐하면 $x = 0$의 오른쪽에 있는 점까지의 기울기를 구하면 $+1$인데, 왼쪽에 있는 점까지의 기울기는 -1이기 때문이다.

$f'(x)$가 존재하면 이 값을 Δx가 점점 0에 무한히 가까워질 때 $\dfrac{f(x + \Delta x) - f(x)}{\Delta x}$의 극한limit이라 부르고

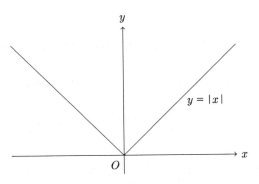

그림 6.3 $f(x)=|x|$의 그래프

$$f'(x) = \lim_{\Delta x \to 0} \frac{f(x+\Delta x)-f(x)}{\Delta x}$$

으로 쓴다. 여기서 화살표 '→'는 '무한히 가까워지는 것'을 나타낸다. 극한과 무한히 가까워진다는 개념을 수학적으로 엄밀하게 정의할 수 있지만 여기서는 하지 않겠다. 우리는 주로 직관적으로 극한이 무엇인지 자명하게 알 수 있는 경우만 다룰 것이기 때문이다. 예를 들어 Δx가 점점 0에 가까워질 때 $2+\Delta x$는 자명하게 2에 가까워진다. 앞에서 봤던 $1-\dfrac{1}{2^n}$은 1에 가까워진다. 기초 미적분학에서는 이렇게 자명한 경우를 주로 다루기 때문에 극한을 더 깊이 설명해서 새로 얻을 것은 별로 없다. 극한의 깊이 있는 설명은 고등 미적분학에서 다루기로 하겠다. 이후에 보게 되겠지만, 고등 미적분학도 기초 미적분학에서 별로 멀지 않다.

$f(x)=\dfrac{1}{x}$의 예를 하나 더 보자.

$$\frac{f(x+\Delta x)-f(x)}{\Delta x} = \frac{1}{\Delta x}\left(\frac{1}{x+\Delta x}-\frac{1}{x}\right)$$
$$= \frac{1}{\Delta x}\cdot\frac{x-(x+\Delta x)}{(x+\Delta x)x}$$

$$= \frac{-1}{(x + \Delta x)x}$$

로부터

$$f'(x) = \lim_{\Delta x \to 0} \frac{-1}{(x + \Delta x)x} = \frac{-1}{x^2}$$

을 얻는다. 결론적으로 앞의 x^n의 도함수에 대한 공식은 $n = -1$일 때도 성립한다. 사실 공식은 모든 실수 n에 대해서 성립하지만 우리는 거기까지는 필요 없다.

도함수 개념이 필요한 다른 경우

$\dfrac{f(x + \Delta x) - f(x)}{\Delta x}$와 같은 식과 그 극한은 기하에서뿐만 아니라 어떤 양이 변화하는 상황에서 변화하는 비율, 즉 **변화율**을 재고자 할 때마다 나타난다. 기울기는 거리의 수평방향의 변화량에 대한 수직방향의 변화량의 비율이다. 또한 속도는 시간에 대한 위치의 변화량이다.

시각이 t일 때와 $t + \Delta t$일 때 위치 $p(t)$와 $p(t + \Delta t)$를 측정해서 아래와 같이 평균속도를 구한다.

$$\frac{\text{이동 거리}}{\text{걸린 시간}} = \frac{p(t + \Delta t) - p(t)}{\Delta t}$$

시각이 t인 순간의 속도는 $\Delta t \to 0$일 때의 극한이다.

$$\text{시각이 } t \text{인 순간의 속도} = p'(t) = \lim_{\Delta t \to 0} \frac{p(t + \Delta t) - p(t)}{\Delta t}$$

비슷하게 가속도는 시간에 대한 속도의 변화량이다. 즉 가속도는 속도를 미분하여 얻는데, 이는 위치함수를 미분한 것을 또 미분한 것으로 **2계 도함**

수라고 부른다. 위치를 두 번 미분한다는 게 난해하게 들리지만 이것이 우리가 실제로 느끼는 것이다. 뉴튼의 제2운동법칙에 따르면 가속도는 자동차가 움직이기 시작하거나 갑자기 멈출 때처럼 작용하는 힘에 의해 감지된다. 뒤에서 e^x, $\sin x$, $\cos x$와 같은 함수들은 무한 번 미분이 가능하고 여기서 얻는 모든 도함수가 다 중요하다는 것을 볼 것이다.

6.3 도함수 구하기

이름이 말해주듯이 미적분학은 계산을 위한 체계다. 도함수의 계산에서 처음으로 대성공을 거둔 데에는 아주 간단한 함수들의 도함수가 뻔하다는 사실과 이미 도함수를 알고 있는 함수들의 적절한 조합에 대해 도함수를 계산하는 간단한 규칙이 있다는 점이 기여했다. 미적분 계산이 성공하도록 기여한 또 다른 요인은 라이프니츠가 도입한 기호로, 도함수의 원래 개념을 분수의 극한 형태로 표현한다. $y = f(x)$로 주어진 함수에 대해

$$f'(x) = \frac{dy}{dx}$$

로 쓰는 것이 종종 도움이 된다. $\frac{dy}{dx}$는 $\frac{\Delta y}{\Delta x}$의 극한으로 진짜 분수처럼 행동하기도 하고 미분에 대한 공식을 외우기 쉽게 한다.

(미분을 나타내는 $'$는 오른쪽에 붙이는 반면) 미분을 $\frac{d}{dx}$로 쓰면 자연스럽게 함수에 왼쪽에 붙여서 함수를 미분하라는 뜻으로 편리하게 사용할 수 있다. 예를 들어, 아래와 같이 쓴다.

$$\frac{d}{dx}x^2 = 2x$$

가장 간단한 함수인 **상수함수** $f(x) = k$의 도함수는 0이다. 그 다음으로

간단한 **항등함수** $f(x) = x$의 도함수는 1이다. 이 두 함수와 아래의 공식을 써서 많은 함수의 도함수를 바로 구할 수 있다.

- 미분가능한 함수 u와 v를 더하거나 빼거나 곱하거나 나누어 얻은 함수의 도함수는 다음과 같이 구한다. (단, $v \neq 0$일 때)

$$\frac{d}{dx}(u+v) = \frac{du}{dx} + \frac{dv}{dx}, \quad \frac{d}{dx}(u-v) = \frac{du}{dx} - \frac{dv}{dx},$$

$$\frac{d}{dx}(u \cdot v) = u\frac{dv}{dx} + v\frac{du}{dx}, \quad \frac{d}{dx}\left(\frac{u}{v}\right) = \frac{v\dfrac{du}{dx} - u\dfrac{dv}{dx}}{v^2}$$

- $\dfrac{dy}{dx}$ 가 함수 $y = f(x)$의 도함수이고 0이 아니면, $\dfrac{dx}{dy}$ 는 역함수 $x = f^{-1}(y)$의 도함수로 $\dfrac{1}{\dfrac{dy}{dx}}$ 과 같다.

- $z = f(y)$의 (y에 대한) 도함수가 $\dfrac{dz}{dy}$ 이고 $y = g(x)$의 도함수가 $\dfrac{dy}{dx}$ 일 때, **연쇄법칙**에 의해 합성함수 $z = f(g(x))$의 x에 대한 도함수는 $\dfrac{dz}{dx} = \dfrac{dz}{dy} \cdot \dfrac{dy}{dx}$ 이다.

두 번째와 세 번째 식에서 미분을 $\dfrac{dy}{dx}$ 로 썼는데 실제로 이 기호가 분수처럼 행동하기 때문에 매우 편리하다. $\dfrac{dy}{dx}$ 는 $\dfrac{\Delta y}{\Delta x}$ 라는 분수의 극한[1]이기 때문에 사실 별로 놀랍지 않다. 위 규칙들의 증명도 기본적으로 분수의 조작을 통해 얻는다. 물론 무한과정을 통해 극한을 생각할 때 분모가 0이 되는 것을 조심해야 한다. 극한을 생각할 때 또 한 가지 중요한 것은 연속성이다.

---

1) 철학자 조지 버클리의 말을 빌리면 dx와 dy는 '사라진 양의 유령'이다.

미분가능한 함수의 연속성 함수 $y = f(x)$가 $x = a$에서 미분가능하면 $x = a$에서 연속이다. 즉 $x \to a$일 때, $f(x) \to f(a)$이다.

증명 $x = a$에서의 도함수 값은

$$\lim_{x \to a} \frac{f(x) - f(a)}{x - a}$$

이다. 이때 분모 $x - a \to 0$이므로 극한이 존재하기 위해서는 분자도 0으로 다가가야 한다. 즉 $f(x) \to f(a)$이다. ■

이 결과를 응용하기 전에, 이미 조용히 잠입한 연속의 개념을 분명히 하자.

정의 $x \to a$일 때 $f(x) \to f(a)$이면 함수 f가 $x = a$에서 **연속**이라고 한다. 또한 함수 f가 어떤 정의역의 모든 점에서 연속이면, f가 그 정의역에서 **연속**이라고 한다.

이제 아래와 같은 미분의 곱셈 법칙을 분수, 극한, 연속성을 이용해서 증명하자.

$$\frac{d}{dx}(u \cdot v) = u\frac{dv}{dx} + v\frac{du}{dx}$$

정의에 의해 좌변은

$$\frac{u(x + \Delta x) \cdot v(x + \Delta x) - u(x) \cdot v(x)}{\Delta x}$$

의 $\Delta x \to 0$일 때의 극한값이다. $\dfrac{\Delta u}{\Delta x}$와 $\dfrac{\Delta v}{\Delta x}$를 만들기 위해서 분자에 $u(x + \Delta x) \cdot v(x)$를 더하고 빼자. 그러면

$$\frac{u(x+\Delta x)\cdot v(x+\Delta x)+u(x+\Delta x)\cdot v(x)-u(x+\Delta x)\cdot v(x)-u(x)\cdot v(x)}{\Delta x}$$

$$=u(x+\Delta x)\frac{v(x+\Delta x)-v(x)}{\Delta x}+v(x)\frac{u(x+\Delta x)-u(x)}{\Delta x}$$

$$=u(x+\Delta x)\frac{\Delta v}{\Delta x}+v(x)\frac{\Delta u}{\Delta x}$$

이다. 마지막으로 $\Delta x \to 0$일 때의 극한을 취하면, 미분가능한 함수 $u(x)$는 연속이므로 $u(x+\Delta x) \to u(x)$이고, 따라서 $u(x)\dfrac{dv}{dx}+v(x)\dfrac{du}{dx}$를 얻는다.

상수함수와 항등함수의 사칙연산 +, −, ·, ÷을 통해서 얻은 함수를 다 모으면 유리함수라는 큰 집합을 얻는다. 여기에는 아래와 같은 예가 포함된다.

$$x^2, \quad 3x^2, \quad 1+3x^2, \quad \frac{x}{1+3x^2}, \quad x^3-\frac{x}{1+3x^2}, \quad \cdots$$

이 함수들은 모두 +, −, ·, ÷의 미분 법칙을 이용해서 미분할 수 있다.

역함수의 법칙을 이용하여 $\sqrt{x}$와 같은 대수함수도 미분할 수 있다. $y=f(x)=x^2$를 미분하면

$$\frac{dy}{dx}=2x$$

라는 것을 이미 안다. 따라서 역함수 $x=\sqrt{y}$의 미분 $\dfrac{dx}{dy}$는

$$\frac{dx}{dy}=\frac{1}{\dfrac{dy}{dx}}=\frac{1}{2x}=\frac{1}{2\sqrt{y}}=\frac{1}{2}y^{-\frac{1}{2}}$$

이다. 변수를 다시 x로 고치면

$$\frac{d}{dx}x^{\frac{1}{2}}=\frac{1}{2}x^{-\frac{1}{2}}$$

이다. 이것은 앞에서 본 자연수 n에 대한 공식 $\dfrac{d}{dx}x^n = nx^{n-1}$과 모양이 같다.

*도함수에 대한 어려운 문제

지금까지 살펴본 것은 기본적으로 초등 대수에 가끔씩 극한을 적용해서 얻은 것이기 때문에 모두 기초 미적분학으로 불릴 자격이 있다고 생각한다. 하지만, 이 주제에 대해 제기할 수 있는 질문으로 상당히 다른 성격의 문제가 있다. 만약 $f(x)$의 도함수가 0이라면, $f(x)$는 반드시 상수함수인가?

대답은 당연히 "그렇지!"일 것이다. 변화율이 0인 함수가 어떻게 다른 함숫값을 가질 수 있을까? 그러나 단정하긴 아직 이르다. 왜냐하면 함수의 도함수와 함숫값 사이에 어떤 관계가 있는지 아직 명확하지 않기 때문이다. 이 질문은 전형적인 고등 미적분학 문제로 국소적인 정보(각 점에서의 기울기 = 0)로부터 대역적인 성질(모든 곳에서 상수인 함수)을 얻어내는 것이다.

$f'(x) = 0$은 각 점에서 f가 어떻게 행동하는지를 알려주는 국소적인 정보이다. 즉 각 점 P에서의 접선은 기울기가 0이므로 수평으로 놓여 있다. 그렇다고 해서 또 다른 점 Q와 잇는 선분 PQ도 기울기가 0인지는 알 수 없다. 장담할 수 있는 것은 오직 $Q \to P$일 때 선분 PQ의 기울기 $\to 0$이다. 사실 이 가정만으로 f가 상수 함수임을 증명할 수 있다. 그러나 이러한 대역적인 결론을 이끌어내려면 고등적인 수준의 논증이 필요하다.

도함수가 0인 함수에 대한 정리 어떤 구간의 모든 점에서 $f'(x) = 0$이면 함수 $f(x)$는 그 구간에서 상수함수이다.

증명 미분가능한 함수 $y = f(x)$가 함숫값이 서로 다른 두 점 A, B를 가진다고 가정하자. 이제 그래프 위의 두 점을 잇는 선분의 '대역적 기울

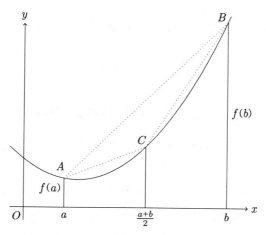

그림 6.4 A와 B를 잇는 곡선과 기울기

기'로부터 A와 B 사이의 점 P에서의 '국소적 기울기'를 도출해 보자. 우리가 사용할 방법은 **반복된 이등분**repeated bisection이라는 무한과정이다. 그림 6.4와 같이 $A = (a,\ f(a))$, $B = (b,\ f(b))$라고 하고 이 두 점을 잇는 직선 AB의 기울기가 (필요하다면 함수 f에 적당한 상수를 곱하여) 1이라고 하자.

구간 $I_1 = [a,\ b] = \{x : a \le x \le b\}$을 $x = \dfrac{a+b}{2}$에서 이등분하고 $C = \left(\dfrac{a+b}{2},\ f\left(\dfrac{a+b}{2}\right)\right)$라고 하자. 그러면 그림 6.4에서 보듯이 선분 AC나 선분 CB 중 하나는 반드시 기울기가 1 이상이다. 이들 중 기울기가 1 이상인 구간을 I_2라고 하자. (만약 이등분한 두 구간의 기울기가 같다면 왼쪽 구간을 I_2라고 하자.) 이제 I_2에서 앞에서 했던 작업을 똑같이 반복해서 I_3을 얻는다.

이런 식으로 점점 작아지면서 차곡차곡 포개진 구간의 무한한 열을 얻는다.

$$[a,\ b] = I_1 \supseteq I_2 \supseteq I_3 \supseteq \cdots$$

미적분

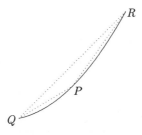

그림 6.5 점 P 근방의 기울기

각 구간은 바로 앞의 구간을 이등분한 것이고 각 구간에서 곡선의 양
끝점 사이의 기울기는 모두 1 이상이다. 그러면 이 무한히 많은 구간들에
공통적으로 속하는 점이 유일하게 하나 있다. 이 점을 P라 하자. 이제
P가 어떻게 만들어졌는지를 생각해 보면 그림 6.5에서처럼 P는 무한히
가까운 점 Q와 R 사이에 있고 QR의 기울기는 1 이상이다. 여기서 Q와
R는 충분히 작은 구간 I_k의 양 끝점에 대응하는 곡선 위의 점이라고 생각
할 수 있다.

이로부터 P에서 그은 선분의 기울기가 1 이상이 되는 P에 임의로 가까운
곡선 위의 점(Q 또는 R)이 있음을 알 수 있다. 그러므로 함수 $f(x)$는
P에서 기울기가 1 이상인 접선을 갖는다.

즉, 미분가능한 함수 f의 그래프로 주어진 곡선 $y = f(x)$의 임의의 두
점을 잇는 직선의 기울기가 0이 아니면, 곡선은 어디선가 기울기가 0이
아닌 접선을 가진다. 그러므로 접선의 기울기가 항상 0이면 곡선 위의
어느 두 점 사이의 기울기도 모두 0이다. 이것으로 $f(x)$가 상수함수라는
것을 보였다. ■

위의 증명에서 계속하여 작아지는 무한개의 구간을 만들고 이 무한개의
구간들이 한 점을 공유한다는 가정을 이용했는데, 이 지점이 위 증명의 고등
적인 측면이다. 이것은 실수 체계의 **완비성**이라는 성질이다. 이에 대하여
마지막 절에서 다시 논의하자.

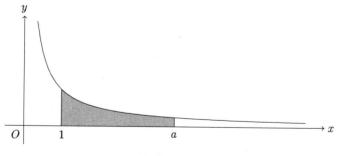

그림 6.6 쌍곡선 $y = \dfrac{1}{x}$ 아래의 넓이

6.4 곡선으로 제한된 영역의 넓이

곡선의 접선을 찾는 문제보다 더 오래된 문제는 곡선으로 제한된 영역의 넓이를 구하는 것이다. 이 문제에 대한 최초의 의미 있는 결과는 1.5절에서 보았던 포물선 영역의 넓이를 구하는 아르키메데스의 방법이다. 그의 해결책은 삼각형들로 포물선 영역을 소진해가는 독창적 방법이지만 포물선이 아닌 다른 곡선 예를 들어 $y = x^3$, $y = x^4$ 등으로 이루어진 영역의 넓이를 구할 때도 이용할 수 있는지는 장담할 수 없다. 미적분학은 17세기에 이르러서야 이런 곡선으로 이루어진 영역의 넓이를 구하는 간단하고 보편적인 방법을 찾아낼 만큼 발전했다. 다음 절에서 이 방법을 설명할 것이다.

방법을 설명하기에 앞서 자명하지 않은 예를 하나 보자. 바로 곡선 $y = \dfrac{1}{x}$ 로 이루어진 영역이다. 이 예를 통해 넓이가 접선보다 심오한 개념이라는 것을 이해하고 의외의 통찰을 얻게 될 것이다. 그림 6.6에서 곡선 $y = \dfrac{1}{x}$ 과 x축, $x = 1$, $x = a$로 이루어진 영역을 생각하자. 이 영역을 앞으로 '$y = \dfrac{1}{x}$ 아래의 $x = 1$과 $x = a$ 사이'라고 부르겠다. 이 영역의 넓이는 그림 6.7과 같이 영역보다 큰 직사각형의 넓이의 합과 영역보다 작은 직사각형의 넓이의 합으로 근사할 수 있다.

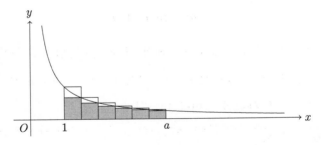

그림 6.7 사각형의 넓이의 합으로 근사

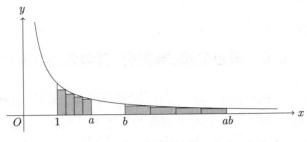

그림 6.8 로그함수의 곱셈법칙 증명

그림 6.7에서 곡선이 지나는 작은 흰색 직사각형의 넓이는 큰 직사각형과 작은 직사각형의 넓이의 차이이다. 이 차이는 직사각형의 밑변의 길이를 충분히 좁게 하면 우리가 원하는 만큼 임의로 작게 할 수 있다. 그러므로 큰 직사각형의 넓이의 합과 작은 직사각형의 넓이의 합은 모두 곡선으로 만들어진 영역의 넓이로 수렴한다.

1부터 a까지의 구간을 길이가 같은 구간들로 n등분하고, 이에 해당하는 작은 사각형들의 넓이의 합을 직접 계산하고, n을 무한히 늘려서 극한을 구한다고 하자. 위에서 본 대로 기하적으로는 극한값이 명확하게 존재하지만 구체적으로 어떤 값이 될지는 가늠하기 어렵다. 곡선 $y = \dfrac{1}{x}$ 아래의 $x = 1$과 $x = a$ 사이의 넓이는 분명히 a에 관한 함수가 될 것이다. 이는 우리가 아직 다루지 않은 함수인 **자연로그함수** $\ln a$이다. 로그함수를 특징 짓는 성질은 아래와 같이 곱하기를 더하기로 바꾸는 것이다.

$$\ln ab = \ln a + \ln b$$

이 성질은 사각형의 넓이를 이용해서 근사하는 방법으로 쉽게 증명할 수 있다. 그림 6.8과 같이 곡선 $y = \dfrac{1}{x}$ 아래의 $x = 1$과 $x = a$ 사이의 넓이와 $x = 1$과 $x = b$ 사이의 넓이를 비교하자.

편의상 $b > a$라고 하고 1부터 a까지의 구간과 b부터 ab까지의 구간을 각각 4등분하자. b부터 ab까지의 구간을 4등분한 각 구간에 해당하는 직사각형의 높이는 1부터 a까지를 4등분한 각 구간의 직사각형의 높이에 $\dfrac{1}{b}$를 곱한 것이다. 그리고 b부터 ab 사이의 각 직사각형의 가로의 길이는 $\dfrac{(ab-b)}{4}$이고, 이것은 1부터 a 사이의 직사각형의 가로의 길이인 $\dfrac{(a-1)}{4}$에 b를 곱한 것과 같다. 그러므로 1부터 a 사이의 직사각형 4개의 넓이의 합은 b부터 ab 사이의 직사각형 4개의 합과 같다.

이 논리는 4등분뿐만 아니라 임의의 n등분에도 똑같이 성립한다. n이 무한히 커질수록 사각형들의 넓이의 합은 곡선 아래 영역의 넓이에 수렴하기 때문에

‘곡선 $y = \dfrac{1}{x}$ 아래의 $x = 1$과 $x = a$ 사이의 넓이’는

‘곡선 $y = \dfrac{1}{x}$ 아래의 $x = b$와 $x = ab$ 사이의 넓이’와 같다.

로그함수의 정의에 의해 첫 번째 줄은 $\ln a$이고 두 번째 줄은 $\ln ab - \ln b$이다. 그러므로

$$\ln a = \ln ab - \ln b$$

즉

$$\ln ab = \ln a + \ln b$$

이다.

자연에 존재하는 로그함수

$\ln ab = \ln a + \ln b$로부터 $\ln a^n = n \ln a$임을 바로 알 수 있다. 즉, a가 고정된 상수일 때, 로그함수는 a^n의 지수적인 증가속도를 $n \ln a$의 선형적인 증가로 눌러버린다. 우리는 놀랍게도 자연에서 기하급수로 증가하는 것을 종종 선형적인 증가로 인지하는데, 양을 측정하는 우리 안의 기관이 로그함수를 사용하기 때문이다. 정신물리학의 베버-페히너의 법칙[2])이라는 용어가 이러한 선형적인 증가현상을 표현한다.

예를 들어 음색, 즉 소리의 높고 낮음은 초당 진동수를 재는 것이 자연스러운 방법일 것이다. 그러나 우리 귀는 옥타브 혹은 한 옥타브를 온음이나 반음으로 나눈 것을 사용해 음색을 잰다. 한 **옥타브**를 높인 소리는 진동수를 두 배로 늘린 것으로 n 옥타브를 올리면 진동수는 2^n배로 늘어난다.

소리의 크기나 강도 역시 비슷하다. 와트와 같은 단위를 사용하여 재는 것이 당연할 것 같지만 실제로 **데시벨**을 사용한다. 소리의 강도 10데시벨을 더한다는 것은 10배로 커진다는 뜻이다.

빛의 밝기도 마찬가지다. 별의 밝기는 **등급**magnitude이라는 단위를 사용한다. 별의 밝기가 감소하면 등급이 커진다. 예를 들어 하늘에서 가장 밝은 별인 시리우스는 −1.46등급이고, 그 다음 밝은 별인 카노푸스는 −0.72등급이다. 오리온 자리에서 가장 밝은 별인 리겔은 0.12등급이다. 금성은 이들보다 훨씬 밝아서 −4.6등급이다. 좀 어두운 별들로는 플레이아데스 성운에서 눈으로 관찰할 수 있는 별 7개가 있는데 모두 2.86~5등급을 가진다. 사람의 눈은 6등급까지 볼 수 있다. 등급이 5 증가하면 밝기는 100분의 1로 줄어든다.

마지막으로 가장 익숙한 예로 지진을 재는 **리히터** 강도를 보자. 가장 강했던 지진은 리히터 강도가 9 정도였고, 리히터 강도가 2보다 낮은 것은 사람이 거의 느끼지 못한다. 리히터 강도가 1 증가하면 지진은 실제로 30배 커진다.

---

2) 역주: 감각량은 자극의 강도의 로그에 비례한다는 법칙

복잡해 보이는 자연 현상이 지수함수적인 척도에 따라 변한다는 사실과 사람이 그 변화를 선형 척도로 줄여서 인지한다는 것 중 어떤 것이 더 놀라운 것인지 모르겠다.

6.5 $y = x^n$ 아래의 넓이

앞에서 곡선의 그래프로 만들어진 영역의 넓이를 구할 때 사용했던 방법, 즉 잘게 쪼갠 직사각형의 넓이의 상계와 하계 근삿값을 구하는 방법은 $y = x^n$ 으로 주어진 곡선에도 쓸 수 있다. $n = 2$ 일 때, $y = x^2$ 으로 주어진 포물선을 자세히 살펴보자. 이 방법은 아주 조금만 고치면 n이 2가 아닌 다른 자연수일 때도 적용할 수 있다. 곡선 $y = t^2$ 아래의 $t = 0$부터 $t = x$까지의 넓이를 구하려고 할 때 비법은 x를 변화시키는 것이다. 그러면 이 넓이는 x에 대한 함수로 표현되고 이 함수는 미분가능하다. 이를 이용하여 넓이 함수를 정확히 찾을 수 있다.

그림 6.9에서처럼 0과 x 사이의 구간을 m등분하고 각각의 작은 구간을 한 변으로 하는 직사각형을 사용하여 상계 근삿값과 하계 근삿값을 구한다.

큰 사각형과 작은 사각형의 높이 차이는 $\left(\dfrac{m-1}{m} \right) x$와 x에서 가장 크게 되며, 그 차이는

$$x^2 - \left(\frac{m-1}{m} x \right)^2 = x^2 \left(1 - \frac{m^2 - 2m + 1}{m^2} \right) = x^2 \frac{2m-1}{m^2}$$

이다. 가로의 길이는 똑같이 $\dfrac{x}{m}$이므로 넓이의 차이는 $\left(\dfrac{2m-1}{m^3} \right) x^3$이다. 큰 사각형과 작은 사각형은 각각 m개 있으므로 넓이의 차이의 합은 최대로 $\left(\dfrac{2m-1}{m^2} \right) x^3$인데 m이 커질수록 이 값은 0으로 수렴한다. 그러므로 $y = t^2$ 아래의 $t = 0$부터 $t = x$까지의 넓이는 x에 대한 함수로 정의할 수

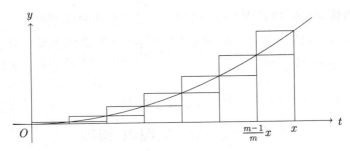

그림 6.9 $y=t^2$ 아래의 넓이의 상계 근삿값과 하계 근삿값

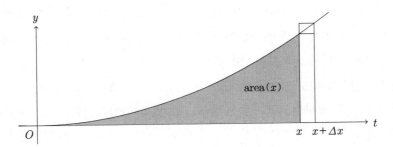

그림 6.10 x에 대한 함수로 본 넓이

있다. 이 함수를 area(x)라고 하자(그림 6.10).

그림 6.10에서 x와 $x+\Delta x$ 사이의 띠에 해당하는 부분을 가지고 함수 area(x)를 x에 대해서 미분하자.

$$\frac{d}{dx}\text{area}(x) = \lim_{\Delta x \to 0} \frac{\text{area}(x+\Delta x)-\text{area}(x)}{\Delta x}$$

분자의 area($x+\Delta x$)−area(x)는 $y=t^2$의 아래의 $t=x$부터 $t=x+\Delta x$ 까지의 넓이이다. 이때 곡선의 높이는 x^2과 $(x+\Delta x)^2$ 사이에 속하기 때문에 곡선 아래의 실제 넓이를 큰 사각형과 작은 사각형의 넓이와 비교하면 다음과 같다.

$$x^2 \cdot \Delta x \leq \text{area}(x+\Delta x)-\text{area}(x) \leq (x+\Delta x)^2 \cdot \Delta x$$

부등식을 Δx로 나누면

$$x^2 \le \frac{\text{area}(x + \Delta x) - \text{area}(x)}{\Delta x} \le (x + \Delta x)^2$$

이다. $\Delta x \to 0$일 때 이 부등식의 양쪽 값이 모두 x^2으로 수렴하기 때문에

$$\frac{d}{dx}\text{area}(x) = \lim_{\Delta x \to 0} \frac{\text{area}(x + \Delta x) - \text{area}(x)}{\Delta x} = x^2$$

을 얻는다. 즉 넓이함수 $\text{area}(x)$를 미분하면 x^2이다. 이미 함수 $\frac{1}{3}x^3$을 미분하면 x^2이라는 것을 알고 있다. 즉,

$$\frac{d}{dx}\left(\frac{1}{3}x^3\right) = \frac{1}{3}\frac{d}{dx}x^3 = \frac{1}{3} \cdot 3x^2 = x^2$$

미분하면 x^2이 되는 다른 함수 $f(x)$가 있다면 그 차이인 $f(x) - \frac{1}{3}x^3$은 미분하면 0이다. 미분하면 0이 되는 함수는 상수함수뿐이라는 6.3절의 정리를 적용하여 $f(x)$는 $\frac{1}{3}x^3 + k$ (k는 상수)임을 안다.

또한 $x = 0$일 때 넓이 함수는 $\text{area}(x) = 0$이므로 $k = 0$이다. 지금까지의 이야기를 정리하면 다음과 같다.

$y = t^2$ 아래의 넓이 $y = t^2$ 아래의 $t = 0$부터 $t = x$까지의 넓이는 잘 정의되며 $\frac{1}{3}x^3$과 같다. ∎

또한 같은 논증을 공식 $\frac{d}{dx}x^{n+1} = (n+1)x^n$과 함께 사용하여 다음을 얻는다.

$y = t^n$의 아래의 넓이 $y = t^n$ 아래의 $t = 0$부터 $t = x$까지의 넓이는 잘 정의되며 $\frac{1}{(n+1)}x^{n+1}$과 같다. ∎

도함수가 0인 함수에 대한 다소 어려운 정리를 이용하지 않고 넓이를 구할 수도 있지만 상계 근삿값과 하계 근삿값을 구하기 위해서 상당히 많은 양의 계산을 해야 한다. 그리고 n이 커질수록 계산의 양이 점점 더 많아지고 힘들어진다. 어떤 방법을 사용하든지 넓이를 구하는 데 미분을 사용했다는 것이 중요한 핵심이다. 이 통찰은 강조할 필요가 있다. 왜냐하면 이 통찰이 바로 미적분학의 기본정리로 인도하기 때문이다.

6.6 *미적분학의 기본정리

미적분학에서 곡선 아래 영역의 넓이는 **적분**이라는 개념에 담는다. 적분에 대해서는 여러 가지 다양한 개념이 있지만 기초 미적분학에서는 가장 간단한 **리만 적분**만 사용하고 이를 연속함수에만 적용한다.

함수 $y = f(t)$가 $t = a$에서 $t = b$까지 구간에서 연속이라고 할 때 a부터 b까지의 적분은

$$\int_a^b f(t)\,dt$$

로 쓰고 앞에서와 같이 '곡선 $y = f(t)$ 아래 영역의 넓이'로 정의한다. 다시 말해 $[a,\ b]$ 구간을 유한개의 작은 구간들로 나누고 $y = f(t)$의 그래프를 각각의 구간을 가로로 하는 직사각형을 이용하여 상계와 하계 근삿값을 구한다(그림 6.11).

만약 상계 근삿값과 하계 근삿값의 차이를 임의로 작게 할 수 있으면 실수의 완비성에 의해 상계 근삿값과 하계 근삿값이 어떤 유한한 값으로 같이 수렴한다. 이 수렴값이 적분값 $\int_a^b f(t)\,dt$이다.

함수의 연속성에 의해서 상계 근삿값과 하계 근삿값의 차이가 임의로 작아질 수 있다는 것은 퍽 그럴듯하게 들리지만 엄밀한 증명은 꽤 품이 많이 든다. 앞에서 도함수가 0인 함수가 상수함수라는 것을 증명할 때처럼 핵심

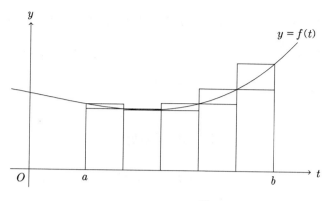

그림 6.11 직사각형을 이용한 $\int_a^b f(t)\,dt$ 의 근삿값

적인 아이디어는 무한 이등분 과정이다. 그래서 연속함수의 리만 적분값이
존재한다는 증명은 고등 미적분학에 포함된다.

하지만 적분값이 존재한다고 가정하면 앞에서 넓이를 함수로 표현하고
미분했듯이 적분함수로 생각하고 미분할 수 있으며, 그 결과는 다음과 같다.

미적분학의 기본정리 함수 f 가 구간 $[a,\ b]$ 에서 연속이고

$$F(x) = \int_a^x f(t)\,dt$$

라고 하면, $F'(x) = f(x)$ 이다. ■

미분하면 $f(x)$ 가 되는 어떤 함수 $G(x)$ 를 안다면 미적분학의 기본정리에
나오는 적분으로 정의한 $F(x)$ 를 밝혀낼 수 있다. 도함수가 0인 함수에 대한
정리에 의해 $F(x)$ 와 $G(x)$ 의 차이는 단지 상수이기 때문이다.

미적분학의 기본정리는 $F(x)$ 의 도함수를 알지 못할 때도 쓸모가 있다.
예를 들어 $\ln x = \int_1^x \dfrac{1}{t}\,dt$ 는 대수함수가 아니다. 이 경우, 미적분학의 기본
정리를 새로운 미분 규칙으로 볼 수 있다. 이미 알려진 미분 규칙에 이 사실

하나만 더 추가해도 미분가능한 함수를 모은 집합은 엄청나게 확장된다.

다음에는 $\ln x = \int_1^x \frac{1}{t}\,dt$를 이용하여 어떻게 로그와 지수함수의 기본적인 성질들을 밝힐 수 있는지 살펴보자.

로그와 지수함수

$u = \ln x = \int_1^x \frac{1}{t}\,dt$로 두고, 미적분학의 기본정리를 적용하면

$$\frac{du}{dx} = \frac{1}{x}$$

이다. $u = \ln x$의 역함수 $x = \exp(u)$를 **지수함수**라고 부른다. 6.3절에서 본 역함수의 미분법을 쓰면 다음과 같다.

$$\frac{dx}{du} = \frac{1}{\dfrac{du}{dx}} = x$$

그러므로 $\dfrac{d}{du}\exp(u) = \exp(u)$, 즉 지수함수는 미분한 도함수가 자신과 같다는 놀라운 특징을 갖는다. 이 성질은 실생활에서 중요한 의미를 갖는데 이를 설명하기 전에 먼저 이름을 왜 '지수함수'라고 붙였는지 살펴보자.

로그함수는 $\ln ab = \ln a + \ln b$를 만족하는데(6.4절), 이것은 지수함수에 대해서 무엇을 알려주는가?

$$\ln a = A \text{라고 하면 } \exp(A) = a \text{이고,}$$
$$\ln b = B \text{라고 하면 } \exp(B) = b \text{이다.}$$
$$\ln ab = C \text{라고 하면 } \exp(C) = ab = \exp(A)\exp(B) \text{이므로,}$$
$$C = A + B \text{이다.}$$
$$\text{그러므로 } \exp(A + B) = \exp(A)\exp(B) \text{이다.}$$

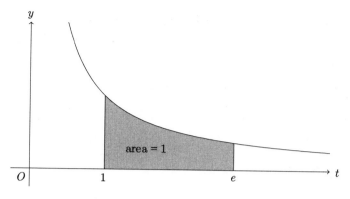

그림 6.12 오일러 상수 e의 기하적 의미

이 성질을 보통 **지수법칙**이라고 부른다. 사실 $\exp(u)$를 e^u로 쓰기도 한다.

$$e^{A+B} = e^A e^B$$

그러면 $\exp(u)$는 e라는 특별한 수를 u만큼 거듭제곱한 것이다.[3] 그런데 e는 어떤 수일까? $e = e^1 = \exp(1)$이므로 식

$$\ln x = \int_1^x \frac{1}{t}\, dt$$

에서 $x = \exp(1) = e$로 두면

$$1 = \int_1^e \frac{1}{t}\, dt$$

이다. 왜냐하면 $\ln$과 $\exp$는 서로 역함수이므로 $\ln(\exp(1)) = 1$이기 때문이다. 따라서 **실수 e는 $y = \dfrac{1}{t}$ 아래의 1에서 e까지의 넓이가 1이 되는 수이다**(그림 6.12). 이로부터 e의 근삿값이 2.718이고 e^u는 2^u보다 빨리

---

3) 역주: u가 자연수일 때 $\exp(u) = \overbrace{\exp(1) \cdots \exp(1)}^{n}$이므로, $e^u = \exp(u)$는 $e = \exp(1)$이라는 수를 n번 거듭제곱한 수이다. 이를 확장하여 유리수 u에 대한 함숫값 $\exp(u)$에 대해서도 같은 설명을 할 수 있다.

기하급수적으로 증가하는 함수라는 것을 알 수 있다.

기하급수적으로 증가하는(혹은 감소하는) 현상은 자연에서 어떤 양이 증가하는 속도가 그 크기에 비례할 때 관찰된다. 예를 들어 생존에 필요한 음식이 무제한 공급되고 공간에 제약이 전혀 없다는 가정하에 인구는 전체 크기에 비례해서 증가한다. 시간 t에서의 인구를 $p(t)$라고 하면 증가하는 속도 $\dfrac{d}{dt}p(t)$는 어떤 양수 b에 $p(t)$를 곱한 것과 같다. $\dfrac{d}{dt}e^t = e^t$이므로 적당한 상수 a에 대하여 다음을 얻는다.

$$p(t) = ae^{bt}$$

이는 비극적인 방정식이다. 왜냐하면 우리가 사는 우주가 유클리드 기하에 가깝다고 가정하면, 우주의 기하구조는 인구의 증가 속도가 t^3에 상수를 곱한 것보다(이는 일정한 속도로 팽창하는 구의 부피에 비례한다) 크지 못하게 제한한다. 한편 비유클리드 기하에서는 지수함수의 속도로 증가하는 것이 가능하다. 그림 5.32에서 삼각형이 폭발적으로 증가하는 것을 확인할 수 있다.

6.7 로그함수를 거듭제곱급수로 표현하기

자연로그를 아래와 같이 정의하는 것은 미적분학의 초창기로 거슬러 올라간다.

$$\ln x = \int_1^x \frac{1}{t}\,dt$$

메르카토르Mercator(1668)는 저서 『로그 계산법Logarithmotechnia』에서 기하급수를 재치 있게 이용하여 로그를 x의 무한 거듭제곱급수로 표현했다.

$$\ln(x+1) = x - \frac{x^2}{2} + \frac{x^3}{3} - \frac{x^4}{4} + \cdots \quad (|x| < 1)$$

이 식을 얻게 되기까지 사고의 흐름은 다음과 같다. 로그의 정의에서 x를 $x+1$로 바꾸어 $\ln(x+1) = \int_1^{x+1} \frac{1}{t}\,dt$를 얻고 t를 $t+1$로 치환하여 다음을 얻는다.

$$\ln(x+1) = \int_0^x \frac{1}{t+1}\,dt$$

$$= \int_0^x (1 - t + t^2 - t^3 + \cdots)\,dt$$

이 식은 6.1절에서 보았듯이 $|t| < 1$일 때 정의된다. 아마도 추정컨대

$$\int_0^x (1 - t + t^2 - t^3 + \cdots)\,dt = \int_0^x 1\,dt - \int_0^x t\,dt$$

$$+ \int_0^x t^2\,dt - \int_0^x t^3\,dt + \cdots$$

일 것이다. 각 항은 $\int_0^x t^n\,dt = \frac{x^{n+1}}{n+1}$ 이므로

$$\ln(x+1) = x - \frac{x^2}{2} + \frac{x^3}{3} - \frac{x^4}{4} + \cdots$$

이다. 이 과정에서 한 가지 주의할 것은 무한급수를 적분한 것이 급수의 각 항을 적분한 것의 합과 같다는 가정이다. 우리는 무한급수의 합을 엄밀하게 다룬 적이 없다. 기초 미적분학에서 이런 문제는 보통 그냥 얼버무리고 넘어가지만 우리의 경우는 기초적인 해결법이 있다.

$\frac{1}{1+t}$ 을 기하급수로 표현했을 때 $\pm t^n$ 뒤에 오는 무한급수의 합은

$$t^{n+1} - t^{n+2} + t^{n+3} - \cdots = t^{n+1}(1 - t + t^2 - \cdots) = \frac{t^{n+1}}{1+t}$$

이다. 이를 이용해서 $\frac{1}{1+t}$ 을 유한개 항의 합으로 다음과 같이 쓸 수 있다.

$$\frac{1}{1+t} = 1 - t + t^2 - t^3 + \cdots \pm t^n \mp \frac{t^{n+1}}{1+t}$$

두 개의 함수(또한 유한개의 함수)를 더한 것의 적분은 각각의 함수를 적분한 것의 합과 같다는 것은 적분의 정의로부터 쉽게 증명할 수 있는 성질이다. 이를 적용하면

$$\int_0^x \frac{1}{1+t}\,dt = \int_0^x \left(1 - t + t^2 - t^3 + \cdots \pm t^n \mp \frac{t^{n+1}}{1+t}\right)dt$$

$$= x - \frac{x^2}{2} + \frac{x^3}{3} - \cdots \pm \frac{x^{n+1}}{n+1} \mp \int_0^x \frac{t^{n+1}}{1+t}\,dt \qquad (*)$$

이다. $\int_0^x \frac{t^{n+1}}{1+t}\,dt$의 값을 정확히 알지는 못하지만 n이 무한히 증가할 때 0으로 수렴한다. 왜냐하면 $x \geq 0$이라면 $1 + t \geq 1$이므로

$$\int_0^x \frac{t^{n+1}}{1+t}\,dt \leq \int_0^x t^{n+1}\,dt = \frac{x^{n+2}}{n+2} \to 0 \quad (n \to \infty \text{일 때})$$

이기 때문이다. 또한 만약 $x < 0$이라면 적분값이 존재하기 위해서 $x > -1$이어야 한다. 그리고 이때 t는 0과 $-1 + \delta\,(0 < \delta < 1)$ 사이의 값이다. 그러므로 $1 + t \geq \delta$이고,

$$\int_0^x \frac{t^{n+1}}{1+t}\,dt \leq \frac{1}{\delta}\int_0^x t^{n+1}\,dt = \frac{1}{\delta}\frac{x^{n+2}}{n+2} \to 0 \quad (n \to \infty \text{일 때})$$

이다. 이제 (*)로부터

$$x - \frac{x^2}{2} + \frac{x^3}{3} - \cdots \pm \frac{x^{n+1}}{n+1} \to \int_0^x \frac{1}{1+t}\,dt = \ln(1+x) \quad (n \to \infty \text{일 때})$$

이고, 이로부터 우리가 원하는 식을 다음과 같이 정확하게 얻는다.

$$\ln(1+x) = x - \frac{x^2}{2} + \frac{x^3}{3} - \frac{x^4}{4} + \cdots \qquad (**)$$

$\displaystyle\int_0^x \frac{t^{n+1}}{1+t}\, dt \to 0$의 엄밀한 증명이 가져다주는 보상은 $x=1$일 때도 $x^{n+1} = 1$이므로 식이 성립한다는 것이다. 그러므로 식 (**)은 $x=1$일 때도 성립하고 아래의 놀라운 식을 준다.

$$\ln 2 = 1 - \frac{1}{2} + \frac{1}{3} - \frac{1}{4} + \cdots$$

n번째 항에서 멈출 때의 오차

$\ln(1+x)$를 식 (**)와 같이 급수로 표현하면 로그의 근삿값을 구할 때 오차를 쉽게 우리가 원하는 만큼 작게 할 수 있다. 왜냐하면 $x \le 1$인 양수일 때 급수의 n번째 항까지의 부분합과 전체의 오차는 $(n+1)$번째 항의 크기를 넘지 못하기 때문이다.

그 이유는 우선

$$x > \frac{x^2}{2} > \frac{x^3}{3} > \frac{x^4}{4} > \cdots$$

이고, 부분합의 수열은

$$x$$
$$x - \frac{x^2}{2}$$
$$x - \frac{x^2}{2} + \frac{x^3}{3}$$
$$x - \frac{x^2}{2} + \frac{x^3}{3} - \frac{x^4}{4}$$
$$\vdots$$

이다. 부분합들은 마지막 항의 부호가 양수인지 음수인지에 따라 커졌다 작아졌다를 반복한다. 부호를 무시한 각항의 크기는 계속 작아지기 때문에

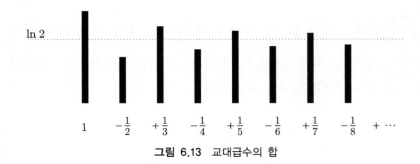

그림 6.13 교대급수의 합

커졌다 작아졌다 하는 폭이 점점 작아진다. 그러므로 급수의 합은 항상 이렇게 커졌다 작아졌다 하는 부분합의 사이에 있으므로 n번째 항까지의 부분합과 급수의 합의 차이는 $n+1$번째 항의 크기보다 작다. 그림 6.13은 $x = 1$일 때 부분합의 수열이 실제로 어떻게 변하는지 보여준다.

특히 $x \leq 1$인 양수에 대해 $\ln(1+x)$를 x로 근사하였을 때의 오차는 $\dfrac{x^2}{2}$보다 작다. 이 사실은 나중에 10.7절에서 오차를 구할 때 사용할 것이다.

로그함수의 또 다른 거듭제곱급수

이제 $|x| < 1$일 때 $\ln(x+1)$의 간단하고 유용한 급수를 사용할 수 있다. 그런데 이 급수는 $x > 1$일 때는 사용할 수 없다. 예를 들어 $x = 2$이면 급수 표현은

$$2 - \frac{2^2}{2} + \frac{2^3}{3} - \frac{2^4}{4} + \cdots$$

이다. 이 급수의 n번째 항은 $\pm\dfrac{2^n}{n}$으로 무한히 커지기 때문에 부분합들이 양수와 음수 사이를 번갈아 오가며 진동하지만 그 진동 폭이 점점 커져서 어디로도 수렴하지 않는다.

모든 양수 x에 대해서 성립하는 급수를 얻자면

$$\ln(1+x) = x - \frac{x^2}{2} + \frac{x^3}{3} - \frac{x^4}{4} + \cdots$$

과 여기서 x를 $-x$로 바꾸어 얻은

$$\ln(1-x) = -x - \frac{x^2}{2} - \frac{x^3}{3} - \frac{x^4}{4} + \cdots$$

을 함께 이용해야 한다. 이 두 급수는 모두 $|x| < 1$일 때 수렴한다. 두 번째 식을 첫 번째 식에서 빼면 다음과 같다.

$$\ln\frac{1+x}{1-x} = \ln(1+x) - \ln(1-x) = 2\left(x + \frac{x^3}{3} + \frac{x^5}{5} + \frac{x^7}{7} + \cdots\right)$$

이 급수는 여전히 $|x| < 1$일 때 $\ln\dfrac{1+x}{1-x}$로 수렴한다. 그러나 모든 양의 실수는 -1과 1 사이의 x를 이용하여 $\dfrac{1+x}{1-x}$의 형태로 쓸 수 있다.

예를 들어, $2 = \dfrac{1+x}{1-x}$로부터 $2 - 2x = 1 + x$이므로 $1 = 3x$, 즉 $x = \dfrac{1}{3}$이다. 그러므로

$$\ln 2 = 2\left(\frac{1}{3} + \frac{1}{3}\frac{1}{3^3} + \frac{1}{5}\frac{1}{3^5} + \frac{1}{7}\frac{1}{3^7} + \cdots\right)$$

이다. 이 급수를 이용하여 $\ln 2$의 값을 계산할 수 있다. 네 번째 항까지의 합은 $0.69313\cdots$으로 참값인 $\ln 2 = 0.69314\cdots$와 소수점 이하 네 번째 자리까지 일치한다.

*지수함수의 거듭제곱급수

메르카토르의 자연로그 급수는 뉴튼Newton(1671)에 의해 재발견된다. 뉴튼은 이 아이디어를 이용해서 역함수(당시엔 이름이 없었지만 지수함수이다)의 거듭제곱급수를 찾는다. 뉴튼은

$$y = x - \frac{x^2}{2} + \frac{x^3}{3} - \frac{x^4}{4} + \cdots$$

으로 두고 놀라운 계산의 묘기를 부려 이 식을 x에 대해 풀어서

$$x = y + \frac{y^2}{2} + \frac{y^3}{6} + \frac{y^4}{24} + \frac{y^5}{120} + \cdots$$

를 얻는다. 그리고 n번째 항이 $\frac{y^n}{n!}$ 이라고 짐작하여(맞는 짐작이다)

$$x = \frac{y}{1!} + \frac{y^2}{2!} + \frac{y^3}{3!} + \frac{y^4}{4!} + \frac{y^5}{5!} + \cdots$$

즉, 우리가 $e^y - 1$이라고 부르는 함수를 찾았다.

지수함수의 멱급수를 얻는 좀 더 간단한 방법도 있지만 모두 뉴턴의 방법처럼 고등 미적분학의 영역에 들어간다. 완벽하게 증명하지 않더라도 간단한 방법을 한 가지 살펴보자.

e^x의 멱급수가 아래와 같다고 가정하자.

$$e^x = a_0 + a_1 x + a_2 x^2 + a_3 x^3 + \cdots$$

그리고 이 급수를 각 항별로 미분해도 등식이 성립한다고 하자. 그러면 미분을 거듭하고 $x = 0$을 대입해서 계수인 a_0, a_1, a_2, $\cdots$을 하나씩 찾을 수 있다. 처음에 $x = 0$을 대입하면

$$1 = a_0 + 0 + 0 + 0 + \cdots$$

이므로 $a_0 = 1$이다. 양변을 미분하면

$$e^x = a_1 + 2 \cdot a_2 x + 3 \cdot a_3 x^2 + 4 \cdot a_4 x^3 + \cdots$$

$x = 0$을 대입하면

$$1 = a_1$$

이다. 양변을 다시 미분하면

$$e^x = 2 \cdot a_2 + 3 \cdot 2 \cdot a_3 x + 4 \cdot 3 \cdot a_4 x^2 + \cdots$$

$x = 0$을 대입하면

$$1 = 2 \cdot a_2, \ \ \text{즉} \ \ a_2 = \frac{1}{2} \text{이다.}$$

양변을 세 번째로 미분하면

$$e^x = 3 \cdot 2 \cdot a_3 + 4 \cdot 3 \cdot 2a_4 x + \cdots$$

$x = 0$을 대입하면

$$1 = 3 \cdot 2 \cdot a_3, \ \ \text{즉} \ \ a_3 = \frac{1}{3 \cdot 2} \text{이다.}$$

계속 반복하면 분명히 $a_4 = \dfrac{1}{4 \cdot 3 \cdot 2}$, $a_5 = \dfrac{1}{5 \cdot 4 \cdot 3 \cdot 2}$, $\cdots$ 이다. 그러므로

$$e^x = 1 + \frac{x}{1!} + \frac{x^2}{2!} + \frac{x^3}{3!} + \frac{x^4}{4!} + \cdots$$

이다. 특히 $x = 1$을 대입하면

$$e = 1 + \frac{1}{1!} + \frac{1}{2!} + \frac{1}{3!} + \frac{1}{4!} + \cdots$$

을 얻는다.

참고 e의 거듭제곱급수를 본 김에 지수함수를 다시 정의하자.

$$\exp(x) = 1 + \frac{x}{1!} + \frac{x^2}{2!} + \frac{x^3}{3!} + \frac{x^4}{4!} + \cdots$$

모든 x에 대해 이 무한급수가 수렴한다는 것은 기하급수 $\dfrac{1}{2} + \dfrac{1}{2^2} + \dfrac{1}{2^3}$ $+ \cdots$와 비교해서 쉽게 증명할 수 있다. 무한급수의 항이 계속 가다 보면 언젠가부터는 기하급수의 항보다 항상 작다는 것이 증명의 핵심 이다. 그러나 각 항을 미분하여 합한 것이 급수의 합을 미분한 것과 같다는 것을 정당화하여 $\dfrac{d}{dx} \exp(x) = \exp(x)$를 증명하는 것은 훨씬 어렵다. 여기에는 연속성의 고등 개념인 **균등 연속**uniform continuity이 필 요하다. 균등 연속은 보통 고등 미적분학에서 다룬다.

무리수 e

급수 $e = 1 + \dfrac{1}{1!} + \dfrac{1}{2!} + \dfrac{1}{3!} + \dfrac{1}{4!} + \cdots$은 각 항이 빠르게 줄어들기 때문에 근삿값을 계산하기 좋다. 또한 빠르게 줄어든다는 사실을 이용하여 e가 무리수라는 것을 증명할 수 있다(1815년경 푸리에).

무리수 e 어떤 양의 정수 m, n에 대하여도 e를 $\dfrac{m}{n}$의 형태로 쓸 수 없다.

증명 귀류법을 사용하여 만약

$$\frac{m}{n} = 1 + \frac{1}{1!} + \frac{1}{2!} + \frac{1}{3!} + \cdots + \frac{1}{n!} + \cdots$$

이라고 가정하자. 양변에 $n!$을 곱하자.

$$m \cdot (n-1)! = n! + \frac{n!}{1!} + \frac{n!}{2!} + \frac{n!}{3!} + \cdots + \frac{n!}{n!} + \frac{1}{n+1}$$
$$+ \frac{1}{(n+1)(n+2)} + \frac{1}{(n+1)(n+2)(n+3)} + \cdots$$

$$= 정수 + \frac{1}{n+1} + \frac{1}{(n+1)(n+2)}$$
$$+ \frac{1}{(n+1)(n+2)(n+3)} + \cdots$$

좌변은 명백히 정수이므로

$$\frac{1}{n+1} + \frac{1}{(n+1)(n+2)} + \frac{1}{(n+1)(n+2)(n+3)} + \cdots$$

도 정수이다. 그러나 $n \geq 1$이므로

$$\frac{1}{n+1} + \frac{1}{(n+1)(n+2)} + \frac{1}{(n+1)(n+2)(n+3)} + \cdots$$
$$< \frac{1}{2} + \frac{1}{2^2} + \frac{1}{2^3} + \cdots = 1$$

이다. 이것은 모순이다. 그러므로 $e = \dfrac{m}{n}$이라는 가정이 틀렸고, e는 유리수가 아니다. ∎

6.8 *탄젠트함수의 역함수와 π

미적분학은 기하에도 필요한데, 상당히 기초적인 수준에서 삼각함수인 사인, 코사인, 탄젠트 함수와 π의 값을 계산해야 한다. 어떻게 쓰이는지 구체적으로 아래와 같은 π의 값에 대한 식을 유도해 보자.

$$\frac{\pi}{4} = 1 - \frac{1}{3} + \frac{1}{5} - \frac{1}{7} + \cdots$$

이 식은 탄젠트함수의 역함수의 거듭제곱급수에서 나온다.

$$\arctan x = x - \frac{x^3}{3} + \frac{x^5}{5} - \frac{x^7}{7} + \cdots$$

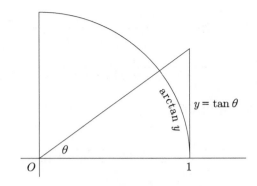

그림 6.14 tan과 arctan

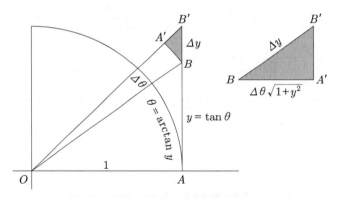

그림 6.15 arctan의 미분에 대한 근사

이것을 먼저 유도하자.

그림 6.14에서처럼 밑변이 1이고 한 각이 θ인 직각삼각형의 높이를 $y = \tan\theta$로 두자. 또한 $\tan\theta = y$는 단위원의 y축에 평행한 접선을 따라 잰 것이다. 그러므로 탄젠트의 역함수는 $\theta = \arctan y$로, 여기서 θ는 단위원에서 중심각이 θ인 부채꼴의 호의 길이이다.

이제 $\Delta\theta$가 작을 때 $\dfrac{\Delta\theta}{\Delta y}$를 이용하여 $\dfrac{d}{dy}\arctan y = \dfrac{d\theta}{dy}$를 계산하자. θ에 작은 양의 $\Delta\theta$가 더해지면 y축에 평행한 접선의 높이인 y에 작은 양의 Δy가 더해진다(그림 6.15).

피타고라스 정리에 의해 $OB = \sqrt{1+y^2}$ 이므로 반지름이 $\sqrt{1+y^2}$ 인 원에서 $\Delta\theta$에 대응하는 호 $A'B$의 길이는 $\Delta\theta\sqrt{1+y^2}$ 이다. $\Delta\theta \to 0$일 때 이 호는 선분으로 근사하며 $BA'B'$은 OAB와 닮음인 직각삼각형이 된다. 그러므로 삼각형 $BA'B'$에서 빗변 Δy와 밑변 $\Delta\theta\sqrt{1+y^2}$ 의 비율은 $\sqrt{1+y^2}$ 으로 수렴하고

$$\Delta\theta \to 0 일\ 때\ \ \frac{d\theta}{dy} \to \frac{1}{1+y^2}$$

이다. 다시 말해

$$\frac{d}{dy}\arctan y = \frac{d\theta}{dy} = \frac{1}{1+y^2}$$

이다.

양변을 적분하고 $\arctan 0 = 0$과 6.3절의 도함수가 0인 함수에 대한 정리를 이용하여 다음을 얻는다.

$$\arctan x = \int_0^x \frac{dy}{1+y^2}$$

여기에 6.1절의 기하급수 이론에 따라 $|y| < 1$일 때

$$\frac{1}{1+y^2} = 1 - y^2 + y^4 - y^6 + \cdots$$

이므로, 위 적분식을 다시 쓰면, $|x| < 1$일 때

$$\arctan x = \int_0^x (1 - y^2 + y^4 - y^6 + \cdots)\,dy$$

$$= \int_0^x 1\,dy - \int_0^x y^2\,dy + \int_0^x y^4\,dy - \int_0^x y^6\,dy + \cdots$$

$$= x - \frac{x^3}{3} + \frac{x^5}{5} - \frac{x^7}{7} + \cdots$$

이다. 첫 번째 등식에서 무한급수의 적분이 각각의 항을 적분해 얻은 무한급수와 같다는 사실을 이용했다. 이 사실은 6.7절에서 했던 것처럼 유한급수

$$\frac{1}{1+y^2} = 1 - y^2 + y^4 - \cdots \pm y^{2n} \mp \frac{y^{2n+2}}{1+y^2}$$

에서 n이 증가할 때 $\int_0^x \frac{y^{2n+2}}{1+y^2}\,dy \to 0$임을 보임으로써 정당화할 수 있다.

그러므로

$$\arctan x = x - \frac{x^3}{3} + \frac{x^5}{5} - \frac{x^7}{7} + \cdots$$

이다. 이 엄밀한 논증에 사용된 유한급수는 $y = 1$일 때도 유효하므로 우리는 덤으로 위 등식이 $x = 1$일 때도 성립한다고 결론 지을 수 있다. 이로부터 다음과 같은 멋진 식을 얻는다.

$$\frac{\pi}{4} = \arctan 1 = 1 - \frac{1}{3} + \frac{1}{5} - \frac{1}{7} + \cdots$$

6.9 초등함수

우리는 미분할 수 있는 함수가 어떤 것들인지 살피면서 이 장을 시작했다. 상수함수와 항등함수로 시작해서 도함수를 이미 알고 있는 함수의 사칙연산을 통해 얻은 함수에 대한 미분법을 이용해서 금방 유리함수까지 이르렀다. 그 다음엔 역함수와 합성함수에 대한 미분규칙을 이용해서 $\sqrt{x}$, $\sqrt{1+x^2}$, $\sqrt[3]{1+x^4}$ 등과 같은 대수함수도 미분할 수 있게 되었다. 마지막으로 미적분학의 기본정리

$$\frac{d}{dx} \int_a^x f(t)\,dt = f(x)$$

를 적용하여 아래의 예와 같이 적분 형태로 정의된 함수도 미분할 수 있다.

$$\ln x = \int_1^x \frac{dt}{t}, \quad \arctan x = \int_0^x \frac{dt}{1+t^2}$$

마지막의 두 함수와 유리함수를 합성하거나 역함수를 취하거나 사칙연산을 적용해 얻을 수 있는 함수를 **초등함수**라고 한다. 대수함수의 적분형태로 정의할 수 있는 다른 함수들이 많은데 ln과 arctan만 포함시킨 것은 다소 임의적으로 보이지만, 기초 미적분학의 주제로 이렇게 선을 그은 데는 그만한 이유가 있다.

가장 주된 이유는 대수학의 기본정리를 안다고 가정하면 모든 유리함수의 적분은 ln이나 arctan의 적분으로 환원할 수 있기 때문이다. 왜 그런지 살펴보자. 모든 t에 대한 유리함수는 $\frac{p(t)}{q(t)}$와 같이 t에 대한 두 함수의 비로 쓸 수 있다. 대수학의 기본정리로부터 $q(t)$는 일차식 $at+b$ 또는 이차식 $ct^2 + dt + e$를 인수로 갖는다. 그리고 $\frac{p(t)}{q(t)}$를 부분분수들

$$\frac{A}{at+b}, \quad \frac{Bt+C}{ct^2+dt+e}$$

의 합으로 표현할 수 있다(7.3절에 예제가 있다.). 간단한 계산을 조금 더 하면 $\frac{p(t)}{q(t)}$의 적분을 $\frac{1}{t}$와 $\frac{1}{1+t^2}$의 적분의 합으로 환원할 수 있는데 바로 ln와 arctan이 나오는 적분이다. 그러므로 **모든 유리함수의 적분은 초등함수이다.**

이로 보건대 초등함수라는 용어는 임의적으로 정의한 것이 아니다. arctan 로부터 얻어지는 초등함수에 어떤 것이 있는지 살펴보자. 당연히 탄젠트의 역함수가 있고 코사인함수와 사인함수와 같은 다른 삼각함수도 포함된다. 다음 절에서는 사인함수와 코사인함수와 탄젠트함수의 관계를 설명할 것이다. 이를 통해 수론과 기하를 연결하는 아름다운 수학을 보게 될 것이다.

단위원의 유리수 점

피타고라스 정리의 발견 이후로 **피타고라스 세 짝**은 흥미로운 주제다. 피타고라스 세 짝은 $a^2 + b^2 = c^2$을 만족하는 세 자연수 $(a,\ b,\ c)$를 말한다. 가장 작은 피타고라스 세 짝은 (3, 4, 5)이고, (5, 12, 13), (7, 24, 25), (8, 15, 17) 등이 있다. 이들은 고대 유럽뿐만 아니라 중동, 인도, 중국에도 알려져 있었다. 기원전 300년경 유클리드는 『원론』 X권의 명제 28의 보조정리로 피타고라스 세 짝을 찾는 공식을 밝혔다. 즉 $p,\ q,\ r$이 임의의 양의 정수일 때

$$a = (p^2 - q^2)r, \quad b = 2pqr, \quad c = (p^2 + q^2)r$$

로 주어진다.

수백 년 후 디오판투스는 양의 정수 세 개를 찾는 대신 **단위원의 유리수 점**을 찾는 문제로 바꾸었다. 만약 $a^2 + b^2 = c^2$이면

$$\left(\frac{a}{c}\right)^2 + \left(\frac{b}{c}\right)^2 = 1$$

이다. 그러므로 $(a,\ b,\ c)$는 $x^2 + y^2 = 1$인 단위원의 유리수 점 $\left(\dfrac{a}{c},\ \dfrac{b}{c}\right)$에 해당한다. 이렇게 해서 피타고라스 세 짝을 찾는데 이제 기하와 대수의 도움을 받을 수 있는 길을 열었다. 그림 6.16을 보자.

P가 유리수 점이라면 점 Q와 점 P를 지나는 직선의 기울기도 유리수이다. 역으로 선분 PQ의 기울기가 유리수라고 하자. 그러면 선분 PQ의 방정식인 일차방정식

$$y = t(x + 1)$$

과 원의 방정식인 이차방정식

$$x^2 + y^2 = 1$$

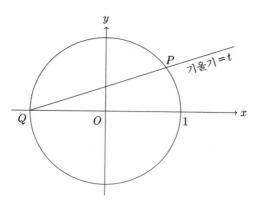

그림 6.16 단위원의 유리수 점 P

의 교점인 P를 찾을 수 있다. 이 두 방정식의 계수가 모두 유리수이므로 이들의 공통근은 유리수 계수를 갖는 x에 대한 이차식의 근이다. Q점의 x좌표인 -1이 한 근이라는 것을 이미 알고 있다. 그러므로 P의 x좌표인 두 번째 근 역시 유리수여야 한다. 구체적으로 구해 보자.

$y = t(x+1)$을 $x^2 + y^2 = 1$에 대입하여 x에 대한 이차식을 얻는다.

$$x^2 + t^2(x+1)^2 = 1, \quad \text{즉} \quad (1+t^2)x^2 + 2t^2 x + t^2 - 1 = 0 \text{에}$$

이차방정식의 근의 공식을 쓰면

$$
\begin{aligned}
x &= \frac{-2t^2 \pm \sqrt{(2t^2)^2 - 4(1+t^2)(t^2-1)}}{2(1+t^2)} \\
&= \frac{-2t^2 \pm \sqrt{4t^4 - 4(t^4-1)}}{2(1+t^2)} \\
&= \frac{-2t^2 \pm 2}{2(1+t^2)} \\
&= -1, \ \frac{1-t^2}{1+t^2}
\end{aligned}
$$

이다. $x = -1$은 Q의 x좌표이고 $x = \dfrac{1-t^2}{1+t^2}$은 P의 x좌표이다. 선분 PQ의 방정식에 다시 대입하여 P의 y좌표를 아래와 같이 구할 수 있다.

$$y = t(x+1) = t\left(\frac{1-t^2+1+t^2}{1+t^2}\right) = \frac{2t}{1+t^2}$$

그러므로 $x^2 + y^2 = 1$의 유리수 점은 $(-1,\ 0)$과 임의의 유리수 t에 대해서 $\left(\dfrac{1-t^2}{1+t^2},\ \dfrac{2t}{1+t^2}\right)$이다.

예를 들어 $t = \dfrac{1}{2}$은 유리수 점 $\left(\dfrac{3}{5},\ \dfrac{4}{5}\right)$을 주는데, 이는 피타고라스 세 짝 $(3,\ 4,\ 5)$에 해당한다.

t가 유리수라는 조건을 제거해도

$$x = \frac{1-t^2}{1+t^2}, \quad y = \frac{2t}{1+t^2}$$

은 단위원의 점 P의 x좌표와 y좌표이다. 이 수들은 흥미롭게도 사인, 코사인, 탄젠트 함수와 연관된다.

사인과 코사인 공식 $t = \tan\dfrac{\theta}{2}$이면

$$\cos\theta = \frac{1-t^2}{1+t^2}, \quad \sin\theta = \frac{2t}{1+t^2}$$

이다.

증명   그림 6.17과 같이 각을 그리면 공식을 바로 읽어낼 수 있다. x축과 선분 OP가 이루는 각을 θ라고 하면 사인함수와 코사인함수의 정의에 의해 P의 좌표는 $(\cos\theta,\ \sin\theta)$이다. OPQ가 이등변삼각형이므로 P와

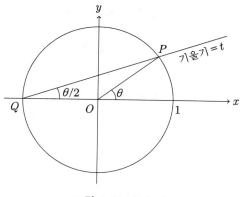

그림 6.17 원과 각

Q의 각은 모두 $\dfrac{\theta}{2}$이다. 그러므로 선분 PQ의 기울기는 $\tan\dfrac{\theta}{2}$이고

$$\left(\frac{1-t^2}{1+t^2},\ \frac{2t}{1+t^2}\right)=(\cos\theta,\ \sin\theta)$$

이다. 즉 $\cos\theta=\dfrac{1-t^2}{1+t^2}$ 이고 $\sin\theta=\dfrac{2t}{1+t^2}$ 임을 보였다. ■

6.10 역사

나는 종종 해석학을 배우려는 학생의 발전을 가로막는 어려움은 대부분 그들이 일반적인 대수를 거의 알지 못하면서도 여전히 그보다 더 어려운 기술을 이해하려고 하는 데 있다고 생각한다. 그들은 피상적인 수준에 머물며 무한의 개념에 대한 이상한 아이디어까지 즐기려 하는데, 실상은 이를 사용하려 해야 한다.

오일러Euler(1748a), 서문

미적분학의 기초

학부 미적분학의 대부분은 17세기에서 18세기 초기까지 이루어진 활발한 연구의 결과다. 이 시기 전후로 미적분학의 밑바탕이 되는 무한과정에 대한 고민이 있었다. 이 미적분학의 밑바탕을 오늘날 **해석학**이라고 부른다. 고대 그리스 수학자들도 무한과정에 대해 고민했고 소진법과 같은 방법을 고안해서 무한과정을 가능한 피하고자 노력했다. 사실 소진법은 무한대 자체를 고려하지 않아도 되기 때문에 어느 정도 성공적이었다. 예를 들어 6.1절에서 살펴본 대로 아르키메데스는 소진법을 이용해서 포물선 영역의 넓이를 구했다. 즉 임의로 많지만 그러나 무한히 많지는 않은 삼각형을 이용해서 포물선 영역의 넓이는 가장 큰 삼각형의 넓이의 $\frac{4}{3}$ 라는 것을 보였다.

17세기의 수학자들은 유클리드부터 아르키메데스까지 사용한 소진법을 잘 이해했고 필요하다면 고대의 방법을 그대로 사용할 수도 있었다. 그러나 호이겐스Huygens(1659)는 다음과 같이 말했다.

> 만약 기하에 대한 수학적 지식을 고대 수학자들의 방식에 따라 엄밀하게 계속 새로 표현한다면 그것을 전부 읽는 것은 불가능할 것이다. 기하학에서 발견되는 지식의 양은 매일 매일 증가하고 있고 지금 같은 과학의 시대에는 매우 빠르게 증가하고 있기 때문이다.

1659년 수학자들이 곡선을 하나씩 각각 연구하고 있을 때는 미적분학을 본질적으로 고대 수학의 방식대로 기술할 수 있었을지도 모른다. 그러나 뉴튼과 라이프니츠가 미적분학을 임의의 함수에 적용할 수 있는 계산법에 대한 분야로 만든 이후로 엄밀함이 확실히 요구되었다.

미적분학이 이렇게 일반화되자 다음과 같은 질문이 자연스러웠다. 함수란 무엇인가? 연속함수란 무엇인가? 미분가능한 함수와 연속함수는 같은가? 함수를 연속적인 움직임으로 보고 있던 뉴튼은 연속함수는 미분과 적분을 모두 할 수 있다고 생각했던 것 같다. 현대에 우리가 정의하는 연속함수는 항상 닫힌구간에서 적분이 가능하지만 어떤 경우는 모든 곳에서 미분이 불가능할 수도 있다. 이런 사실은 19세기에 연속함수가 엄밀하게 정의되기 전까지는 알려지지 않았다. 연속함수의 초석은 볼차노Bolzano(1817)와 코시Cauchy(1821)가 놓았지만 연속함수의 성질은 데데킨트가 1859년 실수의 연속체를 정의하기 전까지는 엄밀하게 증명할 수 없었다. (데데킨트가 정의한 내용은 1872년에야 출판되었다.) 데데킨트의 논문은 5.10절에서 언급한 대로 비유클리드 기하의 발견 이후로 기하와 해석학을 산술화하는 데 일조했다.

데데킨트와 비슷한 시기에 칸토르, 머레이, 바이어스트라스도 독립적으로 데데킨트의 정의와 동치인 실수의 정의를 발표했다. 마침내 실수의 정의가 주어졌고 이와 함께 1970년대에 바이어스트라스가 미적분학에 든든한 기초를 놓았다. 19세기에 만들어진 미적분학의 기초가 최상인지는 여전히 의문이고 어쩌면 영원히 답을 할 수 없을지도 모른다. 하지만 지금까지 시도한 대부분의 대안적인 방법은 같은 결과를 주고 특별히 더 쉽지도 않다.

미적분학을 배우려는 학생을 위하여

지금까지 살펴본 바와 같이 미적분학에는 기본적으로 무한을 포함한 고등 수준의 개념이 중심에 있다. 이는 구체적으로 문제를 보기 전에 이미 어느 정도 예상이 가능하다. 수학자들은 학생들이 무한의 도전에 맞닥뜨리기 전에 준비 단계로 공부할 만한 흥미로운 자료를 만들고자 노력했다. 이런 면에서 오일러Euler(1748a)의 『무한 해석학 입문』은 꽤 성공적인 뛰어난 책이다.

오일러는 미적분학을 준비하는 가장 좋은 방법은 무한급수를 공부하는 것이라고 믿었다. 물론 이렇게 믿을 만한 이유는 충분하다. 유클리드와 아르키메데스도 기하급수를 중요하게 응용하는 등 무한급수는 이미 미적분학 이전부터 사용되었다. 역사적으로 두드러진 무한급수에 대한 기록은 오렘Oresme(1350)의 업적이다. 오렘은 조화급수를 발견했다.

$$\frac{1}{2} + \frac{1}{3} + \frac{1}{4} + \frac{1}{5} + \cdots$$

조화급수의 각 항은 0으로 수렴하지만 급수는 유한한 값으로 수렴하지 않는다. 그는 급수가 수렴하지 않는다는 것을 아래와 같이 괄호로 묶어서 증명했다.

$$\frac{1}{2} + \left(\frac{1}{3} + \frac{1}{4}\right) + \left(\frac{1}{5} + \frac{1}{6} + \frac{1}{7} + \frac{1}{8}\right)$$
$$+ \left(\frac{1}{9} + \frac{1}{10} + \frac{1}{11} + \frac{1}{12} + \frac{1}{13} + \frac{1}{14} + \frac{1}{15} + \frac{1}{16}\right) + \cdots$$

각각의 괄호 안의 합은 모두 $\frac{1}{2}$ 보다 크다.

$$\frac{1}{3} + \frac{1}{4} > \frac{2}{4} = \frac{1}{2}$$

$$\frac{1}{5} + \frac{1}{6} + \frac{1}{7} + \frac{1}{8} > \frac{4}{8} = \frac{1}{2}$$

$$\frac{1}{9} + \frac{1}{10} + \frac{1}{11} + \frac{1}{12} + \frac{1}{13} + \frac{1}{14} + \frac{1}{15} + \frac{1}{16} > \frac{8}{16} = \frac{1}{2}$$

조화급수는 $\frac{1}{2}$ 이상의 항들을 무한히 많이 더하고 있기 때문에 유한한 어떤 값보다 크다. 이러한 오렘의 발견은 무한급수를 다룰 때 조심해야 한다는 것을 알려주었다.

사실 오일러를 비롯한 유럽의 모든 수학자들에게는 19세기까지 알려지지 않았지만 무한급수를 미적분학 전에 가르칠 수 있다는 것을 정말 멋지게 보여주는 기록물이 있다. 바로 1350~1425년경에 살았던 인도의 수학자 마드하바Madhava의 다음과 같은 업적이다.

$$\sin x = x - \frac{x^3}{3!} + \frac{x^5}{5!} - \frac{x^7}{7!} + \cdots$$

$$\cos x = 1 - \frac{x^2}{2!} + \frac{x^4}{4!} - \frac{x^6}{6!} + \cdots$$

$$\tan^{-1}x = x - \frac{x^3}{3!} + \frac{x^5}{5!} - \frac{x^7}{7!} + \cdots$$

마지막 식에 $x = 1$을 대입하면 다음과 같은 π에 대한 유명한 식을 얻는다.

$$\frac{\pi}{4} = 1 - \frac{1}{3} + \frac{1}{5} - \frac{1}{7} + \cdots$$

인도 수학자들의 이런 결과들은 최근까지도 거의 알려지지 않았다. 이에 대해서는 플로프커Plofker(2009)를 참고하라.

마지막으로 미적분학이 움트기 직전에 월리스Wallis(1655)는 식

$$\frac{\pi}{2} = \frac{2 \cdot 2}{1 \cdot 3} \cdot \frac{4 \cdot 4}{3 \cdot 5} \cdot \frac{6 \cdot 6}{5 \cdot 7} \cdot \frac{8 \cdot 8}{7 \cdot 9} \cdot \cdots$$

을 발견했다. 그리고 그의 동료였던 브롱커 경Lord Brouncker은 다음과 같은 신비로운 결과를 발견했다.

$$\frac{\pi}{4} = \cfrac{1}{1 + \cfrac{1^2}{2 + \cfrac{3^2}{2 + \cfrac{5^2}{2 + \cfrac{7^2}{2 + \cfrac{9^2}{\ddots}}}}}}$$

π에 대한 이런 식들이 서로 어떻게 관련되는지를 명쾌하게 보인 것은 오일러다. 급수와 연분수가 어떤 관계가 있는지 10.9절에서 설명할 것이다.

오일러는 무한급수와 몇 가지 무한과정에 대한 수학이 미적분학을 배우기 전에 탐구하기 좋은 주제라고 생각했다. 오일러의 책에는 앞에서 살펴본 예들뿐만 아니라 오일러가 만든 다른 예도 많이 있다. 사실 오일러는 가장 독창적이고 천재적인 무한급수의 거장으로 꼽힌다. 그래서 그의 책이 사실 해석학을 준비하는 학생들의 필요를 훨씬 뛰어넘는 것도 이상하지 않다. 어찌되었든 우리 모두는 그의 업적에 놀란다.

예를 들어 오일러는 사인, 코사인 함수와 지수함수의 멱급수를 비교하여

$$e^{i\theta} = \cos\theta + i\sin\theta$$

를 얻었다. 이 등식의 마법같이 특별한 경우가

$$e^{i\pi} = -1$$

이다. 오일러는 기하급수를 서로 곱했다. 여기서 $s > 1$이고 p는 모든 소수 범위를 움직인다.

$$\left(\frac{1}{1-2^{-s}}\right)\left(\frac{1}{1-3^{-s}}\right)\left(\frac{1}{1-5^{-s}}\right)\cdots\left(\frac{1}{1-p^{-s}}\right)\cdots$$
$$= \frac{1}{1^s} + \frac{1}{2^s} + \frac{1}{3^s} + \frac{1}{4^s} + \frac{1}{5^s} + \cdots$$

지수의 조건 $s > 1$은 **제타함수**라고도 불리는 등식의 우변이 수렴하는 조건 이다. $s = 1$이면 조화급수이므로 수렴하지 않는다. 그러나 $s = 1$인 경우에 도 흥미로운 사실을 알 수 있다. 만약 소수가 유한개밖에 없다면 등식의 왼쪽은 유한한 값이 될 것이다. 그러나 명백히 오른쪽은 무한히 커지고 있으 므로 모순이다. 그러므로 소수는 무한히 많이 존재한다!

이것은 단지 오일러의 식으로부터 알 수 있는 소수에 대한 풍성한 결과 중 하나일 뿐이다.

하디의 순수 수학에서 본 기하급수

시험에서 10여 명의 학생들에게 급수 $1+x+x^2+\cdots$의 합을 구하 는 문제를 냈지만, 실질적으로 무가치하지 않은 답은 단 하나도 없었다. 모두 꼬인 곡선의 곡률과 비틀림률에 대한 어려운 문제를 풀 수 있는 사람들에게서 받은 답이었다.

하디Hardy(1908), p.vi

이 장에서 거듭해서 쓰이고 있는 소박한 기하급수는 극한에 대한 기초적인 사실, 즉 $|x| < 1$에 대해서 $n \to \infty$일 때 $x^n \to 0$이라는 사실에 근거한다. 초보자에게 이 사실은 당연해 보이며, 코시Cauchy(1821)나 조르단Jordan(1887) 과 같은 수학자들이 이룬 미적분학의 기념비적인 업적에도 나온다. 그러나 하디Hardy(1908)는 유명한 저서 『순수 수학A Course of pure Mathematics』에서 더 깊이 성찰해봐야 한다고 주장했다. 왜냐하면 하디는 학생들에게 아래와 같은 기대를 하고 있었기 때문이다.

이런 문제와 연관해서 정확하게 사고하는 것은 그들이 수학을 공부하는 습관에 필수적이다. 그래서 대부분의 극한과 관련된 모든 기초적인 개념과 근본적인 아이디어를 충분히 이해할 수 있도록 의도적으로 지면을 많이 할애하고, 매우 정교한 예제들을 통해 차례로 설명하고 50쪽을 평범한 기하급수를 넘지 않는 내용으로 채웠다.

그래서 하디는 극한의 기본성질을 다루는 장에서 기하급수를 논했다. 그 중에는 다음 장에서 자세히 살펴볼 실수의 완비성에 의존하는 증가하는 수열의 성질도 있다. 그리고 $|x| < 1$일 때 $x^n \to 0$임이 기초적인 방법으로 증명되어 있다.

하디는 두 가지로 증명했는데, 둘 중 더 간단한 방법을 소개한다. $0 < x < 1$이라고 하고 $h > 0$에 대해서

$$x = \frac{1}{1+h}$$

로 쓰자. 이항정리를 쓰면 (n에 대한 수학적 귀납법으로 직접 증명할 수도 있다) $(1+h)^n \geq 1 + nh$이다. $n \to \infty$일 때 $nh \to \infty$이므로

$$(1+h)^n \to \infty \text{ 이다. 그러므로 } x^n = \frac{1}{(1+h)^n} \to 0 \text{이다.}$$

6.11 철학

기초 미적분학에서 고등 미적분학 쪽으로 경계선을 넘는 방식은 전형적으로 두 가지다.

1. 6.9절의 초등함수 외의 다른 함수를 고려한다. 다른 함수는 주로 복잡한 적분을 통해 얻어지기 때문에 유리함수만 적분하는 것으로 제한하면 이들을 제외할 수 있다. 이미 설명했듯이 이 기준으로 기초 미적분학과 고등 미적분학을 나누는 것은 상당히 자연스럽다.

2. 실수의 개념, 연속함수, 미분가능성과 같은 근본적인 개념을 더 깊이 연구하는 것이다. 즉 해석학을 이용하는 것이다. 해석학과 미적분학을 구분할 수는 있지만 좀 어렵다. 6.3절에서 상수함수의 도함수는 0이라는 기초적인 정리를 다루었다. 그런데 이 정리의 역은 어렵고 고등 미적분학의 영역에 들어간다. 이런 종류의 예와 해석학의 많은 다른 예에서 최소한 반대쪽 영역에 어떤 것이 있는지 엿볼 수 있다.

이제 해석학을 여는 핵심적인 주제 몇 가지를 살펴보자.

*실수의 완비성

해석학에서 무엇이든 이해하려면 실수 체계가 직선의 좋은 모델임을 알아야 한다. 특히 실수 체계에는 '빈 틈'이 없기 때문에 직선의 어떤 점에도 실수가 대응된다. 이를 실수의 **완비성**이라고 한다. 개념을 정확하게 정의하는 데 두 가지 방법이 있지만 이 두 가지는 동치이다. 그중 하나는 6.3절에서 도함수가 0인 함수에 대한 정리에서 이미 사용했던 중첩된 구간을 이용한다. 이 방법은 볼차노까지 거슬러 가며 7.9절 볼차노-바이어스트라스의 정리에서 다시 살펴볼 것이다.

최소상계 정리　유계인 집합 S는 최소상계를 가진다. 최소상계는 S의 모든 수보다 같거나 큰 실수 l로서, 만약 $k < l$이면 반드시 k보다 큰 S의 원소가 존재하는 성질을 가지는 수를 말한다.

중첩된 구간에 대한 정리　닫힌구간 I_n이 아래와 같이 주어졌다.

$$[a_n,\, b_n] = \{x \in \mathbb{R} : a_n \le x \le b_n\}$$

만약 $I_1 \supseteq I_2 \supseteq I_3 \supseteq \cdots$이면 $I_1,\ I_2,\ I_3,\ \ldots$의 모든 구간에 공통적으로 속하는 실수 x가 존재한다.

이 정리를 증명하려면 당연해 보이는 실수 x의 존재를 보이는 데 많은 정리가 필요하다. 예를 들면 연속함수가 음수 값과 양수 값을 가지면 그 사이 어딘가에서 함숫값이 0이 되어야 한다는 **중간값 정리**가 필요하다.

1858년 처음으로 완비성을 갖는 실수를 정의한 사람은 데데킨트이다. 유리수 집합을 이용하는 정의 자체는 매우 간단하지만 '실제적인 무한'을 정의한다는 면에서 매우 심오하다. 이 정의는 무한을 사용하기 때문에 9장에서 논리학을 다룰 때까지 잠시 미뤄두자. 무한에 대한 깊은 연구는 기초 영역에 속하지 않기 때문에 실수에 대한 주의 깊은 연구가 기초 영역에 속할지 의심스럽다. 하지만 최소한 논리학의 관점에서는 조금 더 다가갈 수 있을 것이다.

*연속성

연속성은 실수의 완비성과 매우 미묘하게 연관된다. 우리는 함수 f의 그래프 $y = f(x)$가 (마치 수직선을 구부려 놓은 것처럼) 끊김이 없을 때 f가 연속이라고 받아들인다. 직관적인 정의를 명확하게 하려면 끊어진 곳이 없다는 것을 수학적으로 표현해야 한다. 보통 해석학에서는 우선 함수 f가한 점 $x = a$에서 연속이라는 것을 먼저 정의한다. 6.3절의 정의는 $x \to a$일 때 $f(x) \to f(a)$였다. 다시 말해 a에 충분히 가까운 (δ 근방에서) x를 선택하면 $f(x)$도 우리가 원하는 만큼 (차이가 ϵ보다 작게) $f(a)$에 가깝다.

그 다음엔 f가 정의된 모든 점에서 (실수 전체일 필요는 없다) 연속이면 f가 연속이라고 정의한다. "그래프가 끊어진 곳이 없다"는 성질은 중간값 정리를 이용하면 이 정의로부터 나오는 결과다.

연속함수의 정의는 중간값 정리를 증명하고자 한 볼차노Bolzano(1817)와 코시Cauchy(1821)로부터 나왔다. 그러나 데데킨트가 1858년 실수의 완비성을 증명할 수 있도록 실수 체계를 정의할 때까지는 연속함수의 어떤 성질도 증명하기 어려웠다. 실수 자체에 끊어진 곳이 없다는 것을 증명할 수 있을 때까지 연속함수의 그래프가 끊어진 곳이 없다는 것을 증명할 수가 없었던 것이다.

연속성과 실수의 완비성이 밀접하게 연관된다는 것을 안다면 연속성을 기초적인 개념이라고 생각할 사람은 없을 것이다. 아래와 같은 연속성에 대한 두 가지 관찰도 이를 뒷받침한다.

1. 연속성에 대한 어떤 정의들이 동치임을 증명하려면 **선택 공리**axiom of choice가 필요하다.[4] 참고로 선택 공리는 고등 집합론에 속한다. (9.10절에서 선택공리에 대해 자세히 다룬다.)

2. 구성주의 수학자는 불연속적인 함수가 제대로 정의되어 있지 않다고 믿는다.

---

4) 자연스러운 정의 하나는 여기서 소개할 수 있다. 애벗Abbott(2001)의 훌륭한 해석학 책에서 사용한 방법이기도 하다. a로 수렴하는 임의의 수열 a_1, a_2, ...에 대해서 $f(a_n) \to f(a)$이면 함수 f가 $x = a$에서 연속이라고 정의한다. 이를 **순차연속** sequential continuity이라고 부른다. 순차연속이 6.3절에 소개한 연속의 정의와 동치라는 것을 증명하려면 **가산 선택 공리**countable axiom of choice가 필요하다.

나는 다른 대부분의 수학자들처럼 구성주의자들의 견해가 다소 극단적이라고 생각하지만 '탄광에 있는 카나리아'의 역할을 한다고 믿는다. 구성주의자들이 어떤 개념이나 정리에 대해 의심을 품었다면 거기에 심오한 무언가가 있다는 신호이다. 구성주의자들이 염려하는 무엇인가는 아마도 고등수학의 영역에 속할 것이다.

연속성이 고등적인 개념이라는 또 다른 증거로 하디Hardy(1941)가 『순수수학A Course of pure Mathematics』 8판 185쪽에서 다음과 같이 말했다.

> 모든 x에 대해 연속이라는 것을 정의하려면 각각의 특정한 점에서 연속이라는 것을 먼저 정의해야 한다.

이것은 꽤 그럴듯하게 들리지만 사실이 아니다. 하우스도르프Hausdorff(1914)는 열린집합을 이용하여 연속성에 일반적으로 접근하는 법을 도입했다. 예를 들어 실수의 임의의 열린집합은 열린구간들의 합집합이다. 여기서 열린구간은 $(a, b) = \{x \in \mathbb{R} : a < x < b\}$의 형태로 주어진 집합이다. 하우스도르프는 f의 공변역의 임의의 열린집합이 모두 정의역의 열린집합의 f의 상이면 f가 정의역의 모든 점에서 연속이라고 정의했다.[5] 시대를 이끄는 해석학자였던 하디가 연속성을 정의하는 데 이런 실수를 했다면 연속성은 고등 개념임이 분명하다!

---

5) 현대의 연속성에 대한 일반적인 정의로 해석학에는 아닐지 몰라도 분명히 위상수학에서는 이렇게 정의한다.
역주: 심지어 저자 본인도 실수를 한 것 같다. 표준적인 정의에 따르면, f의 공변역의 임의의 열린집합 U의 역상 $f^{-1}(U)$가 정의역의 열린집합일 때 f가 연속이라고 정의한다.

7

조합론

들어가는 말

조합론은 종종 유한한 것, 이산적인 것 또는 세는 것에 대한 수학으로 묘사된다. 그래서 산술과 구별하기 어렵다. 둘 다 유한 집합의 성질을 연구하지만 조합론은 집합의 원소와 포함관계를 위주로 쉬운 수준의 집합개념을 다룬다는 점이 산술과 다르다. 더하기, 곱하기 등의 대수구조와 같은 산술의 중심개념이 집합론의 이론에서 쉽게 표현되지 않는 것을 보면 (9장에서 살펴보겠지만 표현이 가능하긴 하다.) 좀 더 고등적인 차원에 속하는 것 같다.

그래서 조합론은 산술보다 더 기초적인 분야로, 수학의 다른 분야에 담긴 조합론적인 내용을 분리해냄으로써 그 분야를 명확히 볼 수 있도록 하는 잠재력이 있다. 이 장에서는 먼저 산술에서 조합론의 내용을 드러내고, 이어서 기하에서 같은 작업을 좀 더 상세히 다루겠다.

1752년 **오일러의 다면체 정리**와 함께 위상수학이라는 거대한 분야의 새로운 탄생은 바로 기하에서 조합론의 대상을 발견한 데 기인한다. 위상수학에서 조합론은 극한이나 연속성과 같은 해석학의 개념을 궁극적으로 한데 묶는다. 위상수학에서 가장 기초적인 개념을 사용하는 그래프 이론은 조합론의 가장 큰 분야로 자리하고 있다.

해석학도 재미있는 조합론의 요소를 가지고 있다. 무한과정을 연구하기 때문에 해석학에 등장하는 조합 자체가 무한할 수 있지만 그럼에도 불구하고 매우 흥미롭다. 무한 그래프에 대한 이론의 간단한 예로 쾨니히König 무한 보조정리가 있다. 이 보조정리는 볼차노-바이어스트라스 정리가 가진 조합론의 요소를 설명한다. 유한 그래프에 대한 이론인 슈페르너의 보조정리는 볼차노-바이어스트라스 정리와 연결되어 브라우어의 고정점 정리를 증명한다. 위상수학에서 유명한 이 정리들은 조합론적인 의미를 깨닫기 전에는 매우 어렵게 여겨졌었다.

7.1 소수의 무한성

투에Thue(1897)는 소수가 무한히 많다는 사실을 조합론을 이용하여 새롭게 증명하였다.

소수의 무한성 소수는 무한히 많다.

증명 모든 1보다 큰 양의 정수는 소인수분해 할 수 있음을 받아들이자. (2.3절에서 언급한 결과이다.) 모순을 얻어내기 위해서 소수가 유한개만 존재해서 2, 3, $\cdots$, p까지 k개라고 하자. 그러면 1보다 큰 정수 n은 아래와 같이 소인수분해 할 수 있다.

$$n = 2^{a_1} 3^{a_2} \cdots p^{a_k}$$

(여기서 a_1, a_2, ..., a_k는 0 이상의 정수)

만약 $n < 2^m$이면 a_1, a_2, ..., $a_k < m$이다. 각 a_i가 m보다 작으므로 a_i가 될 수 있는 정수는 0부터 $m-1$까지 m가지뿐이다. 그러므로 유한한

수열 a_1, a_2, ..., a_k의 가능한 경우의 수는 m^k이다.

k는 고정되어 있으므로 m이 충분히 크면 $m^k < 2^{m-1}$을 만족한다.[1] 그러므로 2^m보다 작은 정수 중 $2^{a_1} 3^{a_2} \cdots \rho^{a_k}$의 형태로 표현할 수 없는 것이 있다. 이는 모든 1 이상의 양의 정수는 소인수분해 할 수 있다는 사실에 모순이다. ■

이 증명은 '세는 것'이 어떻게 종종 조합론을 설명하는지 잘 보여준다. 지수의 크기를 제한하고 유한개의 소수의 곱으로 표현할 수 있는 수가 얼마나 되는지 세어보면 양의 정수가 늘어나는 속도를 따라잡지 못한다. 좀 더 정확하게는 m 이하의 지수만 사용해서 길이가 m 이하인 이진수를 다 표현할 수 없다.

7.2 이항 계수와 페르마의 소정리

페르마는 $a^{p-1} \equiv 1 \pmod{p}$를 이항 계수와 관련된 연구에서 알아낸 듯하다. 이 정리의 역사에 대해서는 베이유Weil(1984)를 보자. 페르마는 동치 명제인 $a^p \equiv a \pmod{p}$를 증명했다. 이는 아래와 같이 이항정리로부터 얻는다.

페르마의 소정리　임의의 소수 p와 임의의 자연수 a에 대해서

$$a^p \equiv a \pmod{p}$$

이다.

증명　$a = 0$이나 1일 때는 자명하게 성립하므로 $a = 2$일 때를 생각해

---

1) 역주: 고정된 k에 대해 m^k는 다항식의 속도로 증가하지만 2^m은 지수함수적으로 증가한다.

보자. 이항정리로부터

$$2^p = (1+1)^p = 1 + \binom{p}{1} + \binom{p}{2} + \cdots + \binom{p}{p-1} + 1 \qquad (*)$$

을 얻는다. 이항 계수를 1.6절에서처럼 조합론의 관점에서 보면

$$\binom{p}{k} = \frac{p(p-1) \cdots (p-k+1)}{k!}$$

이다. $\binom{p}{k}$는 정수이므로 분모의 $k!$의 모든 인수가 분자를 나누어야 한다. $k < p$이고 p는 소수이므로 분모의 인수들은 p를 나누지 못한다. 그러므로 $k = 1, 2, \cdots, p-1$에 대해서 p는 $\binom{p}{k}$를 나눈다. 그러므로 (*)로부터 아래를 얻는다.

$$2^p \equiv 1 + 1 = 2 \pmod{p}$$

이제 수학적 귀납법을 적용해서 $a = n$일 때 $a^p \equiv a$가 성립한다고 가정하자. $a = n+1$에 대해 이항정리를 다시 사용하여

$$(n+1)^p = n^p + \binom{p}{1}n^{p-1} + \cdots + \binom{p}{p-1}n + 1$$

p가 $\binom{p}{k}$를 나누기 때문에

$$\equiv n^p + 1 \pmod{p}$$

이며, 귀납법의 가정에 의해

$$\equiv n + 1 \pmod{p}$$

이다. 그러므로 모든 자연수 a에 대해서 (또한 모든 음의 정수는 mod p로 어떤 양의 정수와 합동이므로 음의 정수에 대해서도) $a^p \equiv a \pmod{p}$이다. ■

증명에서 조합론을 이용하여

$$\binom{n}{k} = \frac{n(n-1)\cdots(n-k+1)}{k!}$$

라는 것과 $\dfrac{n(n-1)\cdots(n-k+1)}{k!}$ 를 원소가 n개인 집합에서 원소가 k 개인 부분집합을 선택하는 경우의 수로 해석하여 정수라는 결론을 내렸다. 사실 이 내용을 다른 전통적인 방법으로 증명하자면 꽤 어렵다. 가우스 Gauss(1801)도 다음과 같이 말하며 순수하게 수론의 입장에서 증명하려고 노력했다. "지금까지 우리가 아는 한 아무도 직접적으로 이것을 증명한 적이 없다." 오늘날에는 수론이 아닌 조합론을 이용한 증명이 가장 좋은 증명이라고 생각한다. 또한 이 증명은 원래 속한 분야와 다른 분야의 개념을 이용하면 간단하게 증명할 수도 있는 예를 보여준다.

7.3 생성 함수

조합론을 이용한 새로운 방법으로 얻은 수열은 가끔 산술이나 대수를 사용하는 전통적인 방법으로 표현하기 어려운 경우가 있다. 조합론과 대수학을 함께 엮기 위해 **생성함수**를 이용하는 방법이 꽤 쓸모 있다. 이항 계수로 이루어진 수열과 피보나치 수열을 예로 들어 어떻게 생성함수를 사용하는지 설명하겠다.

이항 계수

각 n에 대해 이미 이항 계수 $\binom{n}{k}$를 이용하여 수열을 정의했다. 1.6절에서도 보았듯이 이 수는 $(a+b)^n$을 전개해서 얻은 다항식의 계수이다. (그래서 이항 계수라고 부른다.) 이제 a, b 두 변수를 사용하는 대신 x라는 변수

하나를 사용해 $(1+x)^n$을 전개한 식

$$\binom{n}{0}+\binom{n}{1}x+\binom{n}{2}x^2+\cdots+\binom{n}{n}x^n$$

의 계수로 이루어진 수열을 생각하자.

$$\binom{n}{0},\ \ \binom{n}{1},\ \ \binom{n}{2},\ \ \ldots,\ \ \binom{n}{n}$$

이렇게 간편하게 바꾼 식을 이용하면 어떤 성질은 쉽게 증명할 수 있다. 예를 들어 유명한 파스칼 삼각형의 성질

$$\binom{n}{k}=\binom{n-1}{k-1}+\binom{n-1}{k}$$

은 아래의 식을 이용하여 증명할 수 있다.

$$(1+x)^n=1\cdot(1+x)^{n-1}+x\cdot(1+x)^{n-1}$$

근본적으로는 1.6절에서 했던 것과 같지만 대수적으로 간단한 생성함수를 이용하여 수열을 한꺼번에 묶어서 보면 어떤 점이 좋은지를 보여준다. 다음 예는 무한수열도 경우에 따라 간단한 생성함수로부터 얻을 수 있다는 것을 보여준다.

피보나치 수열

피보나치Fibonacci(1202)는 『연산Liber abaci』에서 아래와 같은 수열을 소개했다.

$$0, 1, 1, 2, 3, 5, 8, 13, 21, 34, 55, 89, 144, 233, 377, 610, 987, 1597, 2584, \ldots$$

세 번째 항부터는 바로 앞의 두 항의 합으로 주어진다. 가상의 '응용문제'를 만들던 당시의 관습에 따라, 피보나치는 이 수들이 생겨나는 '토끼 문제'라 는 상황을 고안했다. 하지만, 실상 이 수열은 『연산』의 목적에 따른 아라비

아 숫자의 덧셈 연습문제였다.

어쨌건, 수학자들은 덧셈 기법을 배우고 난 뒤에도 피보나치 수열에 계속하여 흥미를 가졌다. 반복해서 더하기만 하는 단순한 과정에 비해 결과는 놀랍도록 복잡하고 난해하다. 특히 n번째 항을 주는 공식은 무척 어려워서 알아내는 데 500년 이상 걸렸다. 그리고 더욱 놀랍게도 이 공식이 무리수 $\sqrt{5}$ 와 관련된다.

공식은 베르누이Daniel Bernoulli(1728)와 드 무아브르de Moivre(1730)가 각각 독립적으로 발견했다. 증명은 같은 아이디어를 이용하는데 아래와 같이 피보나치 수를 이용한 생성함수를 생각한다.

$$F(x) = 0 \cdot 1 + 1 \cdot x + 1 \cdot x^2 + 2x^3 + 3x^4 + 5x^5 + 8x^6 + 13x^7 + \cdots$$

이제 귀납적으로 다음과 같이 기호를 도입해 피보나치 수를 표현하자.

$$F_0 = 0, \quad F_1 = 1, \quad F_n = F_{n-1} + F_{n-2} \quad (n \geq 2)$$

이를 이용해서 생성함수를 다시 쓰면

$$F(x) = F_0 + F_1 x + F_2 x^2 + F_3 x^3 + \cdots$$

이다. $xF(x)$와 $x^2 F(x)$는

$$xF(x) = F_0 x + F_1 x^2 + \cdots + F_{n-1} x^n + \cdots$$

$$x^2 F(x) = \qquad F_0 x^2 + \cdots + F_{n-2} x^n + \cdots$$

이다. $F(x)$에서 $xF(x)$와 $x^2 F(x)$를 빼면

$$(1 - x - x^2)F(x) = F_0 + (F_1 - F_0)x + \cdots + (F_n - F_{n-1} - F_{n-2})x^n + \cdots$$
$$= x$$

이다. 왜냐하면 $F_0 = 0$, $F_1 = 1$, $F_n - F_{n-1} - F_{n-2} = 0$이기 때문이다.

그러므로

$$F(x) = \frac{x}{1-x-x^2}$$

를 얻는다.

F_n의 공식 $F(x)$의 n차항 x^n의 계수는 아래와 같다.

$$F_n = \frac{1}{\sqrt{5}}\left[\left(\frac{1+\sqrt{5}}{2}\right)^n - \left(\frac{1-\sqrt{5}}{2}\right)^n\right]$$

증명 $F(x) = \dfrac{x}{1-x-x^2}$ 의 분모를 일차식을 이용해서 인수분해 하자.
근의 공식을 써서 $1-x-x^2 = 0$의 근을 구하면

$$x = -\frac{1-\sqrt{5}}{2}, \; -\frac{1+\sqrt{5}}{2}$$

이다. $(1-\sqrt{5})(1+\sqrt{5}) = -4$를 이용하여 이를 다시 쓰면

$$x = \frac{2}{1+\sqrt{5}}, \; \frac{2}{1-\sqrt{5}}$$

이다. 그러므로

$$1-x-x^2 = \left(1-\frac{1+\sqrt{5}}{2}x\right)\left(1-\frac{1-\sqrt{5}}{2}x\right)$$

로 인수분해 할 수 있다. 이를 이용해서 $F(x)$를 다시 쓰자.

$$\frac{x}{1-x-x^2} = \frac{x}{\left(1-\dfrac{1+\sqrt{5}}{2}x\right)\left(1-\dfrac{1-\sqrt{5}}{2}x\right)}$$

$$= \frac{A}{1-\dfrac{1+\sqrt{5}}{2}x} + \frac{B}{1-\dfrac{1-\sqrt{5}}{2}x}$$

우변을 통분한 뒤 분자의 계수를 비교하여 $A = -B = \dfrac{1}{\sqrt{5}}$을 얻는다. 즉 $F(x)$를 다음과 같이 부분분수의 합으로 표현할 수 있다.

$$F(x) = \frac{x}{1-x-x^2} = \frac{1}{\sqrt{5}}\left(\frac{1}{1-\dfrac{1+\sqrt{5}}{2}x} - \frac{1}{1-\dfrac{1-\sqrt{5}}{2}x}\right)$$

마지막으로 $\dfrac{1}{1-\dfrac{1+\sqrt{5}}{2}x}$와 $\dfrac{1}{1-\dfrac{1-\sqrt{5}}{2}x}$를 아래 식을 이용하여

기하급수로 전개한다.

$$\frac{1}{1-\dfrac{1\pm\sqrt{5}}{2}x} = 1 + \frac{1\pm\sqrt{5}}{2}x + \left(\frac{1\pm\sqrt{5}}{2}\right)^2 x^2 + \cdots$$

그러면 x^n의 계수인 F_n은 다음과 같다.

$$F_n = \frac{1}{\sqrt{5}}\left[\left(\frac{1+\sqrt{5}}{2}\right)^n - \left(\frac{1-\sqrt{5}}{2}\right)^n\right]$$

■

7.4 그래프 이론

그래프는 기하에서 가장 간단한 대상일 것이다. 분명히 그래프 이론은 조합론에서 시각적으로 접근하기 쉬운 분야이다. 그림 7.1은 그래프의 전형적인 예이다.

v_1, v_2, v_3, v_4라고 이름 붙인 점들을 그래프의 **꼭짓점**이라고 하고, e_1, e_2, e_3라고 표시된 것을 **변**이라고 하고, v_1, e_1, v_2, e_2, v_3, e_3, v_4로 나열한 것을 **경로**라고 한다. 특별히 이 경로는 꼭짓점이 중복해서 쓰이지 않았으므로 **단순 경로**라고 한다. 그래프의 정의는 다음과 같다.

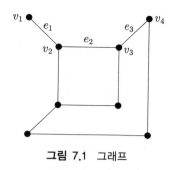

그림 7.1 그래프

정의 (유한) **그래프**는 유한개의 점 v_i와 이들 중 일부를 두 개씩 묶은 $e_k = \{v_i,\ v_j\}\,(v_i \neq v_j)$로 이루어진다. 이때 v_i를 **꼭짓점**, e_k를 **변**이라고 부른다.

이론적으로 그래프의 꼭짓점은 자연수와 같이 어떤 종류의 수학적 대상도 될 수 있다. 실제로는 평면이나 공간의 점을 꼭짓점으로 주로 사용한다. 변은 꼭짓점 두 개로 완전히 결정되는데 이 꼭짓점들을 변의 끝점이라고 부른다. 변은 두 꼭짓점을 연결하는 곡선일 수도 있다. 주어진 두 꼭짓점을 잇는 변은 최대한 한 개이고 변의 양 끝점은 항상 서로 다른 꼭짓점이어야 한다.

같은 그래프라도 여러 가지 다른 그림으로 나타낼 수 있다. 그래프에서 꼭짓점의 위치가 다르기만 하면 어디에 있든지 상관없고 변의 길이도 전혀 고려하지 않는다. 즉 우리는 실제로 위상을 보고 있다. 위상과 그래프에서 중요한 것은 경로라는 개념이다. 경로에 대해서 엄밀하게 정의하자.

정의 그래프 G의 **경로**는 꼭짓점과 변이 아래와 같은 형태로 나열된 것이다.

$$v_1 e_1 v_2 e_2 v_3 \cdots v_n e_n v_{n+1}$$

여기서 e_i는 변 $\{v_i,\ v_{i+1}\}$이며, $v_1 = v_{n+1}$이면 **닫힌 경로**라고 한다. $v_1 = v_{n+1}$일 가능성만을 제외하고 어떤 꼭짓점도 한 번씩만 등장하면 **단순 경로**라고 한다. 마지막으로 그래프의 어떤 두 꼭짓점을 선택해도 그 사이를 잇는 경로가 존재하면 **연결된 그래프**라고 한다.

주로 연결된 그래프를 연구하는 이유는 모든 그래프는 연결된 그래프의 합집합이므로 각각의 연결된 그래프(이를 **연결성분**이라고 한다)를 따로 볼 수 있기 때문이다. 마지막으로 연결가를 정의하려 한다. 비슷한 개념이 화학에서도 쓰인다.

정의 그래프 G의 한 꼭짓점 v의 **연결가**valency는 v를 포함하는 변의 개수이다. 예를 들어 그림 7.1에서

$$v_1 의\ 연결가 = 1$$
$$v_2 의\ 연결가 = 3$$
$$v_3 의\ 연결가 = 3$$

이다. 조합론에서 연결가는 종종 **차수**degree로 불리기도 한다. 연결가는 수학의 다른 곳에서는 쓰이지 않지만 차수는 많이 사용되므로 연결가라는 용어가 더 적합해 보인다. 연결가는 그래프 이론의 첫 번째 정리에 등장한다.

전체 연결가 그래프에서 모든 꼭짓점의 연결가를 더한 값은 짝수이다.

증명 연결가를 모두 더할 때 각각의 변은 두 번씩 기여한다. 그러므로 연결가를 모두 더하면 짝수이다. ■

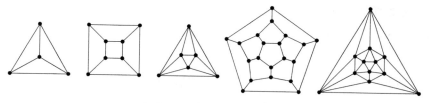

그림 7.2 정다각면체의 그래프

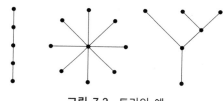

그림 7.3 트리의 예

정다면체를 평면에 사영해서 얻은 그래프를 예로 들며 이 절을 마친다(그림 7.2). 7.6절에서 정다면체가 5개만 존재하는 이유를 그래프 이론으로 설명하고, 정다면체에 대해서 더 자세히 살펴보겠다.

7.5 트리

그림 7.3에서와 같이 닫힌 경로가 없는 연결된 그래프를 **트리**tree라고 한다. 그렇다. 이런 그래프는 나무처럼 보인다.

트리는 닫힌 경로가 없기 때문에 평면에서 변이 서로 만나는 일이 없도록 그리기만 하면 된다. 직관적으로 나무에 변을 하나씩 붙여나가는 것을 생각하자. 변을 트리에 붙일 때마다 항상 새 꼭짓점을 만들어야 하며, 그렇지 않다면 닫힌 경로가 생겨 버린다. 다음 정리를 보면 이런 직관이 상당히 정확하다는 것을 알 수 있다. 변을 하나씩 붙여나감으로써 임의의 트리를 만들 수 있음을 보여준다.

트리의 연결가 꼭짓점을 2개 이상 가지는 트리에는 항상 연결가가 1인 꼭짓점이 존재한다.

증명 트리 T에서 아무 꼭짓점이나 선택해서 v_1이라 하자. 만약 v_1의 연결가가 1이면 증명이 끝난다. 그러나 v_1의 연결가가 1이 아니라면 v_1에 연결된 변 e_1을 따라가서 다른 끝점을 v_2라고 하자. v_2의 연결가도 1이 아니면 v_2에 붙어있는 변 e_2을 따라가되, $e_2 \neq e_1$이 되도록 한다. (v_2의 연결가가 1보다 크므로 e_1과 다른 e_2가 존재한다.) 이런 식으로 $v_1 e_1 v_2 e_2 \cdots$이라는 단순 경로를 얻는다. 트리 T가 유한하므로 이 경로는 어디선가 반복이 되지 않는 이상 유한하게 끝나야 한다. 그러면 마지막에 오는 꼭짓점은 연결가가 1이다.

증명은 끝났지만 덧붙이자면, 만약 v_1의 연결가가 1이라면 위의 방법에 따라 연결가가 1인 또 다른 꼭짓점을 얻는다. 만약 v_1의 연결가가 1보다 크다면 v_1에 e_1 말고 붙어 있는 변이 하나 더 있다. 이를 e_1'이라고 하자. 그러면 e_1'을 선택하고 위의 방법대로 또 다른 연결가가 1인 꼭짓점을 얻는다. 그러므로 사실 트리는 연결가가 1인 꼭짓점을 최소한 2개 가진다. ■

일단 연결가가 1인 꼭짓점 v를 찾으면 v와 그에 연결되어 있는 변 e를 함께 제거해도 그래프는 연결되어 있다. 그래서 제거하고 난 이후에도 여전히 트리이고, 모든 트리는 항상 연결가가 1인 꼭짓점이 있으므로 이것을 찾아서 제거하는 작업을 계속 반복하면 마지막엔 꼭짓점 한 개만 남을 것이다. 방금 한 과정을 거꾸로 하면 꼭짓점 하나로부터 변을 하나씩 붙여나가며 트리를 만들게 된다. 이는 평면에서 변이 서로 교차하지 않게 트리를 그리는 방법이기도 하다. 그래서 트리를 **평면 그래프**라고 부른다. 다음 절에서 평면 그래프에 대해서 더 살펴볼텐데, 트리가 기초를 제공한다. 다음 정리가 그 시초이다.

트리의 특성수 트리가 V개의 꼭짓점과 E개의 변을 가지면

$$V - E = 1$$

이다.

증명 꼭짓점이 1개이고 변은 없는 것이 가장 작은 트리이고 이때 $V - E = 1$이 성립한다. 여기에 꼭짓점 한 개와 변 한 개를 더 붙여도 $V - E = 2 - 1 = 1$이다. 모든 트리는 꼭짓점 한 개와 변 한 개를 차곡차곡 추가하여 만들 수 있으므로, 모든 트리에 대해서 $V - E = 1$이다. ■

불변량 $1 = V - E$은 **트리의 오일러 특성수**라고 불리기도 한다. 이 불변량은 평면 그래프로 확장할 수 있는데 이는 1752년 오일러가 다면체에 대해 발견한 불변량과 연관된다. 어떻게 연관되는지 살펴보자.

7.6 평면 그래프

평면에서 변이 서로 교차하지 않게 그래프를 '그린다'는 의미를 명확히 하자. 예를 들어 그림 7.4의 두 그래프의 차이를 설명하려고 한다.

둘 다 육면체의 꼭짓점과 변에 해당된다. 그러나 왼쪽의 것은 서로 다른 점이 서로 다른 점으로 가도록 육면체의 꼭짓점과 변을 평면에 **매립**한 embedded 평면 그래프이다. 오른쪽의 그래프는 변이 교차하는 두 지점에서 육면체 변의 서로 다른 두 점이 평면에서는 같은 점으로 표현되었기 때문에 평면 그래프가 아니다.

이처럼 육면체를 평면에서 변들이 교차하지 않도록 잘 그려 넣을 수 있기 때문에 육면체 그래프는 매우 자연스럽게 평면에 매립할 수 있다. 또한 육면체의 평면 그래프의 변이 모두 곧은선임을 알 수 있다. 사실 어떤 그래프를

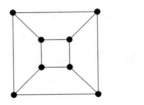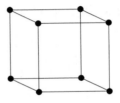

그림 7.4 육면체 그래프의 평면 표현과 비평면 표현

평면에 매립할 수 있다면 모든 변을 곧은선이 되도록 매립할 수 있다. 이 사실을 증명하는 대신 꺾은선(유한개의 곧은선들이 연결된 선)을 허용하기로 하자. (그래프의 단순 경로는 보통 꺾은선이기 때문이다.)

정의 그래프의 모든 꼭짓점이 $\mathbb{R}^2$에 있고 꺾은선으로 이루어진 변들이 꼭짓점에서만 만나면 **평면 그래프**라고 한다.

평면 그래프가 어떻게 다른 그래프와 연관되는지를 설명하기 위해 다음 정의가 필요하다.

정의 주어진 두 그래프 G와 G'에 대하여, 만약 G의 꼭짓점과 G'의 꼭짓점 사이에 일대일 대응 $v_i \leftrightarrow v'_i$이 있어서 변 $\{v_i, v_j\}$이 변 $\{v'_i, v'_j\}$과 일대일로 대응되면 그래프 G와 G'은 **동형**이라고 한다.

이제부터 그래프에서 '변 $\{v_i, v_j\}$'는 끝점인 v_i와 v_j를 연결하는 선분이나 꺾은선을 말한다. 이런 의미에서 그림 7.4의 두 그래프는 동형이고 꼭짓점들 사이에 적당한 일대일 대응을 여러 가지 방법으로 줄 수 있다.

이제 마지막으로 그래프가 평면적이라는 말의 뜻을 정의하자.

정의 어떤 그래프 G가 평면 그래프 G'과 동형이면 **평면적**planar이라고 한다.

그림 7.5 다섯 개의 정다면체(출처: Wikimedia commons)

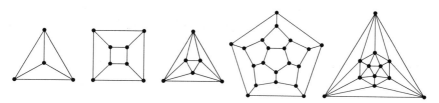

그림 7.6 정다각면체의 평면 그래프

$\mathbb{R}^3$ 공간에서 점과 꺾은선으로 자연스럽게 이루어진 많은 그래프가 평면적이다. 정다면체(그림 7.5)의 그래프가 잘 알려진 예로, 모두 평면에 일대일이 되도록 사영할 수 있다. 정육면체의 평면 그래프는 그림 7.4에 있으며, 그림 7.6은 각 정다면체의 평면 그래프를 보여준다.

유클리드는 『원론』 XIII권의 명제 18에서 (삼각형의 세 내각의 합이 π이기 때문에) n다각형의 내각의 합이 $(n-2)\pi$라는 성질을 이용하여 정다면체는 이들 다섯 개뿐임을 증명했다.

각 변의 길이가 모두 같은 정다각형에서 한 내각은 $\dfrac{n-2}{n}\pi$이다. 정다각형으로 이루어진 정다면체의 한 꼭짓점에서 m개의 정다각형이 만난다면 각의 합은 2π보다 작아야 한다. 그러므로 다음의 경우가 가능하다.

$$n=3,\ m=3 \quad \text{(정사면체)}$$
$$n=3,\ m=4 \quad \text{(정팔면체)}$$
$$n=3,\ m=5 \quad \text{(정이십면체)}$$
$$n=4,\ m=3 \quad \text{(정육면체)}$$
$$n=5,\ m=3 \quad \text{(정십이면체)}$$

그러므로 정다면체는 정확히 위의 다섯 가지만 존재한다.

흥미롭게도 여기서 n과 m이 취할 수 있는 값을 결정하기 위해 유클리드 기하를 사용할 필요가 없다. 순전히 그래프 이론만 사용하여 평면 그래프에 대한 기본정리의 결과로 이를 유도하는 것이 가능하다.

7.7 오일러의 다면체 정리

오일러Euler(1752)는 다면체가 모두 특성수 $V - E + F = 2$를 가진다는 것을 발견했다. 여기서 V는 꼭짓점의 개수, E는 변의 개수, F는 면의 개수이다. 예를 들어 육면체의 특성수는 $V - E + F = 8 - 12 + 6 = 2$이고, 사면체는 $V - E + F = 4 - 6 + 4 = 2$이다. 오일러의 정리는 변과 면을 적절하게 정의하면 연결된 평면 그래프에 대해서도 성립한다. 곧 보게 되겠지만 트리의 경우 $F = 1$이라고 하고 오일러 공식을 평면 그래프에 적용한 경우가 7.5절에서 증명한 식인 $V - E = 1$이다. 실제로 일반적인 식 $V - E + F = 2$를 특수한 경우인 트리로 환원하여 증명하려고 한다.

평면 그래프의 오일러 공식 연결된 평면 그래프 G가 V개의 꼭짓점과 E개의 변과 F개의 면을 갖는다면

$$V - E + F = 2$$

이다.

여기서 면은 다면체의 면 또는 다면체의 면을 사영하여 얻은 평면의 다각형을 말한다. 일반적으로 연결된 평면 그래프 G에서 면은 여집합인 $\mathbb{R}^2 - G$의 연결 성분이다. 이때 두 점 u와 v가 같은 연결성분에 들어 있다는 것은 두 점을 그래프와 만나지 않는 경로로 연결할 수 있다는 뜻이다. 그러므로 G가 트리이면 그림 7.7에서 보듯이 G에 속하지 않는 어떤 두 점을 선택해

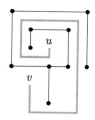

그림 7.7 트리의 여집합의 두 점 연결하기

도 항상 G와 만나지 않는 경로로 연결할 수 있다. 그러므로 트리의 면의 개수는 1이다.

또 다른 중요한 예로 단순히 다각형으로 주어진 그래프 G를 들 수 있다. 이 경우 G의 여집합은 '안쪽'과 '바깥쪽'으로 연결성분이 2, 즉 면의 개수가 2이다. 일단 이 두 가지 사실을 받아들이고 오일러 공식을 증명하자.

평면 그래프에 대한 오일러 공식의 증명 평면에 V개의 꼭짓점과 E개의 변과 F개의 면을 갖는 연결된 그래프 G가 주어졌다. G가 트리라면 7.5절에서 이미 $V - E = 1$임을 보였고, 이 경우 F가 1이므로 $V - E + F = 2$로 증명이 끝난다.

G가 트리가 아니라면 단순 닫힌 경로 p를 갖는다. p에서 어떤 변 e를 제거해도 그래프는 여전히 연결되어 있다. 왜냐하면 e에 의해 연결되어 있던 꼭짓점은 p에서 e를 제거한 나머지에 의해서도 여전히 연결되어 있기 때문이다. e를 제거한 후에도

- V는 같다. 왜냐하면 변 e만 제거했기 때문이다.
- E는 1이 줄었다.
- F도 1이 줄었다. 왜냐하면 단순 닫힌 경로인 p에 의해 분리되었던 연결 성분 두 개가 e가 제거되면서 하나로 연결되었기 때문이다.

그러므로 e를 제거한 그래프는 여전히 연결되어 있고 $V - E + F$도 그대로다. 그러나 단순 연결경로는 하나가 줄었다. 유한한 그래프이므로 단순 연결경로도 유한개이다. 그러므로 단순 연결경로의 변을 하나씩 제거하는 일을 유한번 반복하여 단순 연결경로들을 모두 제거하고 나면 그래프는 트리가 된다. 그리고 각 단계에서 $V - E + F$는 모두 같다. 마지막 트리에 대해 $V - E + F = 2$이므로 원래 그래프 G에 대해서도 $V - E + F = 2$이다. ■

특별히 볼록 다면체는 평면 그래프로 사영할 수 있기 때문에 $V - E + F = 2$가 성립한다. 좀 더 일반적으로 평면 그래프를 갖는 임의의 다면체에 대해서 $V - E + F = 2$이다. 직관적으로 말해 이들은 구멍이 없는 다면체들이다. 이를 **오일러**Euler(1752)**의 다면체 공식**이라고 부른다.

오일러의 다면체 공식을 이용하여 조합론의 관점에서 정다면체가 그림 7.5의 정다면체 다섯 가지만 존재한다는 것을 다시 증명하겠다. 이들은 상수 m과 n에 대해서 각 꼭짓점에서 m개의 면이 만나고 각 면은 n개의 변으로 이루어진 다면체이다.

정다면체 분류 다면체가 각 꼭짓점에서 m개의 면이 만나고 각 면은 모두 n개의 변으로 이루어졌다면 $(m,\ n)$으로 가능한 값은 아래와 같다.

$$(3, 3), \quad (3, 4), \quad (4, 3), \quad (3, 5), \quad (5, 3)$$

증명 주어진 다면체가 꼭짓점, 변, 면을 각각 V, E, F개 갖는다고 하자. 각 면은 n개의 변으로 되어 있고 각 변은 정확히 두 면에 공통으로 들어있으므로

$$E = \frac{nF}{2}$$

이다. 또한 각 꼭짓점에서는 m개의 면이 만나므로

이다.

$$V = \frac{nF}{m}$$

이다. $V - E + F = 2$에서 V와 E를 치환하면

$$2 = \frac{nF}{m} - \frac{nF}{2} + F = F\left(\frac{n}{m} - \frac{n}{2} + 1\right)$$

$$= F\frac{2n - mn + 2m}{2m}$$

이다. 그러므로

$$F = \frac{4m}{2m + 2n - mn}$$

이다. 그런데 F는 면의 개수이므로 양의 정수이다. 따라서

$$2m + 2n - mn > 0$$

혹은

$$mn - 2m - 2n < 0 \qquad\qquad (*)$$

이다. 양변에 4를 더하고, $mn - 2m - 2n + 4 = (m-2)(n-2)$으로 인수분해 하여 다음을 얻는다.

$$(m-2)(n-2) < 4$$

면은 항상 3개 이상의 변으로 이루어졌으므로 $n \geq 3$이고, 각 꼭짓점에서 만나는 면의 수도 3 이상이어야 하므로 $m \geq 3$이다. 그러므로 $n \geq 3$, $m \geq 3$이고 부등식

$$(m-2)(n-2) < 4 \qquad\qquad (**)$$

를 만족하는 자연수 m, n을 구하면

$$(m, n) = (3, 3), (3, 4), (4, 3), (3, 5), (5, 3)$$

뿐이다. ∎

역으로 그림 7.6에서 보듯이 위에서 찾은 각각의 (m, n)에 해당하는 다면체가 존재한다. 이것은 앞 절에서 언급했던 유클리드의『원론』의 VIII권 명제 18의 조합론적인 해석이다. 흥미롭게도 두 정리에서 공통적으로 어려운 부분은 다면체 혹은 평면 그래프를 실제로 만드는 일이다. 만들고 나면 평면 그래프가 다면체보다 쉽다.

*트리와 다각형의 면의 수

영국 수학자 하디에 대해 다음과 같은 이야기가 있다.[2]

> "이것은 자명한데…." 강의 중에 하디는 말을 멈추고 혼자 생각에 잠겼다. 시간이 좀 지나자 강의실 밖 복도를 왔다 갔다 하기 시작했다. 15분 정도 뒤에 강의실로 다시 돌아온 하디는 말했다. "맞아, 자명해."

트리와 다각형의 면의 수에 대해서 우리의 처지가 하디와 같다. 자명해 보이고, 자세히 살펴보면 유한단계의 간단한 과정을 통해 구체적으로 증명할 수 있다. 그렇다고 증명이 필요없을 만큼 자명한 것은 아니다. 자명함이 자명하게 받아들여지기까지 꼼꼼히 생각해야 한다. 나에게는 이런 점에서 이 사실이 기초적이기보다 '고등적'인 것으로 다가온다.

트리의 면의 수   트리의 평면 그래프는 면이 하나다.

증명   평면의 그래프 T가 트리라고 하자. 그러면 T의 꼭짓점은 모두 $\mathbb{R}^2$의 점이고 변도 모두 $\mathbb{R}^2$의 꺾은선으로 양 끝점에서만 다른 변과 만난다. 꺾은선의 모서리점도 모두 꼭짓점으로 추가한 그래프를 T^*라고 하자. 그러면 T^*는 사실 T와 생긴 모양은 같고 변들은 모두 곧은선이 된다.

---

2) 일종의 전설 같은 이야기지만, 그럼에도 불구하고 정곡을 찌르는 데가 있다. 에밀 아틴Emil Artin의 강의에서 이와 비슷한 일을 목격했다는 기록이 오스터만과 바너 Ostermann and Wanner(2012)의 저서 7쪽에 있다.

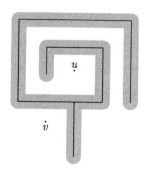

그림 7.8 그래프 T^*와 ε-근방

T^*의 면의 수가 1이라는 것을 증명하기 위해서 T^*의 여집합의 임의의 두 점 u, v를 T^*와 만나지 않는 꺾은선으로 연결할 수 있다는 것을 보이면 된다. 즉 T^*의 여집합이 연결되어 있음을 보이겠다. 이를 위해서 T^*의 ε-근방 $N_\varepsilon(T^*)$를 T^*에서 거리가 ε보다 작은 점로 이루어진 집합으로 정의하자. 이때 ε을 충분히 작게 선택해서 그림 7.8에서처럼 $N_\varepsilon(T^*)$의 경계가 서로 만나지 않고 u, v가 $N_\varepsilon(T^*)$에 포함되지 않도록 하자. $N_\varepsilon(T^*)$의 경계는 단순 연결곡선이다. T^*가 만약 한 점이라면 $N_\varepsilon(T^*)$의 경계는 반지름이 ε인 원이다. 변이 하나 더해질 때마다 ε-근방의 경계는 기다란 ∪자 모양이 덧붙은 형태가 되어 새로 만들어진 경계는 여전히 하나의 곡선으로 연결되어 있다. 7.5절에서 봤듯이 변을 하나씩 더하는 과정을 반복해서 트리를 만들었다고 하면 각 단계마다 바뀌는 ε-근방의 경계가 계속 하나의 곡선으로 연결되어 있다는 것을 알 수 있다.

마지막으로 u와 v를 연결하기 위해서 u와 v에서 각각 직선을 그리다가 계속 길어져서 $N_\varepsilon(T^*)$의 경계에 닿을 때까지 늘린다. 경계에 닿은 점을 u', v'이라고 하자. 그리고 u'과 v'의 사이를 경계곡선의 일부로 연결한다. (엄밀하게 말해서 이렇게 만든 경로는 경계곡선이 작은 원의 일부일수도 있어서 꺾은선은 아니다. 그러나 이런 부분은 T^*와 만나지 않는 꺾은선으로 쉽게 대치할 수 있다.) ■

위의 증명이 고등수학에 들어가는 이유는 ε를 '충분히 작게' 선택하는 과정에 있다. 이것은 해석학이나 위상수학에서 자주 쓰는 방법이다. 다각형 그래프가 두 개의 면을 갖는다는 것을 증명할 때도 같은 아이디어를 쓴다. 여기에 '작은' 변형을 반복해서 원하는 경로를 찾는 일이 더 필요하다.

다각형의 면의 수[3)] 평면 다각형의 그래프는 면이 두 개다.

증명 주어진 평면 다각형 그래프 P의 한 변을 e라고 하자. P에서 e를 제거한 그래프를 $P-e$라고 하자. (e를 제거할 때 양 끝점은 놔둔다.) 그러면 $P-e$는 트리이므로 앞의 정리의 증명대로 P에 속하지 않는 임의의 두 점 u, v (P에 속하지 않으므로 $P-e$에도 속하지 않는다)는 $P-e$와 만나지 않는 꺾은선으로 이루어진 경로 p로 연결할 수 있다.

물론 u에서 v까지 연결하는 경로 p가 변 e와 만날 가능성도 있다. 이럴 경우 p를 살짝 변형하여 새로운 경로 $p^{(1)}$, $p^{(2)}$, ...를 만들되, 여전히 $P-e$와는 만나지 않으면서 교차점이 두 개씩 제거되도록 한다.

이러한 과정을 유한번 반복하여 교차점이 없거나 1개인 $p^{(k)} = q$를 얻을 수 있다. 변 e 주변에서 $p^{(i)}$를 변형하여 $p^{(i+1)}$를 얻으면서 교차점을 두 개 없애는 방법은 그림 7.9에 있다. 한 가지 주의할 점은 변 e를 지나는 경로를 변형하여 e를 지나지 않도록 하는 것은 불가능하다. 위의 방법은 단지 두 개씩 줄여나갈 수 있다는 것을 보여준다.

이제 그래프 P에 속하지 않은 점들 중에서 변 e와 정확하게 한 번 만나는 경로로 연결된 두 점을 선택하여 a, b라고 하자. 이런 두 점은 e에 충분히 가까운 곳에서 분명히 찾을 수 있다. 그러면 그래프 P에 속하지 않은 임의의 점 w는 정확하게 아래 두 가지 중 하나이다.

---

3) 이 정리는 더 어려운 조르단Jordan(1887) 정리의 특별한 경우이다. 조르단 정리는 평면의 모든 단순 연결곡선은 평면을 연결된 영역 두개로 나눈다는 것이다.

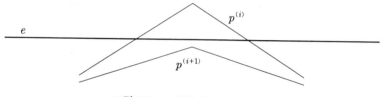

그림 7.9 교차점 두 개 제거하기

1. w는 변 e와 만나지 않는 경로로 a에 연결할 수 있다.
2. w는 변 e와 만나지 않는 경로로 b에 연결할 수 있다.

둘 다 아니라면 w에서 a나 b를 연결하는 경로는 모두 e를 한 번씩 지나야 하고, 그러면 a와 b를 (w를 통해) 연결하는 경로가 e를 두 번 지나가게 되는데 이는 불가능하다. 또한 둘 다 맞는다면 a와 b를 연결하는 경로가 e와 전혀 만나지 않게 되는데 이 역시 불가능하다. 이는 곧 그래프 P가 평면을 두 개의 연결 영역으로 나눈다는 뜻이다. 하나는 a를 포함하는 영역이고 다른 하나는 b를 포함하는 영역이다. ■

위의 증명에서 고등적인 내용은 '충분히 작은' 변형 과정으로 분해하는 부분이다. 최소한으로 변하도록 경로를 살짝 바꾸었는데 바꿀 때마다 교차점이 두 개씩 증가하거나 줄었다. 이런 것은 위상수학에서 사용되는 전형적인 논증이다.

7.8 비평면 그래프

평면 그래프에 대한 오일러의 공식이 얼마나 유용한 것인지는 어떤 그래프가 **비평면**nonplanar이라는 것을 증명할 때 확인할 수 있다. 그림 7.10은 잘 알려진 비평면 그래프 두 개를 보여준다.

왼쪽은 다섯 개의 꼭짓점으로 된 완전한 그래프로 K_5라고 불린다. 즉

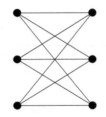

그림 7.10 비평면 그래프

주어진 다섯 개의 꼭짓점 중 서로 다른 두 꼭짓점을 잇는 열 개의 변이 모두 들어 있다. 오른쪽은 $K_{3,3}$이라고 불리는데 세 개씩 두 세트로 주어진 꼭짓점들 사이에 가능한 모든 변으로 이루어져 있다. $K_{3,3}$는 다음과 같은 질문으로 바꿀 수 있다. 가스, 수도, 전기를 세 가구에 모두 연결하면서 연결 라인들이 서로 교차하지 않게 할 수 있을까?

K_5나 $K_{3,3}$를 평면에 변들이 교차하지 않도록 그리려고 하면 잘 되지 않을 것이다. 하지만 가능한 모든 방법을 정말 다 확인했는지는 확신할 수 없다. 오일러의 공식을 이용하면 확실하게 대답할 수 있다.

K_5**와** $K_{3,3}$**의 비평면성** K_5와 $K_{3,3}$는 비평면 그래프이다.

증명 K_5가 평면 그래프와 동형이라고 가정하자. K_5에 대하여 $V = 5$, $E = 10$이므로 오일러 공식을 이용하면

$$5 - 10 + F = 2$$

로부터 $F = 7$이다. 각 면은 최소한 3개의 변으로 이루어져 있으므로 $F = 7$이려면

$$E \geq \frac{3F}{2} = 3 \cdot \frac{7}{2} > 10$$

이어야 한다. 이것은 $E = 10$에 모순이다. 그러므로 K_5는 평면적이

아니다.

이번엔 $K_{3,3}$가 평면 그래프와 동형이라고 가정하자. $V=6$, $E=9$이므로 오일러 공식을 이용하면

$$6-9+F=2$$

이므로 $F=5$이다. 그러나 $K_{3,3}$는 삼각형이 없는데, 만약 두 꼭짓점 A, B가 C에 연결되었다면 A, B는 같은 세트에 속하므로 변 AB가 없기 때문이다. 따라서, $K_{3,3}$는 4개 이상의 변으로 이루어진 면만 가진다. 그러므로

$$E \geq \frac{4F}{2} = 4 \cdot \frac{5}{2} > 9$$

이어야 하지만 $E=9$이므로 모순이다. 그러므로 $K_{3,3}$는 평면적이 아니다. ∎

7.9 *쾨니히 무한 보조정리

쾨니히König(1936)는 그래프 이론에 대한 최초의 책 『유한 그래프와 무한 그래프의 이론Theorie der endlichen und unendlichen Graphen』에서 이미 무한 그래프가 중요하다고 말했다. 그는 무한 그래프의 기본 정리를 증명했는데 이는 해석학의 많은 정리가 담고있는 조합론적 내용을 드러내 보여준다.

쾨니히 무한 보조정리 무한히 많은 꼭짓점을 가지고, 각 꼭짓점의 연결가가 유한한 트리는 무한 단순 경로를 갖는다.

이 정리를 증명하기 전에 무한 트리는 꼭짓점의 수가 무한이라는 점을 빼고는 유한 트리의 정의와 같다는 점을 말해두겠다. 또한 무한 보조정리에

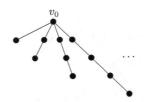

그림 7.11 무한한 단순 경로가 없는 무한한 트리

서 각 꼭짓점에 유한히 많은 변이 연결되었다는 조건이 반드시 필요하다는 것을 그림 7.11의 예에서 확인할 수 있다. 그림 7.11의 트리는 무한히 많은 꼭짓점이 있고 임의로 긴 단순 경로를 갖는다. 그러나 모든 단순 경로의 길이가 유한하고 모두 꼭짓점 v_0에 연결되어 있다. 즉 v_0에 무한히 많은 변이 연결되어 있으므로 무한 보조정리의 가정을 만족하지 않는다.

쾨니히 무한 보조정리의 증명 무한히 많은 꼭짓점 v_0, v_1, v_2, ...을 가지고, 각 꼭짓점에는 유한개의 변만 연결된 트리를 T라고 하자. T는 연결되어 있기 때문에 v_0에 연결된 유한개의 변 중에서 최소한 하나는 무한히 많은 꼭짓점에 연결되어 있어야 한다. 이런 변 하나를 선택하여 $\{v_0, v_i\}$라고 하자. (이때 아래 첨자는 이런 성질을 만족하는 변이 되도록 하는 최소의 i를 선택한다.) $\{v_0, v_i\}$는 우리가 찾을 단순 경로의 첫 번째 변이다. v_i에서 위에서 했던 일을 반복한다. v_i에 연결된 변 중에서 $\{v_0, v_i\}$를 제외하고 남은 유한히 많은 변 중에서 T의 무한히 많은 꼭짓점에 연결된 것이 최소한 하나는 있어야 한다. 이런 성질을 만족하는 변 중에서 가장 먼저 나오는 꼭짓점을 선택하여 $\{v_i, v_j\}$라고 하고 이를 경로의 두 번째 변이라고 하자.

v_j에서 똑같은 일을 반복하고 또 계속해서 이런 과정을 반복해서 서로 다른 꼭짓점을 무한히 길게 연결한 v_0, v_i, v_j, ...로 이루어진 단순 경로 p를 얻는다. ∎

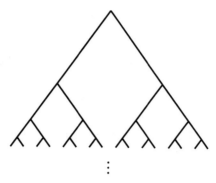

$\vdots$

그림 7.12 무한 이진 트리

위의 증명에는 조합론의 기본 원리가 바탕에 깔려 있다. 바로 무한한 비둘기 집의 원리로 무한히 많은 물건을 유한개의 상자(비둘기 집)에 나누어 담으면 무한히 많은 물건이 담긴 상자가 하나 이상 있다는 것이다. 무한한 비둘기 집의 원리는 기초 수학에 매우 가까워 보이지만 아니라고 생각한다. 같은 맥락에서 증명할 수 있는 해석학의 중요한 몇몇 정리 역시 대체로 고등 수학으로 간주된다. 다음 절에서 이런 예를 더 살펴보겠다.

쾨니히 무한 보조정리와 무한한 비둘기 집의 원리가 보여주는 것은, 무한한 집합에서의 조합론이 기초 수학과 고등 수학의 경계를 일부 표시한다는 점이다.

*볼차노-바이어스트라스 정리

쾨니히 무한 보조정리를 그림 7.12의 예와 같은 무한 이진binary 트리의 부분 트리로 주어진 T에 적용한 경우가 여러 해석학 정리의 증명에 핵심적으로 등장한다. 예를 들면 실수로 이루어진 집합의 집적점을 찾을 때도 같은 아이디어를 사용한다.

정의 실수로 이루어진 무한 집합 S에 대해서 실수 l에 임의로 가까운

조합론
307

S의 원소가 있을 때, l을 S의 **집적점**limit point이라고 한다.

집적점에 대한 간단한 성질이면서 쾨니히 무한 보조정리에 본질적으로 근접한 아이디어를 가진 정리로 다음을 생각할 수 있다.

볼차노-바이어스트라스 정리 단위 구간 $[0, 1] = \{x : 0 \le x \le 1\}$에 포함되는 무한집합 S는 집적점을 갖는다.

증명 S가 무한히 많은 원소를 가지므로 단위 구간을 이등분한 구간 중 최소한 하나는 S의 원소를 무한히 많이 갖는다. 이 부분 구간의 양 끝점을 포함하는 닫힌구간을 I_1이라고 하자. I_1에 같은 일을 반복하자.

I_1은 S의 원소를 무한히 많이 포함하므로 I_1을 이등분한 구간 중 최소한 하나는 또 다시 S의 원소를 무한히 많이 갖는다. 이 부분 구간의 양 끝점을 포함하는 닫힌구간을 I_2라고 하자.

이렇게 선택된 부분 구간들은 차곡차곡 포개진 닫힌구간의 무한한 배열을 이룬다.

$$[0, 1] = I_0 \supset I_1 \supset I_2 \supset \cdots$$

각 구간은 S의 원소를 무한히 많이 가졌으며 앞의 구간을 이등분한 것이다. 그러므로 실수의 완전성에 의해 모든 구간에 속하는 공통원소가 딱 한 개 존재한다. 이 공통원소를 l이라고 하자. 각 구간은 모두 S의 원소를 포함하고 각 구간의 끝점은 l에 무한히 가까워지므로 l은 S의 집적점이다. ∎

이 증명에는 $I_0 = [0, 1]$의 부분 구간으로 이루어진 무한 이진 트리가 녹아 있다. 그림 7.13과 같이 I_0를 맨 위의 꼭짓점으로 하고 I_0를 이등분한 부분 구간을 그 아래의 두 꼭짓점으로 하는 식으로 계속하여 이진 트리를 만든다.

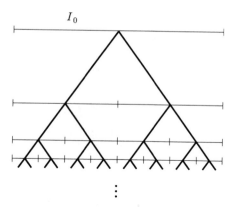

I_0

그림 7.13 부분 구간이 이루는 무한 이진 트리

증명에서는 S의 점을 무한히 많이 포함하는 부분 구간으로 이루어진 부분 트리 T를 고른다. 비둘기 집의 원리에 의해 T는 무한 트리다. 이제 쾨니히 무한 보조정리를 적용하면 T는 무한 단순 경로를 갖는다. 그리고 이 경로는 집적점 l로 다가가는 차곡차곡 포개진 구간들의 배열 $I_0 \supset I_i \supset I_j \supset \cdots$ 을 준다.

볼차노–바이어스트라스 정리는 쉽게 이차원 혹은 그 이상의 고차원으로 확장할 수 있다. 예를 들어서 평면에서는 사각형이나 삼각형 안의 무한히 많은 점을 원소로 갖는 집합은 집적점을 갖는다. 증명은 일차원의 경우와 비슷하게 영역을 반복해서 점점 작아지는 유한개의 부분영역으로 나누고 무한 비둘기 집의 원리를 적용한다. 다음 절에서는 삼각형에 적용한 볼차노–바이어스트라스 정리와 유한 그래프에 대한 기초 이론을 이용하여 위상수학의 유명한 정리를 증명할 것이다.

7.10 슈페르너의 보조정리

슈페르너의 보조정리는 꼭짓점에 이름을 붙인 그래프에 대해 놀랍도록 간단

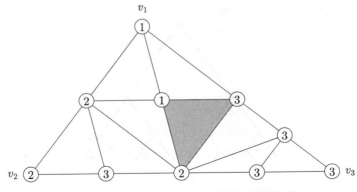

그림 7.14 삼각형을 작은 삼각형들로 분할한 예

한 성질을 말해준다. 슈페르너Sperner(1928)는 연속함수에 의한 차원의 불변성을 말하는 브라우어Brouwer(1910)의 정리를 새롭게 증명하려고 보조정리를 고안했다. 이 보조정리는 브라우어의 유명한 연속함수의 고정점 정리를 증명하는 데도 사용할 수 있다. 여기서는 보조정리를 사용하여 그래프로 이루어진 무한한 배열을 이용한 극한 과정을 통해 평면에서 브라우어의 고정점 정리를 증명할 것이다. 삼차원 이상의 공간에서도 비슷하게 증명할 수 있다.

평면에서 슈페르너의 보조정리는 v_1, v_2, v_3을 꼭짓점으로 하는 삼각형을 작은 영역으로 나누고 새로 추가된 꼭짓점에 일정한 법칙에 따라 이름을 붙여서 만든 평면 그래프를 다룬다. 그림 7.14는 작은 영역에 어떻게 이름을 붙이는지를 보여준다.

1. 꼭짓점 v_1, v_2, v_3의 이름은 각각 1, 2, 3으로 한다.
2. 변 $v_1 v_2$에 있는 꼭짓점의 이름은 1 또는 2로 한다.
3. 변 $v_2 v_3$에 있는 꼭짓점의 이름은 2 또는 3으로 한다.
4. 변 $v_3 v_1$에 있는 꼭짓점의 이름은 3 또는 1로 한다.

슈페르너의 보조정리 삼각형 $v_1 v_2 v_3$을 작은 삼각형들로 나누고 위의 규칙을 따라 꼭짓점에 이름을 붙인다면 1, 2, 3의 이름이 붙은 꼭짓점을 모두 갖는 삼각형이 최소한 한 개 존재한다.

증명 삼각형 $v_1 v_2 v_3$에 대한 분할이 주어졌을 때, 다음과 같이 꼭짓점과 변을 이어서 그래프 G를 만들자.

- 꼭짓점을 각 삼각형의 내부마다 하나씩 두고, 삼각형 $v_1 v_2 v_3$의 외부에 하나 둔다. 외부의 꼭짓점을 v_0라고 하자.
- 꼭짓점 u와 v가 분할된 삼각형에서 꼭짓점 1과 2를 잇는 변 e의 반대 편에 있을 때마다 변으로 연결한다. 이 경우 변 uv는 e를 지나간다.

예를 들어 그림 7.14에 주어진 분할로부터 만들어진 그래프 G는 그림 7.15에서 회색으로 굵게 표시한 경로이다. (G의 꼭짓점은 이 경로를 이루는 변의 끝점들이다.)

그러면 외부의 꼭짓점 v_0에 연결된 변의 개수는 항상 홀수이다. (그림 7.15에서는 1이다.) 왜냐하면 그래프 G에서 v_0를 한 끝점으로 하는 변은 양 끝점을 1과 2로 하는 부분 변과만 만날 수 있는데 이런 부분 변은 변 $v_1 v_2$에서만 찾을 수 있다. 그리고 변 $v_1 v_2$를 따라서 꼭짓점의 이름이 바뀌는 횟수가 홀수번이어야 하는데, 그렇지 않으면 v_1과 v_2가 같은 번호를 갖게 된다. 그러므로 v_0에 연결된 변의 개수는 항상 홀수이다.

그래프 G의 다른 꼭짓점 u의 연결가는 다음과 같다.

- u가 속한 삼각형의 꼭짓점이 1이 없거나 2가 없으면 연결가는 0이다.
- u가 속한 삼각형의 꼭짓점이 1, 2, 3을 모두 가지면 연결가는 1이다.
- u가 속한 삼각형의 꼭짓점이 1, 2를 모두 갖고 있고 3을 갖지 않으면 연결가는 2이다.

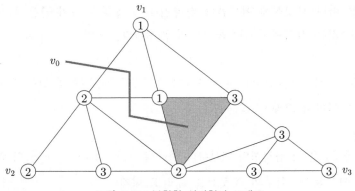

그림 7.15 분할한 삼각형과 그래프

7.4절의 정리에 의하면 그래프의 각 꼭짓점의 연결가를 모두 더하면 항상 짝수이다. v_0의 연결가가 홀수이므로 G에는 연결가가 홀수인 다른 꼭짓점이 있어야 한다. 그런데 G의 꼭짓점들의 연결가는 v_0를 제외하고는 0, 1, 2만 가능하다. 이 중 홀수는 1뿐이므로 연결가가 1인 꼭짓점이 v_0를 제외하고 홀수개 존재하고, 바로 이 꼭짓점이 속한 삼각형이 꼭짓점 1, 2, 3을 모두 갖는다. 그러므로 1, 2, 3을 모두 꼭짓점으로 갖는 삼각형(그림 7.15의 회색삼각형)이 항상 존재한다. ■

*브라우어의 고정점 정리

여기서는 슈페르너의 보조정리를 평면의 연속함수에 적용하겠다. 상황을 최대한 간단하게 만들기 위해서 정삼각형에서 자기 자신으로 가는 함수를 생각하자. 그러나 원판과 같은 다양한 영역에서도 같은 방법으로 증명할 수 있다.

브라우어의 고정점 정리 정삼각형에서 자기 자신으로 가는 연속함수 f가 있다면 $f(p) = p$인 점 p가 있다.

증명 편의상 정삼각형 T의 꼭짓점이 $\mathbb{R}^3$에서 $v_1 = (1,\, 0,\, 0)$, $v_2 = (0,\, 1,\, 0)$, $v_3 = (0,\, 0,\, 1)$로 주어졌다고 하자. 그러면 T의 점 $\boldsymbol{x} = (x_1,\, x_2,\, x_3)$는 다음의 조건들을 만족한다.

$$0 \le x_1,\, x_2,\, x_3 \le 1,\ \ x_1 + x_2 + x_3 = 1$$

만약 $f(\boldsymbol{x}) = (f(\boldsymbol{x})_1,\, f(\boldsymbol{x})_2,\, f(\boldsymbol{x})_3)$이고, 함수 f가 고정점을 갖지 않는다고 가정하면 f의 좌표함수 중 최소한 하나는 감소한다. 즉

$$f(\boldsymbol{x})_1 < x_1 \ \ \text{또는} \ \ f(\boldsymbol{x})_2 < x_2 \ \ \text{또는} \ \ f(\boldsymbol{x})_3 < x_3$$

이다.[4] T의 각 점 $\boldsymbol{x}$에 1, 2, 3 중 하나의 이름을 붙이되, $f(\boldsymbol{x})_i < x_i$이 되는 가장 작은 아래 첨자 i를 붙인다. 그러면 다음이 성립한다.

1. 꼭짓점 v_1, v_2, v_3의 이름은 각각 1, 2, 3이 된다. 예를 들어 v_1에서 $x_1 = 1$이고, 가정에 의해서 $f(v_1) \ne v_1$이므로 $f(v_1)_1 < 1$이다.

2. 변 $v_1 v_2$에 있는 꼭짓점의 이름은 1 또는 2이다. 변 $v_1 v_2$에 있는 꼭짓점은 3이라는 이름은 갖지 못한다. 왜냐하면 $x_3 = 0$이므로 더 이상 작아질 수가 없기 때문이다.

3. 비슷하게 변 $v_2 v_3$에 있는 꼭짓점의 이름은 2 또는 3이다.

4. 비슷하게 변 $v_3 v_1$에 있는 꼭짓점의 이름은 3 또는 1이다.

이렇게 해서 꼭짓점의 이름은 슈페르너의 보조정리의 가정을 만족한다. 이제 T를 그림 7.16과 같이 (무한히 많은) 작은 삼각형들로 분할했다고 하자. 슈페르너의 보조정리에 의해 각각의 분할은 꼭짓점의 이름이 각각 1, 2, 3인 작은 삼각형을 갖는다. 이런 삼각형들은 점차 임의로 작아지고

---

[4] 역주: 세 좌표함수가 모두 증가한다면

$$f(\boldsymbol{x})_1 + f(\boldsymbol{x})_2 + f(\boldsymbol{x})_3 > x_1 + x_2 + x_3 = 1$$

이므로 $f(\boldsymbol{x})$가 정삼각형을 벗어난다.

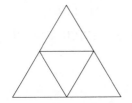 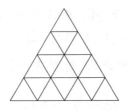 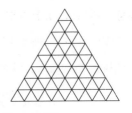 ・・・

그림 7.16 점점 세분되어가는 삼각형 T의 분할

꼭짓점들은 T의 점들로 이루어진 무한집합을 구성한다. 그러므로 7.9절에서 보았던 볼차노–바이어스트라스 정리에 의해 집적점 p 가 T에 존재한다.

다시 말해 집적점 $p = (p_1,\ p_2,\ p_3)$의 임의의 근방은 꼭짓점의 이름이 각각 1, 2, 3인 작은 삼각형을 포함한다. 만약 p 의 이름이 1이라면,

$$f(p)_1 < p_1 \text{이고},\ f(p)_2 > p_2 \text{이거나 혹은 } f(p)_3 > p_3$$

이다. f가 연속함수이므로 p에 충분히 가까운 임의의 점 $q = (q_1,\ q_2,\ q_3)$ 에 대해서도

$$f(q)_1 < q_1 \text{이고},\ f(q)_2 > q_2 \text{이거나 혹은 } f(q)_3 > q_3$$

이다. 이렇다면 q 의 이름도 1이어야 하므로 p 에 임의로 가까우면서 이름이 1, 2, 3인 점들이 있다는 사실에 모순이다. (p 의 이름이 2이거나 3이라고 해도 같은 이야기를 할 수 있다.) 그러므로 우리가 얻은 모순을 통해서 f가 고정점이 없다는 가정이 틀렸음을 알 수 있다. ■

7.11 역사

파스칼 삼각형

조합론에서 파스칼 삼각형은 기하의 역사에서 피타고라스 정리가 갖는 위치를 차지한다. 매우 오래되었고 다양한 문화에서 독자적인 흔적이 발견되며, 조합론의 기초를 형성해 왔다.

인도에서는 기원전 200년 핑갈라의 문학작품에서 발견되었다. 이항계수는 무거운 음절과 가벼운 음절의 조합을 세는 데 나타난다. 이 아이디어는 후에 인도 수학자들에 의해 이용되었고 또한 17세기 무슬림 문화의 알 비루니al-Biruni에게도 전달되었다.

중국에서 이항계수는 $(a+b)^n$을 전개하는 것과 같은 대수 문제에서 나타난다. 중세의 중국 수학자들은 이를 다항식의 근을 찾는 어렵고 복잡한 방법에 적용했다. 이 방법을 서양에서는 훨씬 이후인 1819년에야 호너Horner가 발견하여 호너의 법칙이라고 부른다. 1.6절에서 보았던 주세걸Zhu Shijie(1303)의 파스칼 삼각형이 바로 중국의 수학이 번성했던 이 시기에 나온 것이다.

이탈리아에서 파스칼 삼각형은 삼차방정식의 근을 찾은 수학자 중 한 명인 타르타글리아Tartaglia(1556)에 의해 처음 발견되어서 때때로 타르타글리아 삼각형이라고 불리기도 한다. 타르타글리아는 이를 1523년 사순절의 첫째 날 베로나에서 발견했다고 한다. 그는 12번째 줄에 해당하는 계수들을 포함한 논문을 출판했다. 독일에서도 삼각형은 슈티펠Stifel(1544)에 의해 재발견되었다.

1654년 파스칼은 아마도 메르센 신부로부터 배웠을 산술 삼각형에 대한 논문을 썼다. 파스칼은 파스칼 삼각형을 발견한 사람은 아니지만, 산술 삼각형에 대한 대가다운 연구로 새로운 지평을 열었다. 그는 귀납법을 사용해서 최초의 현대적인 증명을 제공했고, 또한 이항계수를 확률론에 최초로 적용했다.

확률론에서 이항계수가 하는 중요한 근본적인 역할에 대해서는 다음 장에서 살펴볼 것이다.

그래프 이론

그래프 이론은 오일러에 의해 시작되었지만 20세기가 되기까지는 수학의 주변부에 머물러 있었다. 다면체에 대한 오일러 공식을 제외하고는 그래프 이론은 다른 분야에 영향력이 거의 없었다. 20세기 초 오일러 공식에서 크게 영감을 받은 위상수학은 빠르게 그래프 이론을 따라잡았고, 위상수학자들은 그래프 이론을 위상수학의 변방으로 여겼다. 이런 초창기 역사는 『그래프 이론』Biggs et al.(1976)에서 찾아볼 수 있다.

그러나 이 책이 출판되던 시기에 그래프 이론은 부흥의 새시대로 들어가고 있었다. 기념비적인 순간은 **4색 정리**가 풀린 1976년이다. 1852년부터 내려오던 4색 정리는 최소 개수의 색으로 지도를 색칠하는 문제로 처음에는 그래프 이론으로 쉽게 풀 수 있을 것 같았던 인기 퍼즐이었다. 실제로 켐페Kempe(1879)가 4가지 색이면 충분함을 증명했고 이후 10년 이상 맞는 것으로 여겨졌다. 그러나 히우드Heawood(1890)가 켐프의 증명에 오류가 있다는 것을 지적하고 그 증명을 수정하여 5가지 색을 사용하면 지도를 칠할 수 있음을 증명했다.

4색 정리에 대한 시도는 모두 실패했고, 그래프와 위상 분야의 수학자들은 4색 정리의 엄밀한 증명을 찾아서 멀고 어려운 탐구의 길을 나섰다.

논란의 여지가 조금 있지만 이 수색작업은 아펠과 하켄Appel and Haken (1976)의 증명으로 끝났다. 그러나 증명은 경우를 나누어 각 경우마다 예상을 초월하는 긴 시간의 확인이 필요했고, 컴퓨터로도 확인하는 데 1000시간 이상 소요되었다. 수학자들은 이 증명이 너무 길어서 아무런 통찰도 주지 않는 데다 컴퓨터에 의존해야 한다는 사실에 실망했다. 이런 식의 증명은 컴퓨터 프로그램의 오류가 있을 수 있기 때문에 믿을 수 없다고도 여겼다.

증명으로부터 이 정리가 왜 사실인지에 대한 근본적인 이유를 거의 찾을 수 없다는 것도 실망스러운 점이었다.

오늘날 프로그램의 오류에 대한 가능성은 2005년 곤티에Gonthier가 쓴 **컴퓨터-검증가능** 증명을 통해 사실상 제거됐다. 영감 있는 증명이 가능한지에 대해서는 여전히 모른다. 어쩌면 그렇기 때문에 4색 정리가 더 신비로워 보이는지도 모르겠다. 그래프 이론에 인간이 이해가능한 영역 너머의 정리가 있는 것일까?

1970년대에는 그래프 이론의 알고리즘에 대한 많은 문제가 어렵다는 것이 밝혀졌다. 그들은 **NP-완전 문제**이다. 잘 알려진 세 가지는 다음과 같다.

해밀턴 경로 유한한 그래프 G가 주어졌을 때 G의 모든 꼭짓점을 단 한 번씩 지나는 경로가 존재하는지 결정하라.

외판원의 여행 유한한 그래프 G의 각 변에 정수 '길이' 값이 주어졌을 때 주어진 정수 L에 대해서 모든 꼭짓점을 지나고 길이가 L보다 작은 경로가 존재하는지 결정하라.

꼭짓점의 3색 문제 주어진 유한한 그래프를 세 가지 색으로 꼭짓점을 칠할 수 있는지 결정하라. 이때 각 변의 양 끝점은 색이 달라야 한다.

그래프 이론의 기본정리라고 할 수 있는 또 다른 중요한 문제는 두 그래프가 같다(7.6절에서 말한 동형)고 언제 말할 수 있는지에 대한 것이다.

그래프 동형정리 주어진 유한한 그래프 G와 G'에 대해서 두 그래프가 동형인지 결정하라.

이 문제는 P 문제인지 혹은 NP-완전 문제인지 아직 알려지지 않았다.

이런 문제들과 함께 그래프 이론은 조합론과 뗄 수 없는 관계로 현대 수학의 기본을 이룬다.

7.12 철학

*조합론과 산술

파스칼 삼각형을 만들어내는 덧셈 성질은 반복된 덧셈을 통해서 이항계수를 쉽게 얻을 수 있게 한다. 유럽에서 파스칼 삼각형의 초창기 연구자들은 이에 매료되었다. 타르타글리아는 $\binom{n}{k}$를 $n = 12$까지 구했고 메르센은 $n = 25$까지 계산했다.

각각의 계수를 계산하려면 1.6절에서 유도했던 공식을 써야 한다.

$$\binom{n}{k} = \frac{n(n-1)(n-2)\cdots(n-k+1)}{k!} \tag{*}$$

이 공식에는 곱셈과 나눗셈도 필요하다. 이항계수가 정수라는 사실로부터 곧바로 (*)는

$$k!\text{이 } n(n-1)(n-2)\cdots(n-k+1)\text{를 나눈다} \tag{**}$$

는 산술적인 정리를 준다. 그러나 더하기, 곱하기, 나누기를 사용하여 표현한 식 (*)를 그냥 봐서는 $\binom{n}{k}$가 정수라는 것이 쉽게 믿어지지 않는다.

가우스Gauss(1801)는 논문 127에서 (**)를 순전히 산술적인 방법으로만 증명하고자 고군분투했다. 디리클레Dirichlet(1863)도 산술적인 증명을 하고자 애썼다. 이렇게 산술적으로 매우 어려운 정리가 조합론에서는 간단한 것이 되기도 한다. 다시 말하자면 산술 문제를 조합론의 관점에서 보면 좀 더 기초적이 되는 경우가 있다. 10.1절에서 조합론이 산술적인 문제를 단순화

하는 더 고등적인 예를 보겠다.

이런 점에서 산술과 조합론을 통합된 관점에서 바라보는 것이 두 분야 모두에게 유용할 수 있다. 통합된 관점은 수에 대한 추론뿐만 아니라 유한 집합에 대한 추론도 가능하게 한다. 9장에서 설명하겠지만 유한 집합의 이론 자체가 수에 대해 사고할 능력을 가지고 있다.

*이산이냐 연속이냐?

물리적인 세상은 이산적일까 연속적일까? 조합론자는 원자의 발견으로부터 시작된 현대물리학의 역사를 예로 들어 세상은 근본적으로 이산적인 구조이므로 수학도 근본적으로 조합론이라고 말한다. 어쨌든 세상이 연속적이라고 믿는 사람도 조합론이 연속적인 구조에 대한 통찰력을 제공한다는 것을 인정할 수 있다. 슈페르너의 보조정리를 이용하여 브라우어의 고정점 정리를 증명한 것은 이산적인 것과 연속적인 것이 함께 협력한 좋은 예다.

이런 예가 위상수학에는 흔하다. 위상수학은 공식적으로는 연속함수에 대한 성질을 연구하지만 역사적으로 조합론에서 시작되었다. 오일러의 다면체 공식은 유한개의 꼭짓점으로 주어진 '다면체'라는 이산적인 대상에서 처음 증명되었다. '변'은 단순히 한 쌍의 꼭짓점이라 할 수 있고, '면'도 유한개의 변의 배열(면의 가장자리를 구성하는 경로)이라고 할 수 있다. 그런데 '변'은 양 끝점에서만 서로 만날 수 있는 곡면의 임의의 연속적인 곡선으로 보고, '면'은 곡면에서 변을 제거하고 남은 조각이라고 개념을 확장하면 오일러의 공식은 구와 연속적인 방식으로 일대일 대응되는 임의의 곡면에서도 성립한다. 곡선이 얼마나 복잡해질 수 있는지를 생각하면 이산적인 선두주자가 없었다면 오일러의 $V - E + F = 2$라는 공식은 예상하기 어려웠을 것이다.

오일러 공식을 빛낸 **조합론적 위상수학**이라는 선구자는 오늘날에 이르러 대수적 위상수학이라는 거대한 분야를 가능하게 했다. 푸앵카레Poincaré(1895)

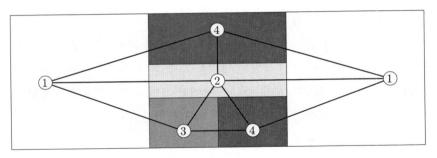

그림 7.17 지도와 그래프

는 놀랍도록 긴 논문에서 이산적인 대상에 대한 정리로부터 연속적인 구조의 성질들을 대담하게 이끌어내면서 대수적 위상수학이라는 분야를 열었다. 푸앵카레는 특정한 연속적인 다양체는 조합론적인 구조를 가질 수 있다는 것을 증명하려고 했다. 이후 그의 생각이 맞는지 확인하기까지는 브라우어를 비롯한 다른 수학자들에 의해 20년이 걸렸다.

*무한 그래프 이론

7.9절과 7.10절에서 설명한 쾨니히 무한 보조정리는 해석학과 위상수학에 몇 가지 중요한 아이디어를 제공했다. 보조정리는 쾨니히König(1927)가 설명한 대로 유한으로부터 무한을 추론하는 방법이다. 쾨니히가 들었던 예는 만약 모든 유한 평면 그래프를 4가지 색으로 칠할 수 있다고 가정하면 무한 평면 그래프도 마찬가지로 가능하다는 것이다. 이는 그때까지 아직 해결되지 않았던 4색 정리 문제와도 연결된다. 주어진 지도 M의 각 영역에 꼭짓점을 하나씩 대응하고, 두 영역이 경계선을 공통으로 갖고 있으면 꼭짓점을 연결하여 변을 만들어서 그래프 G를 구성하자. 그러면 지도 M에 대한 4색 문제는 그래프 G의 꼭짓점을 4가지 색으로 칠할 수 있는가 하는 문제로 바꿀 수 있다. 지도로부터 만든 그래프 G는 서로 교차하는 변이 없도록 평면 그래프로 그릴 수 있고, 'G의 꼭짓점을 4색으로 칠할 수 있다'와 '지도

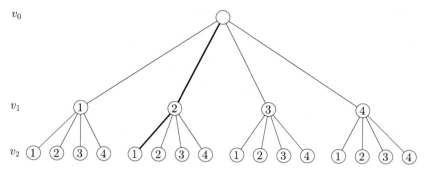

그림 7.18 꼭짓점이 v_1, v_2, ...로 주어진 그래프의 색을 칠하는 방법을 보여주는 트리

M을 4색으로 칠할 수 있다'는 동치 명제이다.

그림 7.17에 지도와 그에 대응하는 유한 그래프가 있다. 꼭짓점에 붙인 숫자는 지도에 대응하는 영역의 색을 표시한다.

이제 아래와 같은 방법으로 유한 그래프로부터 무한 그래프로 넘어갈 수 있다. 평면에 v_1, v_2, v_3, ...를 꼭짓점으로 하는 무한한 그래프 G가 주어졌다. 이로부터 무한한 트리 T를 만드는 데 제일 위의 꼭짓점을 v_0라고 하고 G의 나머지 꼭짓점들은 그 밑에 차례로 배열한다. 꼭짓점 v_i의 아래 첨자는 높이와 일치한다. 그리고는 4가지 색 1, 2, 3, 4로 G의 꼭짓점들을 칠할 수 있는 모든 가능한 경우를 트리 T로 표현하려고 한다. v_0로부터 세 번째 높이까지 T의 모양을 그림 7.18에 그렸다. 그림에서 굵은 선으로 표시한 경로는 G에서 v_1은 2번 색으로, v_2는 1번 색으로 칠한 경우에 해당한다. 각 꼭짓점은 그 밑에 네 개의 꼭짓점과 연결되며 따라서 유한한 연결 가를 가진다.

이제 각 경로를 조사하여 유효하지 않은 색 배열이 나타나면 바로 가지치기를 한다. 즉 G의 연결된 꼭짓점 두 개가 같은 색으로 칠해지면 바로 그 자리에서 경로를 끝낸다. 가지치기를 해도 남아 있는 트리는 여전히 무한하다. 왜냐하면 유한 그래프는 같은 색이 연이어 있지 않게 4색으로 칠할 수 있다는 가정에 의해 높이 n마다 꼭짓점 v_1, v_2, ..., v_n으로 이루어진 유한 그래프에 대해 가지치기로부터 살아남은 경로가 항상 있기 때문이다. 그리고 쾨니히 무한 보조정리를 적용하면 가지치기를 마친 트리에 무한히 긴 경로가 존재한다. 바로 이 경로가 무한한 그래프 G를 네가지 색으로 유효하게 칠한 것을 나타낸다.

최근 논리학자들이 쾨니히 무한 보조정리가 수학적 추론의 근본원리의 하나라는 것을 밝혔다. 이에 대해서 9.9절에서 더 자세히 알아보겠다.

8

〰

확 률

들어가는 말

조합론과 마찬가지로 확률론은 많은 기법들과 다양한 주제를 포괄하는 큰 분야이다. 여기서는 하나의 질문, 즉 n번 동전 던지기의 결과를 어떻게 표현할 것인가 하는 질문을 파고듦으로써 확률이 기초에서 고등으로 진화해 간 모습을 살펴보려고 한다. 먼저 **갈통 보드**(그림 8.1)라 불리는 실험 장치에서 시작해 보자. 이 장치는 그다지 크지 않은 n에 대해서 n번의 동전 던지기의 결과를 한눈에 보여준다. 직접 눈 앞에 이항 확률 분포를 보여주는데, 그렇게 부르는 이유는 n번 중 k번 앞면이 나올 확률이 $\binom{n}{k}$에 비례하기 때문이다.

다음으로 우리는 반복적인 동전 던지기와 관련된 가장 단순한 문제인 도박사의 파산 문제를 풀 것이다. 이 문제는 조합론에서도 중요한 점화식과 연관된다.

이어서 동전 던지기의 **무작위 걷기**라는 주제를 다루는데, 여기서는 수(앞면의 수와 뒷면의 수)가 직선을 따라 걸어가되, 앞면일 경우 1만큼, 뒷면일 경우 −1만큼 걷는다. 대수를 이용하면 n번 연달아 던졌을 때 평균적으로 절댓값 $\sqrt{n}$ 이하의 위치에 가 있게 됨을 볼 수 있다. n이 커지면 $\sqrt{n}$이 n보다 매우 작기 때문에 이 결과는 '큰 수의 법칙'에 따라 앞면이 아마도 전체 횟수 중 절반 정도 나올 것임을 말해준다. 8.4절에서 평균, 분산, 표준 편차 등의 개념을 활용하여 이 법칙의 정확한 내용을 증명할 것이다.

마지막으로, 8.5절에서는 8.1절에 소개된 이항 분포로 돌아와서 이항 계수 $\binom{n}{k}$를 k에 대한 함수로 보면 n이 커질 때 그 '모양'이 곡선 $y = e^{-x^2}$에 근접해 가는 것을 증명 없이 다루겠다. 그래서 확률론은 극한의 개념(특히 $n \to \infty$ 일 때의 극한)에 의존한다는 면에서 해석학과 닮았다. 해석학이 등장하면 대체로 고등 확률론이 출현한다는 뚜렷한 신호라 할 수 있다.

8.1 확률과 조합

유한 확률 이론에서 어떤 사건의 확률을 그에 해당하는 경우의 수를 센 후 전체 경우의 수와 비교할 때 조합론의 **경우의 수**의 측면이 매우 유용하다. 예를 들어 두 개의 주사위를 던져서 눈의 합이 12가 될 확률은 $\frac{1}{36}$인데, 그 이유는 전체 36가지 중에서 해당하는 경우(두 주사위 모두 6의 눈이 나오는 경우)가 한 가지이기 때문이다. 한편, 눈의 합이 8이 될 확률은 $\frac{5}{36}$인데, 해당하는 경우가 $2+6$, $3+5$, $4+4$, $5+3$, $6+2$로 다섯 가지이기 때문이다. (각각의 합에서 앞의 수는 첫 주사위의 눈이고, 뒤의 수는 두 번째 주사위의 눈을 가리킨다.)

이보다 더 세련된 개수 세기 문제에는 종종 이항 계수가 관련된다. 1.7절에서 이미 살펴본 '점수 문제' 또는 배당 분할의 경우가 한 예다. 확률에 대하여 시각적으로 놀라운 인상을 주는 다른 예는 갈통 보드라 부르는 것이다. (그림 8.1은 단순화된 모형을 보여준다.)

내가 처음 이 기구를 본 것은 1960년대 말 보스턴의 과학 박물관에서였다.

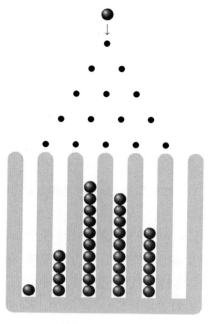

그림 8.1 갈통 보드

프란시스 갈통 경이 1873년에 고안한 원래 기구는 런던의 유니버시티 칼리
지에 소장되어 있다. 이 기구는 여러 개의 못이 과수원의 나무처럼 박혀
있는 판이다. 판을 수직으로 세워서 못들이 격자 형태를 갖도록 하면 꼭대기
못에서 떨어뜨린 공들이 아래로 내려오면서 못에 부딪힐 때마다 왼쪽 또는
오른쪽으로 무작위적으로 튀어간다. 왼쪽 또는 오른쪽으로 튈 가능성이 똑
같다고 가정하면 공들이 바닥의 못들 아래 놓인 상자들에 떨어질 때 각 상자
에 떨어질 확률은 거기까지 도달하는 경로의 개수에 비례한다.

n번째 줄의 k번째 못까지 도달하는 경로의 개수는 다름 아닌 $\binom{n}{k}$이
다.[1] 이는 귀납적으로 확인할 수 있다. 첫 줄에 있는 하나의 못까지는 하나

---

[1] 역주: 조합의 표기로는 가장 널리 사용되는 $\binom{n}{k}$ 외에도 $C(n, k)$, $_nC_k$ 등이 있으며
그 밖에도 문화권에 따라 다양한 기호가 사용된다.

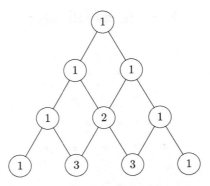

그림 8.2 각 못까지의 경로의 수

의 경로가 있고, 다른 못 p까지 도달하는 경로의 수는 p 바로 윗줄의 왼쪽 또는 오른쪽까지 도달하는 경로의 수의 합과 같다. (공이 못 p를 만나는 것은 이들 둘 중 어느 하나를 만난 다음이기 때문이다.) 그런데 이것이 바로 이항 계수의 **파스칼 삼각형**을 만드는 규칙이기 때문에, 경로의 수는 이항 계수와 일치한다. 그림 8.2에는 처음 몇 개의 못과 함께 거기까지 도달하는 경로의 수가 표시되어 있다.

따라서 $n-1$번째 줄의 틈새들 밑에 (맨 왼쪽의 '틈새'와 맨 오른쪽의 '틈새'를 포함하여) n개의 상자가 있다면 k번째 상자까지 도달하는 경로의 수는 $\binom{n}{k}$이다. 그러므로 k번째 상자에 공이 떨어질 확률은 $\binom{n}{k}$에 비례한다.

k번째 상자에 담길 확률이 $\binom{n}{k}$에 비례하는 것과 같은 종류의 확률 분포를 이항 분포라 한다. 어떤 사건의 결과가 수많은 무작위적인 요인들에 의존하는 경우, 놀라울 정도의 높은 정확도로 이항 분포가 발견되곤 한다. 예를 들면, 성인 여성의 키와 SAT 시험에 대한 학생들의 성적 모두 이항 분포에 아주 가까운 양상을 띤다. 그러므로 이항 계수는 조합론에서만큼이나 확률론에서도 토대를 이룬다.

8.2 도박사의 파산

확률론에는 그 뿌리에서부터 도박에서 연원한 문제들이 많다. 조합론과도 관련된 한 가지 문제는 도박사의 파산 문제다. 간단한 형태의 문제는 다음과 같다. 한 도박사가 동전을 던질 때마다 1달러씩 걸어서 결국 0달러나 100달러가 될 때까지 계속한다고 하자. n달러를 가지고 이 게임을 시작하면 그가 파산할 확률은 얼마일까?[2]

n달러로 시작했을 때 파산할 확률을 $P(n)$이라 하자. 그러면

$$P(0) = 1 \text{이고 } P(100) = 0$$

이다.[3] 또한 $P(k)$는 $P(k-1)$와 $P(k+1)$에 관해 다음 관계가 성립한다.

$$P(k) = \frac{P(k+1) + P(k-1)}{2} \tag{*}$$

왜냐하면 k달러로 시작하면 그 다음에는 각각 $\frac{1}{2}$ 확률로 $k+1$달러 또는 $k-1$달러가 되기 때문이다.

위 식 (*)은 **선형 점화식**의 예로서, 표준적인 해법이 있다. (독자들은 이 방법을 믿어도 좋은데, 이 방법에 따라 얻어진 결과를 독립적인 방법으로 입증할 수 있기 때문이다. 또는 이 방법은 해에 대한 추측 기법이라고 생각해도 되며, 그로부터 얻은 해는 추후 검증된다.)

1. 점화식에 $P(n) = x^n$을 대입하여 이로부터 얻는 다항 방정식의 해를 찾는다. 관계식 (*)으로부터 다음을 얻는다.

$$x^k = \frac{x^{k+1} + x^{k-1}}{2}$$

---

[2] 역주: 앞 또는 뒤를 맞힐 경우 1달러를 따고, 틀릴 경우 걸었던 1달러를 잃는다고 가정한다.

[3] 역주: 이 두 가지 경우 규칙에 따라 게임이 바로 끝난다.

따라서,

$$2x^k = x^{k+1} + x^{k-1}$$

그러므로 x^{k-1}로 나누면 다음과 같다.

$$x^2 - 2x + 1 = 0$$

이 식은 중근 $x = 1$을 갖는다.

2. 중근이 나오는 경우 두 번째 해는 $P(n) = nx^n$이 된다. 이로부터 (*)의 두 해 $P(n) = 1^n = 1$과 $P(n) = n1^n = n$을 얻는다.

3. 점화식이 선형이기 때문에 얻은 해의 상수배도 해가 되며, 두 해의 합도 마찬가지다. 이 경우 (*)의 해는 일반적으로 다음과 같다. $P(n) = a + bn$ (단, a와 b는 상수)

4. 상수를 $P(n)$의 알려진 값들을 이용해 결정한다. 이 경우 $P(0) = 1$이 므로 $a = 1$이고 $P(100) = 0$으로부터 $b = -\dfrac{1}{100}$이다.

그러므로 $P(n) = 1 - \dfrac{n}{100}$이라는 답을 얻는데, 이 식은 알려진 값들과 일치하며 점화식 (*)을 만족함을 확인할 수 있다. ■

참고 7.3절에서 생성 함수로부터 찾은 피보나치 수열의 n번째 항 F_n에 대한 공식을 구하기 위해 위와 같은 선형 점화식의 해법을 사용할 수도 있다.

우리는 F_n에 대한 두 값과 점화식을 알고 있다. 즉,

$$F_0 = 0, \quad F_1 = 1, \quad F_{k+2} = F_{k+1} + F_k$$

위 해법으로부터 주어진 점화식에 대해 먼저 $F_n = x^n$ 꼴의 해를 찾는다.

이를 식에 대입하여 다음을 얻는다.

$$x^{k+2} = x^{k+1} + x^k$$

따라서 $x^2 - x - 1 = 0$이다. 이 방정식의 해는 다음과 같다.

$$x = \frac{1 \pm \sqrt{5}}{2}$$

그러므로 $F_{k+2} = F_{k+1} + F_k$의 일반해는 다음과 같다.

$$F_n = a\left(\frac{1+\sqrt{5}}{2}\right)^n + b\left(\frac{1-\sqrt{5}}{2}\right)^n$$

두 값 $F_0 = 0$과 $F_1 = 1$을 이용하여 a와 b를 구하면 우리가 찾았던 공식을 얻는다. 즉, 다음과 같다.

$$F_n = \frac{1}{\sqrt{5}}\left[\left(\frac{1+\sqrt{5}}{2}\right)^n - \left(\frac{1-\sqrt{5}}{2}\right)^n\right]$$

8.3 무작위 걷기

무작위 걷기는 수학과 물리학의 공통 관심사로 길이나 방향이 무작위적인 걸음의 연쇄를 다룬다. 이 절에서는 가장 단순한 경우만을 다루려고 한다. 직선 위에서 걷는 한 걸음은 매번 길이가 1이지만 방향은 무작위적이라고 하자. 즉, 양의 방향인지 음의 방향인지가 무작위적이다. 이 경우는 공정한 동전을 연쇄적으로 던질 때 나타나는 양(앞면의 수 − 뒷면의 수)의 변화에 대한 모형을 제공한다. 왜냐하면 그 차는 똑같은 방식으로 +1 또는 −1만큼 변하기 때문이다.

기본적인 질문은 '무작위 걷기 n걸음 후에 원점으로부터 거리는 얼마만 큰 떨어져 있을 것으로 기대되는가?'이다. 직선을 따라 걷는 일차원 무작위 걷기의 경우에는 이와 관련된 물음에 쉽게 답할 수 있다.

무작위 걷기의 거리 제곱의 기댓값 매 걸음이 단위 길이인 일차원 무작위 걷기에서 n걸음 이후 O로부터 떨어진 거리의 제곱의 평균값은 n이다.

증명 무작위 걷기의 n걸음을 각각 s_1, s_2, $\cdots$, s_n이라 하자. 각각 $s_i = \pm 1$이고 걸음의 마지막 위치는 $s_1 + s_2 + \cdots + s_n$이다. O로부터 마지막 지점까지 거리는 $|s_1 + s_2 + \cdots + s_n|$인데, 제곱하면 다음과 같다.

$$(s_1 + s_2 + \cdots + s_n)^2 = s_1^2 + s_2^2 + \cdots + s_n^2 + s_i s_j \text{ 꼴의 항들}(i \neq j)$$

거리 제곱의 기댓값expected value은 $s_i = \pm 1$인 모든 경우에 대해 각 경우들이 발생할 확률이 같으므로 $(s_1 + s_2 + \cdots + s_n)^2$의 평균이다. 평균을 구하기 위해 가능한 2^n개의 경우들 $(s_1, s_2, \cdots, s_n)$에 대하여 다음 값들의 합을 계산한다.

$$(s_1 + s_2 + \cdots + s_n)^2 = s_1^2 + s_2^2 + \cdots + s_n^2 + 2s_i s_j \text{ 꼴의 항들}$$

$s_i = \pm 1$이고 $s_j = \pm 1$이므로 $s_i s_j$는 s_i, s_j가 같은 부호일 때 1이고 다른 부호일 때 -1이다. 이 두 가지 가능성은 $(s_1, s_2, \cdots, s_n)$의 각 경우에 대해 같은 확률로 발생한다. 따라서 $s_i s_j$의 값들은 서로 상쇄되며, $s_1^2 + s_2^2 + \cdots + s_n^2$의 평균만 알면 된다. 그런데 s_i의 부호에 무관하게 $s_1^2 + s_2^2 + \cdots + s_n^2 = n$이므로 평균은 물론 n이다. 그러므로 $(s_1 + s_2 + \cdots + s_n)^2$의 기댓값은 n이다. ■

그런데 길이 $|s_1 + s_2 + \cdots + s_n|$의 평균은 불행히도 길이 제곱의 평균

의 제곱근인 $\sqrt{n}$ 이 아니다. 예컨대 두 걸음 무작위 걷기의 평균 길이는 $\sqrt{2}$ 가 아닌 1이다. 길이 2인 걸음이 두 가지 있고, 길이 0인 걸음이 두 가지 있기 때문이다. 하지만 평균 길이는 $\sqrt{n}$ 이하임을 다음 부등식을 통해 증명할 수 있다.

평균과 제곱 만약 $x_1, x_2, \cdots, x_n \geq 0$이면 x_i^2들의 평균은 x_i들의 평균의 제곱보다 크거나 같다.

증명 우리는 다음 부등식을 증명하려고 한다.

$$\frac{x_1^2 + x_2^2 + \cdots + x_n^2}{n} \geq \left(\frac{x_1 + x_2 + \cdots + x_n}{n}\right)^2$$

또는 마찬가지로 다음을 보여도 된다.

$$n(x_1^2 + x_2^2 + \cdots + x_n^2) - (x_1 + x_2 + \cdots + x_n)^2 \geq 0$$

차근차근 계산해 보면,

$n(x_1^2 + x_2^2 + \cdots + x_n^2) - (x_1 + x_2 + \cdots + x_n)^2$

$= n(x_1^2 + x_2^2 + \cdots + x_n^2) - (x_1^2 + x_2^2 + \cdots + x_n^2) + (i \neq j$인 $x_i x_j$ 꼴의 항들)

$= (n-1)(x_1^2 + x_2^2 + \cdots + x_n^2) - (i \neq j$인 $x_i x_j$ 꼴의 항들)

$= (n-1)(x_1^2 + x_2^2 + \cdots + x_n^2) - 2(i < j$인 $x_i x_j$ 꼴의 항들)

$= (i < j$인 $(x_i^2 + x_j^2)$ 꼴의 항들) $- 2(i < j$인 $x_i x_j$ 꼴의 항들)

$\quad$ $(i < j$인 $(x_i^2 + x_j^2)$ 꼴의 항들의 합이 각각의 x_i^2을 $n-1$개씩 포함하므로, 즉 각각의 x_i^2 항은 아래 첨자가 다른 $n-1$개의 다른 항들과 쌍을 이루므로)

$= i < j$인 $(x_i^2 - 2x_i x_j + x_j^2)$ 꼴의 항들

$$= i < j \text{인 } (x_i - x_j)^2 \text{ 꼴의 항들}$$

$$\geq 0 \qquad\qquad\qquad\qquad\qquad\qquad\qquad\qquad \blacksquare$$

다시 동전 던지기로 돌아오면, 이 정리가 말해주는 것은 n번 동전을 던졌을 때, 앞면의 개수와 뒷면의 개수의 차에 대한 기댓값은 (부호를 무시했을 때) 기껏해야 $\sqrt{n}$ 이라는 것이다. n이 충분히 크면 $\sqrt{n}$ 의 값은 n에 비해 작으므로 앞면의 개수가 전체 던진 횟수의 '대략 절반'일 것으로 예상한다는 말에는 정확한 의미가 있다. 이것은 약한 형태의 **큰 수의 법칙**이라 불리는데, 다음 두 절에서는 더 강한 형태를 살펴보겠다.

8.4 평균, 분산과 표준편차

앞 절의 계산은 확률론의 중요한 개념들을 조명한다. 일차원 무작위 걷기를 n걸음 시행하여 각 걸음을 s_1, s_2, ..., s_n이라 하면 $s_i = \pm 1$이므로 모두 2^n가지 경우가 있어서 $s_1 + s_2 + \cdots + s_n$을 계산할 때 고려해야 할 변위(이동 방식)도 2^n가지가 있다. 이들 2^n가지 걸음의 평균은 물론 0이다. 이를 **평균 변위**라 한다.

평균 변위는 걸음의 길이에 대한 기댓값인 $|s_1 + s_2 + \cdots + s_n|$의 평균에 대해서는 알려주는 바가 없다. 이 평균을 계산하지는 않았지만, $(s_1 + s_2 + \cdots + s_n)^2$의 평균이 n이라는 것은 증명할 수 있었다. 변위가 평균으로부터 얼마나 멀리 떨어질 수 있는지를 측정하는 이러한 평균을 분산이라 한다. 그리고 분산의 제곱근(이 경우 $\sqrt{n}$)을 표준편차라 한다. 앞절에서 증명한 평균과 제곱에 대한 부등식은 다음을 보여준다.

$$|s_1 + s_2 + \cdots + s_n| \text{의 평균} \leq \text{표준편차, 즉 } \sqrt{n}$$

이는 x_1, x_2, ..., x_k가 실수인 경우에도 다음과 같이 일반화된다.

정의 x_1, x_2, ..., x_k의 **평균** μ는 다음과 같다.

$$\mu = \frac{x_1 + x_2 + \cdots + x_k}{k}$$

분산 σ^2은 다음과 같다.

$$\sigma^2 = \frac{(x_1 - \mu)^2 + (x_2 - \mu)^2 + \cdots + (x_k - \mu)^2}{k}$$

그리고 **표준 편차** σ는 다음과 같다.

$$\sigma = \sqrt{\frac{(x_1 - \mu)^2 + (x_2 - \mu)^2 + \cdots + (x_k - \mu)^2}{k}}$$

x_i의 값이 평균으로부터 표준 편차 이상으로 멀어질 확률을 계산할 수 있는 아주 간단한 부등식이 있다. 이 부등식을 설명하기 위해 $P(x_i)$라는 기호를 x_i가 발생할 확률이라는 의미로 사용하겠다. 우리는 $P(x_i) = \dfrac{1}{k}$ 인 경우만을 고려할 것인데, 그 이유는 $k = 2^n$ 가지 무작위 걷기의 각 변위들은 모두 발생할 확률이 같기 때문이다. 이 경우 다음 식이 성립한다.

$$\begin{aligned}
\sigma^2 &= \frac{(x_1 - \mu)^2 + (x_2 - \mu)^2 + \cdots + (x_k - \mu)^2}{k} \\
&= (x_1 - \mu)^2 P(x_1) + (x_2 - \mu)^2 P(x_2) + \cdots + (x_k - \mu)^2 P(x_k)
\end{aligned}$$

체비셰프Chebyshev**의 부등식** 만약 x가 평균 μ이고 분산이 σ^2인 수열 x_1, x_2, ..., x_k의 한 항이면 $t > \sigma$일 때 $|x - \mu| \geq t$일 확률은 다음과 같다.

$$\mathrm{prob}\,(|x - \mu| \geq t) \leq \frac{\sigma^2}{t^2}$$

증명 x가 x_i의 값을 가질 확률을 $P(x_i)$로 쓰면,

$|x - \mu| \geq t$일 확률

$= |x_i - \mu| \geq t$인 경우 확률 $P(x_i)$의 총합

$\leq (|x_i - \mu| \geq t$인 항들에 대한 값 $\dfrac{(x_i - \mu)^2}{t^2} P(x_i)$들의 총합)

$\qquad\qquad (|x_i - \mu| \geq t$이면 $\dfrac{(x_i - \mu)^2}{t^2} \geq 1$이므로)

$\leq \dfrac{\sigma^2}{t^2}$ $(\sigma^2 = (x_i - \mu)^2 P(x_i) + \cdots + (x_k - \mu)^2 P(x_k)$이므로) ∎

증명에서 절댓값 기호를 없애기 위해 $|x_i - \mu| \geq t$라는 조건을 제곱하는 과정에서 분산이 등장한다.

원래 경우로 돌아가서 x_i가 n걸음의 무작위 걷기 중 i번째 변위를 나타내는 예에서 $\mu = 0$이고 $\sigma = \sqrt{n}$ 이다. 체비셰프의 부등식에 의해 무작위 걷기의 길이가 t 이상이 될 확률은 $t > \sigma$라면 $\dfrac{\sigma^2}{t^2}$ 이하다.

따라서 $n = 100$걸음인 걷기에서 $\sigma = 10$이며,

변위의 길이가 $20 = 2\sigma$ 이상일 확률은 $\dfrac{\sigma^2}{(2\sigma)^2} = \dfrac{1}{4}$ 이하이고,

변위의 길이가 $30 = 3\sigma$ 이상일 확률은 $\dfrac{\sigma^2}{(3\sigma)^2} = \dfrac{1}{9}$ 이하이고,

변위의 길이가 $40 = 4\sigma$ 이상일 확률은 $\dfrac{\sigma^2}{(4\sigma)^2} = \dfrac{1}{16}$ 이하이다.

그리고 $n = 10000$걸음인 걷기에서 $\sigma = 100$이며,

변위의 길이가 $200 = 2\sigma$ 이상일 확률은 $\dfrac{\sigma^2}{(2\sigma)^2} = \dfrac{1}{4}$ 이하이고,

변위의 길이가 $300 = 3\sigma$ 이상일 확률은 $\dfrac{\sigma^2}{(3\sigma)^2} = \dfrac{1}{9}$ 이하이고,

변위의 길이가 $400 = 4\sigma$ 이상일 확률은 $\dfrac{\sigma^2}{(4\sigma)^2} = \dfrac{1}{16}$ 이하이다.

이 예는 큰 수의 법칙을 더 정확히 보여준다. 즉, 대부분의 무작위적인 걷기가 작은 길이를 가진다는 아이디어를 정식화할 수 있다. 다음 논의에서 이를 더 살펴보겠다.

무작위 걷기에 대한 큰 수의 법칙과 동전 던지기

n 걸음의 무작위 걷기에서 $\sigma = \sqrt{n}$ 이고 변위의 길이가 $m\sigma = m\sqrt{n}$ 이상일 확률은 체비셰프의 부등식에 의해 $\dfrac{1}{m^2}$ 이하다. 어떠한 양수 ε이 주어져도 m을 적절히 크게 잡음으로써 이 확률이 ε보다 더 작게 할 수 있다. 실제로는 $m > \dfrac{1}{\sqrt{\varepsilon}}$ 이 되도록 잡으면 된다. 그리고는 길이 $m\sqrt{n}$ 을 걸음 수인 n으로 나눈 분수를 임의로 작은 δ보다 작게 할 수 있다. 실제로는 $n > \dfrac{m^2}{\delta^2}$ 이 되도록 걸음의 수를 조정하면 된다.

이제 던진 동전이 앞면이면 $+1$을 걸어가고 뒷면이면 -1을 걸어가는 방식으로 반복된 동전 던지기에 무작위 걷기를 대응시킬 때, 변위의 길이를 총 걸음 수로 나눈 분수가 δ보다 작다는 것은 앞면의 개수와 뒷면의 개수의 차가 δn보다 작다는 것과 같다. 따라서 앞면의 비율과 $\dfrac{1}{2}$의 차가 δ보다 작게 된다.[4] 종합하면 다음을 얻는다.

---

4) 역주: n번 던졌을 때 앞면의 수를 H라 하면, $|H-(n-H)| < \delta n$으로부터 양변을 $2n$으로 나누면, $\left|\dfrac{H}{n} - \dfrac{1}{2}\right| < \dfrac{\delta}{2}$ 를 얻는다.

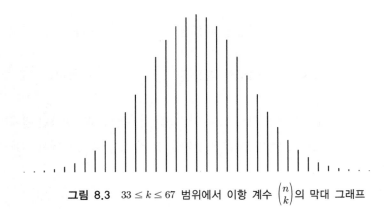

그림 8.3 $33 \leq k \leq 67$ 범위에서 이항 계수 $\binom{n}{k}$의 막대 그래프

동전 던지기에 대한 큰 수의 법칙 임의의 양수 ε과 δ에 대하여 동전 던지기의 횟수 n이 N보다 크면 앞면의 비율과 $\dfrac{1}{2}$의 차가 δ보다 커질 확률이 ε보다 작아지도록 하는 수 N이 존재한다. ■

 이와 같은 맥락에서 더 강력한 결과가 많이 있기 때문에 이는 큰 수의 약한 법칙이라 불린다. 하지만 이미 아이디어의 싹을 보여준다. 즉, 어떤 사건이 발생할 확률이 p라면 큰 횟수의 시행을 하면 그 사건의 비율이 p에 가까워질 것이라고 정확한 의미에서 말할 수 있다.

8.5 *벨 곡선

큰 수의 법칙은 확률에서 극한 과정의 중요성을 보여준다. 많은 횟수를 시행한 최종 결과가 (연속된 동전 던지기에서 앞면의 비율처럼) 어떤 의미에서 극한에 도달할 것을 기대하고 증명할 수 있다. 더 극적으로는 모든 확률들의 분포(예컨대 n회 던지기에 k회 앞면이 나올 확률 전체)가 시행 횟수가 무한대로 커지면서 어떤 연속적인 분포를 향해 수렴하는 상황이 발생한다. 이항

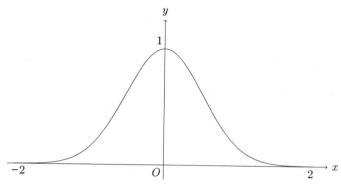

그림 8.4 벨 곡선 $y = e^{-x^2}$의 그래프

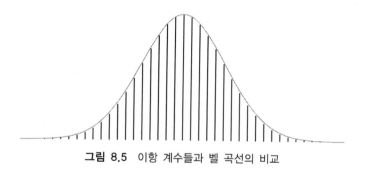

그림 8.5 이항 계수들과 벨 곡선의 비교

계수 $\binom{n}{k}$가 $n = 100$처럼 n이 커질 때 이런 현상을 볼 수 있다(그림 8.3).

이것이 바로 8.1절에서 설명한 갈통 보드의 수학적 모델이다. 이항 계수의 그래프가 종 모양의 연속적인 곡선으로 수렴하는 것이 분명해 보인다. 이 곡선은 좌표 축을 적절히 조절했을 때 실제로 8.4절에서 본 곡선 $y = e^{-x^2}$과 똑같은 모양이다. 이 곡선이 나타내는 확률 분포를 **정규 분포**라 한다. 두 그래프를 그림 8.5에서 비교해 보면 이 곡선이 $n = 100$일 때의 이항 분포와 아주 잘 맞아들어가는 것을 볼 수 있다. 이항 계수들의 그래프가 $y = e^{-x^2}$의 그래프로 멋지게 수렴하는 현상을 드 무아브르de Moivre(1738)가 처음 발견했다.

이 결과를 더 정확히 서술하면 다음과 같다.

이항 분포의 수렴 $n \to \infty$인 극한을 취하면 이항 계수들 $\binom{n}{k}$의 그래프는 곡선 아래의 넓이를 1로 조정했을 때 함수 $y = \dfrac{1}{\sqrt{\pi}} e^{-x^2}$의 그래프로 수렴한다. ■

이에 대한 증명은 초보적이라기에는 너무 교묘해서 자세히 다루지는 않겠다. 하지만 흥미로운 두 가지 사실과 관련이 있는데, 이 사실들은 초보적인 수준에 가깝다. 10.7절에서는 이 중 두 번째 사실(월리스의 곱)로부터 $y = \dfrac{1}{\sqrt{\pi}} e^{-x^2}$로 수렴함을 보일 것이다.

1. 적당한 상수 A에 대하여 다음 근사식이 성립한다.

$$n! \sim A\sqrt{n} \left(\frac{n}{e} \right)^n, \quad \text{즉} \quad \lim_{n \to \infty} \frac{n!}{\sqrt{n} \left(\dfrac{n}{e} \right)^n} = A$$

드 무아브르가 발견한 이 공식은 **이항 계수** $\binom{n}{k} = \dfrac{n!}{k!(n-k)!}$를 근사할 때 사용된다.

2. 월리스Wallis(1655)가 발견한 **월리스의 곱**

$$\frac{4}{\pi} = \frac{3 \cdot 3 \cdot 5 \cdot 5 \cdot 7 \cdot 7 \cdot \cdots}{2 \cdot 4 \cdot 4 \cdot 6 \cdot 6 \cdot 8 \cdot \cdots}$$

이 공식은 스털링Stirling(1730)이 드 무아브르의 $n!$에 대한 공식에서 상수 A를 찾기 위해 사용했다. 그 결과로 얻은 다음 근사식을 **스털링의 공식**이라 한다.

$$n! \sim \sqrt{2\pi n}\left(\frac{n}{e}\right)^{n}$$

이 놀라운 공식을 보면 π라는 수를 기하만 독점하지 않는다! 이 수는 확률론에도 등장한다. (그리고 조합론과 수론에도 나온다.)

8.6 역사

확률 이론은 도박만큼 오래된 것은 아니지만 몇 세기 전 처음 연구될 당시 도박과 연관되어 있었다. 도박사들은 주사위나 카드 게임에서 나오는 다양한 결과에 대한 확률적인 직관을 개발해왔다. 이 직관은 종종 상당히 정확했지만, 1500년 정도까지는 확률에 대한 이론이라 할 것이 없었다. 이는 도박사들 사이에 퍼져있던 미신과 관련이 있을 것이다. 앞면이 계속해서 나오면 뒷면이 나올 가능성이 높아진다는 믿음 같은 것이 그것이다. 이와 같은 미신은 확률에 관한 과학적 이론에 혼란을 가져온다. 하지만 과학자들조차도 **우연에 대한 법칙** 같은 것이 있으리라는 것을 의심했을 수 있다. 우연과 법칙은 전혀 어울릴 것 같지 않은 두 단어다.

확률에 대한 첫 계산들은 16세기의 이탈리아 대수학자인 카르다노에 의해 실행되었다. 그는 『우연의 게임에 관한 책Liber de ludo aleae』을 1550년경 썼지만, 1663년이 되어서야 출판되었다. 그는 초보적인 조합론을 이용해 같은 가능성을 가진다고 가정된 결과들의 개수를 셌고, 이로부터 이론적 확률을 처음으로 맞게 계산했다. 하지만 약간 실수를 하기도 해서 '점수의 문제(끝나지 않은 게임의 배당을 분할하는 문제)'를 풀지 못했다. 이 문제는 파치올리Pacioli(1494)가 처음 제기했는데, 그는 유명한 수학자는 아니었지만 이전에는 마술적 해법에 의존하던 문제들에 대해 중요한 수학적 공헌을 했다. 그는 야코포Jacopo de' Barbari가 그린 근사한 수학적 초상화의 주인공이다 (그림 8.6).

그림 8.6 1496년경, 파치올리의 초상화

1.7절에 언급했듯이 파스칼Pascal(1654)이 점수의 문제를 이항 계수를 이용해 풀었다. 그는 이 문제를 페르마와의 서신 교류에서 토론했다. 페르마는 독자적으로 해법을 알고 있었음이 분명한데, 그는 이항 계수를 사용해 수론 문제를 풀었다(7.2절 참고). 이 문제를 독자적으로 풀었음이 분명한 또 다른 사람인 네덜란드 과학자 호이겐스Huygens는 이 주제에 대한 체계적인 접근을 저서 『우연의 게임에 관한 계산De ratiociniis in aleae ludo』에서 다루었다. 이 책에서 유한한 확률 문제 중 다섯 번째 문제에서 매우 다양한 상황에서 도박사의 파산 문제를 풀었다. 호이겐스의 책이 출판되면서 유한 확률 이론은 드디어 단단한 기초 위에 놓이게 되었다.

호이겐스의 책은 야코프 베르누이Jacob Bernoulli의 작업의 출발점이 되었다. 그는 이 책에 주석을 달아 재출판하는 것으로 그의 책 『추측의 기술Ars conjectandi』의 첫 부분으로 삼았다. 베르누이는 그의 책이 출판되기 전인 1705년에 죽었고 책은 그의 조카인 니콜라우스 베르누이Nicolaus Bernoulli가

편집하여 1713년에 처음 인쇄되었다. 주석 판은 호이겐스의 아이디어를 상당히 확장해서 이항 분포를 설명하고 이항 계수에 관한 결과들을 증명하는 데까지 나감으로써 큰 수의 법칙으로 향하는 길을 닦았다. 야코프 베르누이Bernoulli(1713)는 이 법칙을 『추측의 기술』 4부에서 증명하면서 그의 '황금 법칙'이라 불렀다. 그는 이것이 얼마나 중요한지 알고 있었다. 이로 인해 충분히 많은 횟수를 시행함으로써 사건의 확률을 임의의 정확도와 임의의 확실한 정도로 조절할 수 있기 때문이다. (그를 기려 이를 **베르누이 시행** Bernoulli trial이라 부른다.)

한 예로 (실제로 베르누이 시대에 처음 연구된 예로) 신생아가 남자일 확률을 생각해 보자. 런던에서 1629년과 1710년 사이에 출생한 신생아에 관한 기록을 신생아가 남자인 사건에 대한 베르누이 시행으로 생각하면, 근사적으로 17명의 여아에 비해 18명의 남아가 출생하였다. 따라서 신생아가 남자일 확률은 $\frac{1}{2}$보다 크다고 결론지을 수 있었다.[5] 큰 수의 법칙은 오늘날 우리가 아는 대로 통계학의 출발점이지만, 야코프 베르누이의 법칙에서 빠져있었던 것은 진짜 확률에 근접하기 위해 얼마나 많이 시행해야 하는가에 대한 적절한 추정치였다. 그가 찾은 추정치는 실용적인 관점에서 너무 컸다. 따라서 그의 발견에서 가장 중요한 부분은 극한(성공적인 시행의 횟수로부터 얻는 올바른 확률)을 계산하는 방법보다는 극한의 존재성에 대한 것이다. 큰 수의 법칙을 실제로 사용할 수 있도록 그 다음 단계를 완성한 것은 드 무아브르였다.

드 무아브르는 16살이었던 1682년과 1684년 사이, 프랑스 학교에서 확률 이론을 처음 접했다. 그는 소뮤에서 논리를 공부하면서 호이겐스의 책을 혼자서 읽었고 1684년에 파리로 옮겨서 더 많은 수학을 배웠다. 1685년에 낭트 칙령의 폐지로 인해 프랑스 신교도들이 권리를 대부분 잃게 되면서

---

5) 역주: 남아의 출생률이 $\frac{1}{2}$이라면 큰 수의 법칙에 따라 충분히 많은 횟수의 시행(베르누이 시행)에서 여아와 남아가 17:18의 비율로 출생할 확률은 거의 0에 가깝기 때문이다.

공부가 중단되었다가 1687년에 위그노 난민으로 런던에서 살게 되었다.

런던에서 드 무아브르는 뉴튼과 친교하며 왕립 학술원의 회원으로 활동할 정도로 지도적인 수학자가 되었지만 대학 교수 자리를 얻지 못해서 과외 교사로 생계를 꾸려야 했다. 그는 대부분의 시간을 카페에서 보내며 과외도 하고 돈을 벌기 위해 체스를 두기도 하고 도박사의 질문을 받기도 했다. 확률에 대한 위대한 책인 『우연의 원리The Doctrine of Chances』가 1718년에 처음 출판되었고, 1738년과 1756년(1754년 그의 사망 이후)에 확장판이 출판되었다. 이항 계수의 그래프의 극한이 적절한 축척 조정을 하면 '종 곡선'인 $y = e^{-x^2}$으로 수렴한다는 정리가 1756년 판에 담겨 있다. 그는 이 정리를 1733년에 처음 출판했지만 1756년 판에서 더 세밀하게 다루고 있다. 10장에서 기초 수학의 경계 밖에 있는 몇 가지 결과들의 예를 다룰 때 드 무아브르의 정리와 8.5절에서 언급한 월리스의 정리의 관계에 대해 좀 더 살펴보겠다.

이항 계수로부터 함수 e^{-x^2}으로 넘어가면서 드 무아브르는 **해석적 확률 이론**, 즉 미적분학의 개념과 방법론에 기반한 이론으로 결정적인 발걸음을 떼놓았다. 이항 계수들을 (점수의 문제를 풀 때처럼) 더하는 대신 종 곡선의 아랫부분의 넓이를 계산하기 위해 주어진 값 a와 b 사이에서 적분 $\int_a^b e^{-x^2} dx$ 의 값을 찾아야 한다. 이 적분식에서 e^{-x^2}이 초등함수의 미분이 아니기 때문에 어려운 문제다. 적분의 어려움 때문인지, 아니면 이 분야가 당시 수학의 가장자리에 놓여 있었던 탓인지 나로서는 잘 알 수 없지만, 드 무아브르의 경이로운 발견은 당시에는 잘 드러나지 않다가 가우스 Gauss(1809)와 라플라스Laplace(1812)가 새롭고 확장된 증명을 내놓으면서 알려지게 되었다. 가우스와 라플라스의 명성은 확률 이론, 특히 정규 분포를 다른 수학자들의 관심사로 끌어들이도록 했다. 하지만 오늘날 정규 분포를 말할 때 드 무아브르의 이름을 쓰는 대신 **가우스 분포**라고 부르는 불공정한 결과를 낳기도 했다.

오늘날의 관점에서 드 무아브르의 극한 정리는 20세기를 통과하며 진화를 거듭했던 **중심 극한 정리**의 초기 형태라 할 수 있다. 이 정리를 처음 '중심적'이라 부른 것은 폴리아Pólya(1920)로, 확률론과 통계학에서의 중심적인 역할을 가리킨 것이다. 중심 극한 정리의 역사에 대해서는 피셔Fischer (2011)의 책이 자세히 다룬다.

8.7 철학

확률 개념의 의미에 대해 철학자들의 논쟁이 이어져왔지만, 이 책에서는 어떤 단순한 사건들이 발생할 가능성이 똑같다고 하고 더 복잡한 사건들의 확률을 전체 경우의 수에 대한 기대하는 경우의 수의 비율로 정의하는 것으로 만족하겠다. 예를 들어 동전을 던져서 앞면(H) 또는 뒷면(T)이 나올 가능성이 (대칭성에 의하여, 또는 **공정한 동전**의 정의에 의하여) 똑같다고 하자. 이로부터 동전을 두 번 던졌을 때 네 가지 경우 HH, HT, TH, TT가 나올 가능성이 똑같게 되며, 따라서 두 번 중에 앞면이 한 번만 나오는 경우는 두 가지이므로 이에 대한 확률은 $\frac{2}{4} = \frac{1}{2}$이다.

그러므로 우리의 목적을 위해서는 확률이 전체 경우의 수와 기대하는 경우의 수를 세는 것으로 귀착되며, 이는 조합론의 문제다.

수리철학자들에게 더 흥미로운 문제는 **큼**과 **가까움**을 정의하는 것이다. 예를 들면, 큰 수의 법칙은 **많은 횟수**의 동전 던지기에서 앞면의 비율은 '**대부분** $\frac{1}{2}$**에 가깝다**'고 말한다. 이 아이디어를 정확하게 하는 것은 미적분학에서 'n**이 커지면** $\frac{1}{n}$**이 0에 가까워진다**'고 말하는 것이 무슨 의미인지 극한의 개념을 정의하는 것과 완전히 똑같다.

따라서 유한 확률론과 미적분학은 공통적으로 극한 개념이 필요하므로 확률론은 극한 개념을 습득해야 할 더 좋은 이유를 제공한다. 아무튼 서로 상당히 다른 두 가지 맥락에서 극한 개념이 등장하는 것은 이를 기초 수학에 포함시켜야 할 근거를 강화한다.

동전 던지기의 무한 시행을 고려할 때 기초 확률론의 경계를 넘어 지평선에 놓인 고등적인 개념들을 떠올리게 된다. 무한히 많이 앞면이 계속 나오는 사건을 생각해 보자. 이 사건은 가능하지만, 어떤 의미에서 **무한히 그럼직하지 않다**. 이를 명료하게 표현하기 위해 우리는 무한히 계속해서 앞면이 나오는 사건은 확률이 0이라고 말한다. 그러므로 무한 확률 이론에서 확률 0은 불가능함을 의미하는 것이 아니라 무한히 그럼직하지 않다는 뜻일 뿐이다. 확률 0인 사건의 또 다른 예는 다음과 같다. 무한히 날카로운 다트가 있어서 던지면 평면에서 딱 한 점을 맞춘다고 하자. 이 다트를 무작위로 던지면 원점을 맞출 수도 있겠지만 이렇게 될 확률은 0이다.

이런 다트에 대해서 다른 질문을 생각해 보자. p와 q가 유리수인 점 (p, q)를 맞추게 될 확률은 얼마인가? 이어지는 9장의 논의에 따르면 이런 사건 역시 확률이 0이다. 더 일반적으로 단위 정사각형 $\{(x, y): 0 \leq x \leq 1, 0 \leq y \leq 1\}$ 위의 점들로 이루어진 임의의 부분집합 S에 다트를 던지는 경우를 생각해 보자. 단위 정사각형의 넓이는 1이므로 S의 점을 맞출 확률은 S의 넓이와 같아야 한다. 만약 S가 단위 정사각형 안의 점 (p, q) 중 p, q 모두 유리수인 점들의 집합이라면 실제로 S의 넓이가 0이며, 이것이 바로 S의 한 점을 맞추게 될 확률이 0인 이유다.

일반적으로 어떤 점들의 집합 안의 점을 맞출 확률을 말하려면 넓이의 개념이 필요하며, 점들의 집합에 대한 측도measure를 알아야 한다. (고등 미적분학에서도 복잡한 함수를 적분하려면 함수의 적분이 그 함수의 그래프 아랫부분 영역의 넓이와 같기 때문에 측도 개념이 필요하다.) 그런데 'S의 넓이'라는 개념이 의미 없는 경우가 있기 때문에 S를 맞출 확률을 말하는 것이 의미가 있는지 의문을 가질 필요가 있다.[6] 단위 정사각형의 임의의

---

6) 역주: 측도론에 따르면, 적절한 넓이를 부여할 수 없는 유한한 측도 불가능 집합 non-measurable set이 있다.

부분집합에 대해 넓이라는 개념을 말할 수 있는가 하는 것은 집합론과 무한에 대한 깊은 질문으로 이어지며, 이는 매우 고등적인 수학의 영역이다.

9

논 리

들어가는 말

증명과 논리는 수학에 필수적이지만, 수학에서 사용되는 논리는 여러 가지 독특한 면이 있다. 가장 단순한 논리인 명제 논리propositional logic는 AND, OR, NOT이라는 단어들이 문장의 진릿값에 미치는 효과를 다룬다. 이 논리는 고전 수학을 통해 묘사할 수 있다. 즉, mod 2 연산에서 0과 1이 각각 **거짓**과 **참**을 나타낸다고 상정하면 된다.

하지만 명제 논리만으로는 수학을 서술하기에 충분치 않다. 거기에 변수와 양화사('모든'과 '어떤')를 추가해 강화해야 하며, 성질과 관계를 나타내는 기호가 필요하다. 이렇게 하여 얻어진 논리, 즉 술어 논리predicate logic를 통해 어떻게 수학이 표현될 수 있는지 간단히 살펴본 뒤, 수학의 몇 가지 중요한 공리 체계들을 다루도록 하겠다.

첫 번째로 살펴볼 **페아노 산술**Peano arithmetic **PA**는 거의 전적으로 귀납법에 기초하여 산술이 서술될 수 있다는 발견으로부터 출발한다. 귀납법은 최소한 유클리드까지 거슬러 올라가는 수학적 증명의 특징적인 방법이다. 귀납법이 기초 수학의 한 부분임을 받아들인다면 PA를 기초 수학의 적절한 근사로 여길 수 있다.

무언가가 기초적이 아님을 알기 위해서는 PA의 확장판을 살펴보면 된다. 그 첫 번째는 ZF 집합론이라 불리는 것이다. PA를 유한 집합에 대한 이론으로 재정립하면 ZF는 PA에 무한 집합의 존재성을 서술하는 공리를 추가한 것으로 이해할 수 있다. 따라서 고등 수학을 약간 거칠게 묘사하면, PA에 무한을 추가한 것이라고 할 수 있다.

더 세밀한 관점을 제공하는 역수학reverse mathematics이라는 것은 고등 수학의 서로 구별되는 낮은 수준들을 밝혀낸다. 역수학에서 사용되는 체계의 하나인 ACA_0는 종종 기초 수학의 경계선에서 발견되는 두 가지 정리, $\mathbb{R}$의 완비성과 볼차노-바이어스트라스 정리의 수준을 표시한다.

9.1 명제 논리

논리의 가장 단순한 부분은 **명제 논리**라 불리며, **원자명제**atomic propositions라 불리는 구성 요소들의 진릿값으로부터 **합성명제**compound propositions의 진릿값을 찾아내는 데 관여한다. 원자명제들을 p, q, r, $\cdots$로 나타내면 합성명제의 예는 p AND q, p OR q, NOT p 같은 것들이 된다. 우선 AND, OR, NOT만을 이용해 만든 합성문을 살펴보자. 예를 들어, 다음 질문에 답해 보자.

p가 참이고 q가 거짓이고 r이 참이라면,
(NOT p) OR (q AND r)이 참일까?

이런 질문은 **진리표**의 도움을 받으면 기계적으로 답할 수 있다. 진리표는 모든 가능한 p와 q의 값들에 대해 p AND q, p OR q, NOT p의 값을 알려준다. '참'을 1로, '거짓'을 0으로 표시하면 진리표는 다음과 같다.

p	q	p AND q
0	0	0
0	1	0
1	0	0
1	1	1

p	q	p OR q
0	0	0
0	1	1
1	0	1
1	1	1

p	NOT p
0	1
1	0

진리표는 또한 mod 2 연산의 함수이기도 하다. 위 표들은 mod 2 연산으로 각각 pq, $pq+p+q$, $p+1$의 계산 결과를 나타낸다. 함수 pq는 p AND q와 같은 값을 갖고 $p+1$은 NOT p와 같은 값을 가진다는 사실은 쉽게 알 수 있다. $pq+p+q$가 p OR q와 같은 값을 갖는 것 역시 계산을 통해 쉽게 알 수 있다. 따라서 AND, OR, NOT을 사용해 합성명제의 진릿값을 찾는 것은 mod 2에 대한 연산으로 환원된다. 예를 들어 $p=1$, $q=0$, $r=1$일 때, (NOT p) OR (q AND r)의 진릿값을 구하려면 다음 값을 계산하면 된다.

$$(p+1) \ \text{OR} \ qr = (p+1)qr + (p+1) + qr$$

위 식에 p, q, r의 값을 대입하면 다음과 같다.

$$(1+1)0 \cdot 1 + (1+1) + 0 \cdot 1 = 0 + 0 + 0 = 0$$

그러므로 p가 참이고 q가 거짓이고 r이 참이라면, (NOT p) OR (q AND r)은 거짓임을 알 수 있다. 이 예는 더 폭 넓은 원리, 즉 논리는 산술화할 수 있다는 원리의 단순한 경우를 보여준다.

하지만 모든 추론을 즉각적으로 mod 2 연산으로 대체하진 않는다. 때로는 AND, OR, NOT이라는 단어들을 사용하면 종종 덧셈과 곱셈보다 의미가 더욱 명료해진다. 예를 들어 변수와 함숫값이 0이거나 1인 함수는 항상 AND, OR, NOT으로 표현할 수 있다. 한 예만 보면 그 이유를 알 수 있다. 다음 표의 값을 가지는 함수 $F(p, q, r)$을 생각해 보자.

p	q	r	$F(p,\ q,\ r)$
0	0	0	0
0	0	1	1
0	1	0	1
0	1	1	0
1	0	0	0
1	0	1	0
1	1	0	1
1	1	1	0

이 표에 의하면 2번째, 3번째, 7번째 줄에서만 $F(p,\ q,\ r)$이 참이다. 즉, 아래 식이 참일 때이다.

$$(\text{NOT }p)\ \text{AND}\ (\text{NOT }q)\ \text{AND}\ r \quad \text{또는}$$
$$(\text{NOT }p)\ \text{AND}\ q\ \text{AND}\ (\text{NOT }r) \quad \text{또는}$$
$$p\ \text{AND}\ q\ \text{AND}\ (\text{NOT }r)$$

따라서 $F(p,\ q,\ r)$은 AND, OR, NOT의 합성으로 이루어진 위 합성문과 같다.

변수와 함숫값이 0 또는 1인 어떤 함수에 대해서도 비슷한 설명이 적용되는데, 이런 함수를 **부울 함수**Boolean function라 한다. F는 특수한 부울 함수들인 AND, OR, NOT의 합성이며, 합성식은 F에 대한 진리표로부터 바로 읽힌다. 따라서 F는 mod 2 덧셈과 곱셈의 합성으로도 이해될 수 있다. 단, 이 결과를 직접 구하는 일은 그리 쉽지 않다.[1]

---

1) 역주: 합성식으로 먼저 변환하지 않고 바로 mod 2 연산으로 환원하는 일은 간단하지 않다.

기호

AND, OR, NOT을 각각 간단히 ∧, ∨, ¬으로 표기하면 편리하다. 기호 ∧와 ∨는 집합 기호에서 교집합과 합집합을 나타내는 ∩와 ∪를 닮게 선택되었으며, AND와 OR 사이의 **쌍대성**duality이라고 하는, 일상 용법에는 없는 중요한 관계도 반영한다.

아래 두 등식이 ∧와 ∨ 사이의 쌍대성을 보여주는 예제이다.

$$\neg(p \wedge q) = (\neg p) \vee (\neg q),$$
$$\neg(p \vee q) = (\neg p) \wedge (\neg q)$$

두 등식 모두 임의의 p와 q에 대해 성립한다. 따라서 두 부울 함수의 등식이 주어질 때 ∧와 ∨을 교환하면 부울 함수의 다른 등식을 얻을 수 있다. 이는 매우 일반적인 조건 하에서 성립하므로, 기호가 반영하듯이 AND와 OR는 일종의 호환성을 가진다.

별도의 기호를 갖는 또 다른 중요한 부울 함수로 'p이면 q이다'라는 **함의**implication **함수**가 있으며, 기호 ⇒로 나타낸다. 이 함수의 진리표는 다음과 같다.

p	q	$p \Rightarrow q$
0	0	1
0	1	1
1	0	0
1	1	1

부울 함수로서 $p \Rightarrow q$는 $(\neg p) \vee q$와 같음을 쉽게 확인할 수 있다.

관련된 함수인 'p이면, 그리고 p일 때에만 q이다'는 $(p \Rightarrow q) \wedge (q \Rightarrow p)$에 해당한다. 이 함수는 $p \Leftrightarrow q$로 나타내며, 진리표는 다음과 같다.

p	q	$p \Leftrightarrow q$
0	0	1
0	1	0
1	0	0
1	1	1

부울 함수로 $p \Leftrightarrow q$는 mod 2 합 $p+q+1$과 같다.

9.2 동어반복, 항등식, 해의 존재성

논리에서 특별히 관심을 갖는 것은 **타당한** 논리식으로, 변수의 모든 값에 대해 항상 참인 논리식을 말한다. 명제 논리에서 타당한 논리식을 **항진명제** tautology라고 한다. 항진명제의 간단한 예인 $p \vee (\neg p)$의 값은 p의 모든 값(0 또는 1)에 대해 항상 1이다. 산술에서는 비슷한 맥락에서 변수의 모든 값에 대해 성립하는 등식인 항등식에 대해 관심을 갖는다. 항진명제는 반드시 mod 2 연산의 항등식에 대응된다. 예컨대 $p \vee (\neg p)$는 항등식 $p \vee (\neg p) = 1$ 에 해당하며, mod 2 합과 곱으로 다시 쓰면 다음과 같다.

$$p(p+1) + p + (p+1) = 1$$

이 식을 정리하면 동등한 항등식 $p(p+1) = 0$을 얻는다.

진리표는 변수 p, q, r, $\cdots$의 임의의 값에 대해 임의의 논리식 $f(p, q, r, \cdots)$의 값을 계산할 수 있도록 해준다. 따라서 $f(p, q, r, \cdots)$가 항진명제인지 결정하려면 단순하게 p, q, r, ...에 모든 가능한 값을 대입해 보면된다. 변수가 n개 있다면 p, q, r, ...이 가질 수 있는 값의 조합이 2^n개일 것이므로 이 문제는 유한한 시간 안에 해결가능하다. 원리상 해결이 간단해 보여도 실제로는 어려움이 있는데, 예를 들어 $n = 50$ 정도로 꽤 작은 n값에 대해서도 2^n은 실행불가능할 정도로 크기 때문이다. 따라서 논리식 $f(p$,

q, r, ...)가 두어 줄만 차지하더라도 그것이 항진명제인지 결정하는 것이 실행불가능할 수도 있다.

항진명제임을 판정하는 실행가능한 해법이 있는지, 즉 주어진 논리식 f 의 길이에 대체로 비례하는 시간 안에 풀 수 있는 해법이 있는지 여부는 아직까지 알려져 있지 않다. 사실 **해의 존재성**satisfiability **문제**에 대해서조차 실행가능한 해법을 아직 모른다. 해의 존재성 문제란, 임의의 논리식 f에 대해 $f(p, q, r, ...) = 1$이 특정 p, q, r, ... 에 대해 성립하는지 여부를 알아내는 문제를 말한다. 논리식 $f(p, q, r, ...)$의 값은 임의의 p, q, r, ... 의 값에 대해 실행가능하게 (진리표에 의해) 계산할 수 있다는 점에서 이는 우리를 더욱 좌절하게 한다. 그러나 해의 존재성을 검증하는 것조차도 논리식을 만족시키는 변숫값들을 운좋게 추측할 수 있는 마법의 힘이 있다고 가정할 때에만 실행가능해 보인다.

해의 존재성 문제의 어려움은 잘 이해된다고 여겨지는 mod 2 합과 곱의 문제로 바꾸어 생각해 보면 특히 더 놀랍게 다가온다. 하지만 3.6절에서 살펴본 바와 같이 mod 2 연산은 겉보기와 달리 쉽지 않다. 여러 변수를 가지는 다항식이 mod 2에 관해 해를 가지는지를 판정하는 것은 NP 문제이며, P의 범위 안에 있는지 아직까지 알려지지 않았다. 실은 3.10절에 언급된 것처럼 mod 2에 관해 다항 방정식의 해를 찾는 문제는 여타 NP 문제만큼 어려우며(NP-완전이며) 따라서 모든 NP 문제들이 P 안에 있지 않고서는 다항함수의 시간 안에 해를 찾는 것이 불가능하다.

이러한 예상치 못한 어려움은 수학의 많은 갈래들을 재평가하는 계기가 되었다. 수학의 여러 분야의 많은 문제들이 해의 존재성 문제와 동일한 NP 의 특성을 가짐이 밝혀졌다.[2]

- 문제는 무한히 많은 질문들로 이루어져 있고, 모든 질문에 대해 유한 시간 내에 답할 수 있는 방법이 있다.

---

2) 역주: 아래 세 항목이 NP 문제의 특성을 나타낸다.

- 긍정적인 답(존재한다면)을 검증하는 데 필요한 시간은 '짧다'. 즉, 질문의 길이가 n이라면 필요한 시간은 n에 대한 다항함수(n^2 또는 n^3)이내로 제한된다.
- 하지만 긍정적인 답 하나를 찾는 데 걸리는 시간이 일반적으로 길어서 질문의 길이에 지수함수적으로 비례하는 긴 시간이 걸린다.

해의 존재성 문제는 이러한 특성을 갖는다. 왜냐하면,

- 무한히 많은 논리식들이 있으며, 진리표 방법으로 각각의 해의 존재성을 확인할 수 있다.
- 주어진 p, q, r, ... 의 값에 대해 $f(p, q, r, ...)$의 값을 찾는 데 걸리는 시간은 논리식의 길이와 거의 같다.
- 하지만 논리식을 만족시키는 해를 찾기까지 n개의 변수 p, q, r, ... 의 값들 2^n개 모두를 확인해봐야 할 수 있으며, n은 논리식의 길이만큼 길 수 있다.

항진명제임을 결정하는 문제는 만족시키는 해가 존재하는지 여부를 결정하는 문제만큼이나 어려워 보인다. 왜냐하면 p, q, r, ... 의 하나의 값이 아니라 모든 가능한 값에 대해 논리식이 성립하는지 확인해야 하기 때문이다. 어쨌든 진리표가 항진명제 $f(p, q, r, ...)$을 찾아내기에는 적절한 방법이 아닌 듯하다. 논리식 $f(p, q, r, ...)$의 구조나 의미에 대해 고려하지 않고 p, q, r, ... 의 값을 기계적으로 대입하기 때문이다. 우리는 항진명제를 찾되, 이를 수학적인 방법으로 증명하기를 바라게 된다. 즉, $p \lor (\neg p)$와 같은 몇 가지 명백한 항진명제에서 출발해서 자연스런 방식으로 더 많은 동어반복을 연역해내기를 바란다.

그런 방법에 대해서는 10.8절에서 다루겠다. 하지만 불행히도, 최악의 경우 그 방법은 진리표 방법에 비해 본질적으로 빠르지 않다. 그러므로 가장 단순한 형태의 논리조차도 깊은 수수께끼를 품고 있는 것으로 보인다.

9.3 속성, 관계, 양화사

명제 논리는 논리에서 필수 불가결한 부분이며 사소한 부분도 아니지만 수학을 충분히 서술하기에는 부족하다. 명제 논리의 변수들은 거짓과 참(또는 0과 1)이라는 두 값만을 가질 수 있는 데 반해, 수학에서는 수나 점, 집합 등을 값으로 가질 수 있는 변수들이 필요하다.

이뿐만 아니라 x의 속성property, x와 y의 관계 (또는 세 개나 그 이상의 변수들의 관계)에 대해서도 말해야 한다. 이로부터 **술어 논리**라는 더 서술적인 형태의 논리가 요청된다. '술어'는 속성과 관계를 나타내며, 다음과 같이 기호로 표기된다.

$$P(x), \quad \text{"}x\text{는 속성 } P\text{를 가진다"}$$
$$R(x, y), \quad \text{"}x\text{와 } y\text{는 } R\text{의 관계가 있다"}$$

그러니까 'x는 소수다'는 속성의 예이며, '$x < y$'는 관계의 예이다. 논리식 'x는 소수다' 및 '$x < y$'는 변수들이 여러 다른 값들을 가질 수 있으므로 참도 거짓도 아님을 주의하라. 논리식들은 변수들에 값을 대입함으로써 진릿값을 얻게 된다. 예를 들어, '4는 소수다'는 거짓이다. 다른 방법으로는, 변수들을 아래의 **양화사**quantifier들과 엮음으로써 진릿값을 얻게 된다.

$$\forall x, \quad \text{'모든 } x\text{에 대하여'}$$
$$\exists x, \quad \text{'어떤 } x\text{가 있다'}$$

예를 들어 x, y가 자연수 범위의 변수이면,

$$\forall x(x\text{는 소수다})\text{는 거짓이고,}$$
$$\exists x(x\text{는 소수다})\text{는 참이며,}$$

$$\forall\, x\, \exists\, y(x < y)$$는 참이다.

(마지막 논리식은 '모든 x에 대하여 $x < y$인 y가 있다'라고 읽는다.)

이 예들이 보여주듯, 술어 논리의 언어는 전형적인 수학의 명제들을 편리하게 표현한다. 약간 논쟁의 여지는 있지만, **모든** 수학을 표현하기에 충분하다. (등식 기호 =와 함수 기호를 추가하면 표현이 더 쉬워진다.) 이어지는 절들에서 특별히 산술과 집합론의 경우를 살펴볼 것이다.

극한과 연속성처럼 양화사가 없었더라면 흐릿했을 개념들이 양화사로 인해 명확해지는 것은 놀라운 일이다. 실은 미적분학(해석학)의 기초는 양화사에 적절히 관심을 가짐으로써 명료해졌다고 말할 수 있다.

예컨대 수가 '크다', '작다'라는 애매한 개념을 생각해 보자. 직관에 의하면 $\frac{1}{n}$은 '작고' n은 '크다'. 하지만, '큼'이라는 속성이 정말 있는 것은 아니다. 어떤 자연수 n이 '크다'면 분명히 $n-1$도 '클' 것이지만, 그렇다면 모든 자연수가 '크다'는 이상한 결론에 다다르고 말 것이다. "n이 크다 $\Rightarrow$ $\frac{1}{n}$이 작다"라고 말할 때 우리가 실제로 의미하는 것은 우리가 n을 충분히 크게 선택함으로써 $\frac{1}{n}$을 원하는 만큼 작게 만들 수 있다는 뜻이다. 이 말도 여전히 명료하진 않지만 좀 나아졌다. 다음과 같이 말하면 더 명료할 것이다. 임의로 주어진 수 ε보다 $\frac{1}{n}$을 작게 하려면 ε에 의존하는 적당한 수 N보다 큰 n을 잡으면 된다. ε과 N에 대한 이 명제를 양화사 $\forall$과 $\exists$을 사용하면 다음과 같이 간결하게 표현된다.

$$\forall\,(\varepsilon > 0)\, \exists\, N\left(n > N \Rightarrow 0 \le \frac{1}{n} < \varepsilon\right)^{3)}$$

(이 명제를 증명하려면 N을 $\frac{1}{\varepsilon}$보다 큰 정수로 잡으면 된다.)

---

3) 역주: 엄밀하게는 다음과 같이 써야 한다.

$$\forall\,(\varepsilon > 0)\, \exists\, N\, \forall\, \boldsymbol{n}\ (n > N \Rightarrow 0 \le \frac{1}{n} < \varepsilon)$$

다음은 양화사를 사용하여 명료하게 표현한 해석학 명제의 예들이다.

1. 수열 a_1, a_2, a_3, ...의 극한이 l이다.

$$\forall\,(\varepsilon > 0)\,\exists\,N(n > N \Rightarrow |a_n - l| < \varepsilon)^{4)}$$

2. 함수 f는 $x = a$에서 연속이다.

$$\forall\,(\varepsilon > 0)\,\exists\,\delta(|x - a| < \delta \Rightarrow |f(x) - f(a)| < \varepsilon)^{5)}$$

3. 함수 f는 범위 $a \leq x \leq b$ 안의 x에 대해 연속이다.

$$\forall\,x\,\forall\,x'\,\forall\,(\varepsilon > 0)\,\exists\,\delta(a \leq x,\ x' \leq b\,\text{이고}$$
$$|x - x'| < \delta \Rightarrow |f(x) - f(x')| < \varepsilon)$$

4. 함수 f는 범위 $a \leq x \leq b$ 안의 x에 대해 균등 연속이다.

$$\forall\,(\varepsilon > 0)\,\exists\,(\delta > 0)\,\forall\,x\,\forall\,x'(a \leq x,\ x' \leq b\,\text{이고}$$
$$|x - x'| < \delta \Rightarrow |f(x) - f(x')| < \varepsilon)$$

연속성의 개념이 1820년경 명확히 정의된 이후, 수십 년이 지나서야 **균등 연속**이 연속과 구별되는 개념이라는 것을 알게 되었다. 예를 들어 $f(x) = \dfrac{1}{x}$는 $0 < x \leq 1$인 범위에서 연속이지만, 균등 연속은 아니다. 주어진 ε에 대해 $|x - x'| < \delta$가 $\left|\dfrac{1}{x} - \dfrac{1}{x'}\right| < \varepsilon$임을 보장하도록 하는 양수 δ는 없다. 아무리 δ를 작게 잡더라도 (예컨대, $\delta = \dfrac{1}{1000}$) x가 0에 다가가면 $\left|\dfrac{1}{x} - \dfrac{1}{x+\delta}\right|$은 무한히 커진다.

---

4) 역주: 논리적으로 엄밀한 서술은 다음과 같다.

$$\forall\,(\varepsilon > 0)\,\exists\,N\,\forall\,\boldsymbol{n}\ (n > N \Rightarrow |a_n - l| < \varepsilon)$$

5) 역주: $\forall\,(\varepsilon > 0)\,\exists\,\delta\,\forall\,\boldsymbol{x}\ (|x - a| < \delta \Rightarrow |f(x) - f(a)| < \varepsilon)$

이전에 연속과 균등 연속을 구별할 수 없었던 원인은 일정 부분 양화사 접두사인 $\forall \varepsilon \exists \delta \forall x \forall x'$을 이해하는 데 어려움이 있었기 때문이다. 이것을 말하는 것조차도 어느 정도 생각이 필요하다. 보통은 이렇게 말한다. "모든 ε에 대해 어떤 δ가 있어서 모든 x와 x'에 대해 …". $\forall \exists \forall \exists \cdots$ 또는 $\exists \forall \exists \forall \cdots$ 와 같이 양화사가 번갈아 나오는 상황을 파악하는 것은 심리적으로 어렵게 느껴진다. 인위적으로 만들어낸 문장이 아니라면, 수학에서 $\forall \exists \forall$보다 더 복잡한 양화사 접두사를 마주칠 일은 거의 없다.

술어 논리의 타당한 논리식을 모두 찾아내는 일은 양화사로 인해 명백히 더 어려워진다. 각 논리식에 대한 가능한 해석은 이제 무한히 많아지게 되어 명제 논리에서처럼 모든 가능한 해석들을 다 확인하는 것이 불가능해진다.[6] 그럼에도 수학적으로 항진명제를 증명하는 방법은 술어 논리의 모든 타당한 논리식들을 증명하는 방법으로 확장될 수 있다. 그러한 한 가지 방법은 쾨니히 무한 보조정리에 기대는 것인데, 이에 대해서는 10.8절에서 논의하겠다.

9.4 귀납법

2.1절에서 유클리드가 **강하**의 형태로 귀납법을 이용하여 소인수분해의 존재성이나 유클리드 알고리즘의 종료를 증명했던 것을 살펴본 바 있다. 강하는 이 두 경우에는 자연스러운 방식이었다. 점점 작아지는 양수들의 수열이 자연스럽게 만들어졌기 때문이다. 다른 경우들에서는 **상승**ascent이 더 자연스럽다. 예컨대 파스칼의 삼각형에 나오는 수들은 작은 수 1에서 시작해서 같은 줄의 인접한 수들을 더하여 다음 줄의 새로운 수를 형성하면서 큰 수들로 자란다. 이 경우에는 여러 성질을 상승 형태의 귀납법을 이용해 증명

---

6) 역주: 양화사 $\forall$ 또는 $\exists$이 있는 명제를 모든 사례에 대해 확인하는 것이 불가능할 수도 있다는 의미이다.

하는 것이 자연스러우며, 바로 이것이 파스칼Pascal(1654)의 책『산술 삼각형 The Arithmetic Triangle』에서 이용된 방식이다.

파스칼의 증명에서 상승 형태의 귀납법이 처음 사용된 것은 아니다. 게르손Gershon(1321)의 예가 있지만, 파스칼의 증명이 양적으로 많을 뿐만 아니라 확실하기 때문에 그 구조에는 이론의 여지가 없다. 성질 $P(n)$을 어떤 기저값 b(보통은 0이거나 1) 이상의 모든 자연수 n에 대해 증명하려면 다음을 증명하면 된다.

초기 단계 $P(n)$이 기저값 $n = b$에 대해 성립한다.

귀납 단계 $P(k)$가 성립하면, $P(k+1)$도 성립한다.

이후 몇 세기 동안 귀납법은 강하 또는 상승의 형태로 수론의 표준적인 도구가 되었다. 하지만, 기초의 일부는 아니었다. 19세기 중반, 디리클레 등의 저명한 정수론자들은 $a+b = b+a$나 $ab = ba$와 같은 덧셈과 곱셈의 기본적인 성질들을 정당화하기 위해 기하적 직관에 의존했다.

그러다가 그라스만Grassmann(1861)이 주목할 만한 돌파구를 열었다. 덧셈과 곱셈 함수들은 정의될 수 있으며, 그 기본적인 성질들은 귀납법에 의해 증명될 수 있다는 것이 그것이다.[7] 따라서 귀납은 산술의 기초 그 자체다.

계승자 함수successor function $S(n)$의 존재만 가정하면, 덧셈 함수 +는 다음과 같이 귀납적으로 정의된다.

$$m + 0 = m, \quad m + S(k) = S(m+k)$$

첫 등식은 모든 m과 $n = 0$에 대해 $m+n$을 정의한다. 둘째 등식은 $m+n$이 $n = k$에 대해 이미 정의되었을 때, $m+n$을 $n = S(k)$에 대해 정의한다.

---

7) 오늘날에는 보통 '재귀적 정의', '귀납적 증명'이라고 말한다. '귀납적'으로 통일하여 사용해도 무리가 없다고 본다.

이로부터 n에 대한 귀납법으로부터 $m + n$이 모든 자연수 m과 모든 자연수 n에 대해 정의되었다. (자연수들은 0으로부터 계승자 함수를 적용하여 얻어낼 수 있는 수들이다.)

+ 함수가 정의되면, 곱셈 함수 · 도 다음과 같이 귀납적으로 정의된다.

$$m \cdot 0 = 0, \quad m \cdot S(k) = m \cdot k + m$$

다시금, 첫 등식은 모든 m과 $n = 0$에 대해 함수를 정의한다. 둘째 등식은 $m \cdot k$와 + 함수가 이미 정의되었을 때, $m \cdot S(k)$를 정의한다. 그래서 마찬가지로 귀납법에 의해 $m \cdot n$이 모든 자연수 m과 모든 자연수 n에 대해 정의되었다.

이와 같은 +와 · 에 대한 귀납적 정의로부터 그들의 근본적인 성질들에 대한 귀납적 증명으로 나아갈 수 있다. 원리상 증명은 정의의 직접적인 결과로 얻어지긴 하지만, 증명의 과정이 꽤 길어서 올바른 순서로 전개하려면 다소간 실험이 필요하다. 그라스만Grassmann(1861)은 그의 72번째 정리에 가서야 $ab = ba$에 이르렀다! 이 증명을 모두 늘어놓는 것은 지루할 것이므로, 여기서는 좀 더 즉각적인 결과를 예를 들어 보이겠다.

계승자는 +1 모든 자연수 n에 대해, $S(n) = n + 1$이다.

증명 수 1은 $S(0)$으로 정의된다. 따라서,

$$
\begin{aligned}
n + 1 &= n + S(0) \\
&= S(n + 0) \quad \text{(+의 정의에 의하여)} \\
&= S(n) \quad\quad \text{(+의 정의에 의하여 } n + 0 = n \text{이므로)} \quad \blacksquare
\end{aligned}
$$

더하기 1의 교환법칙 모든 자연수 n에 대하여, $1 + n = n + 1$이다.

증명 위 정리에 의해 $S(n) = n + 1$이므로, $S(n) = 1 + n$임을 보이면 된다. 이를 n에 관한 귀납법으로 보이자.

초기 단계 $n = 0$인 경우 다음과 같다.

$$S(0) = 1 = 1 + 0 \qquad (+\text{의 정의에 의하여})$$

귀납 단계를 위해 $S(k) = 1 + k$, 즉 $k + 1 = 1 + k$을 가정하고 $S(S(k))$를 생각해 보자.

$$
\begin{aligned}
S(S(k)) &= S(k+1) \quad &&(\text{위 정리에 의하여}) \\
&= S(1+k) \quad &&(\text{귀납법 가정에 의하여}) \\
&= 1 + S(k) \quad &&(+\text{의 정의에 의하여})
\end{aligned}
$$

이로부터 귀납 단계가 완성되었고, 따라서 $S(n) = 1 + n$이 모든 자연수 n에 대하여 성립한다. ∎

다음으로, 세 개 이상의 항의 합을 다루려면 덧셈에 대한 결합법칙이 필요하다.

덧셈의 결합법칙 모든 자연수 l, m, n에 대하여, 다음이 성립한다.

$$l + (m + n) = (l + m) + n$$

증명 모든 l과 m에 대해 n에 관한 귀납법으로 증명하자.

초기 단계 $l + (m + 0) = (l + m) + 0$은 다음과 같은 이유로 참이다.

$$
\begin{aligned}
&l + (m + 0) = l + m \quad (+\text{의 정의에 의하여 } m + 0 = m\text{이므로}) \\
&(l + m) + 0 = l + m \quad (\text{같은 이유로})
\end{aligned}
$$

귀납 단계를 위해 $l + (m + k) = (l + m) + k$를 가정하고 $l + (m + S(k))$를 생각해 보자.

$$l + (m + S(k)) = l + S(m + k) \quad (\text{+의 정의에 의하여})$$
$$= S(l + (m + k)) \quad (\text{+의 정의에 의하여})$$
$$= S((l + m) + k) \quad (\text{귀납법 가정에 의하여})$$
$$= (l + m) + S(k) \quad (\text{+의 정의에 의하여})$$

이로부터 귀납 단계가 완성되었으므로, $l + (m + n) = (l + m) + n$이 모든 자연수 l, m, n에 대하여 성립한다. ■

이제 덧셈에 대한 교환법칙을 증명할 차례가 되었다. 이 증명은 꽤나 복잡한데 초기 단계조차 귀납법이 필요하다.

덧셈의 교환법칙 모든 자연수 m과 n에 대하여, 다음이 성립한다.

$$m + n = n + m$$

증명 모든 m에 대해 n에 관한 귀납법으로 증명하자.

초기 단계 $n = 0$인 경우는 $0 + m = m$을 우선 보여야 하는데, 이를 m에 관한 귀납법으로 보이자.

$m = 0$인 경우는 +의 정의로부터 $0 + m = 0 + 0 = 0 = m$이다.

귀납 단계에서 $0 + k = k$를 가정하면, 다음과 같이 논증된다.

$$0 + S(k) = 0 + (k + 1) \quad (\text{계승자는 +1이므로})$$
$$= (0 + k) + 1 \quad (\text{+의 결합법칙에 의하여})$$
$$= k + 1 \quad (\text{귀납법 가정에 의하여})$$
$$= S(k) \quad (\text{계승자는 +1이므로})$$

이로부터 $0 + m = m$을 증명하기 위한 귀납법이 완성되었다. +의 정의에 의하여 $m + 0 = m = 0 + m$이므로, $m + n = n + m$을 증명하기 위한 n에 관한 귀납법의 초기 단계가 마무리되었다.

귀납 단계에서 $m + k = k + m$을 가정하고 $m + S(k)$를 생각해보자.

논 리

$$m + S(k) = m + (k+1) \qquad \text{(계승자는 +1이므로)}$$
$$= (m+k)+1 \qquad \text{(+의 결합법칙에 의하여)}$$
$$= (k+m)+1 \qquad \text{(귀납법 가정에 의하여)}$$
$$= 1+(k+m) \qquad \text{(더하기 1의 교환법칙에 의하여)}$$
$$= (1+k)+m \qquad \text{(+의 결합법칙에 의하여)}$$
$$= (k+1)+m \qquad \text{(더하기 1의 교환법칙에 의하여)}$$
$$= S(k)+m \qquad \text{(계승자는 +1이므로)}$$

이로부터 귀납 과정이 완성되었고, 따라서 모든 자연수 m과 n에 대하여 $m+n = n+m$이 성립한다. ∎

이 시점에서 많은 독자들은 $m+n = n+m$과 같이 뚜렷이 명백한 사실들에 대해 엄격한 형식적인 증명을 함으로써 얻는 이익이 무엇인지 궁금할 것이다. 이에 대해서는, $m+n = n+m$이 명백해 보이는 것은 길이가 m과 n인 막대기들을 끝과 끝을 붙여 이은 긴 막대 같은 $m+n$에 대한 관념의 습관적인 이미지에 기인한다는 점을 지적하고자 한다. 하지만 소수의 무한성과 같은 수에 관한 대부분의 사실들은 그와 같이 명백하지 않아서 소수의 무한성이 $m+n = n+m$만큼 확실하도록 만드는 기저의 논리적인 원리가 무엇인지 찾아낼 필요가 있다. 귀납법이 이들 두 사실 모두의 기저에 놓인 원리이고, 무수한 다른 사실들의 기저에도 놓여 있다. 따라서 $m+n = n+m$과 같은 단순한 사실들의 기저에도 어떻게 귀납법이 놓여 있는지 이해할 만한 가치가 있다.

9.5 *페아노 산술

귀납법이 산술의 기초가 된다는 그라스만의 발견을 수학계가 곧바로 인상 깊이 받아들인 것은 아니다. 실은 알아채지 못한 채로 지냈던 듯하다. 분명히 그라스만의 업적을 몰랐던 데데킨트Dedekind(1888)가 같은 아이디어를 재발견한 것은 수십 년이 지난 후였다. 그리고는 페아노Peano(1889)가 그라스만의 기여를 밝히면서 귀납법을 산술의 공리 체계 안으로 넣어 건설한 것이 페아노 산술 PA이다.

오늘날 페아노 공리계는 변수들이 자연수 범위를 가지는 술어 논리의 언어로 기술된다. 그 언어에는 또한 영을 가리키는 상수 0과 함수 기호들인 S, $+$, $\cdot$ 이 있는데, 각각 계승자, 합, 곱을 가리킨다. 이러한 기호들과 함께 등호와 논리 기호를 갖춘 언어를 PA 언어라 부른다.

페아노 공리계는 다음과 같다.

1. $\forall n (\text{NOT } 0 = S(n))$, (0은 계승자가 아니다.)
2. $\forall m \forall n (S(m) = S(n) \Rightarrow m = n)$,
   (같은 계승자를 갖는 두 수는 같다.)
3. $\forall m \forall n (m + 0 = m \text{ AND } m + S(n) = S(m + n))$,
   ($+$에 대한 귀납적 정의)
4. $\forall m \forall n (m \cdot 0 = 0 \text{ AND } m \cdot S(n) = m \cdot n + m)$,
   ($\cdot$에 대한 귀납적 정의)
5. $[\varphi(0) \text{ AND } \forall m (\varphi(m) \Rightarrow \varphi(S(m)))] \Rightarrow \forall n \, \varphi(n)$,
   (φ가 0에 대해 성립하는 속성이고, φ가 m에 대해 성립할 때 $S(m)$에 대해서도 성립한다면, φ는 모든 n에 대해 성립한다.)

마지막 공리는 귀납법 공리 또는 더 적절하게 표현하면 귀납법 공리 도식schema이다. 그것은 실제로는 무한히 많은 공리들로 이루어져 있다. 즉, PA의 언어 안에서 쓸 수 있는 각각의 논리식 $\varphi(m)$마다 공리 하나씩이 있는 셈이다.

앞 절의 설명에 따르면 페아노 공리계만 있으면 $+$의 결합법칙과 교환법칙을 증명할 수 있지만, 이것은 시작에 불과하다. 같은 논리로 $\cdot$의 결합법칙과 교환법칙을 증명할 수 있고, 분배법칙인 $a(b+c) = ab + ac$도 증명할 수 있다. 이로부터 자연수에 대한 모든 통상의 연산 규칙의 타당성을 보일 수 있으며, 이어서 약분가능성과 소인수분해에 대한 기초적인 사실도 증명이 가능하다. 게다가, 음수, 분수와 대수적 수, 그리고 심지어 약간의 미적분학도 PA 안에서 흉내 낼 수 있는 기법이 있다. 그러므로 알려진 모든 수론이 본질적으로 PA의 범위 안에 있다.

다섯 가지 페아노 공리들이 산술을 너무나 간단한 방식으로 포착하므로, 그것들을 초등 산술의 정의 자체로 여기는 것이 그럴듯해 보일 정도다. 4.3절에서 아홉 개의 체 공리들이 고전 대수를 요약하는 것으로 여겼던 것과 마찬가지다. 물론 페아노 공리들로부터 매우 어려운 정리들도 따라오기 때문에, 모든 결과들을 기초적이라 할 수는 없다. 그럼에도 불구하고 산술을 포괄하는 기초 체계를 페아노 공리들이 제공한다.

하지만 조합론과 같은 다른 분야의 기초 수학은 어떨까? 조합론을 위한 보다 자연스런 무대는 유한 집합의 이론으로 보인다. 유한 집합론의 아름다움은 (일종의 유한 집합으로 정의되는) 그래프와 같은 대상을 제공할 뿐만 아니라 '셈'을 가능하게 하는 자연수 또한 제공한다는 점에 있다.

자연수를 유한 집합으로 바라보는 놀랍고 우아한 정의는 비공식적으로는 미리마노프Mirimanoff(1917)가 처음이지만, 폰 노이만von Neumann(1923)이 형식화한 후에야 영향력이 생겼다. 페아노의 경우처럼 폰 노이만에게도 자연수는 0으로부터 계승자 연산에 의해 발생한다. 0은 가장 작은 집합인 공집합 $\varnothing$으로 정의한다. 그리고는 1, 2, 3, …을 차례로 정의하되, $n+1$이 0, 1, 2, …, n을 원소로 가지는 집합이 되도록 한다.

$$0 = \varnothing$$
$$1 = \{0\}$$
$$2 = \{0, 1\}$$
$$\vdots$$
$$n+1 = \{0, 1, 2, ..., n\}$$

잘 보면 $n+1$은 집합 $n = \{0, 1, 2, \cdots, n-1\}$과 원소 n 하나로 구성된 집합 $\{n\}$의 합집합이다. 따라서 다음이 성립한다.

$$n + 1 = \{0, 1, 2, ..., n-1\} \cup \{n\} = n \cup \{n\}$$

$n+1$이 n의 계승자이므로, 이 등식은 계승자 함수에 대한 매우 간결한 정의를 준다.

$$S(n) = n \cup \{n\}$$

이 정의는 '토박이' 집합 연산인 합집합 연산과 원소가 n 하나로만 구성된 집합 $\{n\}$을 생성하는 연산으로 구성되어 있다.

더욱 인상적인 것은, 수들 사이의 < 관계가 단순히 포함 관계가 된다는 것이다.

$$m < n \Leftrightarrow m\text{은 } n\text{의 원소이다.}$$

이를 보통 $m \in n$으로 표기한다. 그 결과, 귀납법은 집합에 대한 자연스러운 가정인 '포함 관계에서 무한 강하는 불가능하다'는 진술로부터 따라온다. 이를 긍정적인 용어로 말하면, 모든 집합 x는 x의 어떤 원소도 y의 원소가 아니라는 의미에서 '$\in$-최소'인 원소 y를 가진다. 이 가정을 **기초 공리** axiom of foundation라 한다. 몇 가지 다른 공리들도 필요한데, 공집합의 존재를 받아들이는 것과, 합집합의 존재, 그리고 한원소 집합 등의 존재를 보장해야 한다.

필요한 공리들이 페아노 공리들보다 더 복잡하기에 여기서는 다루지 않겠다. (무한 집합론을 다루기 위해 어떤 것들이 추가되어야 하는지를 포함하여 추가적인 정보는 9.8절을 참고하라.) 더 중요한 점은 유한 집합론의 공리들이 조합론과 산술 모두를 포용한다는 것이고, 그러하기에 유한 집합론이 적용 범위 면에서 PA보다 더 우월한 것처럼 느껴질 수도 있다. 하지만 엄밀히 말해 그런 것은 아니다. 왜냐하면 PA도 유한 집합을 수로 부호화함으로써 모든 유한 집합 이론을 '표현'하는 것이 가능하기 때문이다.

이것이 가능한 이유는 각 유한 집합이 ∅, { , }, 그리고 쉼표(,)의 네 가지 문자를 사용한 기호의 나열로 묘사될 수 있기 때문이다. 특별한 몇 가지 예는 다음과 같다.

0은 문자열 ∅로 묘사된다.

2 = {0, 1}은 문자열 {∅, {∅}}로 묘사된다.

따라서 {0, 2}는 문자열 {∅, {∅, {∅}}}로 묘사된다. 기타 등등.

이제 네 가지 문자들을 오진법의 0이 아닌 숫자들인 1, 2, 3, 4로 번역하면, 유한 집합을 정의하는 각 문자열은 하나의 수로 번역된다. 3.1절에서 언급한 것처럼 (거기서는 십진법 또는 이진법을 다루었지만 오진법도 마찬가지다), 진법은 합, 곱 및 지수의 개념에 기초한다. 처음 두 함수들은 이미 PA에 있음을 확인했고, 지수는 다음과 같이 정의할 수 있다.

$$m^0 = 1, \quad m^{S(n)} = m^n \cdot m$$

따라서 PA는 오진법으로 표현할 함수들을 갖추고 있으며, 그러므로 임의의 유한 집합을 표현할 수 있다.

이런 의미에서 산술은 모든 이산 수학의 기초가 된다. 하지만 기하학이나 미적분학에서 만나는 연속적인 대상에 대한 수학은 어떨까? 5장과 6장에서 이미 살펴본 대로, 이들은 실수 체계 $\mathbb{R}$에 의존하는데, 그 기초에 대해서는 아직 논의한 바 없다. 이에 대한 논의를 지금까지 미뤄온 데에는 그럴 만한 이유가 있었다. $\mathbb{R}$의 기초는 집합론 및 논리의 질문들과 철저히 얽혀 있다.

9.6 *실수

크기가 연속적으로 커지되 한계를 넘어가지 않으면 반드시 극한
값에 도달해야 한다는 정리 (…) 연구를 할수록 이 정리, 또는 그와
동등한 정리는 적절한 방식으로 미분 해석학의 충분한 기초로 볼
수 있음을 깨닫게 되었다. (…) 그러고 나면 그 올바른 기원을 산술
의 요소에서 발견하는 일과, 그리하여 동시에 연속의 본질에 대한
진정한 정의를 확보하는 일이 남았다. 나는 1858년 11월 24일에
성공을 거뒀다.

데데킨트Dedekind(1901), 2쪽

실수는 유클리드의 『원론』 이래 기초 수학의 일부였지만, 그럼에도 가장
어려운 부분이었다. 그것이 골칫거리라는 첫 신호는 $\sqrt{2}$ 같은 무리수의
발견이었다. 5.3절에 언급한 것처럼, 이 발견으로 인해 그리스인들은 그들
이 생각한 '수'(본질적으로 오늘날의 유리수)와 더 일반적인 관념인 '크기'
(본질적으로 오늘날의 실수지만, 심각하게 제한적인 대수 연산만 가능함)를
구별하게 되었다. 또한 『원론』의 V권에서 '크기의 비율'에 대한 이론을 전
개하는데, 크기들을 그 정수배와 비교하는 이론이다.

예를 들어 $\sqrt{2}$ 라는 길이는 단위 길이들인 1, 2, 3, …과 다음과 같은
방식으로 비교할 수 있다.

$$1 < \sqrt{2} < 2,$$
$$2 < 2\sqrt{2} < 3,$$
$$7 < 5\sqrt{2} < 8,$$
$$16 < 12\sqrt{2} < 17,$$
$$\vdots$$

또는 우리가 오늘날 하듯이 다음처럼 쓸 수도 있다.

논리
—
367

$$1 < \sqrt{2} < 2,$$

$$1 < \sqrt{2} < \frac{3}{2},$$

$$\frac{7}{5} < \sqrt{2} < \frac{8}{5},$$

$$\frac{16}{12} < \sqrt{2} < \frac{17}{12},$$

$$\vdots$$

(여기 나오는 일련의 근사들은 2.2절의 $\sqrt{2}$ 에 대한 연분수로부터 얻었다.)

무리수에 대한 점점 정확해지는 유리 근사의 존재성은 『원론』의 V권에 나오는데, 유클리드는 (실질적으로) 임의의 두 개의 서로 다른 크기 $a < b$는 그 사이에 있는 유리수를 찾음으로써 구분됨을 증명했다.

$$a < \frac{m}{n} < b$$

그러므로 무리수 크기 a는 그보다 작은 유리수들 및 그보다 큰 유리수들에 의해 결정된다. 하지만, 그리스인들은 무리수 a를 그 위와 아래의 유리수들에 의해 정의하기 직전에 멈췄다. 그 이유는 a를 정확히 결정하기 위해서는 그런 수들이 무한히 많이 필요했고, 그리스인들은 무수한 것들의 모임에 의미가 있다고 믿지 않았기 때문이다.

무한에 대한 두려움은 19세기까지 많은 수학자들에게 지속되었다. 이러한 두려움을 처음 극복한 사람들 중 하나였던 데데킨트는 마침내 1858년에 유클리드의 무리수 양에 대한 이론을 딛고 논리적인 다음 단계를 밟았다. 데데킨트는 유리수들의 무한 집합을 이용해 무리수를 정의했다. 임의의 실수 크기 a는 다음 유리수의 집합에 의해 결정된다.

$$L_a = \left\{ \frac{m}{n} : \frac{m}{n} \leq a \right\}, \quad U_a = \left\{ \frac{m}{n} : \frac{m}{n} > a \right\}$$

그는 집합의 쌍 L_a, U_a가 실제로 a를 정의한다고 했다(이를 a에 의해 결정되는 유리수 절단이라 불렀다). 역으로, 유리수 집합 $\mathbb{Q}$를 '아래쪽 집합' L과 '위쪽 집합' U로 구분하되, L의 어떤 원소도 U의 모든 원소보다 작도록 하고, U가 가장 작은 원소가 없도록 했을 때, 이러한 쌍 L과 U가 하나의 실수를 정의한다고 했다. (따라서 부등호 $\leq$로 인해 유리수 a 역시 포함된다.)

데데킨트 절단에 의한 실수의 정의는 여러 가지 장점이 있다.

1. 절단의 합과 곱을 그 원소들의 합과 곱으로 쉽게 정의할 수 있으며, 실수는 유리수의 합과 곱으로부터 체의 성질을 '물려받는다'.

2. 곱의 정의로부터 $\sqrt{2}\,\sqrt{3} = \sqrt{6}$을 증명할 수 있게 된다. 이 등식을 기하적으로 증명하기는 꽤나 어렵다. (데데킨트는 이전에 증명된 적이 없다고 생각했는데, 우리는 5.3절에서 이를 기하적으로 증명해본 바 있다.)

3. 수들은 집합의 포함 관계에 의해 다음과 같이 순서지어진다.

$$a \leq b \iff L_a \subseteq L_b$$

4. 순서 관계와 포함 관계 사이의 대응은 미적분학에서 요구하는 대로 $\mathbb{R}$이 완비되었음을 함의한다. 특히, 다음과 같이 닫힌구간들의 열을 생각해 보자.

$$[a_1,\ b_1] \supseteq [a_2,\ b_2] \supseteq [a_3,\ b_3] \supseteq \cdots$$

만약 이 열에 나타나는 구간의 길이가 0으로 수렴하면, 이 구간들 모두가 공유하는 것은 정확히 한 점이 된다. (우리는 6.3절에서 이 성질에 의거하여 도함수가 0인 함수에 대한 정리를 증명했고, 7.9절에서는 볼차노–바이어스트라스 정리를 증명했다.)

왜 그런지 살펴보자. 아래쪽 집합들 L_{a_1}, L_{a_2}, L_{a_3}, ...의 합집합을 L이라 하고, 위쪽 집합들 U_{b_1}, U_{b_2}, U_{b_3}, ...의 합집합을 U라 하자.

그러면 L의 임의의 원소는 U의 모든 원소보다 작은 것을 다음으로부터 알 수 있다.

$$a_1 \leq a_2 \leq a_3 \leq \cdots \leq b_3 \leq b_2 \leq b_1$$

또한 구간의 길이가 0으로 수렴하므로, 각각의 유리수는 L이나 U 중 어느 하나에 들어간다. 따라서 L, U는 $\mathbb{Q}$의 절단이며, 이 절단은 하나의 수 c를 정의하는데, 이 수는 분명 모든 구간에 포함된다.

완비성의 또 다른 결과는 실수 집합 $\mathbb{R}$에는 간격이 없기 때문에, 직선의 좋은 모델이 된다는 것이다. 다시 말해, $\mathbb{R}$이 두 집합 $\mathcal{L}$, $\mathcal{U}$로 분리되면서 $\mathcal{L}$의 각 원소가 $\mathcal{U}$의 모든 원소보다 작으면, $\mathcal{L}$에 가장 큰 원소가 있거나, 아니면 $\mathcal{U}$에 가장 작은 원소가 있어야 한다. 왜 그런지 알아보자. $\mathcal{L}$의 각 원소의 아래쪽 절단들의 합집합을 L이라 하고, $\mathcal{U}$의 각 원소의 위쪽 절단들의 합집합을 U라 하자. 그러면 L, U가 $\mathbb{Q}$의 절단이 된다. 이 절단은 실수 c를 정의하며, c는 $\mathcal{L}$의 가장 큰 원소이거나 $\mathcal{U}$의 가장 작은 원소이다.

그러므로 무한 집합을 수학적 대상으로 받아들이는 대가를 치르면 대수, 기하, 미적분학의 요구사항을 충족하는 실수 $\mathbb{R}$의 체계를 잘 정의할 수 있다. 이 주요한 성취는 아마도 기초 수학의 경계를 넘어서는 것으로 여겨야 할 것이다. 기초 수학은 $\mathbb{R}$을 사용할 필요가 있지만, 그것을 완전히 이해하려면 다소간 고등적인 아이디어가 필요하다. 다음 절에서는 $\mathbb{R}$이 고등적인 아이디어를 요구하는 다른 측면을 살펴볼 것이다. 하지만 우선 데데킨트 절단을 약간 더 기초적으로, 최소한 좀 더 시각적으로 만들려고 시도해 보자.

데데킨트 절단의 시각화

유리수 집합 $\mathbb{Q}$가 직선 위에 조밀하게 놓여 있기 때문에, 데데킨트 절단을

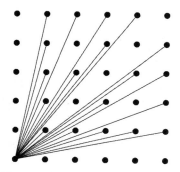

그림 9.1 평면의 정수 점들까지의 기울기

시각화하는 것은 어렵다. 아무리 작더라도 직선의 임의의 구간 안에는 유리수가 들어 있다. 하지만 수 $\frac{m}{n}$ 을 평면에서 원점 O 를 지나는 직선의 기울기로 생각하면 유리수를 좀 더 쉽게 볼 수 있다. 이를 위해서 원점 O 와 정수점 $(n,\ m)$ 을 지나는 직선을 그리면 된다. 평면 안의 정수 점들은 잘 퍼져 있으므로 이런 방식으로 $\mathbb{Q}$ 에 대해 더 잘 이해할 관점을 가지게 된다. 그림 9.1은 양의 유리수 몇몇에 대해 이런 관점을 보여주는데, $\frac{m}{n}$ 은 원점 O 로부터 점 $(n,\ m)$ 까지 잇는 선에 대응된다.

유리수가 작은 것부터 커지는 순서는 기울기가 작은 데서 커지는 것으로 나타난다. 기울기 $\frac{m}{n}$ 인 직선 밑에 있는 정수 점 $(q,\ p)$ 는 $\frac{m}{n}$ 보다 작은 유리수 $\frac{p}{q}$ 에 해당한다. 그림 9.2는 각각 기울기 1과 $\frac{2}{3}$ 인 직선 아래의 점들을 보여준다. 이 점들을 각각 1과 $\frac{2}{3}$ 에 대한 데데킨트의 아래쪽 절단으로 여길 수 있다.

그림 9.3은 좀 더 흥미로운 경우로, 기울기 $\sqrt{2}$ 인 직선 아래에 있는 정수 점들의 집합을 보여주며, 이를 $\sqrt{2}$ 에 대한 데데킨트의 아래쪽 절단으로 여길 수 있다. 이 집합이 유리수인 1과 $\frac{2}{3}$ 에 대한 아래쪽 절단과 다른 점은 직선 바로 밑에 있는 계단이 비주기적인 패턴을 갖는다는 것이다. 계단의

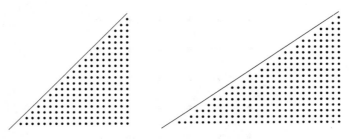

그림 9.2 1과 $\frac{2}{3}$ 에 대한 데데킨트의 아래쪽 절단

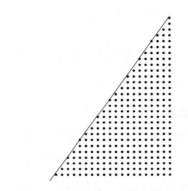

그림 9.3 $\sqrt{2}$ 에 대한 데데킨트의 아래쪽 절단

패턴이 비주기적인 이유는, 만약 주기적이면 직선의 기울기가 유리수가 되기 때문이다.

9.7 *무한

이제 해석학을 다룰 차례다. (...) 어떤 의미에서 수학적 해석학은
무한의 교향곡에 다름 아니다.

힐버트Hilbert(1926)

기초 수학에서 $\mathbb{R}$이 무엇인지 정확히 설명하지 않더라도 그것을 사용할

필요가 있는 것처럼, 기초 수학은 무한에 대해 완전한 설명이 없더라도 무한의 과정을 사용할 필요가 있다. 이것은 끝이 열려 있는 수학의 본성에 대한 징후로서, 기초적인 부분과 고등적인 부분 사이에 명확한 선을 긋지 못하도록 한다. 이 절에서는 무한을 세심하게 탐구했을 때 나타나는 고등적인 아이디어들을 훑어보자.

우리가 처음으로 주목했던 무한과정은 무한한 기하 급수를 구할 때였는데, $\frac{1}{3}$을 십진법으로 전개하거나 포물선 영역의 넓이를 계산하는 아주 단순한 문제에도 나타난다(1.5절). 여기서는 기하 급수를 이용해 실수 집합 $\mathbb{R}$의 정말로 놀라운 성질을 밝혀보려고 한다. 그것은 $\mathbb{R}$은 단순히 무한하기만 한 것이 아니라, 자연수 집합 $\mathbb{N}$보다 더 무한하다는 것이다.

우선 어떤 집합이 $\mathbb{N}$**과 동수**라는 것, 즉 $\mathbb{N}$과 같은 무한 '크기'를 갖는다는 것이 무슨 의미인지를 말해야 한다. $\mathbb{N}$의 원소들은 자연스럽게 무한 목록으로 배열된다.

$$0,\ 1,\ 2,\ 3,\ 4,\ 5,\ 6,\ 7,\ \ldots$$

임의의 원소는 이 목록 어딘가 유한한 위치에 나타난다. (편의상 0이 '영 번째 위치'에 있다고 하자.) 이러한 집합을 **잠재적**potential **무한**이라 불렀는데, 완성되었다고 생각할 필요 없는 (0으로 시작해서 계속 1을 더해가는) 과정으로부터 발생하기 때문이다. 실제로 무한에 대한 고전적인 아이디어는 바로 그것, 즉 끝이 없는 과정이었다. 오늘날 그러한 집합을 **가산**countable 이라 부르는데, 왜냐하면 그 집합의 원소들을 세어감으로써, 각 원소는 결국 언젠가 번호를 얻기 때문이다.

영 번째 원소, 첫 번째 원소, 두 번째 원소, 세 번째 원소, ...

수로 구성된 많은 집합들이 이런 방식으로 원소들을 목록에 따라 배열하여 각 원소가 어딘가 유한한 위치에 등장하도록 할 수 있다. 이 경우 그

집합의 임의의 특정 원소를 유한한 차례에 나타나도록 보장하는 절차가 있다. 예를 살펴보자.

1. 정수 집합 $\mathbb{Z}$

$$\mathbb{Z} = \{\, 0,\ 1,\ -1,\ 2,\ -2,\ 3,\ -3,\ ...\,\}$$

(0에 이어서 $\mathbb{N}$의 목록대로 양수와 음수를 번갈아 가며 등장하도록 한다.)

2. 양의 유리수의 집합 $\mathbb{Q}^+$

$$\mathbb{Q}^+ = \left\{\, \frac{1}{1},\ \frac{1}{2},\ \frac{2}{1},\ \frac{1}{3},\ \frac{3}{1},\ \frac{1}{4},\ \frac{2}{3},\ \frac{3}{2},\ \frac{4}{1},\ ...\,\right\}$$

(분수 $\dfrac{m}{n}$ 을 분자와 분모의 합 $m+n$이 작은 순서대로 배열하되, 고정된 값 $m+n$에 대해서는 크기 순서대로 배열한다.)

3. 모든 유리수의 집합

$$\mathbb{Q} = \left\{\, 0,\ \frac{1}{1},\ -\frac{1}{1},\ \frac{1}{2},\ -\frac{1}{2},\ \frac{2}{1},\ -\frac{2}{1},\ \frac{1}{3},\ -\frac{1}{3},\ \frac{3}{1},\ -\frac{3}{1}, \right.$$
$$\left. \frac{1}{4},\ -\frac{1}{4},\ \frac{2}{3},\ -\frac{2}{3},\ \frac{3}{2},\ -\frac{3}{2},\ \frac{4}{1},\ -\frac{4}{1},\ ...\,\right\}$$

(0에 이어서 바로 위 목록의 수들을 양수와 음수가 번갈아 가며 등장하도록 한다.)

이 집합들 각각은 $\mathbb{N}$과 동수라고 하며, 그 이유는 집합의 원소들이 $\mathbb{N}$의 원소들과 일대일 대응되기 때문이다. 일반적으로 어떤 집합 X가 $\mathbb{N}$과 동수라는 것은 아래와 같이 그 원소들의 목록을 만들 수 있다는 의미다.

$$x_0,\quad x_1,\quad x_2,\quad x_3,\quad x_4,\quad x_5,\quad x_6,\quad x_7,\quad ...$$

이 경우 X와 $\mathbb{N}$ 사이에 일대일 대응 관계 $x_n \leftrightarrow n$이 생긴다.

이제 집합 $\mathbb{R}$을 생각해 보자. 이 집합은 무한한 길이의 직선이라고 할 수 있는데, 직선의 각 점들이 $\mathbb{R}$의 원소들이 된다. (모순을 이끌어내기 위해) $\mathbb{R}$이 $\mathbb{N}$과 동수라고 가정하자. 다시 말해, 모든 실수들로 이루어진 무한한 목록이 다음과 같이 주어졌다고 하자.

$$x_0, \quad x_1, \quad x_2, \quad x_3, \quad x_4, \quad x_5, \quad x_6, \quad x_7, \quad \ldots$$

이 수들을 직선 위의 점들로 보고, 각 점을 다음 길이를 차례대로 갖는 구간으로 덮자.

$$\frac{1}{2}, \quad \frac{1}{4}, \quad \frac{1}{8}, \quad \frac{1}{16}, \quad \frac{1}{32}, \quad \frac{1}{64}, \quad \cdots$$

그러면 직선 위의 모든 점들이 덮이는데, 직선을 덮는 데 사용된 구간들의 총 길이는 아무리 크더라도 다음 값보다 작다.

$$\frac{1}{2} + \frac{1}{4} + \frac{1}{8} + \frac{1}{16} + \frac{1}{32} + \frac{1}{64} + \cdots = 1$$

직선은 무한한 길이를 가지므로, 이는 모순이다!

따라서 $\mathbb{R}$은 $\mathbb{N}$과 동수가 아니다. 그것을 **비가산**uncountable이라 하며, 따라서 잠재적 무한이 아니다. 칸토어Cantor(1874)가 처음 발견한 이 사실은 이전에 무한에 대해 가졌던 모든 종류의 생각에 도전했다. 이는 수학은 무한을 잠재적인 의미로만 다룸으로써 회피하는 것이 불가능함을 밝혔다. 수학에서 가장 중요한 집합 중 하나인 $\mathbb{R}$은 전적으로 **실제적**actual **무한**이다.

*자연수의 집합들

$\mathbb{R}$의 비가산성은 당연히 $\mathbb{R}$과 동수인 모든 집합들을 감염시킨다. 이러한 집합들은 많이 있다. 그중 가장 중요한 것의 하나로, $\mathbb{N}$**의 멱집합**이라 부르는 $\mathcal{P}(\mathbb{N})$은 $\mathbb{N}$의 모든 부분 집합들을 원소로 갖는 집합이다. $\mathbb{R}$이 $\mathcal{P}(\mathbb{N})$과

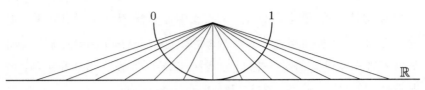

그림 9.4 ℝ과 단위 구간 사이의 대응

$$
\begin{array}{llllll}
s_0 & \mathbf{0} & 1 & 0 & 1 & 0 & \cdots \\
s_1 & 0 & \mathbf{1} & 1 & 1 & 1 & \cdots \\
s_2 & 1 & 0 & \mathbf{1} & 0 & 1 & \cdots \\
s_3 & 1 & 1 & 0 & \mathbf{0} & 1 & \cdots \\
s_4 & 0 & 0 & 0 & 0 & \mathbf{0} & \cdots \\
& \vdots \\
s & \mathbf{1} & \mathbf{0} & \mathbf{0} & \mathbf{1} & \mathbf{1} & \cdots
\end{array}
$$

그림 9.5 대각선 논법

동수임을 보이기 위해, ℝ과 단위구간 $(0, 1) = \{x \in \mathbb{R} : 0 < x < 1\}$ 사이의 일대일 대응을 만드는 것이 편리하다. 그러한 대응은 그림 9.4로부터 명백하다. (여기서 단위 구간은 반원으로 구부려졌다.)

그리고는 구간 $(0, 1)$ 안의 점들의 이진수 전개를 이용해 구간 $(0, 1)$과 0과 1로 이뤄진 무한 수열들 사이에 대응을 만들 수 있다. (세부사항은 생략한다. 서로 다른 이진법 전개를 갖는 예외적인 수들이 있기 때문에 약간 혼란스러울 수 있다.) 마지막으로, 0과 1로 이뤄진 무한 수열들과 ℕ의 부분집합들

사이의 자명한 대응이 있다. 즉, 부분 집합 $S \subseteq \mathbb{N}$은 n번째 자리가 1일 필요충분조건이 $n \in S$인 무한수열과 대응한다.[8]

몇 가지 점에서 0과 1로 이뤄진 무한수열은 실수보다 다루기가 쉽다. 특히 실수들이 비가산적으로 많다는 (달리 표현하면, 수열의 가산적인 목록은 모든 수열을 포함할 수 없다는) 사실에 대한 칸토어Cantor(1891)의 아름다운 증명이 있다. 그 증명은 다음과 같다.

---

8) 역주: 무한수열 a_1, a_2, a_3, $\cdots$은 부분집합 $S = \{n \in \mathbb{N} : a_n = 1\}$에 대응한다.

(다시금 모순을 이끌어내기 위해) s_0, s_1, s_2, s_3, s_4, ... 이 0과 1로 이루어진 모든 무한 수열의 목록이라 하자. 그림 9.5는 그러한 가상의 수열의 목록의 일부를, 각 수열의 앞쪽 몇 자리까지 적은 것이다. 이 표를 바라보기만 해도, 이 목록에 없는 수열 s를 **볼 수 있다.**

s의 n번째 숫자는 단순히 s_n의 n번째 숫자를 바꾼 것이다(진하게 표시한 부분). 그러면, 각 n에 대해 n번째 자리가 서로 다르기 때문에 $s \neq s_n$이다. 유명한 이 논법은 표의 대각선을 따라 놓여 있는 숫자들을 다루기 때문에 **대각선 논법**이라 불린다.

우리는 이미 3.8절에서 정지 문제를 다룰 때 비슷한 논법을 본 적이 있다. 거기서는 가상의 기계 T와 그 자신의 묘사 $d(T)$를 대면시키고서 T가 □에서 정지할 필요충분조건이 그것이 □에서 정지하지 않는 것이 되도록 설정함으로써 모순을 얻어냈다. 여기서는, 가상의 수열 s를 그 n번째 숫자와 대면시키고 그것이 자신과 다르도록 설정함으로써 모순을 얻어냈다. (만약 수열의 목록이 완전하다면 s는 어떤 s_n과 같을 것이기 때문이다.)

정지 문제의 해결불가능성은 칸토어의 대각선 논법을 집합론으로부터 논리와 계산의 관련 분야로 옮김으로써 얻은 여러 놀라운 발견 중 하나이다. 이러한 발견들 몇 가지에 대해서는 3.9절에서 토의하였다.

9.8 *집합론

앞 절로부터 무한 집합은 고등적 주제임이 분명해졌을 것이다. 그렇더라도 집합론의 공리들을 비형식적으로라도 설명할 필요가 있다. 그렇게 함으로써 심지어 고등 수학도 공리들의 작은 집합에 의해 감싸질 수 있음을 보일 수 있다. 공리들은 페아노 산술만큼 단순하지는 않지만, 그 대부분은 이 장 앞 부분에서 살펴본 예들에 의해 동기를 부여할 수 있다. 이를 **체르멜로-프렝켈 공리**Zermelo-Fraenkel axioms라 부르며, 줄여서 ZF라 한다.

외연 공리 동일한 원소들을 갖는 집합은 서로 같다.

예컨대 $\{1, 2\} = \{2, 1\} = \{1, 1, 2\}$인데, 세 집합 모두 동일한 원소들인 1과 2를 갖기 때문이다.

공집합 원소가 없는 집합 $\varnothing$이 존재한다.

외연 공리에 의해 공집합은 하나뿐이다. 9.5절에서 본 대로, $\varnothing$은 수 0의 역할을 담당한다.

짝짓기 임의의 집합 x, y에 대해 x와 y만 원소로 갖는 집합이 존재한다. 이것이 $\{x, y\}$라고 쓰는 집합이다. $x = y$인 경우에는 외연 공리에 의해 하나의 원소를 갖는 집합 $\{x\}$이 된다. $\{x, y\} = \{y, x\}$이므로, 다시금 외연 공리에 의해 $\{x, y\}$는 순서쌍이 아니다. 하지만, $\{\{x\}, \{x, y\}\}$는 x와 y의 순서쌍 역할을 할 수 있다. 이유는 $\{\{x\}, \{x, y\}\} = \{\{y\}, \{y, x\}\}$이면 $x = y$이기 때문이다.

합집합 임의의 집합 x에 대해 x의 원소들의 원소들로 이루어진 집합이 존재한다.

만약 $x = \{a, b\}$라면 x의 원소들의 원소들은 우리가 $a \cup b$라 쓰는 'a와 b의 합집합'을 이룬다. 또한 무한히 많은 집합들의 합집합을 만들 수 있다는 것도 유용하다. 9.6절에서 아래쪽 데데킨트 절단 L_{a_1}, L_{a_2}, L_{a_3}, ... 의 합집합을 만들 때 이런 작업을 한 적이 있다. 이런 과정은 합집합 공리를 $x = \{L_{a_1}, L_{a_2}, L_{a_3}, \dots\}$에 대해 적용함으로써 유효하게 된다.

짝짓기와 합집합 공리로부터 세 개 또는 그 이상의 원소들을 갖는 유한 집합을 만들어낼 수 있음을 주목하라. 예를 들어, 집합 $\{a, b, c\}$를 만들기 위해서는 짝짓기를 이용해 $x = \{a, b\}$와 $y = \{c\}$를 만든 후 합집합을 이용해 $x \cup y = \{a, b, c\}$를 만들면 된다.

무한 무한 집합이 존재한다. 특별히, $\varnothing$을 원소로 가지고, 임의의 원소 y에 대해 $S(y)$ 또한 원소로 갖는 집합 x가 존재한다. 여기서 $S(y)$는 계승자 집합 $y \cup \{y\}$을 의미하며, 결국 무한 공리가 말하는 것은 모든 자연수를 포함하는 집합이 있다는 것이다. 정확히 자연수들만을 원소로 갖는 집합 $\mathbb{N}$을 얻기 위해서는, 특정한 속성을 가지는 집합들의 집합을 생성하는 것을 허용하는 공리가 필요하다. 이 공리는 기술적인 이유로 아래 치환 도식에서 함수에 의한 정의라는 형태로 서술된다.

멱집합 임의의 집합 x에 대해 x의 부분집합들로 이루어진 집합이 존재한다.

앞 절에서 본 대로 이 공리는 $x = \mathbb{N}$일 때, 놀랄 만큼 큰 집합 $\mathcal{P}(x)$를 만들어낸다. 실제로 $\mathcal{P}(\mathbb{N})$은 가산이 아니기 때문에, ZF의 언어로는 $\mathcal{P}(\mathbb{N})$의 모든 원소들을 정의하기에 논리식이 부족하다. 그리하여 $\mathbb{N}$의 멱집합을 포함한 여러 무한 집합들의 존재를 보장하기 위해 이 공리가 필요하다.

치환(도식) 만약 $\varphi(u, v)$가 v를 함수 $f(u)$로 정의하는 논리식이라면, 집합 x의 원소들 u에 대한 f의 치역은 그 자체로 집합이다.[9]

치환 도식은 체르멜로Zermelo(1908)가 사용한 '정의할 수 있는 부분집합'에 대한 공리를 일반화한 것이다. 체르멜로의 공리는 집합 x의 원소들 중 논리식 $\varphi(u)$를 만족하는 원소들 u는 집합을 이룬다는 것이었다. 프렝켈 Fraenkel(1922)은 $\{\,\mathbb{N},\ \mathcal{P}(\mathbb{N}),\ \mathcal{P}(\mathcal{P}(\mathbb{N})),\ \dots\,\}$과 같은 집합들을 얻기 위해서 치환 도식이 필요함을 지적하였다.

기초 임의의 집합은 $\in$-최소인 원소를 갖는다.

9.5절에 언급한 대로, 이 공리에 의해 귀납법이 성립한다.

---

9) 역주: 집합 기호로는 $\{v = f(u) : u \in x\}$를 집합으로 인정한다는 말이다.

무한 공리를 제외한 나머지 공리들만 받아들이면 귀납법이 성립하는 유한 집합론의 체계가 되며, 이는 페아노 산술 체계 PA와 같은 강도를 가진다. (당연히 ZF 공리들은 유한 집합의 세계에 필수적인 것보다 더 강력해 보인다. 그러나 무한 공리가 빠지면 PA에서 증명할 수 있는 것 이상을 넘어서지 못한다.)

무한 공리를 포함하면 자연수의 집합 $\mathbb{N}$을 얻으며, 그 멱집합 $\mathcal{P}(\mathbb{N})$은 실수의 집합 $\mathbb{R}$의 효력을 가진다. $\mathbb{R}$로부터 기하학과 해석학의 개념들을 건설할 수 있으며, 사실상 고전 수학 전부를 건설할 수 있다. 그러므로 ZF는 폭넓은 분량의 고등 수학을 감싸안는다. 'ZF − 무한 공리'가 본질적으로 PA라는 것을 받아들이면, 이렇게 말할 수 있을 것이다.

$$ZF = PA + 무한\ 공리$$

이를 더욱 거칠게 표현하면 다음과 같다.

$$고등\ 수학 = 기초\ 수학 + 무한\ 공리$$

다음 절에서는 '기초 수학'과 '무한'에 더 미묘한 개념들을 도입하여 이 아이디어를 세련되게 정제해 보고자 한다.

집합론은 기초 수학에 어떤 기여를 했는가?

집합론으로 인해 산술과 조합을 유한 집합론을 바라보는 두 방법이라는 새로운 관점으로 바라볼 수 있게 되었다. 이 관점으로 인해 기초 수학을 집합론의 관점에서 설명할 수 있을지는 두고 볼 일이다. 하지만 이미 오래 전에 집합론이 기초 수학에 기여한 적이 있었다. 초월수의 존재에 대한 칸토어의 증명이 그것이다.

어떤 실수가 **초월수**transcendental number라 함은, 그것이 대수적 수가 아니라는 것이다. 즉, 그 수가 정수 계수를 가지는 다항 방정식의 해가 되지

않는다는 것이다. 초월수가 존재한다는 첫 번째 증명에서 리우빌Liouville
(1844)은 대수적 수에 대한 유리수 근사와 관련된 대수 정리를 이용했다.
리우빌의 논증은 기초적인 방법에 가까웠지만, 그럼에도 대수를 전혀 포함
하지 않은 칸토어Cantor(1874)의 논증에 의해 뒤로 밀려났다.

대신 칸토어는 데데킨트에게 배운 사실인 대수적 수의 집합은 가산적이라
는 결과를 이용했다. 각각의 대수적 수는 다음 형태의 방정식의 근이다.

$$a_n x^n + a_{n-1} x^{n-1} + \cdots + a_1 x + a_0 = 0 \ (a_0,\, a_1,\, \ldots,\, a_n \text{은 정수}) \quad (*)$$

데데킨트는 이 사실만 이용하여 아래 단계에 따라 대수적 수의 목록을 얻었다.

1. 방정식 (*)의 높이를 다음과 같이 정의하자.

$$h = n + |a_n| + \cdots + |a_1| + |a_0|$$

   그러면 높이가 h 이하인 방정식은 유한개뿐이다. 그 이유는 h가 (*)의
   차수 n과 계수의 크기를 모두 제한하기 때문이다.
2. h는 차수 이상이기 때문에, 높이 h인 방정식의 해는 h개 이하다.
3. 따라서 먼저 높이 1인 유한개의 방정식들, 다음으로 높이 2인 방정식들
   의 순서로 나열할 수 있다. 이 방정식의 목록에 따라 유한개의 해들의
   목록을 작성한 후 복소수 해들을 지움으로써[10] 실수인 대수적 수들의
   목록을 얻는다.

실수인 대수적 수들의 목록 x_1, x_2, x_3, ...을 만들 수 있으므로, 실수
집합 $\mathbb{R}$이 비가산적이라는 사실에 비추어 이 목록 상에 없는 실수 x가
있음을 알 수 있다. 그러한 수를 직접 만들고자 한다면, x_1, x_2, x_3, ...의
십진법 전개에 대해 대각선 방법을 적용하면 된다. 예를 들어 다음과 같이

---

10) 역주: 정확히 말해, 실수가 아닌 복소수 해들을 지움으로써

x를 정의하자.

$$x\text{의 십진법 전개에서 } n\text{번째 숫자} =$$
$$\begin{cases} 1 \ (x_n\text{의 십진법 전개의 } n\text{번째 숫자가 1이 아니면}) \\ 2 \ (x_n\text{의 십진법 전개의 } n\text{번째 숫자가 1이면}) \end{cases}$$

그러면, x는 어떤 x_n과도 같지 않다. (여기서 x를 정의할 때 숫자 0과 9를 피했다. 이렇게 하여 x_n이 $\frac{1}{2} = 0.500 \ldots = 0.499 \ldots$ 에서처럼 두 가지 십진법 전개를 갖는 수일 때, 어느 쪽과도 x가 다르도록 하였다.)

그러므로 x는 초월수이다. (그리고 그에 대한 십진법 전개는 원칙적으로 계산가능하다.) 오늘날까지 위 논증은 여전히 초월수의 존재성을 보이는 가장 간단한 방법이다.

9.9 *역수학

정리가 딱 맞는 공리들로부터 증명되었다면, 공리들은 해당 정리로부터 증명될 수 있다.

프리드만Friedman(1975)

고등 수학이 'ZF − 무한 공리'로부터 무한 공리를 추가하여 얻어진다는 아이디어는 고등 수학을 묘사하는 아주 거친 방법이다. 'ZF − 무한 공리'의 공리들은 PA 이상을 증명하지 못하지만, 엄청나게 억눌린 에너지가 멱집합 공리와 치환 공리 안에 봉인되어 있다. 무한 공리를 추가하여 이 봉인을 해제하면, 모든 수준에서 기초 수준을 넘어서는 새로운 정리들의 폭발이 일어난다. 기초 수준의 바로 위쪽과 훨씬 더 위쪽 모두 똑같이 무한 공리에 의존하기 때문에, 이 둘을 구별하는 것이 불가능하다.

역수학이라는 아이디어는 주어진 정리가 의존하는 공리들을 더 정확히 결정하고자 하는 것이다. PA처럼 '낮은 성능'의 기초 체계에서 시작함으로써, 하나의 단순한 무한 공리의 추가만으로 높은 수준의 정리가 발생하지 않도록 하는 것이 가능해진다. 그러면 무한에 대한 여러 가지 공리11)를 추가할 때 얻는 결과를 탐색할 수 있고, 정리들을 그들이 의존하는 공리에 따라 그 수준을 정렬할 수 있다. 한 정리가 어떤 공리들에 의존하는지 정확히 알려면, 그 정리로부터 해당 공리들을 증명할 수 있으면 된다. 이런 종류의 역행이 눈에 띄게 자주 발견되어왔다.

역수학이 논리학자들에 의해 개발된지 이제 40여 년 되었으며, 많은 수의 고전적인 정리들을 PA의 수준보다 높은 다섯 가지 주된 수준으로 계층 지을 수 있게 되었다. 이 책에 다루기에는 너무 전문적인 정리들을 많이 포괄하는 기술적인 주제이기에, 그중 가장 단순한 결과 몇 개만을 다루고자 한다. 더 많은 정보는 이 주제에 대한 가장 신뢰할 만한 책인 심슨Simpson (2009)을 참고하라.

역수학의 기법을 설명하기 위해, 가장 기초적인 공리계인 ACA_0를 생각해 보자. ACA는 '산술 내포 공리arithmetic comprehension axiom'를 말한다. ACA_0은 본질적으로 PA이지만, 두 유형의 변수들과 하나의 공리를 추가로 사용한다. 자연수를 나타내는 소문자 변수 m, n, ..., x, y, z, ...와 자연수의 집합을 나타내는 대문자 변수들 X, Y, Z, ... 가 있다. 그러므로 ACA_0의 언어로는 자연수의 집합들에 대한 명제를 표현할 수 있으며, 따라서 (9.8절에 언급한 대로 $\mathbb{N}$의 부분집합들과 실수 사이의 대응을 통하여) 실수에 대한 명제도 표현할 수 있다.

ACA_0의 공리는 PA의 공리와 같은데, 단 하나의 예외가 있다. 그러니까 ACA_0의 기초 이론은 본질적으로 집합 변수를 가지는 PA이다. 거기에 산술 내포 공리(실제로는 공리 도식)를 추가한다. 그 내용은 PA의 언어로 정의할

---

11) 역주: 무한 공리를 섬세하게 세분화하면 인정되는 무한 집합이 달라진다.

수 있는 자연수들의 어떤 속성 $\varphi(n)$을 구체화하는 자연수들의 집합 X가
존재한다는 것이다. 논리식으로 표현하면 다음과 같다.

$$\exists X \forall n (n \in X \Leftrightarrow \varphi(n)) \qquad (*)$$

이 공리 도식은 무한 집합의 존재를 주장하는 ACA_0의 유일한 공리이므로,
실질적으로 무한 공리이다.[12]

산술 내포 공리의 효과가 흥미롭다. 이로 인해 ACA_0 안에서 증명되는
자연수에 대한 새로운 정리가 생성되지는 않는다. 자연수에 관한 ACA_0의
정리들은 PA에 의해 증명되는 것들과 같다.[13] 하지만 산술 내포 공리는
$\mathbb{N}$의 부분집합에 대한 많은 정리들의 증명을 주며, 따라서 실수에 대한 정리
들의 증명도 준다. 그중에 우리가 자주 접하면서 기초적인 수준을 바로 벗어
난다고 생각하는 정리 세 가지는 다음과 같다.

- $\mathbb{R}$의 완비성
- $\mathbb{R}^n$에 대한 볼차노–바이어스트라스 정리의 한 형태
- 쾨니히 무한 보조정리

더욱 주목할 만한 것은 (바로 여기서 '역행'이 일어난다) 이 정리들이 각각
산술 내포 공리 (*)와 동등하다는 것이고, 따라서 서로 동등하다. 그러므로
$\mathbb{R}$의 완비성과 볼차노–바이어스트라스 정리는 적절한 의미에서 똑같이 고등
적이며, (*)는 그들이 PA의 기초적인 수준을 넘어서 있는 위치를 표시한다.

또 다른 흥미로운 체계는 ACA_0보다는 약간 약하지만 같은 기초 이론을
갖는 것으로, WKL_0라 부른다. WKL은 추가된 공리인 **약한 쾨니히 보조정리**

---

12) 역주: 예를 들어 $\varphi(n)$을 $\exists m (m = S(n))$이라 하면, 0을 제외한 자연수 전체를 포함하는
    집합을 얻는다.
13) 역주: '자연수에 관한'이란 자연수 개개에 대한 성질을 의미한다. 반면에 자연수로
    구성된 집합의 성질을 묘사하려면 대문자 변수와 ACA_0 등의 공리가 필요하다.

weak König lemma를 나타낸다. 이것은 쾨니히 무한 보조정리의 특수한 경우로서, 등장하는 트리가 무한 이진 트리의 부분 트리인 경우다. 7.9절에서 살펴본 대로, 이런 특수한 경우는 $\mathbb{R}$의 닫힌구간에 대한 볼차노–바이어스트라스 정리를 증명하기 위해 사용했던 것처럼 '무한 이분' 논증에서 발생한다.

따라서 WKL_0는 ACA_0처럼 본질적으로 PA와 함께 $\mathbb{N}$의 부분집합에 대한 변수들, 그리고 집합 존재 공리를 더한 것이다. 여기서 집합 존재 공리는, 무한 이진 트리의 임의의 무한한 부분 트리마다 무한한 가지가 존재함을 서술하는 것이다. 공리계 WKL_0는 ACA_0보다 약하지만, 그럼에도 연속 함수에 대한 많은 중요한 정리들을 증명할 수 있음이 판명된다. 그 정리들 중 몇 가지는 다음과 같다.

- 닫힌구간에 정의된 임의의 연속함수는 최댓값을 가진다. (이는 극값 extreme value 정리라 불리며, 10.3절에서 무한 이분 논증에 의해 증명할 것이다.)
- 닫힌구간에 정의된 임의의 연속함수는 리만 적분 가능하다.
- 브라우어 고정점 정리

그리고 다시금 역행이 발생한다. 이 정리들 각각은 약한 쾨니히 보조정리를 함의한다. 따라서 연속함수에 대한 이 정리들이 고등적인지 궁금했던 의문이 해소된다. 이들 역시 PA를 벗어나 있으며, 약한 쾨니히 보조정리와 같은 수준에 있다.

9.10   역사

3.7절과 3.10절에 언급했듯이, 라이프니츠는 논리를 계산으로 환원하기를 바랬으나 그의 꿈은 19세기까지 실현되지 않았으며, 그때가 되어서도 부분

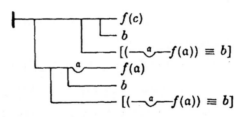

그림 9.6 프레게의 '개념 표기법'에 사용된 도표

적으로만 실현되었다. 9.1절에서 '논리의 대수'라는 부울Boole(1847)의 아이디어가 명제 논리에 아주 잘 맞아떨어진다는 것을 보았다. 그는 명제 논리가 본질적으로 mod 2 연산과 같음을 밝혔다. 하지만 논리를 대수를 닮은 것에만 국한함으로써, 모든 수학을 표현하기에 충분히 강한 논리인 술어 논리에 도달하는 데는 실패했다.

프레게Frege(1879)는 처음으로 술어 논리를 형식화했다. 하지만 **개념 표기법**Begriffsschrift이라 불렀던 이상한 도표 체계를 사용했기에 수학자들에게 수용되지는 못했다. 또한 프레게의 도표는 인쇄의 어려움 때문에 출판업자들에게도 환영받지 못했다. 그림 9.6은 프레게의 표기법을 따른 증명의 예를 보여준다. 프레게는 시대를 앞서간 것이다. 술어 논리에 대한 충분한 이해는 1920년대가 되어서야 얻어졌고, 술어 논리가 완전하다는 괴델Gödel(1930)의 증명에서 최고조에 이르렀다. 그 내용인즉, 프레게의 체계를 포함하여 술어 논리에 대한 표준적인 공리 체계가 모든 타당한 공식을 (그리고 타당한 공식만을) 증명한다는 것이다.

괴델Gödel(1931)의 **완전성 정리**는 적은 양의 수학을 포함하는 체계에 대한 불완전성 정리(1931)에 비추면 특히 놀랍다. 3.9절에서 어떻게 불완전성이 발생하는지 대략 묘사한 바 있다. 불완전성 정리가 보여주는 것은 무엇보다 수학이 논리 이상이라는 것이다. 적은 양의 수학을 추가하는 것에 의해 완전성으로부터 불완전성으로 균형이 기울기 때문이다. 사실, 논리는 '가까스로' 완전하다. 기계적으로 모든 타당한 공식을 생성할 수 있지만, 타당하지 않은 공식을 모두 생성할 수는 없기 때문이다. 이런 연유로 임의의 공식의 타당성을 결정할 수 있는 알고리즘은 존재하지 않는다. 10.8절에서 완전성 정리를 증명한 후에 이에 대해 더 논의하겠다. 타당성의 결정불가능성은 처치 Church(1935)와 튜링Turing(1936)에 의해 처음으로 증명되었다.

3.9절에서 간단히 설명한 대로, 불완전성은 튜링 기계의 연산을 부호화할 만큼 충분히 강한 공리계에서 발생한다. 전형적으로는 수에 대한 연산의 계산 단계들을 부호화할 때 발생한다. 그런 공리계로 가장 단순한 것은 로빈슨Robinson(1952)이 도입한 것으로, 이제는 **로빈슨 산술**이라 불린다. 로빈슨 산술의 공리들은 9.5절에 나열한 페아노 공리의 앞쪽 네 가지 공리이며, 따라서 합과 곱에 대한 귀납적 정의를 포함하지만, 귀납법 공리는 제외된다. 귀납법 공리 없이 계산을 흉내 내려면 상당한 천재성이 요구되지만, 다음 결과들을 이용하여 수행할 수 있다.

- 로빈슨 산술은 결정불가능undecidable하다. 즉, 주어진 공식에 대해 그 공식이 로빈슨 산술의 정리인지 아닌지를 결정하는 알고리즘이 없다.
- 로빈슨 산술은 완전화불가능incompletable하다. 즉, 로빈슨 산술에 어떤 공리들을 추가하더라도 (그들이 무모순적이라면) 얻게 되는 이론은 불완전하다.

로빈슨 산술에서 증명할 수 없는 정리 중에는 덧셈과 곱셈에 대한 교환법칙이 있다. 그러니까 9.4절에서 이 법칙들을 증명하기 위해 귀납법을 사용했던 것이 피치 못할 일이었음이 확인된다. 동시에, 귀납법이 로빈슨 산술보다 더 많은 정리들을 증명하도록 한다는 점에서 '더 고등적'임을 보여준다.

페아노 산술(PA)이 로빈슨 산술에 귀납법을 추가한 결과이므로, (PA가 무모순적이라면) 불완전성도 따라온다. 그러나 PA의 불완전성은 약간 혼란스럽다. PA에서 증명불가능하다고 알려진 정리들은 정수론자들이 증명하고자 했던 것들이 아니다. $2^n - 1$ 또는 $n^2 + 1$ 꼴의 소수의 무한성과 같은 문제 말이다. PA에서 증명불가능한 정리로 알려진 것은 하나같이 논리학자들이 고안해낸 것이다.

9.8절에 설명된 ZF 집합론의 공리계처럼 더 강한 체계에 대해서는 상황이 보다 만족스럽다. ZF 안의 흥미로운 많은 명제들이 ZF 공리들로부터 증명가능하지도 않고 반증가능하지도 않음이 알려졌고, 따라서 (틀렸다고 여길 만한 이유가 부족하므로) 그들을 새로운 공리로 여길 수 있다. ZF에 추가하는 공리 중 가장 보편적인 것은 **선택 공리**(AC)로, 체르멜로Zermelo (1904)가 처음 형식화했다. AC의 내용은, 공집합이 아닌 집합들 x로 이뤄진 어떠한 집합 X도 선택 함수를 가진다는 것이다. 즉, 각 $x \in X$에 대해 $f(x) \in x$인 함수 f가 존재한다는 것이다.

체르멜로는 AC를 도입하여 **정렬순서 원리**well-ordering theorem를 증명하고자 했다. 이 정리는 임의의 집합 Y에 적절한 순서를 주어서 Y의 임의의 부분집합이 최소의 원소를 가지도록 할 수 있다는 내용이다. $\mathbb{N}$에 대한 정렬순서의 존재를 가정하는 것은 귀납법과 동등하지만, $\mathbb{R}$과 같은 비가산 집합에 대한 정렬순서의 존재는 AC 없이는 일반적으로 증명할 수 없다. 실은 임의의 집합 Y에 대한 정렬순서 원리는 AC와 동등한데, 정렬순서가 공집합이 아닌 집합들로 이뤄진 임의의 집합 X에 선택 함수를 정의할 수 있도록 하기 때문이다. 모든 원소들 x의 합집합을 Y라 하면, 단순히 Y의 정렬순서에 따른 x의 가장 작은 원소를 $f(x)$라고 정의하면 된다.

AC가 정렬순서를 함의한다는 증명을 형식화하기 위해 체르멜로Zermelo (1908)는 집합론에 대한 공리계를 처음으로 내놓았다. 이후 프렝켈Fraenkel (1922)에 의해 수정되어서 오늘날 사용하는 ZF가 되었다. 그 당시에는 AC가 정말 새로운 공리인지, 즉 ZF와 독립적인지 알려지지 않았다. 이 사실은 나중에 AC의 무모순성에 대한 괴델Gödel(1938)의 결과와 코헨Cohen(1963)의 결과를 종합하여 증명되었다. 그러므로 1963년 이후로 AC와 정렬순서 원리는 ZF 자체보다 더 고등적이라고 말할 수 있게 되었다. 이상의 내용이 수학의 다른 여러 명제에도 똑같이 적용된다는 사실을 코헨 외에도 여러 사람들이 보였다. 지금까지는 자연수에 대한 어떠한 흥미로운 명제도 이 중에 없지만, $\mathbb{R}$에 대한 다음 명제들이 ZF 안에서 증명도 반증도 할 수 없음이 알려졌다.

- $\mathbb{R}$에 정렬순서가 있다.
- $\mathbb{R}$의 임의의 무한 부분집합은 가산이거나 $\mathbb{R}$과 일대일 대응된다. (연속체 가설continuum hypothesis)
- $\mathbb{R}$의 임의의 무한 부분집합은 가산 집합을 포함한다.
- $\mathbb{R}$은 가산 집합들의 가산 합집합이다.[14]

AC에 대해 흥미로운 것 또 한 가지는 AC가 그 결과들 중 몇몇과 실제로 동등하다는 것이다. 그 예로는 다음과 같은 것들이 있다.

- 임의의 집합은 정렬순서를 가진다.
- 임의의 집합들의 비교가능성: 임의의 집합 A와 B에 대해, A가 B의 부분집합과 동수이거나, B가 A의 부분집합과 동수이다.
- 임의의 벡터 공간은 기저를 가진다.

따라서 AC는 이 정리들을 증명하기 위한 '딱 맞는 공리'이다.

이 결과들은 역수학으로 향하는 길을 닦았다. 프리드만Friedman(1975)은 9.9절의 서두에 인용된 슬로건을 걸고 역수학을 도입했다. 역수학은 AC와 관련된 상황을 집합론에서 세분화한다. $\mathbb{R}$에 대한 정리를 증명하기 위한 '딱 맞는' 공리들을 찾아 나서서 ZF보다 약한 체계로부터 시작해서 (기본적으로는 PA를 상정하되, 실수에 대한 명제를 표현할 수 있는 언어를 사용하여) 해석학의 고전적인 정리들을 증명하기에 딱 맞게 강한 공리들을 찾는다.

---

14) 역주: 가산 집합들의 가산 합집합이 다시 가산 집합이 된다고 알고 있는 독자들에게는 낯선 이야기일 수 있다. 선택 공리를 제외한 ZF 공리계에서는 이를 증명할 수 없다.

9.9절에 언급한 대로, $\mathbb{R}$의 완비성, 볼차노-바이어스트라스 정리, 연속함수의 리만 적분 가능성, 그리고 브라우어 고정점 정리 등 PA와 유사한 약한 체계와 비견되는 정리를 증명하기에 '딱 맞는' 공리들을 역수학이 찾아냈다. '딱 맞는' 공리가 발견된 또 다른 정리는 괴델의 완전성 정리이다. (이는 10.8절에서 증명할 것이다.) 심슨Simpson(2009)에는 많은 다른 예들이 있다.

9.11 철학

기호 논리는 자기 인식의 단계에 도달한 수학이라고 할 수 있다.

포스트Post(1941), 345쪽

수리논리학의 결과들, 그중에서도 특히 해결불가능성, 불완전성 및 역수학은 수학의 어떤 부분이 다른 부분보다 더 깊거나 더 고등적임을 처음으로 정확히 보여주었다.

해결불가능한 문제가 해결가능한 것보다 더 깊다는 것은 논쟁의 여지가 없어 보인다. 또한 해결가능한 문제들 중에도 어떤 문제는 다른 것보다 더 깊다고 말하고 싶을텐데, 실제로 그런 종류의 결과도 있다. 그중에 가장 중요한 것은 물론 $P \neq NP$ 문제이다. 만약 $P \neq NP$임이 밝혀진다면, 명제 논리의 어떤 공식이 해를 가지는지 결정하는 문제는 다항식 시간 안에 풀 수 있는 어떤 문제보다 더 깊다고 말할 수 있게 될 것이다.

해결불가능한 알고리즘 문제는 객관적으로 깊다고 확신해도 좋다. 왜냐하면 문제의 해결불가능성은 처치-튜링 테제에 의해 절대적인 개념이기 때문이다. 정리의 증명가능성은 괴델의 불완전성 정리에 의하면 단지 상대적인 개념이지만, 어떤 정리들이 다른 것들에 비해 상대적으로 깊음이 증명될 가능성은 여전히 남아 있다. 괴델의 불완전성에 대한 증명으로부터 알듯이, 임의의 충분히 강한 (그리고 무모순적인) 공리 체계 A가 있으면 A가 증명할 수 없는 정리 T가 있다. 그러한 정리 T는 A 자체보다 더 깊다거나 더 고등적이라고 말하는 것이 합리적으로 보인다. 안타깝게도 앞 절에서 언급한 것처럼 기초 수학의 가장 훌륭한 모델인 PA 체계에 대해서는 괴델의 불완전성 논증에 의해 생성되는 '더 깊은' 정리들이 아직껏 논리학 밖에서는 흥미를 끌지 못하고 있다.

한편, 논리학 내부에서는 PA 또는 유사한 체계들의 증명불가능한 정리들 중 매우 흥미로운 정리가 있다. 그것은 PA의 무모순성을 표현하는 명제 Con(PA)이다. PA는 자신의 무모순성을 증명할 수 없다! Con(PA)의 증명 불가능성은 괴델의 불완전성 논증의 따름정리로서 폰 노이만von Neumann(1930)이 독자적으로 발견하여 괴델에게 보내는 편지에서 언급하였다. 실은, 임의의 충분히 강한 (PA를 포함할 정도로 강한) 공리계 A에 대해 A의 무모순성을 표현하는 명제 Con(A)는 A가 무모순적이라면 A 안에서 증명할 수 없다. 어떤 정리가 체계 A 안에서 증명불가능할 때, '만약 A가 무모순적이라면'이라는 단서를 계속 붙이는 이유가 바로 여기에 있다. A가 무모순적임을 가정해야 하는 이유는, 우선 A 안에서 이를 증명할 수 없기 때문이며, 다음으로 A가 모순적이라면 참이든 거짓이든 모든 것들을 다 증명할 수 있기 때문이다.

앞 절에서 본 것처럼 실수에 대한 명제를 서술할 수 있는 체계 A에서 증명불가능한 명제들이 자연스럽게 등장한다. 이는 기초 수학에 대한 우리의 경험과 잘 맞아떨어진다. 고등 수학과 맞닿아있는 명제들은 대체로 실수 또는 그와 동등한 개념인 자연수로 이뤄진 무한 집합과 같은 것을 포함한다. 역수학은 이들 경계선에 놓인 명제 다수에 대해 그들을 증명하기 위해 약한 (본질적으로 PA이며 실수를 위한 변수들을 가진) 공리계에 추가해야 할 '딱 맞는' 공리를 찾음으로써 이 명제들에 주의를 집중시킨다. 해석학의 고전적인 정리는 많은 경우에 그들이 'PA보다 깊다'고 할 수 있을 뿐만 아니라, 증명하기 위해 필요한 공리에 따라 '깊이의 수준'을 부여하는 것이 가능하다. 현재의 역수학은 깊이를 서로 다른 다섯 가지 수준에 따라 구분하는데,

그중 아랫쪽 두 수준 안에[15] 이 책에서 살펴본 $\mathbb{R}$에 대한 모든 고등 '경계선' 정리들이 포함된다. 이로부터 이 정리들이 정말로 기초 수학의 경계 근처에 있다는 것을 합리적으로 확인할 수 있다.

---

15) 역주: 9.9절에서 설명한 ACA_0와 WKL_0를 말한다.

10

고등 수학의 몇 가지 주제들

들어가는 말

이 마지막 장에서는 앞에서 논의한 수학의 여덟 분야에 대한 예를 다룬다. 각 예에서는 앞서 기초적인 수준에서 다룬 주제에 주로 무한을 포함하는 원리를 적용하여 한 걸음 더 나가려고 한다. 앞 장들에서 (특히 미적분과 논리에 대한 논의에서) 본 것처럼 기초 수학으로부터 고등 수학 쪽으로 선을 넘을 때는 종종 무한 개념을 포함한다.

경계선이 되는 고등적인 개념 한 가지는 무한 비둘기집 원리로서, 무한 집합을 유한번 나누면 무한 집합인 조각이 있다는 것이다. 이 원리는 7.9절에서 사용된 적이 있다. 10.1절에서는 이 원리를 이용해 펠 방정식의 해의 존재성을 증명하고, 10.6절에서는 약간의 램지 이론을 전개하며, 10.8절에서는 술어 논리의 완비성을 증명할 것이다.

무한은 이와는 다른 맥락에서 기하에서 사용되기도 한다. 즉, 평행선이 '무한대에서 만난다'는 아이디어를 형식화할 때 '무한대 점'이라는 아이디어가 필요하다. 10.4절에서는 가장 간단한 경우인 실사영 직선real projective line에 대해 이 아이디어를 살펴보겠다.

미적분이나 해석학에서는 무한이 사용되는 경우가 많은데, 그중에서도 대수학의 기본 정리를 증명하기 위해 연속함수의 성질이 요청되는 것을 꼽을 수 있다. 10.3절에서 이 증명을 살펴볼 것이다. 다른 경우로 무한 곱의 개념을 들 수 있다. 유명한 예인 π에 대한 월리스의 곱을 10.5절에서 유도하고, 10.7절에서 이를 적용하여 왜 이항 계수의 그래프가 곡선 $y = e^{-x^2}$으로 수렴하는지 설명할 것이다.

해석학에서 무한이 등장하는 또 다른 경우인 $\mathbb{R}$의 비가산성은 여기서는 거의 다루지 않을 것이다. 하지만 비가산성은 해결불가능성과 불완전성이라는 개념을 어렴풋이 보여주며, 10.2절과 10.8절에서 이 주제를 다시 살펴보려고 한다.

10.1 산술: 펠 방정식

2.8절에서 펠 방정식 $x^2 - my^2 = 1$의 한 해가 어떻게 무한히 많은 다른 해들을 산출하는지 살펴보았다. 그러나 하나의 해를 찾는 방법은 열린 문제로 남겨두었다. 별로 크지 않은 값 m에 대해서도 $x^2 - my^2 = 1$의 최소의 자명하지 않은[1] 해를 찾는 것이 어려울 수 있다. 2.9절에 언급한 것처럼 $x^2 - 61y^2 = 1$의 최소의 자명하지 않은 해는 다음과 같다!

$$(x, y) = (1766319049,\ 226153980)$$

최소의 자명하지 않은 해는 m에 따라 변덕스럽게 바뀌므로 과연 일반적으로 해가 존재하는지 궁금해진다. 하지만, 라그랑즈는 1768년에 m이 제곱수가 아닌 양수이면 펠 방정식 $x^2 - my^2 = 1$은 $(\pm 1, 0)$ 이외의 정수 해를 가짐을 증명했다. 해법으로 가는 길을 다지기 위해 먼저 방정식 $x^2 - my^2 = 1$에 대한 이론이 대수적 수 체 $\mathbb{Q}(\sqrt{m})$과 어떤 관계를 맺고 있는지 살펴보자.

---

1) 역주: 자명한 해인 $x = \pm 1$, $y = 0$을 제외한 해를 말한다.

펠 방정식과 $\mathbb{Q}(\sqrt{m})$ 위의 노름

2.8절에서 본 바에 따르면, 펠 방정식 $x^2 - my^2 = 1$의 해들은 무리수 $\sqrt{m}$의 도움을 받아 생성된다. 특히 하나의 해 $x = x_1$, $y = y_1 \neq 0$로부터 무한히 많은 해들을 다음 공식에 따라 얻는다.

$$x_n + y_n \sqrt{m} = (x_1 + y_1 \sqrt{m})^n \quad (n \in \mathbb{Z})$$

여기서 사용된 트릭은 체 $\mathbb{Q}(\sqrt{m})$의 노름에 대한 개념으로부터 더 잘 이해할 수 있다.

　4.8절에서 대수적 수 α로부터 체 $\mathbb{Q}(\sqrt{m})$을 얻었는데, 특별한 경우로 제곱수가 아닌 m에 대해 $\alpha = \sqrt{m}$일 때는 다음과 같이 더 간단히 정의할 수 있다.

$$\mathbb{Q}(\sqrt{m}) = \{a + b\sqrt{m} : a,\, b \in \mathbb{Q}\}$$

$\mathbb{Q}(\sqrt{m})$이 $a + b\sqrt{m}$ 꼴의 수들을 모두 포함해야 함은 자명하다. 또한 이러한 수들의 곱은 다시 같은 꼴이 된다. 따라서 $a + b\sqrt{m}$ 꼴의 수들이 체 $\mathbb{Q}(\sqrt{m})$ 전부를 차지함을 보이려면 $a + b\sqrt{m}$의 역수도 같은 꼴임을 보이면 된다. 계산에 의하면 다음과 같다.

$$\frac{1}{a + b\sqrt{m}} = \frac{a - b\sqrt{m}}{(a + b\sqrt{m})(a - b\sqrt{m})} = \frac{a - b\sqrt{m}}{a^2 - mb^2}$$

$$= \frac{a}{a^2 - mb^2} - \frac{b}{a^2 - mb^2}\sqrt{m}$$

여기서 a와 b가 유리수면 $\dfrac{a}{a^2 - mb^2}$과 $\dfrac{b}{a^2 - mb^2}$ 역시 유리수가 되므로 $a + b\sqrt{m}$의 역수도 같은 꼴의 수이다.

　$\mathbb{Q}(\sqrt{m})$의 노름은 다음과 같이 정의된다.

$$\mathrm{norm}(a + b\sqrt{m}) = a^2 - mb^2$$

그러므로 노름은 유리수이고, a와 b가 정수인 경우에는 노름도 정수다. 이 노름을 특별히 유용하게 만드는 것은 다음 성질로, 2.6절에서 사용된 복소수 노름의 곱의 성질과 유사하다.

노름에 대한 곱의 성질 $u = a + b\sqrt{m}$ 와 $u' = a' + b'\sqrt{m}$ 에 대해 다음이 성립한다.

$$\text{norm}(uu') = \text{norm}(u)\,\text{norm}(u')$$

증명 $u = a + b\sqrt{m}$ 이고 $u' = a' + b\sqrt{m}$ 이므로 곱은 다음과 같다.

$$uu' = (a + b\sqrt{m})(a' + b'\sqrt{m}) = (aa' + mbb') + (ab' + ba')\sqrt{m}$$

따라서, 곱의 노름은 다음과 같다.

$$\begin{aligned}
\text{norm}(uu') &= (aa' + mbb')^2 - m(ab' + ba')^2 \\
&= (aa')^2 + (mbb')^2 - m(ab')^2 - m(ba')^2
\end{aligned}$$

한편, 노름의 곱을 계산하면 다음과 같다.

$$\begin{aligned}
\text{norm}(u)\,\text{norm}(u') &= (a^2 - mb^2)(a'^2 - mb'^2) \\
&= (aa')^2 + (mbb')^2 - m(ab')^2 - m(ba')^2
\end{aligned}$$

그러므로 등식 $\text{norm}(uu') = \text{norm}(u)\,\text{norm}(u')$을 얻는다. ∎

위 증명이 성립하도록 하는 등식은 다음과 같다.

$$(a^2 - mb^2)(a'^2 - mb'^2) = (aa' + mbb')^2 - m(ab' + ba')^2$$

이 등식은 인도 수학자 브라마굽타가 600년경에 발견했다. 그도 알았듯이 이 등식이 말해주는 것은 $(x, y) = (a, b)$와 $(x, y) = (a', b')$이 방정식

$x^2 - my^2 = 1$의 해라면 $(x, y) = (aa' + mbb', ab' + ba')$가 또 다른 해라는 것이다. ($a, a', b, b'$이 모두 정수면 $aa' + mbb'$과 $ab' + ba'$도 정수다.)

a와 b가 보통의 정수일 때 $a + b\sqrt{m}$을 체 $\mathbb{Q}(\sqrt{m})$의 '정수'라 부른다면, 브라마굽타의 발견은 다음과 같이 표현된다. 만약 $a + b\sqrt{m}$과 $a' + b'\sqrt{m}$이 노름 1인 '정수'라면, 이들의 곱도 그렇다. 즉,

$$(a + b\sqrt{m})(a' + b'\sqrt{m}) = (aa' + mbb') + (ab' + ba')\sqrt{m}$$

또한, 만약 $a + b\sqrt{m}$이 노름 1인 '정수'라면 그 역수도 그렇다는 것을 다음 식으로부터 알 수 있다.

$$(a + b\sqrt{m})(a - b\sqrt{m}) = a^2 - mb^2 = \mathrm{norm}\,(a + b\sqrt{m}) = 1$$

이러한 두 가지 사실을 결합하면, $x_1 + y_1\sqrt{m}$이 노름 1인 '정수'라면 ($x = x_1$, $y = y_1$이 $x^2 - my^2 = 1$의 해가 되면) 다음 수도 노름 1인 '정수'임을 알게 된다.

$$x_n + y_n\sqrt{m} = (x_1 + y_1\sqrt{m})^n \quad (n\text{은 임의의 정수})$$

이 표현에서는 n이 음수가 될 수 있도록 함으로써, 2.8절에서 발견한 $x^2 - my^2 = 1$의 무한히 많은 해를 더 확장하고 있다. 사소해 보이는 확장이지만, 이를 이용하면 모든 해를 이런 방식으로 얻을 수 있음을 알 수 있다.

한 해로부터 모든 해 얻기

$x = x_1$, $y = y_1 \neq 0$이 $x^2 - my^2 = 1$의 자연수 해라면 $x_1 + y_1\sqrt{m} > 1$이고, 따라서 정수 n을 고를 때마다 생기는 거듭제곱 $(x_1 + y_1\sqrt{m})^n$들은 모두 서로 다른 양수다. 실제로 다음 순서대로 나열된다.

$$\cdots < (x_1 + y_1 \sqrt{m})^{-1} < 1$$
$$= (x_1 + y_1 \sqrt{m})^0 < (x_1 + y_1 \sqrt{m})^1 < (x_1 + y_1 \sqrt{m})^2 < \cdots$$

이제 $(x, y) = (x_1, y_1)$이 가장 작은 해라고 해보자. 즉, 모든 자연수 해 중에서 $x_1 + y_1 \sqrt{m}$이 가장 작게 된다고 하자. 그러면 다음 결과가 성립한다.

펠 방정식의 자연수 해 펠 방정식 $x^2 - my^2 = 1$에 대해 x, y 모두 자연수인 해는 적당한 정수 n에 대해 다음 등식으로부터 얻는 $x = x_n$, $y = y_n$으로 주어진다.

$$x_n + y_n \sqrt{m} = (x_1 + y_1 \sqrt{m})^n$$

증명 이와는 반대로 위 등식으로부터 얻는 (x_n, y_n) 중 어느 것과도 다른 양수 해 $(x, y) = (x', y')$이 있다고 해보자. 그러면 양수 $x' + y' \sqrt{m}$이 $x_n + y_n \sqrt{m} = (x_1 + y_1 \sqrt{m})^n$ 중 어느 것과도 다를 것이므로 어떤 정수 n에 대하여 다음 부등식이 성립한다.

$$(x_1 + y_1 \sqrt{m})^n < x' + y' \sqrt{m} < (x_1 + y_1 \sqrt{m})^{n+1}$$

그렇다면, 모든 항을 $(x_1 + y_1 \sqrt{m})^n$으로 나눠서 다음 식을 얻는다.

$$1 < (x' + y' \sqrt{m})(x_1 + y_1 \sqrt{m})^{-n} < x_1 + y_1 \sqrt{m}$$

그런데 노름 1인 '정수'들은 서로 곱하거나 역수를 취하는 연산에 대해 닫혀 있으므로, $(x' + y' \sqrt{m})(x_1 + y_1 \sqrt{m})^{-n} = X + Y \sqrt{m}$은 노름 1인 '정수'다.

그러므로 $(x, y) = (X, Y)$는 펠 방정식의 자연수 해인데, $X + Y \sqrt{m}$

은 $x_1 + y_1 \sqrt{m}$ 보다 작으므로 가정과 모순된다. 이 모순은 $x^2 - my^2 = 1$
의 자연수 해 중에 $(x, y) = (x_n, y_n)$과 다른 자연수 해가 있다고 한 가정
이 잘못되었음을 보여준다. ∎

따라서 모든 자연수 해는 가장 작은 해 $x = x_1$, $y = y_1$로부터 생성된다.
물론 음수 해는 자연수 해로부터 x의 부호를 바꿔서 얻을 수 있다.

자명하지 않은 해의 존재성

이제 $x^2 - my^2 = 1$에 대해 적어도 하나의 해 $x = x_1$, $y = y_1 \neq 0$가 존재함
을 보여보자. 디리클레가 1840년경에 흥미로운 증명을 했는데, 데데킨트
Dedekind(1871a)의 책에 디리클레의 수론 강의에 대한 발행본 부록으로 출판되
었다. 디리클레는 오늘날 '비둘기집의 원리'라 부르는 것을 사용했다. 즉,
k마리보다 많은 비둘기가 k개의 상자에 들어가면, 적어도 한 상자에는 최소
한 두 마리가 들어가야 한다는 원리(유한 버전), 또는 무한히 많은 비둘기가
k개의 상자에 들어가면, 적어도 한 상자에는 무한히 많은 비둘기가 들어가
야 한다는 원리(무한 버전)이다. 이미 7.9절에서 쾨니히 무한 보조정리와
바이어스트라스 정리를 증명할 때 무한 버전의 비둘기집 원리를 만난 적이
있고, 이 장의 뒷부분에서 다시 보게 될 것이다.

디리클레의 논증은 다음 단계들로 나눌 수 있다. 첫째로, 유리수에 의한
무리수의 근사에 관한 정리이다.

디리클레의 근사 정리 무리수 $\sqrt{m}$과 양의 정수 B에 대하여 다음 부등식
이 성립하도록 하는 정수 a와 b가 있다(단, $0 < b < B$).

$$|a - b\sqrt{m}| < \frac{1}{B}$$

증명 양의 정수 B에 대하여 $B-1$개의 수 $\sqrt{m}$, $2\sqrt{m}$, $3\sqrt{m}$, ..., $(B-1)\sqrt{m}$ 을 생각해 보자. ($\sqrt{m}$ 의) 계수 k마다 다음 부등식이 성립하도록 하는 정수 A_k를 찾을 수 있다.

$$0 < A_k - k\sqrt{m} < 1$$

$\sqrt{m}$ 이 무리수이므로 $B-1$개의 수 $A_k - k\sqrt{m}$ 들은 0과 1 사이에 있으면서 서로 다르다. 만약 어느 두 개가 같다면 $\sqrt{m}$ 에 대한 방정식을 풀어서 $\sqrt{m}$ 이 유리수라는 결과가 나올 것이기 때문이다. 이로써 다음과 같이 0과 1 사이의 구간에 $B+1$개의 서로 다른 수들을 얻었다.

$$0, \ A_1 - \sqrt{m}, \ A_2 - 2\sqrt{m}, \ ..., \ A_{B-1} - (B-1)\sqrt{m}, \ 1$$

이 구간을 길이 $\frac{1}{B}$ 인 B개의 부분 구간으로 나눠보면, 유한 버전의 비둘기집 원리에 의해 최소한 하나의 부분 구간은 위 $B+1$개의 수들 중적어도 두 개를 포함한다. 이 두 수의 차는 적당한 정수 a와 b에 대하여 $a - b\sqrt{m}$ 꼴인데, 따라서 무리수이면서 다음 부등식을 만족한다.

$$\left| a - b\sqrt{m} \right| < \frac{1}{B}$$

그리고 b는 B보다 작은 두 자연수의 차이므로 B보다 작다. ∎

이어지는 단계들은 무한 버전의 **비둘기집 원리**를 끌어들인다.

1. 디리클레의 근사 정리가 모든 양수 B에 대해 성립하므로, $\frac{1}{B}$ 를 점점 작게 해서 새로운 a와 b의 값을 선택되는 과정을 무한히 반복할 수 있다. 따라서, 부등식 $\left| a - b\sqrt{m} \right| < \frac{1}{B}$ 이 성립하도록 하는 정수 순서쌍 (a, b)가 무한히 많다. $0 < b < B$이므로 다음 부등식도 성립한다.

$$|a - b\sqrt{m}| < \frac{1}{b}$$

2. 단계 1로부터 다음 부등식을 얻는다.[2]

$$|a + b\sqrt{m}| \leq |a - b\sqrt{m}| + |2b\sqrt{m}| \leq |3b\sqrt{m}|$$

그러므로 위 두 부등식의 좌변과 우변을 각각 곱하여 다음 부등식을 얻는다.

$$|a^2 - mb^2| \leq \frac{1}{b} \cdot 3b\sqrt{m} = 3\sqrt{m}$$

따라서 $\mathbb{Z}[\sqrt{m}]$의 수들 $a - b\sqrt{m}$ 중 노름의 절댓값이 $3\sqrt{m}$ 이하인 것이 무한히 많다.

3. 무한 버전의 비둘기집의 원리에 의해 차례로 다음 결과를 얻는다.
   - 같은 노름을 가지는 $a - b\sqrt{m}$ 꼴의 수들이 무한히 많다. 이 수들의 노름을 N이라 하자.
   - 이 중 무한히 많은 수들의 a 값이 mod N에 대해 같은 합동류에 속한다.
   - 이 중 무한히 많은 수들의 b 값이 mod N에 대해 같은 합동류에 속한다.

4. 단계 3으로부터 다음 세 가지를 만족하는 두 양수 $a_1 - b_1\sqrt{m}$ 과 $a_2 - b_2\sqrt{m}$ 을 얻는다.

---

[2] 역주: 첫 부등식은 삼각부등식 $|x+y| \leq |x| + |y|$로부터 얻은 것이고, 둘째 부등식은 다음과 같이 보일 수 있다.

$$|a - b\sqrt{m}| < \frac{1}{b} \leq 1 \leq b\sqrt{m}$$

- 두 수는 모두 노름이 N이다.
- $a_1 \equiv a_2 \pmod{N}$
- $b_1 \equiv b_2 \pmod{N}$

마지막 단계로 방금 얻은 두 수를 나눠서 몫 $a - b\sqrt{m}$ 을 얻는다. 이 수의 노름 $a^2 - mb^2$이 1인 것은 노름의 곱의 성질에 의하여 분명하다. 분명하지 않은 것은 a와 b가 정수인지 여부인데, 이는 단계 4에서 얻은 합동 조건으로부터 따라온다.[3]

펠 방정식의 자명하지 않은 해 제곱수가 아닌 자연수 m에 대해 방정식 $x^2 - my^2 = 1$은 (a, b)는 $(\pm 1, 0)$이 아닌 정수 해를 가진다.

증명 단계 4에서 찾은 두 수 $a_1 - b_1\sqrt{m}$ 과 $a_2 - b_2\sqrt{m}$ 의 몫인 $a - b\sqrt{m}$ 을 생각해 보자.

$$
a - b\sqrt{m} = \frac{a_1 - b_1\sqrt{m}}{a_2 - b_2\sqrt{m}} = \frac{(a_1 - b_1\sqrt{m})(a_2 + b_2\sqrt{m})}{a_2^2 - mb_2^2}
$$

$$
= \frac{a_1 a_2 - mb_1 b_2}{N} + \frac{a_1 b_2 - b_1 a_2}{N}\sqrt{m}
$$

여기서 $N = a_2^2 - mb_2^2$은 $a_1 - b_1\sqrt{m}$ 과 $a_2 - b_2\sqrt{m}$ 의 공통된 노름이다. 따라서 노름의 곱의 성질에 의해 몫 $a - b\sqrt{m}$ 은 노름이 1이다. $a_1 - b_1\sqrt{m}$ 과 $a_2 - b_2\sqrt{m}$ 은 서로 다른 양수이므로 그 몫인 $a - b\sqrt{m}$ 은 ± 1이 아니다. 이제 a와 b가 정수임을 보이기만 하면 된다. 이를 보인다는 것은 N이 $a_1 a_2 - mb_1 b_2$와 $a_1 b_2 - b_1 a_2$를 모두 나눔을 보이는 것과 같다. 다시 말해, 다음이 성립함을 보이면 된다.

---

3) 역주: 이어지는 증명에서 설명한다.

$$a_1a_2 - mb_1b_2 \equiv a_1b_2 - b_1a_2 \equiv 0 \quad (\text{mod } N)$$

첫 번째 합동 조건이 성립하는 이유는 $a_1^2 - mb_1^2 = N$이라는 사실로부터 다음 합동식을 얻기 때문이다.

$$0 \equiv a_1^2 - mb_1^2 \equiv a_1a_1 - mb_1b_1 \equiv a_1a_2 - mb_1b_2 \quad (\text{mod } N)$$

여기서 마지막 합동식은 단계 4에서 얻은 합동식 $a_1 \equiv a_2 \ (\text{mod } N)$과 $b_1 \equiv b_2 \ (\text{mod } N)$에 따라 a_1과 b_1을 각각 합동인 수로 바꿔서 얻었다. 그리고 두 번째 합동 조건을 보이기 위해, 두 합동식 $a_1 \equiv a_2 \ (\text{mod } N)$과 $b_1 \equiv b_2 \ (\text{mod } N)$을 곱하면 $a_1b_2 \equiv b_1a_2 \ (\text{mod } N)$이 되고, 따라서 $a_1b_2 - b_1a_2 \equiv 0 \ (\text{mod } N)$이 된다. ■

10.2 계산: 낱말 문제

*낱말 변환을 활용하여 튜링 기계 표현하기

3.7절의 그림 3.4에 묘사된 튜링 기계 계산과정의 연속적인 단계는 **낱말** word이라 부르는 기호 문자열로 쉽게 부호화된다. 주어진 계산 단계로부터 표시가 있는 모든 네모칸과 읽기/쓰기 헤드가 가리키는 네모칸의 기호들, 그리고 현재 상태 기호를 나열하여 낱말을 얻는다. 여기서 현재 상태 기호는 마지막으로 스캔된 네모칸에 표시된 기호 왼편에 위치시킨다. 예를 들어 그림 3.4에 나오는 각 단계의 스냅샷에 해당하는 낱말들은 그림 10.1과 같다.[4]

---

4) 역주: 그림 3.4의 각주대로 마지막 스냅샷에 q_4 대신 q_2로 써야 하며, 이어서 상태 q_4에 □110이 따라오는 스냅샷을 하나 더 추가해야 한다. 이럴 경우 그림의 $[q_4\,□110]$은 $[q_2\,□110]$로 바뀌고 마지막 스냅샷은 낱말 $[q_4\,□□110]$에 해당한다.

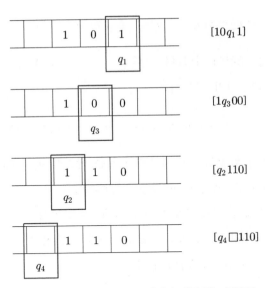

그림 10.1 계산 단계의 스냅샷에 해당하는 낱말들

낱말을 대괄호로 감싸는 것은 읽기/쓰기 헤드 기호가 테이프에 표시된 영역의 양 끝을 감지하여 필요에 따라 빈 네모칸을 만들도록 하기 위함이다.

하나의 스냅샷에서 다음으로의 변환이 오직 현재 상태 q_i와 스캔된 기호 S_j에만 의존하기 때문에, 한 낱말에서 다음으로의 변환은 오직 부분 낱말 $q_i S_j$와 q_i의 왼편에 위치한 기호(헤드가 왼쪽으로 이동하는 경우)에만 의존한다. 결과적으로 계산을 부호화한 낱말들의 순차적인 배열은 '2~3개 문자로 된 부분 낱말의 교체' 과정의 연속적 실행으로 얻어진다. 따라서 모든 튜링 기계는 5중쌍에 대응하는 낱말의 교체 규칙에 의해 완벽하게 묘사된다.

예를 들어, 5중쌍 $q_1 1 0 L q_3$는 상태 기호 왼편에 위치한 기호가 1인지 0인지 또는 [인지에 따라 각각 다음 교체 규칙과 대응한다.

$$1q_1 1 \rightarrow q_3 10, \quad 0q_1 1 \rightarrow q_3 00, \quad [q_1 1 \rightarrow [q_3 \square 0$$

마지막 경우에는 빈 네모칸이 새로 생성된다.

일반적으로 상태 q_i와 기호 S_j를 사용하는 튜링 기계 M에 사용되는 각각의 5중쌍에 대응하는 교체 규칙은 다음과 같다.

5중쌍	교체 규칙
$q_i S_j S_k R q_l$	$q_i S_j \to S_k q_l$
	$q_i] \to S_k q_l]$ ($S_j = \square$일 때)
$q_i S_j S_k L q_l$	$S_m q_i S_j \to q_l S_m S_k$ (모든 기호 S_m에 대하여)
	$[q_i S_j \to [q_l \square S_k$

이 규칙이 튜링 기계 M의 계산을 부호화한 낱말들을 정확히 생산한다. 계산의 첫째, 둘째, 셋째 단계를 부호화하면, 초기 단계를 부호화한 낱말 w로부터 낱말의 순차적 배열 w_1, w_2, w_3, ... 이 유일한 방식으로 생성된다. 매 계산 단계에 적용되는 교체 규칙이 하나뿐이기 때문이다. 그리고 부분 낱말 $q_i S_j$를 포함하는 낱말이 나왔을 때 M에 $q_i S_j$로 시작하는 5중쌍이 없다면 더는 교체가 진행될 수 없으므로 이를 마지막 낱말로 하면서 M이 정지한다.

정지를 알리는 부분 낱말 $q_i S_j$에 대해 다음 교체 규칙들을 추가하는 것이 편리하다.

$$q_i S_j \to H, \quad H S_m \to H, \quad S_m H \to H, \quad [H \to H, \ H] \to H$$

여기서 S_m은 M의 임의의 기호를 나타낸다. 이에 따라 정지가 발생하면 기호 H가 생성되며, 이어서 H가 좌우에 있는 기호들을 '집어삼켜서' 결국 길이가 1인 낱말인 H만 남는다.

이와 같이 튜링 기계 M으로부터 유도된 교체 규칙의 체계를 Σ_M이라고 부르자. 그러면, **낱말 w로 부호화된 초기 단계에서 시작하는 M의 계산은**

낱말 w가 Σ_M에 의해 H로 변환될 수 있을 때에만 정지한다.

따라서 3.8절에서 증명된 정지 문제의 해결불가능성에 의해 아래 정리가 성립한다.

낱말 변환 문제의 해결불가능성 체계 Σ_M과 낱말 w가 주어졌을 때 Σ_M이 w를 H로 변환하는지 여부를 판단하는 문제는 해결불가능하다. ■

실제로 범용 튜링 기계(3.9절) U에 대하여, 기계 U에 대한 정지 문제가 해결불가능하기 때문에 체계 Σ_U에 대한 낱말 변환 문제 또한 해결불가능하다.

*낱말 문제

투에Thue(1914)는 위에 설명한 낱말 문제와 유사한 간단한 문제를 소개했다. 위 문제와 다르게 부분 낱말 교체가 한방향이 아니라 양방향으로 이루어진다. 즉, 등식 체계 T에 의해 낱말들끼리의 동등 규칙이 주어진다.

$$u_1 \leftrightarrow v_1, \quad u_2 \leftrightarrow v_2, \quad \ldots, \quad u_k \leftrightarrow v_k$$

두 개의 낱말 w와 w'이 주어지면, 부분 낱말에 위의 동등 규칙을 반복적으로 적용하여 상호 변환될 수 있는지 판단해야 한다. 부분낱말 u_i는 v_i로 교체할 수 있고 v_i는 u_i로 교체할 수 있으므로, 투에의 교체 규칙5)은 양방향이다. (우연히도 투에의 영어식 발음이 투웨이two-way이다.)

한방향 변환보다는 동등성의 개념이 좀 더 자연스럽다. 따라서 낱말 변환 문제처럼 낱말 동등 문제 또한 해결불가능하다는 것을 증명할 수 있으면 좋을 것이다. 1947년에 포스트와 마르코프Markov가 각각 독립적으로 이를

---

5) 역주: 원문에는 교체 규칙이라고 되어 있으나, 양방향성을 고려하여 이하에서 동등 규칙으로 번역했다.

증명함으로써 일반 수학의 범위에서 해결불가능한 문제의 예를 처음으로 발견하였다. 여기서는 튜링 기계의 한방향 변환 규칙을 양방향으로 작동하도록 하는 포스트Post(1947)의 방법을 살펴본다.

튜링 기계의 한방향 변환 규칙을 양방향 동등 규칙으로 바꾸면 두 개의 낱말 w와 w'이 서로 다른 계산 단계를 부호화함에도 서로 동등하다고 판명되는 경우가 발생할 수 있다. 왜냐하면 w와 w' 모두 하나의 낱말 v로 변환될 수 있는 경우, $w \Rightarrow v$와 $w' \Rightarrow v$로부터 양방향 규칙에 의해 $w \Leftrightarrow w'$라고 결론지을 수 있기 때문이다.[6] 하지만 다음 정리가 성립한다.

정지하는 계산과정 감지하기 낱말 w가 특정 계산 단계를 부호화할 때, $w \Leftrightarrow H$는 w로 시작하여 정지하는 계산과정이 존재할 때 성립하며, 오직 그럴 때만 성립한다.

증명 먼저 w로 시작하여 정지하는 계산이 존재한다고 가정하자. 그러면 다음이 성립한다.

$$w \Rightarrow H \text{를 포함하는 낱말}$$
$$\Rightarrow H \ (H\text{가 좌우 기호를 집어삼킴})$$

따라서 $w \Leftrightarrow H$가 성립한다.

역으로 $w \Leftrightarrow H$가 성립한다고 가정하자. 그러면 정의에 의해 다음 관계식이 성립하도록 하는 낱말 $w_1, w_2, \ldots, w_n$이 존재한다.

$$w \leftrightarrow w_1 \leftrightarrow w_2 \leftrightarrow \cdots \leftrightarrow w_n \leftrightarrow H \text{를 포함하는 낱말} \qquad (*)$$

여기서 w_n은 H를 포함하지 않는 마지막 낱말이며, 각각의 i에 대해 $w_i \rightarrow w_{i+1}$ 또는 $w_i \leftarrow w_{i+1}$이 성립한다.

---

6) 역주: 기호 $\Rightarrow$는 교체 규칙 $\rightarrow$을, $\Leftrightarrow$는 동등 규칙 $\leftrightarrow$을 여러 번 적용한 것을 나타낸다.

그러면 최소한 하나의 화살표는 → 이어야 한다. 만약에 그렇지 않고 모든 화살표가 ← 라면 다음이 성립한다.

$$H를 \ 포함하는 \ 낱말 \Rightarrow w$$

하지만 이는 불가능하다. 왜냐하면 H가 포함된 낱말은 절대로 그렇지 않은 낱말 쪽으로 교체되지 않으며, w는 H를 포함하지 않기 때문이다. 따라서 →가 한 번 이상 사용되었다.

먼저 ← 이 한 번도 사용되지 않았다면, 즉 사용된 모든 화살표가 → 이면 다음이 성립한다.

$$w \Rightarrow H를 \ 포함하는 \ 낱말$$

이제 ← 이 최소 한 번 이상 사용되었다고 가정하자.

그러면 $w_{i-1} \leftarrow w_i \rightarrow w_{i+1}$의 꼴이 나타나야 하며, 따라서 두 낱말 w_{i-1}와 w_{i+1}가 동일해야 한다. 왜냐하면 주어진 낱말의 부분 낱말을 대체하는 규칙이 단 하나만 존재하기 때문이다. 따라서 $w_{i-1} \leftarrow w_i \rightarrow$ 를 (*)에서 삭제할 수 있다. 이 과정에서 두 개의 반대 방향 화살표가 없어지며, 이 작업을 반복하여 (*)에서 역방향 화살표 ← 를 모두 제거할 수 있다. 결론적으로 다음이 성립한다.

$$w \Rightarrow H를 \ 포함하는 \ 낱말$$

즉, 초기 낱말 w에서 시작하여 정지하는 계산과정이 존재한다. ■

위 정리로부터 아래 정리가 따라온다.

낱말 문제의 해결불가능성 범용 튜링 기계 U로부터 유도된 낱말 변환 규칙 체계 Σ_U를 양방향 체계로 전환하여 만든 투에 체계를 T_U라 하자. 그러면 임의의 낱말 w에 대해 T_U에서 $w \Leftrightarrow H$가 성립하는지 여부를

판단하는 문제는 해결불가능하다.   ■

    이 문제를 '**반군**semigroup에 대한 낱말 문제'라 하기도 한다. 동등한 낱말들의 집합들이 **이어붙이기**concatenation **연산**과 함께 반군이라는 대수적 구조를 가지기 때문이다. 또한 낱말에 사용되는 문자 a마다 아래 등식을 만족하는 역문자 a^{-1}를 추가하면 군이 된다.

$$aa^{-1} = a^{-1}a = \text{빈 낱말}$$

군에 대해서도 유사한 낱말 문제가 있으며, 이는 투에가 제시한 반군에 대한 낱말 문제보다 더 일찍 알려졌다. 군에 대한 낱말 문제는 덴Dehn(1912)이 처음 제시했다. 이 문제는 덴이 알아내었듯이 위상수학의 자연스러운 문제, 예컨대 복잡한 3차원 물체 안에 있는 닫힌 곡선이 하나의 점으로 응축될 수 있는지 판단하는 문제와도 관련되어 있어서 더욱 중요하다.

    군에 대한 낱말 문제도 반군에 대한 낱말 문제처럼 해결불가능하다. 하지만 증명은 훨씬 더 어렵다. 튜링 기계 계산을 모방하기 위해 군에서의 동등성을 이용할 수 있지만, 역원 기호로 인해 계산과정을 낱말로 부호화하는 과정을 통제하기가 매우 어렵다. 이런 어려움 때문에 해결불가능성을 처음 증명한 노비코프Novikov(1955)의 논문은 무려 143쪽이나 된다. 군에 대한 낱말 문제의 역사는 스틸웰Stillwell(1982)에서 좀 더 찾아볼 수 있다. 해결불가능성에 대한 증명은 스틸웰Stillwell(1993)에 실려 있다.

10.3   대수: 기본 정리

4장에서 강조했던 대로, 대수학의 기본 정리는 순수한 대수학의 정리가 아니다. 모든 다항 방정식 $p(x) = 0$은 복소수의 집합 $\mathbb{C}$ 안에서 해를 가진다는 정리의 서술 안에 이미 비가산 집합인 $\mathbb{R}$과 $\mathbb{C}$의 존재성을 상정하고 있으며, 통상적인 증명에서는 ℝ의 완비성과 이에 따르는 연속함수의 성질을 가정한다. 이 절에서는 초등 대수와 초등 기하 외에 연속함수에 관한 표준적인 정리인 **극값 정리**만을 추가한 증명을 제시하려고 한다.

*극값 정리

먼저 극값 정리의 가장 단순한 형태인 폐구간 $[a, b]$ 위의 연속함수에 대한 논의로 시작해 보자. 그러고 나면 이 아이디어를 평면 위의 함수로 어떻게 확장할 것인지가 분명해질텐데, 대수학의 기본 정리를 증명하려면 평면에서 작업해야 한다.[7]

극값 정리 함수 f가 폐구간 $[a, b]$에서 연속이면 $[a, b]$에서 최댓값과 최솟값을 가진다.

증명 먼저 훨씬 더 쉬워 보이는 명제, 즉 f가 구간 $I_1 = [a, b]$에서 유계임을 증명해 보자. 그렇지 않다면, I_1의 반쪽인 $\left[a, \dfrac{a+b}{2}\right]$ 또는 $\left[\dfrac{a+b}{2}, b\right]$ 중 적어도 한 쪽에서는 f가 유계가 아니다. 이 논리를 f가 유계가 아닌 구간 I_2에 반복해서 적용하면 I_1의 $\dfrac{1}{4}$인 구간 I_3에서 f가 유계가 아님을 알 수 있고, 논리는 계속 반복된다.

이런 식으로 계속하면 f가 유계가 아닌 닫힌구간들이 차례로 포함 관계를 무한한 열을 이룬다.

$$I_1 \supseteq I_2 \supseteq I_2 \supseteq \cdots$$

구간 I_k가 점점 작아지므로 9.6절에서 본 ℝ의 완비성에 의해 모든 구간이 포함하는 하나의 점 c가 있다. 하지만, I_k가 충분히 작으면, f의 연속성에

---

7) 역주: 실수 계수 다항식을 다루는 경우라도 복소수 평면이 필요하다.

의하여 I_k 안의 x의 함숫값 $f(x)$는 $f(c) - \varepsilon$과 $f(c) + \varepsilon$ 사이에 있게 된다. 이는 f가 각 구간 I_k에서 유계가 아니라는 것과 모순이다.

따라서 f가 $[a, b]$에서 유계가 아니라는 가정이 틀렸다. 그러므로 다시금 $\mathbb{R}$의 완비성에 의해 $[a, b]$에서 $f(x)$의 최소상계 u와 최대하계 l이 있다. 만약 f가 u를 함숫값으로 갖지 않으면, 함수 $\dfrac{1}{u - f(x)}$는 $[a, b]$에서 연속이고 $f(x)$가 최소상계인 u에 임의로 가까이 다가가므로 유계가 아니다. 이는 방금 증명한 연속함수의 유계성과 모순이다. 따라서 f는 최댓값 u를 함숫값으로 가져야만 한다. 비슷한 이유로 최솟값 l도 함숫값으로 가져야 한다. ■

위 증명으로부터 평면 위의 연속함수는 닫힌 원판처럼 닫힌 유계 영역에서는 최댓값과 최솟값을 가져야 함을 어떻게 증명할지 명확해졌을 것이다. 영역을 반복적으로 유한개의 부분 영역으로 쪼개서 점점 작아지는 부분 영역이 차례로 포함되고, 따라서 모든 영역이 포함하는 하나의 점이 생긴다. (7.10절에서 브라우어 고정점 정리의 증명에서 하나의 공통된 점을 찾을 때 비슷한 논증을 사용한 적이 있다.) 논증의 나머지 부분은 정확히 똑같다.

복소수와 기하

복소수 $z = a + ib$는 평면 위의 점 (a, b)라고 생각할 수 있다. 복소수의 합은 그림 10.2와 같이 평면 위의 벡터 합으로 정의된다.

복소수의 곱에 대한 기하적 해석은 덜 자명하지만 더 중요하다. 여기에는 길이와 각도가 개입한다. 복소수 $z = a + ib$의 절댓값 $|z| = \sqrt{a^2 + b^2}$이 원점 O로부터 z까지의 거리이며, 더 일반적으로 z와 z'의 거리는 다음 식으로 주어진다.

$$|z - z'| = \sqrt{(a - a')^2 + (b - b')^2}$$

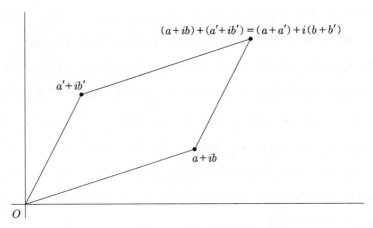

$$(a+ib)+(a'+ib') = (a+a')+i(b+b')$$

$a'+ib'$

$a+ib$

O

그림 10.2 복소수의 덧셈

$z = a+ib$와 $z' = a'+ib'$의 곱은 다음 식으로 정의된다.

$$(a+ib)(a'+ib') = (aa'-bb')+i(ab'+ba')$$

이 등식은 대수의 보통 규칙에 따라 곱하되, $i^2 = -1$이라는 가정하에 연산한 결과다. 이 정의로부터 다음 절댓값의 곱의 성질이 따라온다.

$$|zz'| = |z||z'|$$

이 등식은 다음 계산에서 확인된다.

$$|zz'|^2 = (aa'-bb')^2+(ab'+ba')^2 = (a^2+b^2)(a'^2+b'^2)$$
$$= |z|^2|z'|^2$$

중간의 등식 $(aa'-bb')^2+(ab'+ba')^2 = (a^2+b^2)(a'^2+b'^2)$은 양변을 곱해서 확인할 수 있다. (이미 2.6절에서 약간 다른 표기로 이를 관찰한 적이 있다. 지금은 a, b, a', b'이 정수일 필요가 없다.)

절댓값은 길이와 같으므로, $|u| = 1$이면 평면의 어떤 수든지 u를 곱해도 길이가 보존된다. 다시 말해, u를 두 점 z, z'에 곱하여 얻은 두 점 uz,

uz' 사이의 거리를 계산하면 다음과 같다.

$$|uz - uz'| = |u(z - z')|$$
$$= |u||z - z'| \quad \text{(곱의 성질에 의하여)}$$
$$= |z - z'| \quad \quad (|u| = 1 \text{이므로})$$

그러므로 uz와 uz' 사이의 거리는 원래 두 점의 거리와 같다. 또한 원점 O는 어떤 수를 곱해도 고정되므로 평면의 점들에 $|u| = 1$인 수 u를 곱하는 것은 복소수들의 평면 $\mathbb{C}$에서 O를 고정하는 **강체 운동**rigid motion, 즉 O를 중심으로 하는 회전이다.[8]

만약 $u = \cos\theta + i\sin\theta$로 쓰면, 당연히 u는 1을 $\cos\theta + i\sin\theta$로 보내는데, 이 점은 단위원 위의 각도 θ인 점이다. 다시 말해, $u = \cos\theta + i\sin\theta$를 곱하는 것은 평면 $\mathbb{C}$를 각도 θ만큼 회전하는 것과 같다. 일반적으로, 임의의 복소수는 다음과 같이 쓸 수 있다.

$$v = r(\cos\theta + i\sin\theta), \ r \in \mathbb{R}$$

이 복소수 v를 곱하는 것은 평면을 배율 r로 확대한 후 각도 θ만큼 회전하는 것과 같다.

*대수학의 기본 정리

대수학의 기본 정리를 증명하기 위해서 적당한 복소수를 곱함으로써 주어진 복소수를 임의의 각도만큼 회전하거나 임의로 길이를 조절하는 것이 가능하다는 점을 활용할 것이다. 이는 달랑베르d'Alembert(1746)와 아르강 Argand(1806)이 복소수의 기하적 해석을 이용해 발견한 아래 결과의 열쇠가 된다.

---

8) 역주: 엄밀히 말하면 향orientation을 보존함을 확인해야 한다. 이어지는 설명이 이를 보여준다.

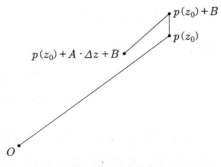

그림 10.3 달랑베르의 보조정리

달랑베르의 보조정리 $p(z)$가 z에 대한 다항식이고 $p(z_0) \neq 0$이면, 부등
식 $|p(z_0 + \Delta z)| < |p(z_0)|$이 성립하도록 하는 복소수 Δz가 있다.

증명 $p(z) = a_n z^n + a_{n-1} z^{n-1} + \cdots + a_1 z + a_0$이라 하면,

$$
\begin{aligned}
p(z_0 + \Delta z) &= a_n(z_0 + \Delta z)^n + a_{n-1}(z_0 + \Delta z)^{n-1} \\
&\quad + \cdots + a_1(z_0 + \Delta z) + a_0 \\
&= a_n(z_0^n + n\Delta z \cdot z_0^{n-1} + \cdots) \\
&\quad + a_{n-1}(z_0^{n-1} + (n-1)\Delta z \cdot z_0^{n-2} + \cdots) \\
&\quad \vdots \\
&\quad + a_1(z_0 + \Delta z) \\
&\quad + a_0 \qquad\qquad \text{(이항 전개 공식에 의하여)} \\
&= p(z_0) + A \cdot \Delta z + (\Delta z\text{에 관한 고차항들})
\end{aligned}
$$

여기서 $A = na_n z_0^{n-1} + (n-1)a_{n-1}z_0^{n-2} + \cdots + a_1$은 z_0와 함께 고정된
항이고, Δz의 값은 임의로 선택할 수 있다. 먼저 Δz의 크기를 작게 선택해
서 $(\Delta z)^2$, $(\Delta z)^3$, ..., $(\Delta z)^n$에 관한 항들의 합인 B가 $A \cdot \Delta z$에 비해
더 작도록 한다. 다음으로 Δz의 방향을 잘 선택하여 $A \cdot \Delta z$가 $p(z_0) + B$

로부터 O를 향하는 방향이 되도록 한다. 그러면 $p(z_0) + A \cdot \Delta z + B$가 $p(z_0)$보다 O에 가까워짐이 분명하다(그림 10.3).[9] 즉, 다음 부등식이 성립한다.

$$|p(z_0 + \Delta z)| = |p(z_0) + A \cdot \Delta z + B| < |p(z_0)| \qquad \blacksquare$$

이제 기본 정리는 달랑베르의 보조정리와 이차원에서의 극값 정리를 이용하여 쉽게 보일 수 있다.

대수학의 기본정리 $p(z)$가 (실수나 복소수 계수를 갖는) 다항식이면 어떤 $z \in \mathbb{C}$에 대해 $p(z) = 0$이다.

증명 반대로 모든 복소수 z에 대해 $p(z) \neq 0$이라 가정하면 $|p(z)|$는 $\mathbb{C}$ 전체에서 양의 실수 값을 가지며, 연속이다. 따라서 극값 정리에 의해 각각의 반지름 R인 닫힌 원판 $\{ z : |z| \leq R \}$에서 양의 최솟값 m을 가진다. $|z|$가 클 때는 $p(z) \sim a_n z^n$이므로, 어떤 한계를 설정하더라도 R이 충분히 크면 반지름 R인 원판 밖의 모든 점에서는 $|p(z)|$가 이 한계보다 더 커진다.

그러므로 적당한 값 R에 대해 $|z| \leq R$에서 $|p(z)|$의 최솟값 $m > 0$은 실제로는 전체 평면 $\mathbb{C}$에서 $|p(z)|$의 최솟값이 된다.[10] 그러나 달랑베르

---

9) 역주: 그림으로부터 분명한 사실을 식으로 쓰면 다음과 같다.

$$|p(z_0) + A \cdot \Delta z + B| = |p(z_0) + B| - |A \cdot \Delta z|$$
$$< |p(z_0) + B| - |B|$$
$$\leq |p(z_0)|$$

10) 역주 추가: 이 설명을 좀 더 자세히 하면 다음과 같다.
원판 $|z| \leq R$ 밖에서는 $|p(z)|$가 $|p(0)| = |a_0|$보다 항상 크게 되는 반지름 R을 잡자. 그러면 극값 정리에 의하여 원판 $|z| \leq R$에서 $|p(z)|$는 양수인 최솟값 m을 가지며, 원판 밖의 점에 대해서도 $|p(z)| \geq |p(0)| \geq m$이므로 m은 전체 평면에서 최솟값이 된다.

의 보조정리에 의하면, $|p(z)| > 0$이기만 하면 $|p(z+\Delta z)| < |p(z)|$가 되도록 하는 Δz를 찾을 수 있다고 했으므로, 이와 모순된다.

따라서 모든 z에 대해 $p(z) \neq 0$라는 가정이 틀렸고, $p(z) = 0$이 되는 $\mathbb{C}$ 안의 점 z가 있어야만 한다. ∎

10.4 기하: 사영 직선

사영 기하는 그림의 원근법으로부터 발전했다. 사영이라는 이름은 화가가 풍경을 그림판의 평면으로 사영시키는 것에서 유래했다. 원근법은 14세기 이탈리아의 그림에서도 발견되는데, 볼티모어의 월터스Walters 미술관이 소장 중인 1480년경 그림을 예로 들 수 있다(그림 10.4).

화가는 삼차원의 풍경을 표현하려고 애쓰지만, 원근법의 기본 문제는 그림 10.5에서 보듯이 평면에서 원근법적 시각을 그리는 것이다. 그림 10.5는 두 개의 평행선 사이에 놓인 사각형들로 이루어진 길을 보여준다.

여기서 사영 기하의 두 가지 개념을 찾아볼 수 있다. 바로 평행한 직선들이 다가가는 지평선인 **무한대 직선**과 평행한 두 직선이 공통으로 갖는 **무한대 점**이다. 사영 기하 공간의 직선(**사영 직선**이라고 부른다)은 무한대 점까지 포함하므로 어떤 의미로는 유클리드 기하 공간의 '직선'보다 더 완전하다. 사영 직선은 사영될 때 길이가 왜곡되는 것을 허용하기 때문에 유클리드 직선보다 더 유연하다. 예를 들어 그림 10.5에서 사영된 사각형들은 크기가 다르다. 사각형이 멀리 있을수록 더 작게 사영된다.

그럼에도 불구하고 사영된 사각형들은 어떤 관점에서는 모두 '같아 보인다'. 대부분의 사람은 그림 10.5가 같은 크기의 사각형으로 포장된 길을 그렸다고 생각할 것이다. (실제로 사각형의 크기가 같은지는 다른 문제이다.) 분명히 어떤 기하학적 성질은 사영해도 변하지 않는다. 그것이 무엇인지 분명하게 설명하기는 어려워도 직관적으로는 알고 있는 듯하다. 이제

그림 10.4 프라 카르네발레(Fra Carnevale)의 〈이상 도시〉

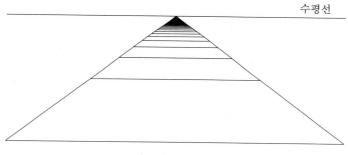

수평선

그림 10.5 무한한 길

무엇이 보존되는지 대수학으로 살펴보자.

직선의 사영

우선 사영 함수를 세 개 정의하겠다. 세 사영 함수의 합성으로 모든 사영을
표현할 수 있다. 각각의 경우에 대해서 직선을 수직선 $\mathbb{R}$과 같다고 하고,
직선을 또 다른 직선으로 사영하자. '사영'은 글자 그대로 빛이 광원으로부
터 뻗어나가서 직선 $\mathbb{R}$의 점 x를 비췄을 때, x의 그림자가 두 번째 직선에
맺히는 것으로 생각할 수 있다. 이때 그림자의 위치를 간단한 유리함수로
표현할 수 있다.

첫 번째 사영은 광원이 무한대에 있고 두 개의 직선이 평행한 경우다.

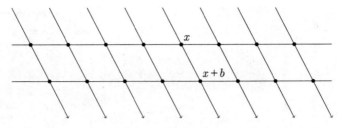

그림 10.6 사영 $x \mapsto x+b$

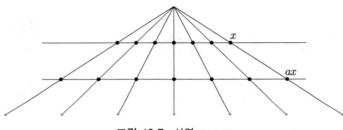

그림 10.7 사영 $x \mapsto ax$

그러면 그림 10.6과 같이 빛이 평행하게 비추고 적당한 상수 b가 존재하여 임의의 점 $x \in \mathbb{R}$의 그림자는 $x+b$이다. 이 사영은 거리를 보존한다. 즉 임의의 두 점 $p, q \in \mathbb{R}$의 거리는 $|p-q|$이고, 그림자 사이의 거리 $|(p+b)-(q+b)| = |p-q|$와 같다.

두 번째 사영은 그림 10.7에서처럼 두 직선은 평행하지만 광원이 유한한 거리에 있다. 이 경우는 거리를 보존하지 않는다. 그림자의 거리는 원래 거리에 적당한 상수 $a \neq 0$이 곱해진다. $a < 1$이면 빛이 광원으로 향하는 경우이고, $a < 0$이면 광원이 두 직선 사이에 위치한다.

두 번째 사영은 거리를 보존하진 않지만 **거리의 비**ratio를 보존한다. 직선의 세 점 p, q, r의 거리의 비는

$$\frac{p\text{에서 } q\text{까지의 거리}}{q\text{에서 } r\text{까지의 거리}} = \frac{q-p}{r-q}$$

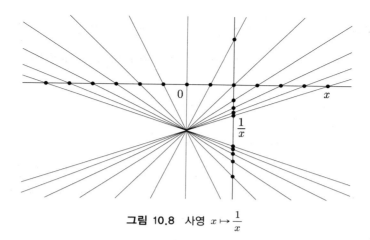

그림 10.8 사영 $x \mapsto \dfrac{1}{x}$

이다. 그리고 그림자의 비는 다음과 같다.

$$\frac{ap\text{에서 } aq\text{까지의 거리}}{aq\text{에서 } ar\text{까지의 거리}} = \frac{aq - ap}{ar - aq} = \frac{q - p}{r - q}$$

특히 거리가 같은 점들은 (비율이 1인 경우) 거리가 같은 점으로 사영된다는 것을 알 수 있다.

세 번째 사영은 두 직선이 서로 수직이고 광원은 두 직선으로부터 거리가 같은 곳에 위치한다. 그림 10.8과 같이 직교하는 직선 두 개와 광원이 주어지면 삼각형의 닮음을 이용하여 수평선의 점 x는 직선의 $\dfrac{1}{x}$로 사영되는 것을 확인할 수 있다. 이 경우 거리가 같은 점들이라도 그림자들 사이의 거리는 달라지기 때문에 거리의 비도 보존되지 않는다.

그러나 세 번째 사영은 '비의 비'를 보존한다. 주어진 네 $p,\ q,\ r,\ s$의 **교차비**cross ratio를 아래와 같이 정의하자.

$$[p,\ q:r,\ s] = \frac{(r-p)(s-q)}{(r-q)(s-p)}$$

세 번째 사영은 x를 $\dfrac{1}{x}$로 보내므로 p, q, r, s의 사영은 각각 $\dfrac{1}{p}$, $\dfrac{1}{q}$, $\dfrac{1}{r}$, $\dfrac{1}{s}$이다. 그러므로 그림자의 교차비는 아래와 같이 보존된다.

$$
\frac{\left(\dfrac{1}{r}-\dfrac{1}{p}\right)\left(\dfrac{1}{s}-\dfrac{1}{q}\right)}{\left(\dfrac{1}{r}-\dfrac{1}{q}\right)\left(\dfrac{1}{s}-\dfrac{1}{p}\right)} = \frac{\dfrac{p-r}{pr}\cdot\dfrac{q-s}{qs}}{\dfrac{q-r}{qr}\cdot\dfrac{p-s}{ps}}
$$

$$
= \frac{(p-r)(q-s)}{(q-r)(p-s)} \quad \text{(분자와 분모에 모두}
$$
$$
\qquad\qquad\qquad\qquad pqrs\text{를 곱해서)}
$$

$$
= \frac{(r-p)(s-q)}{(r-q)(s-p)}
$$

$$
= [\,p,\ q:r,\ s\,]
$$

첫 번째와 두 번째 사영 $x \mapsto x+b$, $x \mapsto ax$ $(a \neq 0)$도 교차비를 보존한다는 것은 간단히 확인할 수 있다. 그러므로 이 세 사영의 합성도 모두 교차비를 보존한다.

무한대 점

x를 $\dfrac{1}{x}$로 보내는 사영은 0을 실수의 어느 점으로도 보낼 수가 없다. 그래서 무한대 점을 정의해야 할 필요가 있다. 그림 10.8에서 광원에서 나간 빛이 0을 지나면 수직선과 평행해서 만나지 않는다. 그러므로 원근법에서 아이디어를 얻어서 이 평행한 선이 무한대 점에서 만난다고 하자.

이제 사상 $x \mapsto \dfrac{1}{x}$를 $\mathbb{R} \cup \{\infty\}$로 확장하고 $\dfrac{1}{0} = \infty$라고 정의하자. 같은 이유로 $\dfrac{1}{\infty} = 0$으로 정의한다.

이 두 가지를 추가하면 '실 사영 직선'을 $\mathbb{R} \cup \{\infty\}$로 정의할 수 있다. 이제 $\mathbb{R} \cup \{\infty\}$에서 $\mathbb{R} \cup \{\infty\}$로 가는 사영을 이용해서 산술을 확장하면

$\mathbb{R} \cup \{\infty\}$에서는 0으로 나누는 것도 합법적이다. 다음 절에서 이런 사영들이 무엇이고 실 사영 직선과 어떤 관계인지 설명하겠다.

일차분수변환

위에서 사영을 이용하여 정의한 기본변환

$$x \mapsto x + b (\text{더하기}), \ x \mapsto ax, \ a \neq 0 (\text{곱하기}), \ x \mapsto \frac{1}{x} (\text{반전})$$

과 이들을 합성한 사상을 모두 **일차분수변환**이라고 하는데 다음과 같은 형태이다.

$$x \mapsto \frac{ax + b}{cx + d}$$

특별히 사영에서 온 기초변환의 합성으로 정의한 일차분수변환은 $ad - bc \neq 0$을 만족한다. 만약 그렇지 않고 $ad = bc$이라면, $\frac{a}{c} = \frac{b}{d}$이고

$$\frac{ax + b}{cx + d} = \text{상수, 즉 } \frac{a}{c}$$

이다. 그러나 사영은 서로 다른 점을 서로 다른 점으로 보내는 함수이기 때문에 이럴 수 없다.

역으로 실수 a, b, c, d에 대하여 $ad - bc \neq 0$를 만족하면 $x \mapsto \frac{ax + b}{cx + d}$으로 일차분수변환을 정의할 수 있다. 아래와 같이 분해하여 이 일차분수변환이 기본변환의 합성이라는 것을 확인할 수 있다.

$$\frac{ax + b}{cx + d} = \frac{\frac{a}{c}cx + b}{cx + d} = \frac{\frac{a}{c}(cx + d) + b - \frac{ad}{c}}{cx + d} = \frac{a}{c} + \frac{b - \frac{ad}{c}}{cx + d}$$

$c \neq 0$인 경우는 아래와 같이 더하기, 곱하기, 반전을 차례로 합성한 것이다.

$$x \mapsto cx \mapsto cx + d \mapsto \frac{1}{cx+d} \mapsto \frac{b-\dfrac{ad}{c}}{cx+d} \mapsto \frac{a}{c} + \frac{b-\dfrac{ad}{c}}{cx+d}$$

$c = 0$인 경우는 $ad - bc \neq 0$이므로 $ad \neq 0$이고, 따라서 $d \neq 0$이며, $\dfrac{ax+b}{d}$ 는 간단히 더하기와 곱하기를 합성한 것이다.

그러므로 $ad - bc \neq 0$일 때 $x \mapsto \dfrac{ax+b}{cx+d}$는 기본변환의 합성이고, 사영 사상이다. 역으로 $\mathbb{R} \cup \{\infty\}$에서 $\mathbb{R} \cup \{\infty\}$로 가는 사영은 모두 일차분수변환이라는 것을 보일 수 있다. 정리하면 실 사영 직선은 일차분수변환

$$x \mapsto \frac{ax+b}{cx+d} \quad (a,\ b,\ c,\ d \in \mathbb{R},\ ad - bc \neq 0)$$

을 가지는 $\mathbb{R} \cup \{\infty\}$이다. 일차분수변환은 수직선에서 정의할 수 있는 사영 사상을 다 포함하기 때문에 이 직선을 '사영' 직선이라고 정의할 수 있게 한다. 교차비

$$[p,\ q :\ r,\ s] = \frac{(r-p)(s-q)}{(r-q)(s-p)}$$

는 사영 사상을 적용해도 변하지 않기 때문에 사영 직선의 기하적 성질을 표현하는 불변량이다. (또한 여기서 증명하진 않겠지만 사영 사상에 대한 불변량은 모두 교차비의 함수이다.)

10.5 미적분학: π의 월리스 곱

6장에서는 대체로 기초 미적분학을 살펴봤는데 특별히 15세기 인도 수학자가 발견한 π의 무한급수가 백미였다.

$$\frac{\pi}{4} = 1 - \frac{1}{3} + \frac{1}{5} - \frac{1}{7} + \cdots$$

이 무한급수의 핵심은 원에서 크기가 0으로 한없이 작아지는 삼각형의 기하적 성질을 이용하여 탄젠트의 역함수를 미분하는 것이다.

우리는 이와 비슷하게 사인 함수와 코사인 함수를 미분하여, 윌리스 Wallis(1655)가 발견한 π의 무한 곱에 이르는 과정을 살펴보자.

$$\frac{\pi}{2} = \frac{2 \cdot 2}{1 \cdot 3} \cdot \frac{4 \cdot 4}{3 \cdot 5} \cdot \frac{6 \cdot 6}{5 \cdot 7} \cdot \frac{8 \cdot 8}{7 \cdot 9} \cdot \cdots$$

이 공식의 핵심은 $\binom{2m}{m}$의 이항전개와 같은 특정한 유한 곱을 이해하는 것이다. 이에 대해서는 10.7절에서 더 자세히 설명하겠다.

사인 함수와 코사인 함수의 미분

사인 함수와 코사인 함수는 그림 10.9와 같이 단위원에서 중심각이 θ인 점의 x좌표와 y좌표이므로 두 함수를 함께 생각하는 것이 자연스럽다.

중심각이 θ에서 $\Delta\theta$만큼 변했을 때 함수 값의 변화량 $\Delta\cos\theta$와 $\Delta\sin\theta$를 살펴보자. 그림 10.10을 참고하자.

중심각 θ가 $\Delta\theta$만큼 증가하면 점 P는 Q로 움직인다. 여기서 $\Delta\theta$는 호 PQ의 길이와 같다. 이때 사인 함수와 코사인 함수의 값도 다음과 같이 증가한다.

$$\Delta\sin\theta = QB$$
$$\Delta\cos\theta = -BP$$

접선 PA는 반지름 OP에 수직이므로 각 A의 크기는 θ로 각 O의 크기와 같다. $\Delta\theta \to 0$일 때, $\Delta\theta$와 AP의 비율은 1로 수렴한다. 이것을

$$AP \sim \Delta\theta$$

라고 쓰자. 또한 호 PQ는 접선 PA로 점점 근접하므로

$$AB \sim QB$$

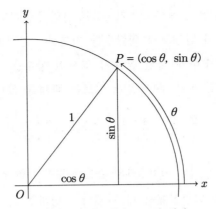

그림 10.9 $\sin\theta$와 $\cos\theta$의 의미

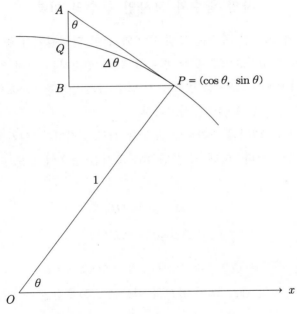

그림 10.10 $\Delta\theta$와 $\Delta\cos\theta$, $\Delta\sin\theta$의 비교

이다. 그러므로

$$\Delta \sin\theta = QB \sim AB = AP \cos\theta \sim \Delta\theta \cos\theta \qquad (1)$$

$$\Delta \cos\theta = -BP = -AP \sin\theta \sim -\Delta\theta \sin\theta \qquad (2)$$

이다. 다르게 표현하면

$$\frac{\Delta \sin\theta}{\Delta\theta} \to \cos\theta, \quad \frac{\Delta \cos\theta}{\Delta\theta} \to -\sin\theta$$

이므로 미분의 정의로부터 (1)과 (2)는 다음과 같다.

$$\frac{d}{d\theta} \sin\theta = \cos\theta, \quad \frac{d}{d\theta} \cos\theta = -\sin\theta$$

사인과 코사인을 포함하는 함수의 적분

우리가 방금 얻은 사인과 코사인 함수의 미분 공식은 어떤 함수를 미분하면 사인과 코사인 함수가 되는지도 함께 알려준다. 그래서 이제 사인과 코사인을 비롯한 훨씬 다양한 함수를 적분할 수 있다. 더 쉽게 계산하기 위해서 '부분 적분법'을 먼저 소개하겠다.

6.3절에서 보았던 미분의 곱셈 법칙은 아래와 같다.

$$\frac{d}{dx}(uv) = u\frac{dv}{dx} + v\frac{du}{dx}$$

양변을 $x = a$에서 $x = b$까지 적분하면

$$u(b)v(b) - u(a)v(a) = \int_a^b u\frac{dv}{dx}\,dx + \int_a^b v\frac{du}{dx}\,dx$$

이다. 이 공식은 단순히 곱셈 법칙을 반복한 것으로 보이지만 $\int_a^b u\dfrac{dv}{dx}dx$

나 $\int_a^b v\dfrac{du}{dx}dx$ 중 하나만 알고 다른 것은 모를 때 매우 유용하다. 예를 들어 $\int_a^b u\dfrac{dv}{dx}dx$를 안다면 다른 하나를 다음과 같이 찾을 수 있다.

$$\int_a^b v\frac{du}{dx}\,dx = u(b)v(b) - u(a)v(a) - \int_a^b u\frac{dv}{dx}\,dx$$

월리스 곱

0 이상의 정수 n에 대하여 $I(n) = \displaystyle\int_0^\pi \sin^n x\,dx$ 라고 하자. 부분 적분법을 이용하여 n에 대한 점화식을 찾고, 이를 이용하여 월리스 곱을 구할 것이다.

$$I(n) = \int_0^\pi \sin^n x\,dx = \int_0^\pi \sin^{n-1}x \cdot \sin x\,dx$$

$$= \int_0^\pi u\frac{dv}{dx}dx \quad (u = \sin^{n-1}x,\ v = -\cos x\text{라고 하면})$$

$$= \int_0^\pi v\frac{du}{dx}dx \quad (\text{부분 적분법을 사용하고 } x = 0,\ \pi\text{에서}$$
$$u(x)v(x) = 0\text{이므로})$$

$$= \int_0^\pi \cos x \cdot (n-1)\sin^{n-2}x \cdot \cos x\,dx$$

$$= (n-1)\int_0^\pi \cos^2 x \cdot \sin^{n-2}x\,dx$$

$$= (n-1)\int_0^\pi (1-\sin^2 x) \cdot \sin^{n-2}x\,dx$$

$$= (n-1)I(n-2) - (n-1)I(n)$$

그러므로 $I(n) = \dfrac{n-1}{n}I(n-2)$ 이고, $I(0)$와 $I(1)$은 아래와 같이 적분값을 직접 계산하여 찾을 수 있다.

$$I(0) = \int_0^\pi 1 \, dx = \pi$$

$$I(1) = \int_0^\pi \sin x \, dx = -\cos \pi + \cos 0 = 2$$

$I(n) = \dfrac{n-1}{n} I(n-2)$로부터

$$I(2m) = \frac{2m-1}{2m} \frac{2m-3}{2m-2} \cdots \frac{3}{4} \frac{1}{2} \pi$$

$$I(2m+1) = \frac{2m}{2m+1} \frac{2m-2}{2m-1} \cdots \frac{4}{5} \frac{2}{3} \cdot 2$$

이므로 다음과 같다.

$$
\begin{aligned}
&\frac{I(2m)}{I(2m+1)} \\
&= \frac{(2m+1)(2m-1)}{2m \cdot 2m} \frac{(2m-1)(2m-3)}{(2m-2)(2m-2)} \cdots \frac{5 \cdot 3}{4 \cdot 4} \frac{3 \cdot 1}{2 \cdot 2} \frac{\pi}{2}
\end{aligned}
\qquad (*)
$$

여기서 월리스 곱과 비슷한 형태가 보인다. 완전하게 증명하려면 $m \to \infty$일 때 $\dfrac{I(2m)}{I(2m+1)} \to 1$임을 보이면 된다. $0 \le x \le \pi$에 대하여 $0 \le \sin x \le 1$이므로

$$\sin^{2m+1} x \le \sin^{2m} x \le \sin^{2m-1} x$$

이다. 그러므로

$$I(2m+1) \le I(2m) \le I(2m-1)$$

이고, 모든 변을 $I(2m+1)$로 나누어서

$$1 \le \frac{I(2m)}{I(2m+1)} \le \frac{I(2m-1)}{I(2m+1)}$$

을 얻는다. 그런데 $I(n) = \dfrac{n-1}{n} I(n-2)$이므로

$$\frac{I(2m-1)}{I(2m+1)} = \frac{2m+1}{2m} \frac{I(2m-1)}{I(2m-1)} = \frac{2m+1}{2m}$$

이다. 그러므로 $m \to \infty$일 때

$$1 \le \frac{I(2m)}{I(2m+1)} \le \frac{2m+1}{2m} \to 1$$

이다. 이는 (*)를 다음과 같이 무한곱으로 확장할 수 있다는 뜻이다.

$$1 = \frac{\pi}{2} \frac{1 \cdot 3}{2 \cdot 2} \frac{3 \cdot 5}{4 \cdot 4} \frac{5 \cdot 7}{6 \cdot 6} \frac{7 \cdot 9}{8 \cdot 8} \cdots$$

이로부터 다음을 얻는다.

$$\frac{\pi}{2} = \frac{2 \cdot 2}{1 \cdot 3} \cdot \frac{4 \cdot 4}{3 \cdot 5} \cdot \frac{6 \cdot 6}{5 \cdot 7} \cdot \frac{8 \cdot 8}{7 \cdot 9} \cdot \cdots$$

10.6 조합론: 램지 이론

확률론의 엔트로피 정리와 수리물리학은 거시적으로 무질서가 가능하다고 하지만, 완전한 무질서가 불가능하다고 여기는 조합론의 정리도 있다.

모츠킨Motzkin(1967), 244쪽

조합론의 한 분야인 램지 이론은 자주 '완벽한 무질서는 불가능하다'는 모츠킨Motzkin의 말로 시작한다. 램지 이론이 말하는 **질서**를 일상 언어로 예를 들자면, '임의의 여섯 명 중에는 서로 다 아는 세 명이 있거나 서로 전혀 모르는 세 명이 있다'와 같이 구체화할 수 있다.

그림 10.11 여섯 사람의 인지 그래프

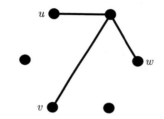

그림 10.12 두 색으로 칠한 K_6의 예

이 사실은 다음과 같이 그림으로 증명하고 확인할 수 있다. 6명을 각각 점으로 표현하고 서로 아는 관계는 검은색 선으로, 모르는 관계는 회색으로 연결하자. 그림 10.11은 이렇게 만든 **인지 그래프**이다. 위의 주장을 다시 표현하면, 인지 그래프에는 항상 회색 삼각형이 있거나 아니면 검은 삼각형이 있다, 즉 단색 삼각형이 만들어지는 것을 피할 수 없다.

그래프 이론으로 표현하면, K_6의 선분을 두 가지 색으로 칠하면 단색 삼각형이 항상 존재한다. (꼭짓점 n개의 **완전한 그래프**라고 불리는 K_n은 주어진 n개의 꼭짓점 사이에 가능한 모든 선분을 이은 그래프이다. 7.8절에서 K_5를 보았다.) 왜 이것이 사실인지 증명하기 위해 K_6의 여섯 개의 꼭짓점 중 하나를 선택하자. 이 꼭짓점에 다섯 개의 선분이 연결되어 있고 이들 중 최소한 3개는 같은 색이다. 예컨대 검은색이었다고 하자. 그림 10.12에서처럼 u, v, w가 같은 색(검은색) 선분의 다른 꼭짓점이라고 하자.

만약 u, v, w 중에서 검은색으로 연결된 선분이 있으면 세 선분이 모두 검은색인 삼각형을 얻는다. 만약 u, v, w 중에서 검은색으로 연결된 선분이 하나도 없다면 모두 회색이므로 회색 삼각형을 얻는다.

이 예는 '장난감' 램지 이론이고, 더 큰 그래프에서는 더 많은 '질서'가 존재한다. 예를 들어 두 가지 색으로 칠한 K_{18} 그래프는 단색인 K_4를 포함한다. (즉 열여덟 명이 모이면 반드시 서로 다 아는 네 명이 있거나 아니면 서로 전혀 모르는 네 명이 있다는 뜻이다.) 사실 임의의 단색인 K_m은 n이 충분히 크면 두 색으로 칠한 K_n 안에 들어있다. 단, n이 얼마나 커야 하는지는($m = 5$일 때조차도) 아직 잘 모른다.[11] 놀랍게도 다음에 살펴볼 무한한 경우로부터 일반적인 상황을 파악하기가 더 쉽다.

*무한집합에 대한 램지 이론

무한한 완전 그래프 중에서 가장 간단한 K_ω는 셀 수 있는 무한개의 꼭짓점 v_1, v_2, v_3, ... 이 있으며 임의의 서로 다른 두 꼭짓점을 잇는 선분을 모두 포함한다. 무한히 많은 꼭짓점으로 이루어진 부분집합의 완전 그래프는 다시 K_ω가 되므로 K_ω는 자기 자신을 많이 포함한다. 이 사실은 램지Ramsey(1930)가 증명한 다음의 정리로 인도한다.

무한 집합에 대한 램지 정리 두 가지 색으로 칠한 K_ω는 단색의 K_ω를 포함한다.

증명 7.9절에서 볼차노-바이어스트라스 정리를 증명했던 것과 같이 무한 집합에 대한 비둘기집의 원리를 이용하여 증명할 것이다. 첫 번째로

---

11) 역주: 정확히 모른다는 의미이다. $m = 5$일 때 43과 48 사이의 값이라는 것은 알려져 있다.

할 일은 꼭짓점 $V = \{v_1,\ v_2,\ v_3,\ \ldots\}$의 무한한 부분 집합 $W = \{w_1,$ $w_2,\ w_3,\ \ldots\}$을 구성하는 것이다. 이때 W의 각 원소 w_i는 다음에 나오는 꼭짓점 w_{i+1}, w_{i+2}, $\ldots$와 같은 색의 선분으로 연결되어 있다.

v_1에 연결된 선분들은 무한히 많고 우리는 두 가지 색만 사용하기 때문에, 무한 비둘기집의 원리를 이용하면 무한히 많은 같은 색의 선분이 v_1에 연결되어 있다. (편의상 검은색이라고 하자. 검은색 선분이 무한히 많지 않다면 회색을 선택하면 된다.) 검은색 선분의 다른 끝점을 모두 모은 집합을 W_1이라고 하고 v_1, v_2, v_3, $\ldots$ 중에서 첫 번째로 W_1에 속한 원소를 w_1라고 하자.

이제 집합 W_1에서 꼭짓점 w_1에 연결된 선분도 두 가지 색 중 하나이다. 그러므로 같은 색을 갖는 선분이 무한히 많다. 이 선분들의 끝점을 모은 집합을 W_2라고 하고, w_2는 W_2의 첫 번째 원소라고 하자.

W_2도 무한한 집합이므로 위에서 우리가 한 것을 계속 반복하자. w_2에 연결된 색이 같은 무한히 많은 선분의 끝점을 모아서 집합 W_3라고 하고, W_3의 첫 번째 원소를 w_3라고 하자. 무한히 반복하여 찾은 꼭짓점 w_1, w_2, w_3, $\ldots$를 모아서 W라고 하자. W는 무한집합이고 우리가 바라는 대로 원소 w_i는 모든 꼭짓점 w_{i+1}, w_{i+2}, $\ldots$와 같은 색의 선분으로 연결 되어 있다.

물론 w_1은 w_2, w_3, $\ldots$에 검은색 선분으로 연결되어 있고, w_2는 w_3, w_4, $\ldots$에 회색 선분으로 연결되어 있을 수도 있다. 우리는 모두 같은 색으로 연결된 그래프를 원한다. 이를 위해서 무한 비둘기집의 원리를 한 번 더 적용한다.

어떤 w_i는 w_{i+1}, w_{i+2}, $\ldots$에 검은색 선분으로 연결되어 있고 다른 w_i는 w_{i+1}, w_{i+2}, $\ldots$에 회색으로 연결되었을 것이다. 그러나 검은색이나 회색 중 하나는 반드시 무한히 많은 서로 다른 w_i에서 반복되어야 한다.

이들을 x_1, x_2, x_3, ... 라고 하자. 그러면 임의의 쌍 x_j와 x_k는 같은 색의 선분으로 연결되어 있으므로 단색의 K_ω를 이룬다. ■

*유한집합에 대한 램지 이론

이제 장난감 램지 정리로부터 제기되었던 질문으로 돌아가자. 충분히 큰 n에 대한 두 가지 색의 K_n이 단색의 K_4, K_5 등을 포함한다는 것을 증명할 수 있을까? n이 얼마나 커야 두 가지 색의 K_n이 단색의 K_5를 포함할 수 있는지 모르기 때문에 이 문제는 어려워 보인다. 무한집합에 대한 램지 정리의 장점은 산의 정상에서 내려다 보는 것 같은 관점을 주기 때문에, K_m이나 K_n 등의 상세한 것에 연연하지 않고 모든 유한한 경우를 한 번에 해결할 수 있다는 것이다. 두 가지 색의 K_n이 단색의 K_5를 포함하려면 n이 얼마나 커야 하는지 여전히 모르지만, 알 필요가 없다. 무한집합에 대한 램지 정리에 의하면 n은 반드시 존재하기 때문이다.

무한한 집합에 대한 램지 정리의 증명에서 두 번째로 짚어볼 것은 무한대를 쾨니히 무한 보조정리에서와 비슷하게 사용했다는 것이다. 7.12절에서 살펴본 것처럼 쾨니히König(1927)는 보조정리를 통해서 '유한한 것에서 무한한 것으로 확장하는 방법'을 알려준다. 그러나 다음과 같이 이를 역으로 사용할 수도 있다.

유한집합에 대한 램지 정리 주어진 m에 대하여 적당한 n이 존재하여, $N > n$인 모든 두 가지 색의 K_N은 단색의 K_m을 포함한다.

증명 특정한 m에 대한 경우를 고려하기 전에 두 가지 색의 완전한 유한 그래프 전체로 이루어진 트리 C를 먼저 만들자. 그림 10.13은 C의 처음 두 단계를 보여준다. 맨 위의 꼭짓점에 두 가지 색의 K_2를 연결한다. K_2는 선분 하나로 이루어져 있으므로 두 가지 색으로 K_2를 칠하는 데

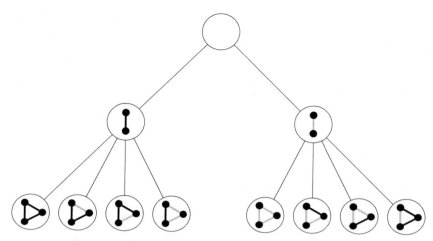

그림 10.13 완전한 유한 그래프로 이루어진 두 가지 색의 트리 C

두 가지 다른 경우가 있다. 이 두 가지 경우에 대응되는 꼭짓점을 맨 위의 꼭짓점 아래 층에 연결하였다. 다음 층에 K_3를 두 가지 색으로 칠하는 경우의 수인 여덟 개의 꼭짓점을 두고 바로 윗 층인 K_2에 연결한다. 이때 K_2에 연결되는 K_3는 K_2를 확장한 것이다. 예를 들어 검은색 K_2에 꼭짓점을 하나 추가하여 K_3를 구성하면 새로 더해진 두 개의 선분을 칠하는 경우가 네 가지이고 이 네 가지의 경우를 검은색 K_2에 연결한다. 비슷하게 회색 K_2에도 K_2를 확장한 네 가지 경우의 K_3를 연결한다(그림 10.13).

이런 식으로 트리 C를 계속 아래로 확장한다. $n-1$번째 층에 있는 두 가지 색의 K_n에 이를 확장한 K_{n+1}을 연결한다. 각 K_n을 두 가지 색으로 칠하는 경우의 수는 모두 유한개이므로 트리의 모든 꼭짓점은 유한한 개수의 선분이 연결되어 있다. 그러므로 아래와 같이 쾨니히 무한 보조정리를 적용할 수 있다.

이제 n이 아무리 커도 두 가지 색으로 칠한 K_n이 단색의 K_m을 포함하지 못하는 m이 존재한다고 가정하자. 이 경우 무한히 많은 C의 꼭짓점이 단색의 K_m을 포함하지 않는 두 색의 완전 그래프에 해당한다. 이 꼭짓점들은 다시 트리 D를 이룬다. 왜냐하면 $(n+1)$번째 층의 꼭짓점에 해당하는 그래프가 단색의 K_m을 포함하지 않는다면 이 꼭짓점이 연결된 n번째 층의 꼭짓점에 해당하는 그래프도 단색의 K_m을 포함하지 못하기 때문이다. 그러면 쾨니히 무한 보조정리에 의해 D는 무한한 가지인 B를 갖는다. 이 가지의 각 꼭짓점에 해당하는 그래프의 색칠은 바로 위의 색칠을 확장한 것이므로, 이 가지에 등장하는 모든 꼭짓점과 색칠을 다 모으면 두 색으로 칠한 K_w를 이룬다.

무한집합에 대한 램지 정리에 의해 K_w는 단색의 K_w를 포함한다. 특별히 K_w는 단색의 K_m을 유한한 n번째 층에서 가진다. 그러나 우리는 B를 만들 때 단색의 K_m들을 모두 포함하지 않도록 했으므로 모순이다. 그러므로 유한한 집합에서 램지 정리가 성립하지 않는다는 가정은 사실이 아니다. ■

10.7 확률: 드 무아브르 분포

이항 계수의 가운데 항과 π

10.5절에서 유도한 월리스 곱의 π에 대한 표현을 좀 더 살펴보자. 역수를 취하면 다음과 같다.

$$\frac{2}{\pi} = \frac{1 \cdot 3}{2 \cdot 2} \frac{3 \cdot 5}{4 \cdot 4} \frac{5 \cdot 7}{6 \cdot 6} \cdots$$

$$= \lim_{m \to \infty} \left[\frac{1 \cdot 1}{2 \cdot 2} \frac{3 \cdot 3}{2 \cdot 4} \frac{5 \cdot 5}{4 \cdot 6} \frac{7 \cdot 7}{6 \cdot 8} \cdots \frac{(2m-1)(2m-1)}{(2m-2)2m} \right]$$

반복되는 인수들이 많아서 우변의 곱은 거의 제곱수처럼 생겼다. 잘 변형하여 제곱 부분을 나머지 부분과 분리해 보자.

$$\frac{2}{\pi} = \lim_{m \to \infty} \left[\frac{1 \cdot 1}{2 \cdot 2} \frac{3 \cdot 3}{4 \cdot 4} \frac{5 \cdot 5}{6 \cdot 6} \frac{7 \cdot 7}{8 \cdot 8} \cdots \frac{(2m-1)(2m-1)}{2m \cdot 2m} \cdot 2m \right]$$

$$= \lim_{m \to \infty} \left[\left(\frac{1}{2} \frac{3}{4} \frac{5}{6} \frac{7}{7} \cdots \frac{2m-1}{2m} \right)^2 \cdot 2m \right] \qquad (*)$$

이제 이 표현을 이항 계수로부터 얻은 분수와 비교해 보자.

$$\frac{\binom{2m}{m}}{2^{2m}} = \frac{(2m)!}{m!m!} \frac{1}{2^{2m}}$$

$$= \frac{1 \cdot 2 \cdot 3 \cdot 4 \cdots (2m-1) \cdot 2m}{1 \cdot 2 \cdot 3 \cdots m \cdot 1 \cdot 2 \cdot 3 \cdots m} \frac{1}{2^{2m}}$$

$$= \frac{1 \cdot 3 \cdot 5 \cdots (2m-1) \cdot 2 \cdot 4 \cdot 6 \cdots 2m}{1 \cdot 2 \cdot 3 \cdots m \cdot 1 \cdot 2 \cdot 3 \cdots m} \frac{1}{2^{2m}}$$

$$= \frac{1 \cdot 3 \cdot 5 \cdots (2m-1)}{2 \cdot 4 \cdot 6 \cdots 2m} \frac{2 \cdot 4 \cdot 6 \cdots 2m}{2 \cdot 4 \cdot 6 \cdots 2m}$$

$$= \frac{1 \cdot 3 \cdot 5 \cdots (2m-1)}{2 \cdot 4 \cdot 6 \cdots 2m}$$

이 값은 위 식 (*)에서 보는 바와 같이 제곱을 한 후 $2m$을 곱하면 극한값이 $\frac{2}{\pi}$가 된다. 따라서, 제곱근을 취하면 $m \to \infty$일 때

$$\frac{\sqrt{2m} \binom{2m}{m}}{2^{2m}} \to \sqrt{2/\pi} \text{ 이고, 따라서 } \frac{\frac{\sqrt{2m}}{\sqrt{2/\pi}} \binom{2m}{m}}{2^{2m}} \to 1 \text{ 이다.}$$

$\frac{\sqrt{2/\pi}}{\sqrt{2m}} = \frac{1}{\sqrt{\pi m}}$ 이므로, 이 계산 결과를 다음과 같이 쓸 수 있다.

$$\frac{\binom{2m}{m}}{2^{2m}} \sim \frac{1}{\sqrt{\pi m}} \qquad (**)$$

여기서 '$\sim$' 기호("…에 근사한다"고 읽는다)는 양 변의 비율이 $m \to \infty$인 극한을 취했을 때 1로 수렴한다는 뜻이다.

e^{-x^2}은 어디로부터 오는가

8.5절에서 k가 1부터 n까지 변할 때 이항 계수 $\binom{n}{k}$의 그래프가 n이 커지면서 종 모양의 곡선 $y = e^{-x^2}$에 접근하는 것을 관찰했다. 왜 이러한 지수 함수가 등장하는지 알아보기 위해 일반적인 이항 계수 $\binom{2m}{m+l}$의 크기를 이항 계수의 가운데 항 $\binom{2m}{m}$과 근사적으로 비교해 보자.

$\binom{2m}{m+l}$**에 대한 근사** 고정된 l에 대하여, $m \to \infty$일 때,

$$\binom{2m}{m+l} \sim \binom{2m}{m} e^{-\frac{l^2}{m}}$$

증명 $\binom{2m}{m}$과 $\binom{2m}{m+l}$에 대한 공식을 각각 대입한 후, 같은 항끼리 약분해 보자.

$$\frac{\binom{2m}{m}}{\binom{2m}{m+l}} = \frac{\dfrac{(2m)!}{m!m!}}{\dfrac{(2m)!}{(m+l)!(m-l)!}} = \frac{(m+l)!(m-l)!}{m!m!}$$

$$= \frac{(m+l)(m+l-1)\cdots(m+1)}{m(m-1)\cdots(m-l+1)}$$

$$= \left(1 + \frac{l}{m}\right)\left(1 + \frac{l}{m-1}\right)\cdots\left(1 + \frac{l}{m-l+1}\right)$$

이제 우변의 곱을 합으로 바꾸기 위해서 양 변에 자연 로그를 취한다.

$$\ln\left(\frac{\binom{2m}{m}}{\binom{2m}{m+l}}\right) = \ln\left(1 + \frac{l}{m}\right) + \ln\left(1 + \frac{l}{m-1}\right)$$

$$+ \cdots + \ln\left(1 + \frac{l}{m-l+1}\right) \qquad (\star)$$

l이 고정되어 있으므로 m을 l보다 훨씬 크게 잡아서 우변의 l개의 항들을 모두 $\ln\left(1 + \frac{l}{m}\right)$에 아주 가깝게 할 수 있다. 또한 6.7절에서 구한 $\ln(1+x)$에 대한 급수로부터 다음을 얻는다.

$$x\text{가 작을 때}, \ \ln(1+x) = x + (x^2 \text{보다 작은 오차항})$$

이 관계식을 x가 작을 때 $\ln(1+x) \approx x$라고 쓸 수 있고, 아래에서도 같은 방식으로 기호 $\approx$를 사용하자.

먼저, m을 충분히 크게 하면

$$\frac{l}{m} \approx \ln\left(1 + \frac{l}{m}\right) \approx \ln\left(1 + \frac{l}{m-1}\right) \approx \cdots \approx \ln\left(1 + \frac{l}{m-l+1}\right)$$

그리고 이 값을 식 $(\star)$에 대입하면,

$$\ln\left(\frac{\binom{2m}{m}}{\binom{2m}{m+l}}\right) \approx l \cdot \frac{l}{m} = \frac{l^2}{m}$$

그리고 나서 양변에 지수함수를 취하면

$$\frac{\binom{2m}{m}}{\binom{2m}{m+l}} \approx e^{\frac{l^2}{m}}$$

그러므로 다음 식을 얻는다.

$$\binom{2m}{m+l} \sim \binom{2m}{m} e^{-\frac{l^2}{m}} \qquad \blacksquare$$

이상의 논증은 l이 고정되지 않더라도 l이 m에 비해 충분히 작기만 하면 여전히 성립한다.[12] 특히, 고정된 x에 대해 l을 $x\sqrt{m}$에 가장 가까운 정수라 하면, 다음 식을 얻는다.

$$\ln\left(1 + \frac{l}{m}\right) = \frac{l}{m} + \left(\text{오차} < \frac{l^2}{m^2} \approx \frac{x^2}{m}\right)$$

따라서

$$\ln\left(\frac{\binom{2m}{m}}{\binom{2m}{m+l}}\right) \approx l \cdot \frac{l}{m} = \frac{l^2}{m} \approx x^2$$

이고 이 근사식의 오차는 $l \cdot \dfrac{x^2}{m} \approx \dfrac{x^3}{\sqrt{m}}$보다 작은데, x가 고정되었으므로 $m \to \infty$일 때 x^2에 비해 무시할 수 있을 정도로 작다. 결론적으로 l이 $x\sqrt{m}$에 가장 가까운 정수일 때 극한 $m \to \infty$을 취하면, 다음 근사식을 얻는다.

$$\binom{2m}{m+l} \sim \binom{2m}{m} e^{-x^2} \tag{***}$$

이항 계수의 그래프의 극한

마지막으로 x축 및 y축을 적절히 조정하면 이항 계수의 그래프가 $y = e^{-x^2}$의 모양으로 다가가는 이유를 위 근사식을 이용하여 설명해 보자. 우선 $m = 3$인 경우 그림 10.14에 나타난 것처럼 이항 계수 $\binom{2m}{m+l}$의 그래프를 $l = -m$부터 $l = m$까지 범위에서 살펴보자.

---

[12] $y = e^{-x^2}$의 그래프는 무한히 넓게 퍼져 있으므로 우리가 보는 종 모양은 실제로는 이항 계수 그래프에서 점차 좁아지는 중앙 부분의 극한이다. 예컨대 그림 8.5를 보면, $m = 100$일 때 대부분의 '종'은 $l = 40$과 $l = 60$ 사이에 몰려 있다.

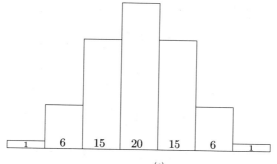

그림 10.14 이항 계수 $\binom{6}{k}$ 의 막대 그래프

이 그래프가 극한 모양에 다가가도록 하려면 가운데 계수인 $\binom{2m}{m}$ 의 막대 의 높이를 어떤 상수에 수렴하도록 해야 하는데, 이를 위해 수직 방향의 비율 조정이 필요하다. 이 상수를 적절히 고른 후, 수평 방향으로도 비율 조정을 해서 아래에 설명한 것처럼 막대 그래프의 넓이가 1을 유지하도록 해야 한다. 수직 방향의 조정 없이 각 막대의 폭이 1이라 하면 전체 넓이는 다음과 같다.

$$\binom{2m}{0} + \binom{2m}{1} + \binom{2m}{2} + \cdots + \binom{2m}{2m} = (1+1)^{2m} = 2^{2m}$$

이항 계수 $\binom{n}{k}$ 에서 함수 e^{-x^2} 까지 가기 위한 첫 표지판은 $n = 2m$ 일 때 중앙의 이항 계수의 값으로서, (**)에서 계산한 바와 같다.

$$\binom{2m}{m} \sim \frac{2^{2m}}{\sqrt{\pi m}}$$

이 식은 $\dfrac{1}{\sqrt{\pi}}$ 이 극한 곡선의 '적절한' 중앙 높이임을 알려준다. 그래서 첫 단계로 이항 계수 그래프의 수직 방향을 조절하기 위해 $l = -m$ 부터 $l = m$ 까지 범위에서 각 이항 계수 $\binom{2m}{m+l}$ 을 $\dfrac{2^{2m}}{\sqrt{m}}$ 으로 나눈다.

수평 방향을 어떻게 조절할지 알기 위해 이항 계수의 막대 그래프의 넓이가 1이라는 조건을 주자. 이렇게 함으로써 $\binom{2m}{m+l}$에 해당하는 막대의 넓이를 동전을 $2m$번 던져서 $m+l$번 앞면이 나올 확률로 해석할 수 있게 된다. 즉, l이 $-m$부터 m까지 변하면 이 확률들의 합이 1이 되도록 해야 한다. 방금 전 조정에 따르면 $\binom{2m}{m+l}$에 해당하는 막대의 높이가 $\binom{2m}{m+l}2^{-2m}\sqrt{m}$이고, 계수들 $\binom{2m}{m+l}$의 합이 2^{2m}이므로, 각 막대의 너비를 $\dfrac{1}{\sqrt{m}}$로 두어야 한다.

이항 계수 그래프의 극한 방금 설명한 대로 조정하면, 이항 계수 그래프의 극한은 다음 함수의 그래프와 같다.

$$y = \frac{1}{\sqrt{\pi}} e^{-x^2}$$

증명 이항 계수 그래프의 수평 축의 l을 $\dfrac{l}{\sqrt{m}}$로 바꾸면 $x = \dfrac{l}{\sqrt{m}}$을 얻는다. 그러므로 x가 주어질 때마다 매우 큰 m과 적당한 l을 선택하여 $x = \dfrac{l}{\sqrt{m}}$이 되도록 할 수 있다.

앞에서 l이 $x\sqrt{m}$에 가장 가까운 정수이고 $m \to \infty$인 극한을 취하면 다음 근사식이 성립함을 보았다.

$$\binom{2m}{m+l} \sim \binom{2m}{m} e^{-x^2} \tag{***}$$

그래서 수직 축에서 $\binom{2m}{m+l}$을 $\binom{2m}{m+l}2^{-2m}\sqrt{m}$으로 바꾸고 나서 극한을 취하면, 다음과 같다.

$$y = \lim_{m \to \infty} \binom{2m}{m+l} 2^{-2m} \sqrt{m}$$

$$= e^{-x^2} \lim_{m \to \infty} \binom{2m}{m} 2^{-2m} \sqrt{m} \qquad \text{(식 (***)에 의하여)}$$

$$= \frac{1}{\sqrt{\pi}} e^{-x^2} \qquad\qquad\qquad \text{(식 (**)에 의하여)}$$

이로써 기대했던 결과를 얻었다. ∎

이 계산의 따름 정리로 다음과 같은 놀라운 결과를 얻는다.[13]

$$\int_{-\infty}^{\infty} e^{-x^2} dx = \sqrt{\pi}$$

이 등식이 성립하는 이유는 각 이항 계수의 막대 그래프의 넓이가 1이므로 그 극한 곡선인 $y = \dfrac{1}{\sqrt{\pi}} e^{-x^2}$의 $-\infty$부터 ∞까지 전 범위에 걸친 아랫부분의 넓이도 1이기 때문이다. $\sqrt{\pi}$를 곱하면 $y = e^{-x^2}$의 아랫부분의 넓이를 얻는다. 이 적분의 값을 구하는 다른 방법들도 있지만 하나같이 재주가 필요한데, 그 이유는 e^{-x^2}을 초등함수의 미분으로 얻을 수 없기 때문이다.[14]

---

13) 19세기 영국의 수리물리학자 톰슨Thomson에 대한 일화가 있다. 강의 중 이 공식을 유도하면서 동료였던 리우빌을 칭찬했다고 한다. 톰슨은 칠판에 이 공식을 쓰고서는 다음과 같이 말했다. "수학자란 $2 \times 2 = 4$가 여러분에게 자명한 것처럼 이 공식이 자명한 사람입니다. 리우빌은 수학자였습니다."

14) 역주: e^{-x^2}이 초등함수의 미분이라면 미적분의 기본정리를 적용하여 계산할 수 있지만, 그렇지 않기 때문에 부정적분indefinite integral 없이 적분의 값을 바로 구할 방법을 찾아야 한다.

10.8 논리: 완전성 정리

순수 수학은 'p이면 q이다'의 형식을 갖는 모든 명제들의
모임이다.

러셀Russell(1903), 『수학의 원리』, 3쪽

3장에서 대각선 논법을 이용하여 살펴본 바에 따르면, 계산의 정의로부터
필연적으로 해결불가능한 문제의 존재 및 수학의 불완전성이 따라온다. 넓
은 의미에서 불완전성은 수학의 모든 진실을 (그리고 오직 진실만을) 생성하
는 알고리즘이 존재하지 않는다는 것을 의미한다. 특히, 수학은 주어진 공리
로부터 논리 규칙을 사용하여 체계적으로 모든 정리를 유도할 수 있는 **완전
한 공리 체계**를 갖지 못한다. 그러나 불완전성은 논리가 아닌 수학에 놓여
있다. 수학 공리의 보편적 체계가 없는 것이지 논리의 보편적 규칙이 없는
것은 아니다.

절대적인 공리 체계에 대한 기대를 접는 대신 '순수 논리에 의해 무엇으로
부터 무엇이 따라온다'는 식의 상대적인 의미로 수학적 증명을 이해한다면
완전성이라는 짐은 논리 쪽으로 옮겨진다. 그리고 '논리'가 9.2절에서 살펴
본 술어 논리를 가리킨다면, 완전성은 현실이 된다. 즉, 만약 정리 q가 공리
p의 결과라면, 명제 'p이면 q이다'에 대한 증명이 논리 공리 체계 내에 있다.
9.10절에서 언급했듯이, 프레게Frege(1879)가 **술어 논리에 대한 완전한 체계**
를 제시했으며, 괴델Gödel(1930)이 그 체계의 완전성을 증명했다. 괴델의 완
전성 정리의 증명을 준비하면서 그보다 쉬운 명제 논리의 경우를 살펴보자.

명제 논리

명제 논리의 완전성은 그리 놀라울 것이 없다. 왜냐하면 이미 9.2절에서
타당한 명제들을 찾아내는 방법으로 진리표를 제시했기 때문이다. 하지만

이 방법은 술어 논리에는 적용되지 않기에, 접근법을 재고할 필요가 있다. 이 절에서는 수학 스타일로 논리에 접근하려고 한다. 즉, 몇 가지 간단하고 자명한 명제들을 공리로 선택한 후에 이로부터 여타의 타당한 명제들을 특정 추론규칙들을 이용하여 유도할 것이다.

공리와 추론 규칙은 역추적하는 방식으로 찾을 수 있다. 명제 φ가 주어졌을 때 그 명제를 쪼갠 후 반증의 시도를 반복하여 φ에 대한 반증을 찾아내고자 한다. 이 과정을 반복하면 결국 φ는 $p \vee q \vee (\neg p)$처럼 명제 변수와 부정된 명제 변수로 구성된 논리합 명제들로 쪼개진다. 이렇게 얻은 논리합 명제가 주어진 예처럼 어떤 명제 변수 p에 대해 p와 $\neg p$를 동시에 포함한다면 그 논리합 명제는 반증불가능하며, 다시 말해 타당하다. 이 경우 $p \vee (\neg p)$와 같은 공리에서 출발하여 반증 규칙을 역으로 사용하는 것을 추론 규칙으로 적용하면 φ에 대한 증명을 얻는다.

예를 하나 살펴보자. 명제 φ가 다음과 같다고 하자.

$$(p \Rightarrow q) \Rightarrow ((\neg q) \Rightarrow (\neg p))$$

φ를 반증하기 위해 먼저 φ를 $\neg$과 $\vee$만을 사용해 표현해 보자. 9.2절에서 살펴보았듯이 이 과정은 임의의 명제에 대해 가능하다. 주어진 경우 먼저 $A \Rightarrow B$ 꼴의 부분명제를 $(\neg A) \vee B$로 대체하면 다음과 같아진다.

$$\varphi = \neg((\neg p) \vee q) \vee ((\neg\neg q) \vee (\neg p))$$

첫 번째 반증규칙은 $\neg(A \vee B)$는 $\neg A$ 또는 $\neg B$이 반증될 때, 그리고 그럴 때에만 반증된다는 것이다. $\neg(A \vee B) = (\neg A) \wedge (\neg B)$이므로 이 반증규칙은 자명하다. 이 규칙을 더 일반적인 형태로 표현하여 임의의 합인자disjunct C가 따라붙는 다음의 반증규칙을 생각하면 유용하다.

$\neg\vee$ **반증규칙** $\neg(A \vee B) \vee C$를 반증하기 위해, $(\neg A) \vee C$ 또는 $(\neg B) \vee C$를 반증하라.

이 규칙을 도식으로 나타내면 다음과 같다.

$$\neg(A \vee B) \vee C$$

$$(\neg A) \vee C \qquad (\neg B) \vee C$$

$C = (\neg\neg q) \vee (\neg p)$로 놓고 이 규칙을 φ에 적용하면 다음을 얻는다.

$$\neg((\neg p) \vee q) \vee ((\neg\neg q) \vee (\neg p))$$

$$(\neg\neg p) \vee (\neg\neg q) \vee (\neg p) \qquad (\neg q) \vee (\neg\neg q) \vee (\neg p)$$

이제 더욱 자명한 반증규칙을 적용한다.

¬¬ **반증규칙** $(\neg\neg A) \vee C$를 반증하기 위해 $A \vee C$를 반증하라.

위 규칙을 도식으로 나타내면 다음과 같다.

$$(\neg\neg A) \vee C$$

$$A \vee C$$

¬¬ 반증규칙을 φ에 세 번 적용하면 다음의 결과를 얻는다.

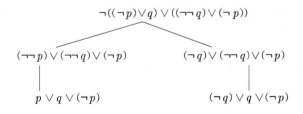

따라서 φ를 반증하기 위해서는 $p \vee q \vee (\neg p)$ 또는 $(\neg q) \vee q \vee (\neg p)$를 반증해야 하지만, 이는 불가능하다. 따라서 φ는 반증불가능하며, 다시 말해 타당하다. 더욱이, 앞서 정의한 두 개의 반증규칙을 역으로 '추론규칙'으로 적용하면 두 개의 공리 $p \vee q \vee (\neg p)$와 $(\neg q) \vee q \vee (\neg p)$로부터 φ를 증명할 수 있다.

¬∨ 추론규칙 $(\neg A) \vee C$와 $(\neg B) \vee C$로부터 $\neg(A \vee B) \vee C$를 추론하라.

¬¬ 추론규칙 $A \vee C$로부터 $(\neg\neg A) \vee C$를 추론하라.

공리체계를 좀 더 깔끔하게 만들기 위해 $p \vee (\neg p)$, $q \vee (\neg q)$와 같은 가장 단순한 형식의 공리들만 이용할 수도 있다. 물론 이 경우 다음 규칙에 의해 합인자를 추가해 보완해야 한다.

∨ –추가 추론규칙 A로부터 $A \vee B$를 추론하라.

이상의 세 가지 규칙과 더불어 (위 예에서 암묵적으로 사용된) ∨ 의 결합법칙과 교환법칙을 이용하면 임의의 타당한 명제 φ를 위 예와 같은 방식으로 증명할 수 있다. 그러므로 다음이 성립한다.

명제 논리의 완전성 명제 논리에서 ¬와 ∨ 로 표현되는 모든 타당한 명제는 $p \vee (\neg p)$, $q \vee (\neg q)$ 등의 공리들로부터 위 세 가지 추론규칙 및 ∨ 의 교환법칙과 결합법칙을 이용하여 증명할 수 있다. ∎

술어 논리

9.3절에 따르면 술어 논리의 **원자식**atomic formulas p, q, r 등은 술어 기호 P, Q, R 등과 변수 x, y, z, ... 및 상수 a, b, c, ...를 포함하는 내부구조를 갖는다. **결합자**propositional connectives를 이용하여 원자식을 결합하거나, 임의의 변수 x에 대해 보편 양화사 $\forall x$('모든 x에 대해')와 존재 양화사 $\exists x$ ('어떤 x에 대해')를 적용하여 논리식을 생성한다. 이전처럼 결합자 ¬와 ∨만을 사용해도 되며, 양화사로는 보편 양화사 $\forall$만 사용해도 된다. 왜냐하면 존재 양화사 $\exists$는 보편 양화사를 이용하여 다음과 같이 정의할 수 있기 때문이다.

$$(\exists x)P(x) = \neg(\forall x)\neg P(x)$$

이제 이전의 전략을 따라서 필요한 반증규칙을 모두 찾아낸 다음, 역으로 필요한 추론규칙의 집합을 얻는다. 이미 발견한 ¬과 ∨에 관련된 반증규칙을 사용하면 되므로, $\forall$에 대한 반증규칙만 찾아내면 한다. 실제로 아래 그림에 표현된 다음 규칙 두 가지로 충분하다.

$\forall$ **반증규칙** $(\forall x)A(x) \vee B$를 반증하기 위해, B에 등장하지 않는 임의의 상수 a에 대해 $A(a) \vee B$를 반증하라.[15]

$$(\forall x)A(x) \vee B$$
$$|$$
$$A(a) \vee B$$

¬$\forall$ **반증규칙** $\neg(\forall x)A(x) \vee B$를 반증하기 위해, 임의의 상수 a에 대해 $\neg A(a) \vee \neg(\forall x)A(x) \vee B$를 반증하라.[16]

---

15) 역주: 동어 반복이라고 볼 수도 있지만, 논리식에 사용된 기호의 개수가 줄어들었다.

16) 역주: 여기서 상수 a는 $\forall$ 반증규칙에서와 달리 B에 등장해도 상관없다. 이 규칙을 좀 더 일상적인 표현으로 나타내면 $(\exists x)A(x)$를 $A(a) \vee (\exists x)A(x)$로 바꾸는 것에

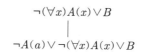

$$\neg(\forall x)A(x)\vee B$$
$$|$$
$$\neg A(a)\vee\neg(\forall x)A(x)\vee B$$

두 번째 규칙은 논리식을 짧게 만들지 않으므로 경우에 따라 반증규칙의 적용과정이 끝나지 않을 수도 있다. 불행한 일이긴 하지만 치명적이진 않다. 그 이유는 우리가 그 과정을 역으로 적용하여 증명하고자 하는 것은 바로 반증불가능한 논리식들인 까닭이며, 반증불가능한 논리식에 대해서만 반증규칙의 적용과정이 끝나면 되기 때문이다. 한 가지 곧바로 말할 수 있는 것은, 만약 논리식 φ에 대한 반증규칙 적용과정이 끝나지 않는다면, 쾨니히 무한 보조정리에 의해 φ에 대한 반증규칙 적용 트리에는 무한히 긴 가지가 있다는 점이다. 이제 반증규칙을 조심스레 적용하여 무한히 긴 가지의 존재는 φ를 반증함을 보이고자 한다. 왜냐하면 그것이 φ가 거짓이도록 하는 해석을 정의하기 때문이다.

기본적인 아이디어는 규칙들을 적용할 기회를 놓치지 않고 꼼꼼히 적용하여 그 결과 무한히 긴 가지에 사용된 논리식들이 다음 성질을 갖도록 하는 것이다.

1. 만약 $\neg\neg A$가 가지 어딘가에서 곱인자로 등장하면 A 또한 등장해야 한다. ($\neg\neg$ 반증규칙 적용)
2. 만약 $\neg(A\vee B)$가 가지 어딘가에서 곱인자로 등장하면 $\neg A$ 또는 $\neg B$ 중 하나 역시 등장해야 한다. ($\neg\vee$ 반증규칙 적용)
3. 만약 $(\forall x)A(x)$가 가지 어딘가에서 곱인자로 등장하면 특정 상수 a_i에 대해 $A(a_i)$ 또한 등장해야 한다. ($\forall$ 반증규칙 적용)
4. 만약 $\neg(\forall x)A(x)$가 가지 어딘가에서 곱인자로 등장하면 모든 상수 a_i에 대해 $\neg A(a_i)$ 역시 등장해야 한다. (각 a_i에 대해 차례대로 $\neg\forall$

해당한다.

반중규칙 적용)

모든 가능성을 동원해 논리식을 더 짧은 논리식으로 쪼개기 때문에 무한히 긴 가지에 등장하는 모든 문장은 결국 원자식인 $R(a_i,\ a_j,\ ...)$ 꼴의 항들로 쪼개진다. 이 원자식들이 $\neg\forall$ 반증규칙에 의해 양화사가 있는 항을 동반할 수 있지만, 여기서 요점은 $R(a_i,\ a_j,\ ...)$와 $\neg R(a_i,\ a_j,\ ...)$가 둘 다 출현할 수는 없다는 것이다. 만약 그렇다면 이 둘 모두를 포함하는 논리식은 반증될 수 없으며, 따라서 가지의 길이가 유한한 곳에서 끝났어야 한다.

이렇게 얻은 모든 원자식의 진릿값을 거짓이라 둘 수 있으며[17], 그렇게 하면 가장 꼭대기에 있는 φ를 포함하여 가지 위의 모든 논리식이 반증된다. 이를 뒤집어 말하면, 만약 φ가 반증불가능하다면 반증규칙 트리의 모든 가지가 유한한 곳에서 끝난다. 그러면, 반증규칙을 역으로 적용하여 다음 정리를 얻는다.

명제 논리의 완전성　술어 논리에서 $\neg$, $\vee$ 과 $\forall$ 만을 사용하는 모든 타당한 명제는 $R(a_i,\ a_j,\ \cdots)\vee(\neg R(a_i,\ a_j,\ ...))$ 형태의 공리들로부터 반증규칙들을 역으로 적용하는 것을 추론규칙으로 삼아 증명할 수 있다. ∎

10.9　역사와 철학

*낱말 문제: 반군과 군

10.2절에서 언급한 대로, 낱말 문제를 덴Dehn(1912)이 처음 제기할 때는 반군보다는 주로 군에 대한 문제를 다루었다. 반군이 군보다 더 일반적인 개념이긴 하지만, 군 개념이 더 유용한 차원의 일반성을 가지는 것으로 보인다.

---

17) 역주: 각 원자식이 서로 독립적이므로 각각을 반증하는 모델을 제시하면 된다.

군은 다루기가 쉽고 더 만족스러운 이론을 내놓으며, 수학자들이 연구하고 자 했던 상황을 더 잘 포착한다.

덴이 군의 낱말 문제에 관심이 있었던 것은 그 문제가 위상수학의 알고리 즘에 관한 문제와 밀접하게 연관되었기 때문이며, 공간 S 안의 닫힌 곡선이 S 안에 머물면서 (고정된) 출발점으로 연속적으로 수축될 수 있는지 여부를 결정하는 문제가 바로 그것이다. S가 곡면인 경우는 덴이 해결했지만, 고차 원 공간에 대한 수축가능성 문제는 난제였으며, 실제로 사차원이나 더 높은 차원의 어떤 공간에서는 해결불가능함이 알려졌다. 이는 노비코프 Novikov(1955)가 증명한 낱말 문제의 해결불가능성으로부터 따라온다.

덴Dehn(1912)에 의해 제기된 관련된 문제는 군들 사이의 동형 문제로, 주어 진 두 군에 대한 생성자와 그들이 만족하는 방정식을 나열한 표현presentation 으로부터 두 군이 같은지 결정하는 문제다. 아디안Adyan(1957)은 동형 문제가 해결불가능함을 보였는데, 이로부터 위상 수학의 위상 동형homeomorphism 문제의 해결불가능성이 따라온다. **위상 동형 문제**는 주어진 (유한한 방식으 로 묘사된) 공간 S와 T 사이에 위상 동형 함수가 존재하는지 결정하는 문제로, **위상 동형 함수**는 연속인 일대일 대응 $S \to T$로서 역함수도 연속 인 함수를 말한다. 마르코프Markov(1958)는 이 문제가 해결불가능함을 증명 했는데, 사차원 공간 S와 T에 대해 얻은 결과였다.

이러한 결과의 증명이 어려운 이유는 모두 낱말 문제의 해결불가능성에 의존하고 있기 때문이다. 노비코프Novikov(1955)의 증명을 상당히 개선한 수 많은 노력에도 불구하고, 군에 대한 낱말 문제는 아직 포스트Post(1947)와 마르코프Markov(1947)의 반군에 대한 낱말 문제만큼 간단하고 우아하게 계산 과 연결 짓지 못했다.

군과 반군을 어렵게 만드는 점은 4.11절에서 밝힌 대로, 비가환성이다. 10.2절에서 본 것처럼 계산은 비가환 반군의 모델을 가지며, 따라서 반군에 대한 해결불가능 문제를 쉽게 찾을 수 있다. 단점은 비가환 반군은 이해하기 가 어렵다는 것이다. 군은 역원이 있기 때문에 이해하기 쉽고 일반 이론이 잘 구성되지만, 그만큼 군에 대한 해결불가능한 문제를 찾기가 더 어려워진다. 가환이 아닌 경우에 해결불가능한 문제를 찾는 것이 가능하긴 하지만 말이다.

군이 가환이면 (그리고 무한의 수준이 높지 않으면) 구조를 쉽게 이해할 수 있다. 0을 제외한 유리수들 같이 흔히 알려진 가환 군들은 아주 잘 이해되어 있어서 그들이 군임을 언급하는 것이 불필요할 정도다.

더 흥미로운 가환 군은 10.1절에서 $x = a$, $y = b$가 $x^2 - my^2 = 1$의 해가 되는 $a + b\sqrt{m}$ 꼴의 수들을 다룰 때 등장했다. 거기서 보인 것은 사실상 이 수들이 군을 이룬다는 것이었다. 두 수의 곱과 역수가 다시 같은 성질을 가지기 때문이다. 이 경우 곱 연산이 가환임을 이용해 군의 구조를 밝힐 수 있었다. 이 군은 $x = x_1$, $y = y_1$이 $x^2 - my^2 = 1$의 $y \neq 0$인 가장 작은 자연수 해일 때, 정수 n에 대한 거듭제곱인 $(x_1 + y_1\sqrt{m})^n$ 꼴의 수들로 이루어져 있다.

*FTA와 해석학

대수학의 기본정리에 대한 아르강의 증명은 연속함수를 엄밀히 다루는 부분을 보강한다면, 알려진 증명 중 가장 단순해 보인다. 하지만 이차원 영역의 연속함수의 극값 정리에 의존하고 있음을 고려하면, 다음과 같은 질문을 해봄직하다. FTA의 증명에서 얼마나 해석학의 사용을 줄일 수 있을까? 이에 대한 답은 일변수 홀수 차수 다항함수의 중간값 정리 정도가 필요하다는 것이 아닐까 싶다.

가우스Gauss(1816)가 그런 맥락의 증명을 처음 내놓았으며, 이에 대한 해설은 도슨Dawson(2015)의 8장에서 찾아볼 수 있다. 실계수 다항식 p에 대한 방정식 $p(x) = 0$를 생각해 보자. p의 차수가 $n = 2^m q(q$는 홀수)인 경우, 가우스는 이 방정식을 차수가 $\frac{n}{2}$인 방정식에 대한 문제로 바꿨고, 반복적으로 차수를 줄이면 결국 홀수차수 q인 경우로 환원된다. 이 단계에서 홀수차수 다항식에 대한 중간값 정리를 활용하면 증명이 완결된다. 가우스의 환원 과정은 순수하게 대수적이지만 대단히 복잡하다. 무엇보다 뉴튼이 특수한 경우를 증명하고 라그랑즈Lagrange(1771)가 일반적으로 증명한 대칭 다항식의 기본 정리를 사용한다. 이 정리의 증명은 꽤나 긴 귀납법으로, 여기서 다루진 않겠지만 정리의 내용이 무엇인지 살펴보는 것은 의미가 있겠다.

n변수 다항식 $p(x_1,\ x_2,\ \cdots,\ x_n)$이 **대칭**이라 함은 변수 $x_1,\ x_2,\ \cdots,\ x_n$을 서로 바꿔도 다항식이 변하지 않는다는 뜻이다. 예를 들어 $p(x_1,\ x_2)$ $= x_1^2 + x_2^2$은 $p(x_1,\ x_2) = p(x_2,\ x_1)$이므로 이변수 대칭 다항식이다. **기본 대칭 다항식**은 함수 $(x - x_1)(x - x_2) \cdots (x - x_n)$의 각 항 $x^{n-1},\ \cdots,\ x^0$의 계수들을 말한다. 즉,

$$s_1 = -(x_1 + x_2 + \cdots + x_n),\quad ...,\quad s_n = (-1)^n x_1 x_2 \cdots x_n$$

대칭 다항식의 기본 정리는 $x_1,\ x_2,\ ...,\ x_n$에 대한 임의의 대칭 다항식은 기본 대칭 다항식의 다항 함수 $p(s_1,\ ...,\ s_n)$라는 것이다. 예를 들어, 대칭 다항식 $x_1^2 + x_2^2$은 s_1과 s_2의 다항식으로 다음과 같이 표현된다.

$$x_1^2 + x_2^2 = (x_1 + x_2)^2 - 2x_1 x_2 = s_1^2 - 2s_2$$

실제로 이를 이용한 FTA에 대한 단순한 증명을 라플라스가 1795년에 개략적으로 제시한 바 있다. 이에 대해서는 에빙하우스 등Ebbinghaus et al.(1990) 의 논문 120~122쪽에서 찾아볼 수 있다. 라플라스의 원래 증명이 그 당시로서 불완전했던 점은 4.11절에서 '대수학자의 FTA'라 불렀던 것을 가정한 부분이다. 즉, 각각의 일변수 다항식 p에 대해 $p(x) = 0$이 해를 갖는 체가 존재함을 가정했다. 이 정리가 증명되면서 라플라스의 증명도 살아남게 되었는데, 이에 따르면 '대수학자의 FTA'와 함께 중간값 정리를 사용하면 FTA를 보일 수 있다.

*군과 기하

수학자들이 연구하려는 현상을 군을 통해 이해한 가장 좋은 경우는 기하일 것이다. 기하가 2천 년이 넘는 시간 동안 발전하고 나서야 군과 기하의 관련성이 밝혀졌음은 군 개념의 깊이를 보여준다. 특히 사영 기하학을 포함한 여러 종류의 기하학이 빛을 보기 전까지는 군 개념을 알아채지 못했다. 클라인Klein(1872)이 기하에서 군의 역할을 알아내고, 군과 불변량을 연구하는 분야로 기하학을 정의하게 된 데에는 무엇보다도 사영 기하학의 도움이 있었다.

10.4절에서 살펴본 실사영 직선 $\mathbb{R} \cup \{\infty\}$ 이 아마도 가장 단순하면서도 흥미로운 군과 흥미로운 불변량의 예를 담고 있는 듯하다. 여기서 군은 다음과 같은 선형 분수함수들로 이뤄진 군이다.

$$f(x) = \frac{ax+b}{cx+d} \quad (a,\ b,\ c,\ d \in \mathbb{R}\text{이고 } ad-bc \neq 0)$$

이 군의 연산은 함수의 합성 연산이다. 즉, 두 함수 $f_1(x) = \dfrac{a_1 x + b_1}{c_1 x + d_1}$ 과 $f_2(x) = \dfrac{a_2 x + b_2}{c_2 x + d_2}$ 에 대해 이 두 함수의 합성 $f_1(f_2(x))$ 을 취한다. 이는 f_2 에 대응하는 사영을 한 후 f_1 에 대응하는 사영을 해 주는 것과 같다. 이 군은 가환이 아니다. 예컨대 $f_1(x) = x+1$ 이고 $f_2(x) = 2x$ 라면, 다음 결과를 얻는다.

$$f_1(f_2(x)) = 2x+1 \text{이지만 } f_2(f_1(x)) = 2x+2$$

따라서 $f_1 f_2 \neq f_2 f_1$ 이다. 그렇지만, 이 군의 구조에 대해 많이 몰라도 선형 분수변환의 불변량은 찾을 수 있다. 이 군이 간단한 함수들인 $x \mapsto x+b$ 와 $x \mapsto ax(a \neq 0)$, $x \mapsto \dfrac{1}{x}$ 에 의해 생성됨을 아는 것으로 충분하다.

10.4절에서 봤듯이 길이나 길이의 비 등 전통적인 기하에서 다루는 양은

선형 분수변환에 의해 항상 보존되지는 않는다. 하지만 생성 변환에 대한 간단한 계산을 해보면 다음 양으로 주어지는 실사영 직선 위의 네 점에 대한 교차비가 불변임을 알 수 있다.

$$[p,\, q:\, r,\, s] = \frac{(r-p)(s-q)}{(r-q)(s-p)}$$

사영을 했을 때 교차비가 불변한다는 사실은 이미 파푸스가 알고 있었고, 1640년경 데자르그가 재발견했다. 하지만 교차비의 대수적 불변성은 클라인이 적합한 군을 밝혀낸 뒤에야 알려졌다.

뒤늦게 밝혀진 것이지만, 길이와 길이의 비가 어떤 면에서 대수적 불변량인지도 알 수 있다. p에서 q까지 잇는 선분의 길이인 $|p-q|$는 $\mathbb{R}$에서 **평행이동**($x \mapsto x+b$)의 군에 대해 불변이다. 실직선 $\mathbb{R}$이 이런 변환을 따를 때, 이 변환이 유클리드가 의도한 대로 모든 점을 서로 '똑같게' 만들기 때문에 이를 **유클리드 직선**이라 부른다.

임의의 세 점 p, q, r에 대한 길이의 비 $\dfrac{p-r}{p-q}$는 **닮음 변환**($x \mapsto ax+b$, $a \neq 0$)**의 군**에 대해 불변이다. 이 군은 **평행이동**과 함께 **확대 변환** ($x \mapsto ax$, $a \neq 0$)에 의해 생성된다. 이를 **아핀 변환**affine transformation이라 하고 $\mathbb{R}$이 이런 변환을 따를 때, **아핀 직선**affine line이라 부른다.

유클리드 및 아핀 직선과 사영 직선을 가르는 깊은 차이점은 물론 무한대점 ∞이다. 점 ∞이 사영 직선에 있어야 하는 이유는 그렇게 해야만 사상 $x \mapsto \dfrac{1}{x}$에 의해 0을 보낼 수 있기 때문이다. $n \to \infty$일 때 $\dfrac{1}{n}$의 극한이 0이라는 사실에 비추어, 사상 $x \mapsto \dfrac{1}{x}$에 의한 0의 상은 $n \to \infty$일 때 n의 '극한'이어야 하므로, 이 점을 '무한대' 점이라 부르는 것이 적절하다. 그렇지만 사영 직선을 유한한 대상인 원으로 보는 관점도 가능하다.

그 이유는 0이 $n \to \infty$일 때 $-\dfrac{1}{n}$의 극한이기도 하므로 0의 상은

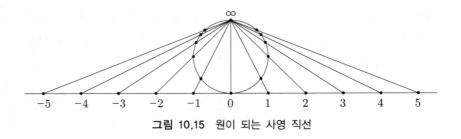

그림 10.15 원이 되는 사영 직선

$n \to \infty$ 일 때 $-n$의 '극한'도 되어야 하기 때문이다. 따라서 우리가 직선을 따라 어느 방향으로 여행해도 결국 "∞에 도착한다". $\mathbb{R}$을 그림 10.15와 같이 원 안으로 보내면[18] n과 $-n$의 공통된 '극한'을 실제 점으로 구현하는 것이 가능해진다.

원의 꼭대기 점은 n과 $-n$에 해당하는 원 위의 점들의 극한이므로, n과 $-n$의 공통된 '극한'으로 깔끔하게 맞아 떨어진다. 그래서 꼭대기 점이 ∞에 해당하는 것으로 생각하면 실사영 직선을 연속적인 일대일 대응에 의해 원으로 볼 수 있게 된다.

아핀 기하

직선 $\mathbb{R}$의 아핀 변환은 위에 언급한 것처럼 사영 직선 $\mathbb{R} \cup \{\infty\}$으로 확장되는데, 단순히 점 ∞을 자기 자신으로 보내면 된다. 비슷하게 평면과 사영 평면의 아핀 변환이 있다. 이 변환은 유한한 점들을 유한한 점으로 보내며, 무한대에 있는 점들을 무한대에 있는 점들로 보내는 사영이다. 특히, 평행선을 평행선으로 보낸다. 평면의 아핀 기하는 그러한 사영에 의해 얻어지는 평면의 상을 연구한다. '아핀'이라는 용어는 아핀 변환에 의해 관련된 상들은 서로 '유사성affinity'이 있다는 생각에서 오일러Euler(1748b)가 도입했다.

사영 기하처럼 아핀 기하는 미술사에 대응하는 양식이 있다. 그림 10.16

---

18) 역주: 그림과 같이 점 ∞을 제외한 원의 점들과 $\mathbb{R}$ 사이의 일대일 대응을 주는 것을 말한다.

그림 10.16 미술 속의 아핀 기하. 뉴욕 메트로폴리탄 미술관의 호의에 감사드린다.

은 하루노부Harunobu의 작품 〈저녁 시계 종〉인데, 아핀 기하는 이러한 18~19세기의 고전적인 일본 목판화에 담겨 있다. 1766년경까지 거슬러 올라가는 목판화에서는 풍경 안의 모든 평행선들이 실제로 평행하게 보이므로, 평행선을 보존하는 것을 잘 보여준다. 이로 하여금 풍경이 완벽히 일관되면서도 '평평하게' 보이도록 한다. 사실 이 그림은 무한히 먼 곳에서 풍경을 바라봤을 때 어떻게 보일지를 무한히 확대해서 보여준 것이다.

평행선을 일관되게 나타내는 미술은 때때로 잘못 그려질 가능성이 있기 때문에 약간의 기술이 필요하다. 그림 10.17의 〈성 에드문드의 탄생〉이 한 가지 예를 보여준다. 스틸웰Stillwell(2010)의 128쪽에서 이를 사영 기하를 잘못 적용한 예라고 했는데, 이 그림에서 평행선들이 어떤 지평선을 향해 수렴하지 않기 때문이었다. 그러나 아핀 기하를 잘못 적용한 예로 보는 것이 더 적합하다고 생각한다. 화가는 평행선들이 평행해 보이길 원하지만, 일관

그림 10.17 미술에서 실패한 아핀 기하의 예. 이 그림의 원본은 대영 도서관에 수작업본으로 소장되어 있다. 존 리드게이트John Lydgate의 〈성 에드문트와 프레문트의 삶〉은 1434년에 완성된 것으로 추정된다. 원본은 다소 흐려서 헨리 워드Henry Ward의 19세기 판본을 사용했다. 이 판본은 원본의 직선에 충실하지만 훨씬 뚜렷하며 런던의 웰컴 도서관에 소장되어 있다.

되게 그렇게 하는 데 완전히 실패했다.

아핀 사상은 유한 점을 유한 점에 대응시키므로, 아핀 변환에 의한 상은 지평선을 포함할 수 없다. 대부분의 일본 판화는 이 조건을 지키고 있지만, 때로는 저명한 화가도 여기서 미끄러지곤 한다. 그림 10.18은 19세기의 대가 히로시게Hiroshige의 판화 〈창가의 고양이〉이다. 내부는 괜찮지만 지평선을 포함하는 외부는 일관성이 없다.

그림 10.18 아핀 기하의 미묘한 실수

π에 대한 가장 단순한 공식들

π에 대한 월리스의 곱은 이항 계수의 근사와 드 무아브르의 분포를 위해 매우 중요하지만, 6장에서 찾은 다음 공식과도 관련된다.

$$\frac{\pi}{4} = 1 - \frac{1}{3} + \frac{1}{5} - \frac{1}{7} + \frac{1}{9} - \cdots$$

월리스의 곱을 찾을 때 그는 오늘날 우리가 이해하는 방식대로 미적분을 이용하지 않았고, 직관적인 추측에 의해 찾았다. 그러나 그의 발견은 동료인 브롱커Brouncker 경의 또 다른 주목할 만한 공식으로 이어졌다. 그것은 다음의 연분수 공식이다.

$$\frac{\pi}{4} = \cfrac{1}{1 + \cfrac{1^2}{2 + \cfrac{3^2}{2 + \cfrac{5^2}{2 + \cfrac{7^2}{2 + \cdots}}}}}$$

브롱커가 이 공식을 어떻게 발견했는지는 수수께끼다. 오늘날에도 월리스의 곱으로부터 브롱커의 연분수로 넘어가는 쉬운 길이 알려진 바 없다. 하지만, 연분수와 급수 $1 - \frac{1}{3} + \frac{1}{5} - \frac{1}{7} + \frac{1}{9} - \cdots$ 사이에는 간단한 연결고리가 있다. 이를 발견한 오일러Euler(1748a)의 311쪽에 따르면, 이 둘의 관계는 더 일반적인 다음 등식에서 나온다.

$$\frac{1}{A} - \frac{1}{B} + \frac{1}{C} - \frac{1}{D} + \cdots = \cfrac{1}{A + \cfrac{A^2}{B - A + \cfrac{B^2}{C - B + \cfrac{C^2}{D - C + \cdots}}}}$$

오일러의 결과는 유한급수를 연분수로 바꾼 후, 극한을 취하여 얻을 수 있다. 첫 단계는 다음 등식을 확인하는 것이다.

$$\frac{1}{A} - \frac{1}{B} = \cfrac{1}{A + \cfrac{A^2}{B - A}}$$

좌변의 $\frac{1}{B}$ 을 $\frac{1}{B} - \frac{1}{C}$ 로 바꾸면 마찬가지로 $\cfrac{1}{B + \cfrac{B^2}{C - B}}$ 과 같고 우변의 B는 $B + \dfrac{B^2}{C - B}$ 로 바꿔야 한다. 따라서 다음 등식을 얻는다.

$$\frac{1}{A} - \frac{1}{B} + \frac{1}{C} = \cfrac{1}{A + \cfrac{A^2}{B - A + \cfrac{B^2}{C - B}}}$$

그래서 이 급수의 '꼬리 끝'을 수정하면 ($\frac{1}{B}$을 $\frac{1}{B} - \frac{1}{C}$로 바꾸면), 연분수의 '꼬리 끝'만 변한다. 결과적으로 이 과정을 반복하여 n개 항으로 이뤄진 급수의 연분수를 얻는다. 여기에 극한 $n \to \infty$을 취함으로써 무한 연분수를 얻는다.

그러므로 정수를 이용해 π를 표현하는 가장 단순한 방법들로 알려진 무한 곱, 무한 연분수, 무한 급수는 모두 서로 관련되어 있다. 세 공식의 닮은 점은 월리스의 공식의 양변을 2로 나눈 후 다음과 같이 재배열하면 더 뚜렷해진다.

$$\frac{\pi}{4} = \frac{2}{1 \cdot 3} \frac{4 \cdot 4}{3 \cdot 5} \frac{6 \cdot 6}{5 \cdot 7} \frac{8 \cdot 8}{7 \cdot 9} \cdots$$

$$= \frac{2 \cdot 4}{3 \cdot 3} \frac{4 \cdot 6}{5 \cdot 5} \frac{6 \cdot 8}{7 \cdot 7} \frac{8 \cdot 10}{9 \cdot 9} \cdots$$

$$= \left(1 - \frac{1}{3^2}\right)\left(1 - \frac{1}{5^2}\right)\left(1 - \frac{1}{7^2}\right)\left(1 - \frac{1}{9^2}\right) \cdots$$

이로써 세 공식 모두 홀수의 수열보다 약간 더 나간 곳에 위치해 있음을 알 수 있다.

*램지 이론과 쾨니히 무한 보조정리

6.6절에서 다룬 무한 램지 정리의 증명은 7.9절에 나온 볼차노-바이어스트라스 정리의 증명과 아주 닮아 있어서 두 정리가 같은 효과를 가지지 않을까 궁금해진다. 실제로 역수학의 결과에 의하면, 무한 램지 이론(의 약간의 일반화)과 볼차노-바이어스트라스 정리는 동치이며, 쾨니히 무한 보조정리

와도 동치다.

유한 램지 정리는 PA 안에서 증명될 수 있으므로 우리가 기초적으로 여기는 공리들의 결과다. 그럼에도 유한 램지 정리에는 뭔가 난해한 점이 있다. 10.6절에 언급한 대로, 두 색으로 색칠된 K_n이 단색의 K_5를 포함한다는 것을 보장하기 위해 얼마나 n이 커야 하는지 아직도 알려지지 않았다.[19] 이 예가 말하는 것은 PA 공리들이 기초적일 수는 있지만, 그 결과들이 꼭 기초적이진 않다는 점이다.

유한 램지 정리가 난해해 보이는 다른 측면은 그것에 약간만 변형을 가해도 PA 안에서 증명할 수 없는 명제가 생긴다는 것이다. 이 변형은 **패리스-해링턴 정리**라 불리는 것으로, 논리학자인 패리스와 해링턴Paris and Harrington (1977)이 발견했다. 패리스-해링턴 정리를 설명하기 위해 우선 유한 램지 정리의 더 일반적인 형태를 설명해야 한다. 지금껏 K_n에 대해 이야기하면서 변을 n개의 원소를 갖는 집합 $\{1, 2, 3, \cdots, n\}$에 속한 수들의 쌍으로 이해했다. 그러니까 집합 $\{1, 2, 3, \cdots, n\}$ 안의 쌍마다 두 가지 색 중 하나를 지정할 때, m개의 원소를 가지는 $\{1, 2, 3, \cdots, n\}$의 부분집합 중에서 각 쌍이 동일한 색을 갖는 부분집합 M이 존재하기 위하여 얼마나 n이 커야 하는지를 묻는다.

일반적으로는 집합 $\{1, 2, 3, \cdots, n\}$ 안의 l개의 원소를 갖는 부분집합마다 k개의 색 중 하나를 지정할 때, m개의 원소를 가지는 단색의 부분집합 M이 존재하기 위하여 n이 얼마나 커야 하는지를 묻는다. 여기서 단색이라 함은 M의 l개의 원소를 갖는 모든 부분집합들에 같은 색이 지정되었다는 의미다. 일반적인 유한 램지 정리는, 주어진 k, l, m에 대하여 $\{1, 2, 3, \cdots, n\}$의 l개의 원소를 갖는 부분집합마다 k가지 색 중 하나를 칠할 때, n을 충분히 크게 하여 최소 m개의 원소를 갖는 단색의 부분집합이 존재하도록 할 수 있다는 것이다. 이러한 일반적인 유한 램지 정리 역시 PA 안에서

---

19) 역주: '정확히' 얼마나 커야 하는지를 의미한다.

증명가능하다.

그러나 이제, 패리스-해링턴 정리는 M의 원소의 개수가 M의 가장 작은 원소 이상이라는 가정을 추가한다. 이러한 단순한 조건의 추가만으로 이 정리는 PA 안에서 증명할 수 없는 것이 되어버린다! (하지만, 무한 램지 정리로부터는 증명할 수 있다.)

*완전성, 해결불가능성 그리고 무한성

10.8절에서 살펴본 완전성 정리의 증명은 논리의 완전성이 날카로운 칼날 위에서 균형을 잡고 있다는 것을 암시한다. 타당한 논리식은 증명과정이 언젠가는 확실히 끝나는 쪽에 운 좋게 떨어지는 반면, 반증가능한 논리식은 증명과정이 끝날지가 불확실한 쪽에 떨어진다. 그리고 이 점은 3.8절에서 다룬 정지 문제를 떠올리게 한다. 정지 문제에 따르면, 모든 유효한 경우를 찾아내면서 종료되는 계산과정은 존재하는데, 사실 기계가 멈출 때까지 계속 돌리기만 하면 된다. 하지만 무효한 (계산이 정지하지 않는) 경우에 대해서만 종료되는 계산과정은 존재하지 않는다. 만약에 그런 계산과정이 존재한다면 두 계산과정을 동시에 돌리는 방식을 사용하여 정지 문제를 해결할 수 있기 때문이다. 실제로, 술어 논리 논리식의 정당성을 판별하는 문제는 정지 문제와 단순히 비슷한 게 아니라 본질적으로 동일하다. 여기서 말하는 동일성은 한 문제가 다른 문제로 환원될 수 있다는 의미이다[20].

논리식의 정당성 판별 문제를 정지 문제로 환원하려면 술어 논리의 증명 과정을 구현하는 튜링 기계 T를 만들어야 한다. 또한 T는 φ가 입력되었을 때, 오직 φ의 증명이 발견될 경우에만 멈춰야 한다. 역으로, 튜링Turing(1936)은 튜링 기계 작동과정을 술어 논리의 논리식으로 표현하는 방법을 보여주었다. 즉, 튜링 기계 M과 입력값 I가 주어졌을 때, M이 입력값 I에 대해 계산이 멈출 때에만 증명을 갖는 논리식 $\varphi_{M,I}$가 존재한다. 이 방식을 이용

---

20) 기술적으로 말해서, 두 문제는 동일한 해결불가능성 등급 또는 튜링 등급을 갖는다.

하면, 정지 문제를 술어 논리 논리식의 정당성을 판별하는 문제로 환원할 수 있다.

따라서, 정지 문제처럼 정당성 판별 문제도 해결불가능하다. 바로 이 점이 완전성 증명의 비대칭성을 설명한다. 즉, 타당한 논리식은 '멈추는' 쪽에, 반증가능한 논리식은 '멈추지 않는' 쪽에 위치한다.

타당성 판별의 해결불가능성은 완전성 증명에 사용된 쾨니히 무한 보조정리에 내재되어 있는 무한성으로 드러나기도 한다. 그리고 이 사실은 술어 논리를 증명하려는 어떤 시도도 무한과정을 끌어들일 수밖에 없음을 의미한다. 실제로, 이 분야에서 밝혀진 결과 중의 하나는 완전성 정리가 약한 쾨니히 무한 보조정리와 기본적으로 동치라는 사실이다. 이 사실로 인해 완전성 정리가 최대/최소 정리, 브라우어 고정점 정리와 같은 기본 정리들과 한 무리를 이루게 된다. 이는 수학이 하나의 통일체임을 인상적으로 보여준다!

참고문헌

Abbott, S. (2001). *Understanding Analysis*. Springer–Verlag, New York.

Abel, N. H. (1826). Démonstration de l'impossibilité de la résolution algébrique des équations générales qui passent le quatrième degré. *Journal für die reine und angewandte Mathematik 1*, 65–84. In his *Oeuvres Complètes* 1: 66–87.

Adyan, S. I. (1957). Unsolvability of some algorithmic problems in the theory of groups (Russian). *Trudy Moskovskogo Matematicheskogo Obshchestva 6*, 231–298.

Agrawal, M., N. Kayal, and N. Saxena (2004). PRIMES is in P. *Annals of Mathematics (2) 160*(2), 781–793.

Appel, K. and W. Haken (1976). Every planar map is four colorable. *Bulletin of the American Mathematical Society 82*, 711–712.

Argand, J. R. (1806). *Essai sur une manière de représenter les quantités imaginaires dans les constructions géométriques*. Paris.

Beltrami, E. (1868). Teoria fondamentale degli spazii di curvatura costante. *Annali di Matematica Pura ed Applicata, series 2, no. 2*, 232–255. In his *Opere Matematiche* 1: 406–429, English translation in Stillwell (1996), pp. 41–62.

Berlekamp, E. R., J. H. Conway, and R. K. Guy (1982). *Winning Ways for your Mathematical Plays. Vol. 2*. Academic Press, Inc. [Harcourt Brace Jovanovich, Publishers], London–New York.

Bernoulli, D. (1728). Observationes de seriebus. *Commentarii Academiae Scientiarum Imperialis Petropolitanae 3*, 85–100. In Bernoulli (1982), pp. 49–64.

Bernoulli, D. (1982). *Die Werke von Daniel Bernoulli, Band 2*. Birkhäuser, Basel.

Bernoulli, J. (1713). *Ars conjectandi*. In his *Opera* 3: 107-286.

Biggs, N. L., E. K. Lloyd, and R. J. Wilson (1976). *Graph Theory: 1736-1936*. Oxford University Press, Oxford.

Bolyai, J. (1832b). Scientiam spatii absolute veram exhibens: a veritate aut falsitate Axiomatis XI Euclidei (a priori haud unquam decidanda) independentem. Appendix to Bolyai (1832a), English translation in Bonola (1912).

Bolzano, B. (1817). *Rein analytischer Beweis des Lehrsatzes dass zwischen je zwey Werthen, die ein entgegengesetzes Resultat gewähren, wenigstens eine reelle Wurzel der Gleichung liege*. Ostwald' s Klassiker, vol. 153. Engelmann, Leipzig, 1905. English translation in Russ (2004), pp. 251-277.

Bombelli, R. (1572). *L'algebra. Prima edizione integrale. Introduzione di U. Forti. Prefazione di E. Bortolotti*. Reprint by Biblioteca scientifica Feltrinelli. 13, Giangiacomo Feltrinelli Editore. LXIII, Milano (1966).

Bonola, R. (1912). *Noneuclidean Geometry*. Chicago: Open Court. Reprinted by Dover, New York, 1955.

Boole, G. (1847). *Mathematical Analysis of Logic*. Reprinted by Basil Blackwell, London, 1948.

Bourgne, R. and J.-P. Azra (1962). *Ecrits et mémoires mathématiques d'Évariste Galois: Édition critique intégrale de ses manuscrits et publications*. Gauthier-Villars & Cie, Imprimeur-Éditeur-Libraire, Paris. Préface de J. Dieudonné.

Brahmagupta (628). *Brâhma-sphut.a-siddhânta*. Partial English translation in Colebrooke (1817).

Brouwer, L. E. J. (1910). Über eineindeutige, stetige Transformationen von Flächen in sich. *Mathematische Annalen 69*, 176-180.

Cantor, G. (1874). Über eine Eigenschaft des Inbegriffes aller reellen algebraischen Zahlen. *Journal für die reine und angewandte Mathematik 77*, 258-262. In his *Gesammelte Abhandlungen*,

145-148. English translation by W. Ewald in Ewald (1996), Vol. II, pp. 840-843.

Cardano, G. (1545). *Ars magna*. 1968 translation *The great art or the rules of algebra* by T. Richard Witmer, with a foreword by Oystein Ore. M.I.T. Press, Cambridge, MA-London.

Cauchy, A.-L. (1821). *Cours d'Analyse de l'École Royale Polytechnique*. Paris. Annotated English translation by Robert E. Bradley and C. Edward Sandifer, *Cauchy's Cours d'analyse: An Annotated Translation* , Springer, 2009.

Chrystal, G. (1904). *Algebra: An Elementary Text-book for the Higher Classes of Secondary Schools and for Colleges*. 1959 reprint of 1904 edition. Chelsea Publishing Co., New York.

Church, A. (1935). An unsolvable problem of elementary number theory. *Bulletin of the American Mathematical Society 41*, 332-333.

Clagett, M. (1968). *Nicole Oresme and the Medieval Geometry of Qualities and Motions*. University of Wisconsin Press, Madison, WI.

Cohen, P. (1963). The independence of the continuum hypothesis I, II. *Proceedings of the National Academy of Sciences 50, 51*, 1143-1148, 105-110.

Colebrooke, H. T. (1817). *Algebra, with Arithmetic and Mensuration, from the Sanscrit of Brahmegupta and Bháscara*. John Murray, London. Reprinted by Martin Sandig, Wiesbaden, 1973.

Cook, S. A. (1971). The complexity of theorem-proving procedures. *Proceedings of the 3rd Annual ACM Symposium on the Theory of Computing*, 151-158. Association of Computing Machinery, New York.

Courant, R. and H. Robbins (1941). *What Is Mathematics?* Oxford University Press, New York.

d'Alembert, J. l. R. (1746). Recherches sur le calcul intégral. *Histoire de l'Académie Royale des Sciences et Belles-lettres de Berlin*

2, 182–224.

Davis, M. (Ed.) (1965). *The Undecidable. Basic papers on Undecidable Propositions, Unsolvable Problems and Computable Functions.* Raven Press, Hewlett, NY.

Dawson, J. W. (2015). *Why Prove It Again? Alternative Proofs in Mathematical Practice.* Birkhäuser.

de Moivre, A. (1730). *Miscellanea analytica de seriebus et quadraturis.* J. Tonson and J. Watts, London.

de Moivre, A. (1733). *Approximatio ad summam terminorum binomii (a+b)n.* Printed for private circulation, London.

de Moivre, A. (1738). *The Doctrine of Chances. The second edition.* Woodfall, London.

Dedekind, R. (1871a). Supplement VII. In Dirichlet's *Vorlesungen über Zahlentheorie*, 2nd ed., Vieweg 1871, English translation *Lectures on Number Theory* by John Stillwell, American Mathematical Society, 1999.

Dedekind, R. (1871b). Supplement X. In Dirichlet's *Vorlesungen über Zahlentheorie*, 2nd ed., Vieweg, 1871.

Dedekind, R. (1872). *Stetigkeit und irrationale Zahlen.* Vieweg und Sohn, Braunschweig. English translation in Dedekind (1901).

Dedekind, R. (1877). *Theory of Algebraic Integers.* Cambridge University Press, Cambridge. Translated from the 1877 French original and with an introduction by John Stillwell.

Dedekind, R. (1888). *Was sind und was sollen die Zahlen?* Vieweg, Braunschweig. English translation in Dedekind (1901).

Dedekind, R. (1894). Supplement XI. In Dirichlet's *Vorlesungen über Zahlentheorie*, 4th ed., Vieweg, 1894.

Dedekind, R. (1901). *Essays on the Theory of Numbers.* Open Court, Chicago. Translated by Wooster Woodruff Beman.

Dehn, M. (1900). Über raumgleiche Polyeder. *Göttingen Nachrichten*

1900, 345-354.

Dehn, M. (1912). Über unendliche diskontinuierliche Gruppen. *Mathematische Annalen 71,* 116-144.

Densmore, D. (2010). *The Bones.* Green Lion Press, Santa Fe, NM.

Descartes, R. (1637). *The Geometry of René Descartes. (With a facsimile of the first edition, 1637.).* Dover Publications, Inc., New York, NY. Translated by David Eugene Smith and Marcia L. Latham, 1954.

Dirichlet, P. G. L. (1863). *Vorlesungen über Zahlentheorie.* F. Vieweg und Sohn, Braunschweig. English translation *Lectures on Number Theory,* with Supplements by R. Dedekind, translated from the German and with an introduction by John Stillwell, American Mathematical Society, Providence, RI, 1999.

Ebbinghaus, H.-D., H. Hermes, F. Hirzebruch, M. Koecher, K. Mainzer, J. Neukirch, A. Prestel, and R. Remmert (1990). *Numbers,* Volume 123 of *Graduate Texts in Mathematics.* Springer-Verlag, New York. With an introduction by K. Lamotke. Translated from the second German edition by H. L. S. Orde. Translation edited and with a preface by J. H. Ewing.

Edwards, H. M. (2007). Kronecker's fundamental theorem of general arithmetic. In *Episodes in the History of Modern Algebra (1800-1950),* pp. 107-116. American Mathematical Society, Providence, RI.

Euler, L. (1748a). *Introductio in analysin infinitorum, I.* Volume 8 of his *Opera Omnia,* series 1. English translation by John D. Blanton, *Introduction to the Analysis of the Infinite. Book I,* Springer-Verlag, 1988.

Euler, L. (1748b). *Introductio in analysin infinitorum, II.* Volume 9 of his *Opera Omnia,* series 1. English translation by John D. Blanton, *Introduction to the Analysis of the Infinite. Book II,* Springer-Verlag, 1988.

Euler, L. (1751). Recherches sur les racines imaginaires des équations. *Histoire de l'Académie Royale des Sciences et des Belles-Lettres de Berlin 5*, 222-288. In his *Opera Omnia*, series 1, 6: 78-147.

Euler, L. (1752). Elementa doctrinae solidorum. *Novi Commentarii Academiae Scientiarum Petropolitanae 4*, 109-140. In his *Opera Omnia*, series 1, 26: 71-93.

Euler, L. (1770). *Elements of Algebra*. Translated from the German by John Hewlett. Reprint of the 1840 edition, with an introduction by C. Truesdell. Springer-Verlag, New York, 1984.

Ewald, W. (1996). *From Kant to Hilbert: A Source Book in the Foundations of Mathematics. Vol. I, II*. Clarendon Press, Oxford University Press, New York.

Fermat, P. (1657). Letter to Frenicle, February 1657. *Œuvres* 2: 333-334.

Fibonacci (1202). *Fibonacci's Liber abaci*. Sources and Studies in the History of Mathematics and Physical Sciences. Springer-Verlag, New York, 2002. A translation into modern English of Leonardo Pisano's *Book of calculation*, 1202. Translated from the Latin and with an introduction, notes, and bibliography by L. E. Sigler.

Fibonacci (1225). *The Book of Squares*. Academic Press, Inc., Boston, MA, 1987. Translated from the Latin and with a preface, introduction, and commentaries by L. E. Sigler.

Fischer, H. (2011). *A History of the Central Limit Theorem*. Sources and Studies in the History of Mathematics and Physical Sciences. Springer, New York.

Fowler, D. (1999). *The Mathematics of Plato's Academy* (2nd ed.). Clarendon Press, Oxford University Press, New York.

Fraenkel, A. (1922). Zu den Grundlagen der Cantor-Zermeloschen

Mengenlehre. *Mathematische Annalen 86*, 230–237.

Frege, G. (1879). *Begriffsschrift.* English translation in van Heijenoort (1967), pp. 5–82.

Friedman, H. (1975). Some systems of second order arithmetic and their use. In *Proceedings of the International Congress of Mathematicians (Vancouver, B. C., 1974), Vol. 1*, pp. 235–242. Canadian Mathematical Congress, Montreal, Quebec.

Galois, E. (1831). Mémoire sur les conditions de résolubilité des équations par radicaux. In Bourgne and Azra (1962), pp. 43–71. English translation and commentary in Neumann (2011), pp. 104–168.

Gardiner, A. (2002). *Understanding Infinity.* Dover Publications, Inc., Mineola, NY. The mathematics of infinite processes. Unabridged republication of the 1982 edition with list of errata.

Gauss, C. F. (1801). *Disquisitiones arithmeticae.* Translated and with a preface by Arthur A. Clarke. Revised by William C. Waterhouse, Cornelius Greither, and A. W. Grootendorst and with a preface by Waterhouse. Springer–Verlag, New York, 1986.

Gauss, C. F. (1809). *Theoria motus corporum coelestium.* Perthes and Besser, Hamburg. In his *Werke* 7: 3–280.

Gauss, C. F. (1816). Demonstratio nova altera theorematis omnem functionem algebraicum rationalem integram unius variabilis in factores reales primi vel secundi gradus resolvi posse. *Commentationes societas regiae scientiarum Gottingensis recentiores 3*, 107–142. In his *Werke* 3: 31–56.

Gauss, C. F. (1832). Letter to W. Bolyai, 6 March 1832. *Briefwechsel zwischen C. F. Gauss und Wolfgang Bolyai*, eds. F. Schmidt and P. Stäckel. Leipzig, 1899. Also in his *Werke* 8: 220–224.

Gödel, K. (1930). Die Vollständigkeit der Axiome des logischen

Funktionenkalküls. *Monatshefte für Mathematik und Physik* *37*, 349‒360.

Gödel, K. (1931). Über formal unentscheidbare Sätze der Principia Mathematica und verwandter Systeme. I. *Monatshefte für Mathematik und Physik 38*, 173‒198.

Gödel, K. (1938). The consistency of the axiom of choice and the generalized continuum hypothesis. *Proceedings of the National Academy of Sciences 25*, 220‒224.

Gödel, K. (1946). Remarks before the Princeton bicentennial conference on problems in mathematics. In Davis (1965), pp. 84‒88.

Gödel, K. (2014). *Collected Works. Vol. V. Correspondence H‒Z.* Clarendon Press, Oxford University Press, Oxford. Edited by Solomon Feferman, John W. Dawson, Jr., Warren Goldfarb, Charles Parsons, and Wilfried Sieg. Paperback edition of the 2003 original.

Grassmann, H. (1844). *Die lineale Ausdehnungslehre.* Otto Wigand, Leipzig. English translation in Grassmann (1995), pp. 1‒312.

Grassmann, H. (1847). *Geometrische Analyse geknüpft an die von Leibniz gefundene Geometrische Charakteristik.* Weidmann'sche Buchhandlung, Leipzig. English translation in Grassmann (1995), pp. 313‒414.

Grassmann, H. (1861). *Lehrbuch der Arithmetik.* Enslin, Berlin.

Grassmann, H. (1862). *Die Ausdehnungslehre.* Enslin, Berlin. English translation of 1896 edition in Grassmann (2000).

Grassmann, H. (1995). *A New Branch of Mathematics.* Open Court Publishing Co., Chicago, IL. The *Ausdehnungslehre* of 1844 and other works. Translated from the German and with a note by Lloyd C. Kannenberg. With a foreword by Albert C. Lewis.

Grassmann, H. (2000). *Extension theory.* American Mathematical Society, Providence, RI; London Mathematical Society, London. Translated from the 1896 German original and with a foreword, editorial notes, and supplementary notes by Lloyd C. Kannenberg.

Hamilton, W. R. (1839). On the argument of Abel, respecting the impossibility of expressing a root of any general equation above the fourth degree, by any finite combination of radicals and rational functions. *Transactions of the Royal Irish Academy 18*, 171-259.

Hardy, G. H. (1908). *A Course of Pure Mathematics*. Cambridge University Press.

Hardy, G. H. (1941). *A Course of Pure Mathematics*. Cambridge University Press. 8th ed.

Hardy, G. H. (1942). Review of *What is Mathematics?* by Courant and Robbins. *Nature 150*, 673-674.

Hausdorff, F. (1914). *Grundzüge der Mengenlehre*. Von Veit, Leipzig.

Heath, T. L. (1925). *The Thirteen Books of Euclid's Elements*. Cambridge University Press, Cambridge. Reprinted by Dover, New York, 1956.

Heawood, P. J. (1890). Map-colour theorem. *The Quarterly Journal of Pure and Applied Mathematics 24*, 332-338.

Hermes, H. (1965). *Enumerability, Decidability, Computability. An introduction to the theory of recursive functions*. Die Grundlehren der mathematischen Wissenschaften in Einzeldarstellungen mit besonderer Berücksichtigung der Anwendungsgebiete, Band 127. Translated by G. T. Herman and O. Plassmann. Academic Press, Inc., New York; Springer-Verlag, Berlin-Heidelberg-New York.

Hessenberg, G. (1905). Beweis des *Desargues*schen Satzes aus dem *Pascal*schen. *Mathematische Annalen 61*, 161-172.

Hilbert, D. (1899). *Grundlagen der Geometrie*. Leipzig: Teubner. English translation: *Foundations of Geometry*, Open Court, Chicago, 1971.

참고문헌

Hilbert, D. (1901). Über Flächen von constanter Gaussscher Krümmung. *Transactions of the American Mathematical Society 2*, 87-89. In his *Gesammelte Abhandlungen* 2: 437-438.

Hilbert, D. (1926). Über das Unendliche. *Mathematische Annalen 95*, 161-190. English translation in van Heijenoort (1967), pp. 367 -392.

Huygens, C. (1657). *De ratiociniis in aleae ludo*. Elsevirii, Leiden. In the *Exercitationum Mathematicarum* of F. van Schooten.

Huygens, C. (1659). Fourth part of a treatise on quadrature. *Oeuvres Complètes* 14: 337.

Jordan, C. (1887). *Cours de Analyse de l'École Polytechnique*. Gauthier-Villars, Paris.

Kempe, A. B. (1879). On the geographical problem of the four colours. *American Journal of Mathematics 2*, 193-200.

Klein, F. (1872). *Vergleichende Betrachtungen über neuere geometrische Forschungen (Erlanger Programm)*. Akademische Verlagsgesellschaft, Leipzig. In his *Gesammelte Mathematischen Abhandlungen* 1: 460-497.

Klein, F. (1908). *Elementarmathematik vom höheren Standpunkte aus. Teil I: Arithmetik, Algebra, Analysis*. B. G. Teubner, Leipzig. English translation in Klein (1932).

Klein, F. (1909). *Elementarmathematik vom höheren Standpunkte aus. Teil II: Geometrie*. B. G. Teubner, Leipzig. English translation in Klein (1939).

Klein, F. (1932). *Elementary Mathematics from an Advanced Standpoint: Arithmetic, Algebra, Analysis*. Translated from the 3rd German edition by E. R. Hedrick and C. A. Noble. Macmillan & Co., London.

Klein, F. (1939). *Elementary Mathematics from an Advanced Standpoint: Geometry*. Translated from the 3rd German edition by E. R. Hedrick and C. A. Noble. Macmillan & Co., London.

König, D. (1927). Über eine Schlussweise aus dem Endlichen ins Unendliche. *Acta Litterarum ac Scientiarum 3*, 121-130.

König, D. (1936). *Theorie der endlichen und unendlichen Graphen*. Akademische Verlagsgesellschaft, Leipzig. English translation by Richard McCoart, *Theory of Finite and Infinite Graphs*, Birkhäuser, Boston 1990.

Kronecker, L. (1886). Letter to Gösta Mittag–Leffler, 4 April 1886. Cited in Edwards (2007).

Kronecker, L. (1887). Ein Fundamentalsatz der allgemeinen Arithmetik. *Journal für die reine und angewandte Mathematik 100*, 490-510.

Lagrange, J. L. (1768). Solution d'un problème d'arithmétique. *Miscellanea Taurinensia 4*, 19ff. In his *Oeuvres* 1: 671-731.

Lagrange, J. L. (1771). Réflexions sur la résolution algébrique des équations. *Nouveaux Mémoires de l'Académie Royale des Sciences et Belles–lettres de Berlin*. In his *Oeuvres* 3: 205-421.

Lambert, J. H. (1766). Die Theorie der Parallellinien. *Magazin für reine und angewandte Mathematik (1786)*, 137-164, 325-358.

Laplace, P. S. (1812). *Théorie Analytique des Probabilités*. Paris.

Lenstra, H. W. (2002). Solving the Pell equation. *Notices of the American Mathematical Society 49*, 182-192.

Levi ben Gershon (1321). *Maaser Hoshev*. German translation by Gerson Lange: *Sefer Maasei Choscheb*, Frankfurt, 1909.

Liouville, J. (1844). Nouvelle démonstration d'un théoréme sur les irrationalles algébriques. *Comptes Rendus Hebdomadaires des Séances de l'Académie des Sciences, Paris 18*, 910-911.

Lobachevsky, N. I. (1829). *On the foundations of geometry*. Kazansky Vestnik. (Russian).

Markov, A. (1947). On the impossibility of certain algorithms in the theory of associative systems (Russian). *Doklady Akademii*

Nauk SSSR 55, 583-586.

Markov, A. (1958). The insolubility of the problem of homeomorphy (Russian). *Doklady Akademii Nauk SSSR 121*, 218-220.

Matiyasevich, Y. V. (1970). The Diophantineness of enumerable sets (Russian). *Doklady Akademii Nauk SSSR 191*, 279-282.

Maugham, W. S. (2000). *Ashenden, or, The British Agent.* Vintage Classics.

Mercator, N. (1668). *Logarithmotechnia.* William Godbid and Moses Pitt, London.

Minkowski, H. (1908). Raum und Zeit. *Jahresbericht der Deutschen Mathematiker−Vereinigung 17*, 75-88.

Mirimanoff, D. (1917). Les antinomies de Russell et Burali−Forti et le problé me fondamental de la théorie des ensembles. *L'Enseignement Mathématique 19*, 37-52.

Motzkin, T. S. (1967). Cooperative classes of finite sets in one and more dimensions. *Journal of Combinatorial Theory 3*, 244-251.

Neumann, P. M. (2011). *The Mathematical Writings of Évariste Galois.* Heritage of European Mathematics. European Mathematical Society (EMS), Zürich.

Newton, I. (1671). De methodis serierum et fluxionum. *Mathematical Papers*, 3, 32-353.

Novikov, P. S. (1955). On the algorithmic unsolvability of the word problem in group theory (Russian). *Proceedings of the Steklov Institute of Mathematics 44.* English translation in *American Mathematical Society Translations*, series 2, *9*, 1-122.

Oresme, N. (1350). *Tractatus de configurationibus qualitatum et motuum.* English translation in Clagett (1968).

Ostermann, A. and G. Wanner (2012). *Geometry by its History.* Undergraduate Texts in Mathematics. Readings in Mathematics. Springer, Heidelberg.

Pacioli, L. (1494). *Summa de arithmetica, geometria, Proportioni et proportionalita*. Venice: Paganino de Paganini. Partial English translation by John B. Geijsbeek published by the author, Denver, 1914.

Paris, J. and L. Harrington (1977). A mathematical incompleteness in Peano arithmetic. In *Handbook of Mathematical Logic*, ed. J. Barwise, North—Holland, Amsterdam.

Pascal, B. (1654). Traité du triangle arithmétique, avec quelques autres petits traités sur la même manière. English translation in *Great Books of the Western World*, Encyclopedia Britannica, London, 1952, 447–473.

Peano, G. (1888). *Calcolo Geometrico secondo l'Ausdehnungslehre di H. Grassmann, preceduto dalle operazioni della logica deduttiva*. Bocca, Turin. English translation in Peano (2000).

Peano, G. (1889). *Arithmetices principia: nova methodo*. Bocca, Rome. English translation in van Heijenoort (1967), pp. 83–97.

Peano, G. (1895). *Formulaire de mathématiques*. Bocca, Turin.

Peano, G. (2000). *Geometric Calculus*. Birkhäuser Boston, Inc., Boston, MA. According to the *Ausdehnungslehre* of H. Grassmann. Translated from the Italian by Lloyd C. Kannenberg.

Petsche, H.–J. (2009). *Hermann Graßmann—Biography*. Birkhäuser Verlag, Basel. Translated from the German original by Mark Minnes.

Plofker, K. (2009). *Mathematics in India*. Princeton University Press, Princeton, NJ.

Poincaré, H. (1881). Sur les applications de la géométrie non—euclidienne à la théorie des formes quadratiques. *Association française pour l'avancement des sciences 10*, 132–138. English translation in Stillwell (1996), pp. 139–145.

Poincaré, H. (1895). Analysis situs. *Journal de l'École Polytechnique.*, *series 2*, no. *1*, 1–121. In his *Oeuvres* 6: 193–288. English translation in Poincaré (2010), pp. 5-74.

Poincaré, H. (2010). *Papers on Topology*, Volume 37 of *History of Mathematics*. American Mathematical Society, Providence, RI; London Mathematical Society, London. *Analysis situs* and its five supplements, Translated and with an introduction by John Stillwell.

Pólya, G. (1920). Über den zentralen Grenzwertsatz der Wahrscheinlichkeits -rechnung und das Momentenproblem. *Mathematische Zeitschrift 8*, 171-181.

Post, E. L. (1936). Finite combinatory processes. Formulation 1. *Journal of Symbolic Logic 1*, 103-105.

Post, E. L. (1941). Absolutely unsolvable problems and relatively undecidable propositions. Account of an anticipation. In Davis (1965), pp. 340-433.

Post, E. L. (1947). Recursive unsolvability of a problem of Thue. *Journal of Symbolic Logic 12*, 1-11.

Ramsey, F. P. (1930). On a problem of formal logic. *Proceedings of the London Mathematical Society 30*, 264-286.

Reisch, G. (1503). *Margarita philosophica*. Freiburg.

Robinson, R. M. (1952). An essentially undecidable axiom system. *Proceedings of the International Congress of Mathematicians, 1950*, 729-730. American Mathematical Society, Providence, RI.

Rogozhin, Y. (1996). Small universal Turing machines. *Theoretical Computer Science 168*(2), 215-240. Universal machines and computations (Paris, 1995).

Ruffini, P. (1799). *Teoria generale delle equazioni in cui si dimostra impossibile la soluzione algebraica delle equazioni generale di grade superiore al quarto*. Bologna.

Russ, S. (2004). *The Mathematical Works of Bernard Bolzano*. Oxford

University Press, Oxford.

Russell, B. (1903). *The Principles of Mathematics. Vol. I.* Cambridge University Press, Cambridge.

Ryan, P. J. (1986). *Euclidean and non−Euclidean geometry.* Cambridge University Press, Cambridge.

Saccheri, G. (1733). *Euclid Vindicated from Every Blemish.* Classic Texts in the Sciences. Birkhäuser/Springer, Cham, 2014. Dual Latin−English text, edited and annotated by Vincenzo De Risi. Translated from the Italian by G. B. Halsted and L. Allegri.

Simpson, S. G. (2009). *Subsystems of Second Order Arithmetic* (2nd ed.). Perspectives in Logic. Cambridge University Press, Cambridge; Association for Symbolic Logic, Poughkeepsie, NY.

Sperner, E. (1928). Neuer Beweis für die Invarianz der Dimensionzahl und des Gebietes. *Abhandlungen aus dem Mathematischen Seminar der Universität Hamburg 6,* 265-272.

Steinitz, E. (1913). Bedingt konvergente Reihen und konvexe Systeme. (Teil I.). *Journal für die reine und angewandte Mathematik 143,* 128-175.

Stevin, S. (1585a). *De Thiende.* Christoffel Plantijn, Leiden. English translation by Robert Norton, *Disme: The Art of Tenths, or Decimall Arithmetike Teaching,* London, 1608.

Stevin, S. (1585b). *L'Arithmetique.* Christoffel Plantijn, Leiden.

Stifel, M. (1544). *Arithmetica integra.* Johann Petreium, Nuremberg.

Stillwell, J. (1982). The word problem and the isomorphism problem for groups. *Bulletin of the American Mathematical Society (New series) 6,* 33-56.

Stillwell, J. (1993). *Classical Topology and Combinatorial Group Theory* (2nd ed.). Springer−Verlag, New York, NY.

Stillwell, J. (1996). *Sources of Hyperbolic Geometry.* American Mathematical

Society, Providence, RI.

Stillwell, J. (2010). *Mathematics and its History* (3rd ed.). Springer, New York, NY.

Stirling, J. (1730). *Methodus Differentialis*. London. English translation Tweddle (2003).

Tartaglia, N. (1556). *General Trattato di Numeri et Misure*. Troiano, Venice.

Thue, A. (1897). Mindre Meddelelser. II. *Archiv for Mathematik og Naturvidenskab 19*(4), 27.

Thue, A. (1914). Probleme über Veränderungen von Zeichenreihen nach gegebenen Regeln. J. Dybvad, Kristiania, 34 pages.

Turing, A. (1936). On computable numbers, with an application to the Entscheidungsproblem. *Proceedings of the London Mathematical Society, series 2*, no. *42*, 230-265.

Tweddle, I. (2003). *James Stirling's Methodus differentialis*. Sources and Studies in the History of Mathematics and Physical Sciences. Springer—Verlag London, Ltd., London. An annotated translation of Stirling's text.

van Heijenoort, J. (1967). *From Frege to Gödel. A Source Book in Mathematical Logic, 1879-1931*. Harvard University Press, Cambridge, MA.

von Neumann, J. (1923). Zur Einführung der transfiniten Zahlen. *Acta litterarum ac scientiarum Regiae Universitatis Hungarice Francisco-Josephinae, Sectio Scientiarum Mathematicarum 1*, 199-208. English translation in van Heijenoort (1967), pp. 347-354.

von Neumann, J. (1930). Letter to Gödel, 20 November 1930, in Gödel (2014), p. 337.

von Staudt, K. G. C. (1847). *Geometrie der Lage*. Bauer und Raspe, Nürnberg.

Wallis, J. (1655). Arithmetica infinitorum. *Opera* 1: 355-478. English translation *The Arithmetic of Infinitesimals* by Jacqueline Stedall, Springer, New York, 2004.

Wantzel, P. L. (1837). Recherches sur les moyens de reconnaitre si un problème de géométrie peut se resoudre avec la règle et le compas. *Journal de Mathématiques Pures et Appliquées 1*, 366 -372.

Weil, A. (1984). *Number Theory. An Approach through History, from Hammurapi to Legendre*. Birkhäuser Boston Inc., Boston, MA.

Whitehead, A. N. and B. Russell (1910). *Principia Mathematica. Vol. I*. Cambridge University Press, Cambridge.

Zermelo, E. (1904). Beweis dass jede Menge wohlgeordnet werden kann. *Mathematische Annalen 59*, 514-516. English translation in van Heijenoort (1967), pp. 139-141.

Zermelo, E. (1908). Untersuchungen über die Grundlagen der Mengenlehre I. *Mathematische Annalen 65*, 261-281. English translation in van Heijenoort (1967), pp. 199-215.

Zhu Shijie (1303). *Sijuan yujian*. (Precious mirror of four elements).

찾아보기

기초수학
새롭게 다시 읽다

초판 1쇄 발행 | 2022년 7월 15일
초판 2쇄 발행 | 2024년 2월 15일

지은이 | 존 스틸웰
옮긴이 | 김영주·이계식·최인송
펴낸이 | 조승식
펴낸곳 | (주)도서출판 북스힐

등 록 | 1998년 7월 28일 제22-457호
주 소 | 서울시 강북구 한천로 153길 17
전 화 | (02) 994-0071
팩 스 | (02) 994-0073

홈페이지 | www.bookshill.com
이메일 | bookshill@bookshill.com

정가 25,000원

ISBN 979-11-5971-341-5

＊잘못된 책은 구입하신 서점에서 교환해 드립니다.